缺省逻辑与回答集程序

张明义　王以松　著

科 学 出 版 社
北　京

内 容 简 介

本书主要介绍一阶子句集的消解原理和命题公式集的稳定模型、一般缺省理论（包括它的几个重要变种）的扩张计算特征与算法和复杂性、容易计算的特殊缺省理论类和缺省逻辑的语义、回答集程序及其拓广（嵌套查询）的基本概念与重要性质，以及架起回答集程序与经典逻辑之间关系桥梁的环公式和程序完备理论。本书基于缺省理论扩张的计算特征，统一处理和论证缺省逻辑与回答集程序的基本概念和主要结果，以便读者能够系统和完整地阅读。

本书可作为计算机科学和人工智能专业的研究生和教师及研究人员的参考书，亦可供相关专业的工作者参考阅读。

图书在版编目(CIP)数据

缺省逻辑与回答集程序/张明义，王以松著. —北京：科学出版社，2023.10
ISBN 978-7-03-076647-2

Ⅰ. ①缺… Ⅱ. ①张… ②王… Ⅲ. ①人工智能-研究 Ⅳ. ①TP18

中国国家版本馆 CIP 数据核字(2023)第 187479 号

责任编辑：宋 芳 吴超莉 / 责任校对：赵丽杰
责任印制：吕春珉 / 封面设计：东方人华平面设计部

科学出版社出版
北京东黄城根北街 16 号
邮政编码：100717
http://www.sciencep.com
北京中科印刷有限公司 印刷
科学出版社发行 各地新华书店经销
*
2023 年 10 月第 一 版 开本：B5（720×1000）
2023 年 10 月第一次印刷 印张：16 1/2
字数：333 000

定价：180. 00 元
（如有印装质量问题，我社负责调换〈中科〉）
销售部电话 010-62136230 编辑部电话 010-62135397-2039

前　言

PREFACE

20 世纪 50 年代由 John McCarthy（约翰·麦卡锡）等开创的人工智能（AI）[①] 学科是多学科和技术的产物，其宗旨是设计智能的计算机系统，即对照人类在自然语言理解、学习、推理和问题求解等方面的智能行为，设计能够呈现与之类似特征的系统。围绕知识这一核心问题，1977 年 Edward Albert Feigenbaum（爱德华·艾伯特·费根鲍姆）正式提出知识工程（KE）的概念，标志着 AI 这一新领域的诞生。

知识工程综合了科学、技术和方法论三个方面，研究专门知识的获取、形式化和计算机实现，为研制以知识为基础的各类 AI 应用系统提供一般方法和基本工具。知识工程重点研究新的知识获取方法。常识推理（包括常识的表示与更新）是知识表示的核心，主要研究不完全（不确定、歧义、随机等）信息的处理，其基本特征表现为推理结论的非单调性（可废除性）。因此，非单调逻辑的形式化与信念修改成为研究常识推理的基本问题。

1970 年，John McCarthy 最早对非单调逻辑进行形式化，使之能被计算机使用。随后，各种形式化途径（逻辑的、统计的、归纳的及实用主义观点等）相继被提出。与此同时，形形色色的实现信念修改的方法也应运而生，如真值维护系统（TMS）、封闭世界假设系统（包括 PROLOG）及演绎数据库等。

形式化非单调逻辑蓬勃发展以 20 世纪 80 年代初出现的非调逻辑系统为标志，特别是 Ray Reiter（雷德）基于一阶逻辑的缺省逻辑、John McCarthy 基于二阶逻辑的限制及基于模态算子显式地表示可信任（或与导出信念协调）的公式系统，Drew McDermott（德鲁·麦克德莫特）与 Jon Doyle（乔恩·道尔）基于协调理论不动点方程引入的模态非单调逻辑系统和 Robert Moore（罗伯特·摩尔）的自认知逻辑（AEL）。在这些非单调逻辑系统中，缺省逻辑最简单，也被人们最广泛地研究与使用。

---

① 本书英汉名词对照表见 http://www.abook.cn.

经典逻辑中为寻找可判定公式的可行算法和逻辑的过程解释，引入用子句表示知识和推理，导致逻辑程序设计作为一种描述性（表示问题）语言出现。创建逻辑程序设计领域的基础通常归功于 Robert Kowalski（罗伯特·科瓦尔斯基）和 Alain Colmerauer（阿兰 · 科尔默）在 20 世纪 70 年代中期的工作，其代表是 PROLOG。类似地，Michael Gelfond（迈克尔·格尔方德）和 Vladimir Lifschitz（弗拉基米尔·利夫希茨）基于回答集（或稳定模型）语义引入知识表示与推理的回答集程序（ASP），对缺省及其例外给出的简单的形式表示语言，为用这类信息推导结论提供了强有力的逻辑模型。正如经典逻辑程序是一阶逻辑的特例，在一定意义下，回答集程序也是缺省逻辑的特例。

本书阐述缺省逻辑（包括它的几个重要变种）及回答集程序，主要内容包括一般缺省理论的扩张和回答集程序的特征、算法和复杂性，以及它们的易于计算的特殊子类。本书基于我们近 25 年来的研究工作，统一处理和论证缺省逻辑与回答集程序的基本概念和主要结果，以便读者能够系统和完整地阅读。

缺省逻辑的广泛应用，源于扩张作为由缺省理论导出的信念集具有计算特征。尽管 Ray Reiter 定义了缺省理论的扩张概念并给出相应的特性，然而考虑到“一般缺省理论数学上的难于处理性”，他论述了正规缺省的缺省证明推理和信念更新等重要特性；同时也论证了正规缺省缺乏足够的表达能力。为此，我们在 1991 年提出了扩张的计算特征，导出比正规缺省更一般且具有类似特性的自相容缺省理论。与我们提出的计算特征相关的工作，较早是 1985 年 Erik Sandewall（埃里克 ·桑德沃尔）提出的基于四值语义的函数途径。对由单调前提 M 和非单调前提 N 及结论 C 组成形如 $<M,N,C>$ 的非单调规则集，Sandewall 引入“合适不动点”的概念并获得表征合适不动点存在的充分条件，以此简化正规缺省理论某些结果的证明。1991 年，Camilla Schwind（卡米拉·施温德）和 Vincent Risch（文森特·里希）引入关于一阶闭公式集有基的概念并据此计算命题缺省理论的扩张；1992 年，Franz Baader（弗兰兹·巴德尔）和 Bernhard Hollunder（伯恩哈德·霍兰德）通过引入一个迭代算子（等价于我们表征缺省前提可应用性的 Λ 算子）以更精确地表征关于一阶闭公式集有基的概念，并阐明由此如何用 Camilla Schwind 和 Vincent Risch 提出的特征计算一阶缺省理论的扩张。容易看出，用此迭代算子刻画的扩张特征与我们的计算特征本质上是相同的。

作为本书的核心内容，缺省理论扩张的计算特征为研究各种缺省推理的算法与复杂性，以及探索特殊的缺省理论类和缺省逻辑的重要变种提供了强有力的工具。同时，它也为回答集程序的研究提供了统一的途径。

本书第 1 章作为预备知识，介绍集合与函数的初步内容、命题逻辑与一阶逻辑的重要语法和语义、高阶逻辑概略。以递归函数精确表征直观算法的方式定义可计算性，以命题逻辑和布尔公式为例简要介绍计算的时间和空间复杂性及其分层。

第 2 章介绍从过程语义引出的逻辑程序及其推理的消解法。稳定模型是命题逻辑程序的核心，它与逻辑程序的过程语义的关系引出程序最小模型的不动点定义。为由逻辑程序推导否定信息，引入有穷失败规则和程序的完备概念，以此确立程序的有穷失败规则的可靠性（对任意程序）与完备性（对有穷程序）。

第 3 章主要陈述缺省理论扩张的计算特征和主要缺省推理问题的算法及复杂性，特殊缺省理论类及其缺省证明方法，基于 Kripke（克里普克）语义的缺省逻辑语义。

第 4 章阐述回答集程序的概念和重要性质，基于程序分裂的思想，研究回答集存在性易于判定的特殊子类。

第 5 章基于环公式和程序完备的概念，阐明回答集程序与经典逻辑的关系，使得各种 SAT 求解器直接用于回答集的计算。同时，陈述如何拓广这些理论到最一般形式的逻辑程序，即嵌套查询。

第 6 章介绍基于解释变换的回答集程序归纳学习和一般回答集程序的知识遗忘基本概念和性质。

第 7 章简要介绍缺省逻辑的一些重要变种和非单调推理关系的特性。

本书内容自 1996 年开始作为计算机科学与人工智能专业硕士和博士研究生教学内容，几经充实和修改，不断完善。为此，感谢历届硕士研究生和博士研究生的支持与合作，特别感谢王以松教授撰写了回答集程序一阶环公式、归纳学习和知识遗忘部分，并与董明楷、杨波和谢刚博士花费大量精力为此书做录入、审读和编排工作。

值此书成之际，我十分感激南京大学莫绍揆教授和国防科技大学陈火旺教授。莫先生于 1991 年邀请我作了缺省逻辑的计算特征和自相容缺省理论的公开报告，陈先生于 1996 年邀请我参与他主持的博士生论文答辩，他们促进了我与国内同行的交流。我十分感激牛津大学与维也纳科技大学教授 Georg Gottlob（格奥尔格 •戈特洛布），他最早关注我的研究并在 1993 年邀请我进行学术访问，并促成我们卓有成效的合作。我真诚地感激中国科学院周巢尘教授、华东师范大学何积丰教授和英国伯明翰城市大学刘志明教授，他们促成和推动了联合国大学软件研究所与我们团队的学术交流与合作。在此，还要对长期支持我们团队的香港科技大学林方真教授、新南威尔士大学 Norman Foo（诺曼 · 福）教授、伦敦国王学院 David Makinson（大卫 · 马金森）教授、维也纳科技大学 Thomas Eiter（托马斯 · 艾特）教授、加拿大阿尔伯塔大学犹嘉槐教授等表示衷心感谢。

最后，谨以此书献给近半个世纪以来与我相濡以沫的妻子周希玲女士，正因为有她默默无闻、任劳任怨的理解和支持，才使我在疾病、挫折与逆境中，坚持在这片科学的土地上耕耘。

张明义

2022 年 10 月于贵阳

目 录

CONTENTS

第 1 章 预备知识：集合与逻辑 …… 1

1.1 集合、关系与函数 …… 1

1.1.1 集合及其运算 …… 1

1.1.2 关系 …… 3

1.1.3 函数 …… 4

1.1.4 基数、序数和（数学与超穷）归纳法 …… 6

1.1.5 归纳定义 …… 7

1.2 命题逻辑 …… 9

1.2.1 命题语言 …… 9

1.2.2 命题公式的语义 …… 11

1.2.3 命题逻辑的形式推导 …… 12

1.2.4 命题逻辑的重要性质 …… 13

1.3 一阶逻辑及二阶逻辑 …… 14

1.3.1 一阶逻辑语言 …… 15

1.3.2 一阶逻辑的语义 …… 17

1.3.3 一阶逻辑的形式推导 …… 18

1.3.4 一阶逻辑的重要性质 …… 19

1.3.5 二阶逻辑 …… 24

1.4 可计算性与计算复杂性 …… 26

1.4.1 可计算性 …… 26

1.4.2 计算复杂性 …… 33

第 2 章 消解原理和逻辑程序 …… 40

2.1 子句集和消解原理 …… 41

2.1.1 命题子句的消解原理 …… 42

2.1.2 一阶子句集的消解原理 …… 43

2.2 稳定模型 …… 53
2.2.1 归约 …… 54
2.2.2 稳定模型的基本概念 …… 55
2.2.3 命题公式的强等价 …… 57
2.2.4 Horn 公式的稳定模型 …… 58
2.3 逻辑程序 …… 59
2.3.1 确定逻辑程序 …… 61
2.3.2 部分赋值 …… 69
2.3.3 推导否定信息 …… 73
第 3 章 缺省逻辑 …… 77
3.1 缺省理论的扩张 …… 77
3.1.1 用缺省表示知识 …… 77
3.1.2 缺省的基本概念 …… 79
3.2 扩张的计算特征 …… 86
3.3 特殊缺省理论 …… 92
3.4 扩张与推理问题的算法及复杂性 …… 97
3.5 缺省证明与自顶向下的缺省证明 …… 103
3.6 缺省逻辑的语义 …… 106
第 4 章 回答集程序 …… 112
4.1 回答集程序的基本概念 …… 113
4.2 正规回答集程序 …… 125
4.3 正规程序的推理 …… 130
4.3.1 特殊正规程序 …… 131
4.3.2 回答集程序的分裂 …… 142
4.3.3 正规程序的 SLDNF 演算 …… 147
第 5 章 环公式和嵌套回答集程序 …… 153
5.1 环公式 …… 153
5.2 嵌套回答集程序 …… 162
5.2.1 嵌套回答集程序的语法和语义 …… 162
5.2.2 嵌套回答集程序的计算特征 …… 169

5.2.3 嵌套程序的紧凑性 …… 176
5.2.4 嵌套公式的完备和环公式 …… 179
5.3 包含变元的正规逻辑程序一阶环公式 …… 185
第 6 章 回答集程序归纳学习和遗忘理论 …… 196
6.1 基于状态变换的逻辑程序归纳学习 …… 196
6.1.1 支承类语义 …… 197
6.1.2 析取基消解和组合消解 …… 198
6.1.3 归纳的学习任务与算法 …… 201
6.2 回答集程序知识遗忘 …… 205
6.2.1 命题逻辑的 HT 语义 …… 205
6.2.2 回答集程序遗忘 …… 211
6.2.3 知识遗忘公设 …… 214
第 7 章 缺省逻辑的变种 …… 218
7.1 Lukaszewicz 的修正扩张 …… 220
7.2 断言缺省理论 …… 224
7.2.1 累积缺省逻辑 …… 225
7.2.2 CDL 推理的局部性与累积性 …… 229
7.2.3 CDL 扩张的算法 …… 233
7.2.4 CDL 推理问题计算的复杂性 …… 236
7.3 其他累积性缺省逻辑 …… 239
7.3.1 约束缺省逻辑与 J-缺省逻辑 …… 239
7.3.2 满足预设的缺省逻辑 …… 242
7.3.3 拟缺省逻辑 …… 247
7.4 非单调推理关系 …… 250
7.4.1 结构性质 …… 251
7.4.2 逻辑联结词 …… 251
参考文献 …… 252

第 1 章

预备知识：集合与逻辑

本章首先介绍集合的基本概念和记号，并严格定义关系、函数等逻辑基本概念；然后给出基本的命题逻辑、一阶逻辑基本语法和语义，以及它们的主要结果；最后介绍计算复杂性的基本概念和主要结果。

关于上述基础概念和结果的详细证明，可参见数理逻辑[1, 2]和计算复杂性[3]方面的教材或专著。

1.1 集合、关系与函数

首先介绍集合的基本记号和运算，然后给出严格的关系和函数定义。

1.1.1 集合及其运算

集合是一些无序对象的汇聚。集合中的对象称为集合的元素，也就是说该集合包含这些元素。对于集合 S，$a \in S$ 表示 a 是 S 的元素，而 $a_1, \cdots, a_n \in S$ 则表示 $a_1 \in S, \cdots, a_n \in S$，即 $a_1, \cdots, a_n$ 都是 S 的元素。类似地，$a \notin S$ 和 $a_1, \cdots, a_n \notin S$ 分别表示 a 不是 S 的元素和 $a_1 \notin S, \cdots, a_n \notin S$（$a_1, \cdots, a_n$ 都不是 S 的元素）。

集合元素的全体称为集合的外延。例如，$\{1,3,5,\cdots,99\}$和$\{1,3,5,\cdots\}$分别是小于 100 的奇正整数集合和所有奇正整数集合。集合也可以由它的元素共同具有的性质（即内涵）表示，例如，“小于 100 的奇正整数”和“所有奇正整数”分别是上面两个集合的内涵，并分别表示为$\{n|n$ 是小于 100 的奇正整数$\}$和$\{n|n$ 是所有奇正整数$\}$。

注意：集合可以由互不相关的元素组成。例如，$\{2,a,$张三$,$纽约$\}$，其内涵为“是 2 或 a 或张三或纽约”。

一些常见的集合符号：$\mathbf{N}$（自然数集）、$\mathbf{Z}$（整数集）、$\mathbf{Z}^+$（正整数集）、$\mathbf{Q}$（有理数集）和 $\mathbf{R}$（实数集）。

不包含任何元素的集合称为空集，记作∅；只由一个元素组成的集合称为单子。

若集合 S 和集合 T 相等，则记作 $S=T$，当且仅当它们包含相同的元素，即对于任何 x，$x\in S$ 当且仅当 $x\in T$。若集合 S 和集合 T 不相等，记作 $S\neq T$，即存在某个 x，使得 $x\in S$ 当且仅当 $x\notin T$。

若集合 S 是集合 T 的子集，则记作 $S\subseteq T$，当且仅当对于任何 x，如果 $x\in S$ 则 $x\in T$。若 S 是 T 的真子集，则记作 $S\subset T$，当且仅当 $S\subseteq T$ 且 $S\neq T$。

注意：∅是任何集合的子集；任何集合是它自己的子集，即对于任何集合 S：$\varnothing\subseteq S$，$S\subseteq S$，但 S 不是它自己的真子集。

集合的并（集）、交（集）和差（集）的定义如下：

$$S\cup T=\{x|x\in S \text{ 或 } x\in T\}$$

$$S\cap T=\{x|x\in S \text{ 且 } x\in T\}$$

$$S\backslash T=\{x|x\in S \text{ 且 } x\notin T\}$$

一般地，n（$n\geqslant 2$）个集合的并和交定义如下：

$$\cup_{1\leqslant i\leqslant n}S_i=\{x|\exists i:1\leqslant i\leqslant n，\text{使得 } x\in S_i\}$$

$$\cap_{1\leqslant i\leqslant n}S_i=\{x|\forall i:1\leqslant i\leqslant n，x\in S_i\}$$

给定非空集合 I（指标集），设 $\{S_i|i\in I\}$ 是由集合构成的类，其中作为元素的集合 S_i 以 I 中的元素 i 为指标，则

$$\cup_{i\in I}S_i=\{x|\exists i\in I，\text{使得 } x\in S_i\}$$

$$\cap_{i\in I}S_i=\{x|\forall i\in I，x\in S_i\}$$

如果集合 S 与集合 T 的交集为空集，则称 S 和 T 不相交。差集 $S\backslash T$ 也称为 T 对于 S 的补。对于给定的全集 U，集合 T 对于集合 U 的补 $U\backslash T$ 通常记作 $\overline{T}$。

有序 n 元组 $<a_1,\cdots,a_n>$（$n\geqslant 1$）是以 a_1 为第一个元素，a_2 为第二个元素，…，a_n 为第 n 个元素的有序组。两个有序 n 元组 $<a_1,\cdots,a_n>$ 和 $<b_1,\cdots,b_n>$ 相等当且仅当对任何 $i:1\leqslant i\leqslant n$，$a_i=b_i$。

有序 n 元组 $<a_1,\cdots,a_n>$（$n\geqslant 1$）也称为序列，称 n 为序列的长度，a_i（$1\leqslant i\leqslant n$）为序列的分量。有序 n 元组 $<a_1,\cdots,a_n>$ 也记作 $<a_i>_{i<n+1}$。

集合 $A_1,\cdots,A_n$ 的笛卡儿积 $A_1\times\cdots\times A_n$ 定义为集合

$$\{<a_1,\cdots,a_n>|\, a_i\in A_i，1\leqslant i\leqslant n\} \tag{1-1}$$

特别地，集合 S 的 n 次笛卡儿积为

$$S^n=S\times\cdots\times S=\{<x_1,\cdots,x_n>|\, x_i\in S，1\leqslant i\leqslant n\} \tag{1-2}$$

S 的 1 次笛卡儿积 S^1 就是 S 本身。

集合 S 的所有子集的集合是 S 的幂集，记为 $P(S)$ 或 2^S。特别地，$P(\varnothing)=2^{\varnothing}=\{\varnothing\}$。

1.1.2　关系

集合 $A_1,\cdots,A_n$ 上的 n（$n\geqslant1$）元关系 R 是 $A_1\times\cdots\times A_n$ 的子集，即 $R\subseteq A_1\times\cdots\times A_n$。称 $A_1,\cdots,A_n$ 为 R 的定义域，记作 dom(R)，n 为 R 的阶。对于任何 $a_i\in A_i$（$1\leqslant i\leqslant n$），记 $<a_1,\cdots,a_n>\in R$ 为 $R(a_1,\cdots,a_n)$，表示 $<a_1,\cdots,a_n>$（或者 $a_1,\cdots,a_n$ 之间依此次序）具有 R 性质。称集合 $\{<a_1,\cdots,a_n>|<a_1,\cdots,a_n>\in R$，$a_i\in A_i$，$1\leqslant i\leqslant n\}$ 为 R 的值域，记作 ran(R)。

于是，集合 S 上的 n 元关系 R 是集合 $\{<a_1,\cdots,a_n>|a_i\in S$，$1\leqslant i\leqslant n$ 并且 $a_1,\cdots,a_n$ 之间（依此次序）具有 R 性质$\}$。

当 $n=2$ 时，称关系 $R\subseteq A\times B$ 为从 A 到 B 的二元关系。通常，用 xRy 表示 $R(x,y)$。当 $n=1$ 时，S 上的一元关系 R 是 S 的一个子集，$R(x)$表示 S 中元素 x 具有 R 性质。

设 R 是 S 上的 n 元关系且 $S_1\subseteq S$，R 到 S_1 的限制记作 $R\restriction S_1{}^n$，是关系 $R\cap S_1{}^n$。

相等关系是任意集合 S 上的一个特殊的二元关系，其定义为集合 $\{<x,y>|x,y\in S$ 且 $x=y\}$，即 $\{<x,x>|x\in S\}$，它是 S^2 的子集。

关系作为集合，同样有并、交、差和补运算。二元关系中的一个特殊运算，称为合成，记为$\circ$。设 R 是集合 A 到集合 B 的关系，T 是集合 B 到集合 C 的关系，则 R 和 T 的合成 $R\circ T$ 是集合 $\{<a,c>|a\in A$，$c\in C$ 且存在 $b\in B$，使得 $<a,b>\in R$ 且 $<b,c>\in T\}$，该集合是 A 到 C 的二元关系。

对于集合 A 上的二元关系 R，我们定义一些重要性质。

如果对任何 $a\in A$，有 $<a,a>\in R$，则称 R 是自反的。如果对任何 $a\in A$，有 $<a,a>\notin R$，则称 R 是反自反的。如果对任何 $a,b\in A$，若 $<a,b>\in R$，则 $<b,a>\in R$，则称 R 是对称的。如果对任何 $a,b\in A$，若 $<a,b>\in R$ 且 $<b,a>\in R$，则 $a=b$，则称 R 是反对称的。如果对任何 $a,b,c\in A$，若 $<a,b>,<b,c>\in R$，则 $<a,c>\in R$，则称 R 是传递的。

设 R 是集合 S 上的关系，R 的幂 R^n（$n=1,2,3,\cdots$）递归地定义为 $R^1=R$ 和 $R^{n+1}=R^n\circ R$（$n=1,2,3,\cdots$）。

容易证明，集合 S 上的二元关系 R 是传递的当且仅当对 $n=1,2,\cdots,R^n\subseteq$R 成立。

集合 S 上的关系 R 是等价关系，如果 R 是自反、对称且传递的。对于任何 $x\in S$，称集合 $[x]_R=\{y|y\in S$ 且 $xRy\}$ 为 x 的等价类（当不混淆时，记作$[x]$）。容易证明，对于任何 $x,y\in S$，有

（1）$<x,y>\in R$ 当且仅当 $[x]=[y]$；

（2）$<x,y>\notin R$ 当且仅当 $[x]\cap[y]=\varnothing$；

（3）$\cup_{x\in S}[x]=S$。

给定集合 S 和指标集 I，称 S 的非空子集族$\{S_i|i\in I\}$是 S 的一个划分，当且仅当对任意 $i, j\in I$，$S_i\cap S_j=\varnothing$且$\cup_{i\in I}S_i=S$。可以看出，集合 S 上的等价关系 R 确定 S 的一个划分$\{[x]|x\in S\}$；反之，S 的一个划分$\{S_i|i\in I\}$确定 S 上的一个等价关系 R：对任意 $x,y\in S$，xRy 当且仅当存在 $i\in I$，使得 $x,y\in S_i$。

集合 S 上的关系 R 是偏序，如果 R 是自反、反对称且传递的。S 与偏序 R 一起称为偏序集，记作(S,R)。通常用记号 $x\leqslant y$ 表示$\langle x,y\rangle\in\leqslant$，$x<y$ 表示 $x\leqslant y$ 且 $x\neq y$。偏序集$(S,\leqslant)$是全序集（链），如果对任何 $x,y\in S$，$x\leqslant y$ 或 $y\leqslant x$ 成立；全序集$(S,\leqslant)$的偏序$\leqslant$称为 S 的全序。

对偏序集$(S,\leqslant)$，S 上的关系$\geqslant$定义：对任意 $x,y\in S$，$x\geqslant y$ 当且仅当 $y\leqslant x$。

给定偏序集$(S,\leqslant)$，对集合 S 的一个元素 x 和集合 S 的一个子集 A，如果对任一 $y\in A$，$x\leqslant y$（相应地，$y\leqslant x$），则称 x 是 A 的一个下界（相应地，上界）。如果 x 是 A 的一个下界（相应地，上界）且对 A 的任一下界（相应地，上界）y，有 $y\leqslant x$（相应地，$x\leqslant y$），则称 x 是 A 的最大下界（相应地，最小上界），记作 $\mathrm{glb}(A)$（相应地，$\mathrm{lub}(A)$）。对任一 $x\in A$，如果没有 $y\in A$，使得 $y<x$（相应地，$x<y$），则称 x 是 A 的极小元（相应地，极大元）。元素 $x\in A$ 是 A 的最小元（相应地，最大元），如果对任何 $y\in A$，$x\leqslant y$（相应地，$y\leqslant x$）成立。

显然，偏序集$(S,\leqslant)$如果有最大元（相应地，最小元），则最大元（相应地，最小元）是唯一的。

集合 S 上的二元关系 R 是良基的，当且仅当对任一 $x\in S$，不存在任何 $y\in S$ 使得 yRx 成立。等价地说，假定选择公理成立，S 上的二元关系 R 是良基的当且仅当不存在 S 的元素组成的可数无穷序列 $x_0,x_1,\cdots$，使得对任意自然数 $n\geqslant 0$，$x_{n+1}Rx_n$ 成立。

偏序集$(S,\leqslant)$是良序集，当且仅当$(S,\leqslant)$是全序集且 S 每一非空子集都有最小元，称关系$\leqslant$为 S 的良序。等价地说，偏序集$(S,\leqslant)$是良序集当且仅当关系$<$是良基的且$\leqslant$是全序。

下述结果是等价的：

选择公理　对任意关系 R，都存在一个函数 f 满足条件 $\mathrm{dom}(f)=\mathrm{dom}(R)$且 $f\subseteq R$。

Zorn（佐恩）引理　令$(S,\leqslant)$是偏序集，如果 S 的每一良序子集 A（关于偏序$\leqslant$）都有一个上界，则 S 有最大元 x，即对任一 $y\in S$，$y\leqslant x$ 成立。

1.1.3　函数

函数（映射）是一种特殊的关系。从集合 $A_1,\cdots,A_n$ 到集合 B 的 n 元函数 f 是

集合 $A_1,\cdots,A_n,B$ 上的 n 元关系，使得对于任何 $a_i\in A_i$（$1\leqslant i\leqslant n$），有唯一的 $b\in B$ 满足 $<a_1,\cdots,a_n,b>\in f$。通常，记此函数 f 为 $f{:}A_1\times\cdots\times A_n\to B$，记 $<a_1,\cdots,a_n,b>\in f$ 为 $f(a_1,\cdots,a_n)=b$。称集合 $A_1\times\cdots\times A_n$ 为 f 的定义域，记为 $\mathrm{dom}(f)$；集合 f 的值域定义为 $\{b\in B|$存在 $a_i\in A_i$，$i{:}1\leqslant i\leqslant n$，使得 $f(a_1,\cdots,a_n)=b\}$，记作 $\mathrm{ran}(f)$。当 $n=1$ 时，称 f 是从 A_1 到 B 的函数。

给定集合 A，函数 $f{:}A\to A$ 也称为 A 上的算子（运算）。

设 $f{:}A_1\times\cdots\times A_n\to B$ 是函数，$A'_i\subseteq A_i$（$1\leqslant i\leqslant n$），f 在 $A'_1\times\cdots\times A'_n$ 上的限制是函数 $f\upharpoonright A'_1\times\cdots\times A'_n{:}A'_1\times\cdots\times A'_n\to B$，使得对每一 $<a_1,\cdots,a_n>\in A'_1\times\cdots\times A'_n$，有

$$(f\upharpoonright A'_1\times\cdots\times A'_n)(a_1,\cdots,a_n)=f(a_1,\cdots,a_n)$$

称 $f\upharpoonright A'_1\times\cdots\times A'_n$ 是 $A_1\times\cdots\times A_n$ 到 B 的部分（或者偏）函数。如果有 $A'_1\times\cdots\times A'_n$ 到 B 的函数 g，使得 $g=f\upharpoonright A'_1\times\cdots\times A'_n$，则称函数 f 是函数 g 的扩张。

如果 $\mathrm{ran}(f)=B$，则称函数（映射）$f{:}A\to B$ 是映上的（满射）。如果 $f(x)=f(y)$ 蕴含 $x=y$，称函数 $f{:}A\to B$ 是内射。如果函数 $f{:}A\to B$ 既是满射又是内射，则称它是 1-1 映射（双射）。

令函数 g 和函数 f 分别是集合 A 到集合 B 和集合 B 到集合 C 的函数，函数 f 和函数 g 的复合记作 $f\circ g$，定义为 $(f\circ g)(a)=f[g(a)]$，称 $f\circ g$ 为 f 与 g 的复合函数。注意，函数 f 和函数 g 的复合要求 $\mathrm{ran}(f)\subseteq\mathrm{dom}(g)$。

对任一集合 S，定义恒等函数（恒等映射）$1_S{:}S\to S$，使得对任意 $a\in S$，$1_S(a)=a$，即 $1_S=\{<a,a>|a\in S\}$，称集合 $\{<a,a>|a\in S\}$ 为 $S\times S$ 的对角线。

显然，$f{:}A\to B$ 是双射当且仅当存在 $g{:}B\to A$，使得 $f\circ g=1_A$ 且 $g\circ f=1_B$。

容易验证：满足 $f\circ g=1_A$ 且 $g\circ f=1_B$ 的函数 g 是唯一的，记函数 g 为 f^{-1}，称其为函数 f 的逆函数（逆映射）。若函数 $f{:}A\to B$ 是内射，也称满足 $f\circ g=1_A$ 和 $g\circ f=1_{\mathrm{ran}(f)}$ 的函数 $g{:}\mathrm{ran}(f)\to A$ 是函数 f 的逆函数。

给定论域 U，任一集合 $S\subseteq U$ 可以用其特征函数 $\chi_S(x){:}U\to\{0,1\}$ 表示，使得对任意 $x\in U$，若 $x\in S$，则 $\chi_S(x)=1$；否则 $\chi_S(x)=0$。

显然，$\mathrm{dom}(\chi_S)=U$，$\mathrm{ran}(\chi_S)=\{x\in U|\chi_S(x)=1\}=S$。

集合 $A_1,\cdots,A_n$ 上的 n 元关系 R 用特征函数 $\chi_R(x){:}A_1\times\cdots\times A_n\to\{0,1\}$ 表示，即对任意 $a_i\in A_i$（$1\leqslant i\leqslant n$），若 $<a_1,\cdots,a_n>\in R$，则 $\chi_R(a_1,\cdots,a_n)=1$；否则，$\chi_R(a_1,\cdots,a_n)=0$。显然，有

$$\mathrm{dom}(\chi_R)=A_1\times\cdots\times A_n$$

$$\mathrm{ran}(\chi_R)=\{<a_1,\cdots,a_n>\in A_1\times\cdots\times A_n|\chi_R(a_1,\cdots,a_n)=1\}$$

约定：非空集合 S 上的零元函数是 S 的一个元素。

令$<A,\leqslant_A>$和$<B,\leqslant_B>$是偏序集，其中$\leqslant_A$和$\leqslant_B$分别是集合A和集合B上的偏序。如果对任意$a',a''\in A$，有$a'\leqslant_A a''$蕴含$f(a')\leqslant_B f(a'')$，则称函数$f:A\to B$是单调的。如果对任意$a',a''\in A$，有$a'\leqslant_A a''$蕴含$f(a'')\leqslant_B f(a')$，则称函数$f:A\to B$是反单调的。

给定一个偏序集$(S,\leqslant)$上的函数$f:S\to S$，对任意$a\in S$，如果$f(a)=a$，则称点a是函数f的不动点。如果对函数f的任何不动点b，$a\leqslant b$成立，则称a是函数f的一个最小不动点，记作$\mathrm{lfp}(f)$。相应地，如果对函数f的任何不动点b，$b\leqslant a$成立，则称a是函数f的最大不动点，记作$\mathrm{gfp}(f)$。

称偏序集$(S,\leqslant)$为格，当且仅当对集合S中任意两个元素a和b，$\mathrm{glb}\{a,b\}$和$\mathrm{lub}\{a,b\}$存在。称偏序集$(S,\leqslant)$为完备格，当且仅当对集合S的任意子集X，存在$\mathrm{glb}X$和$\mathrm{lub}X$。

对于格$(S,\leqslant)$，定义S上的两个二元运算$\vee$与$\wedge$：对任意$a,b\in S$，

$$a\vee b=\mathrm{glb}(\{a,b\}),\quad a\wedge b=\mathrm{lub}(\{a,b\})$$

因此，格$(S,\leqslant)$也可记作$(S,\vee,\wedge)$。

令$(S,\leqslant)$为完备格，$f:S\to S$是函数。称$X\subseteq S$是有向集，当且仅当X的每一有穷子集Y有一上界属于X。称函数f是单调的，当且仅当对任意$a,b\in S$，若$a\leqslant b$，则$f(a)\leqslant f(b)$。称函数f是连续的，当且仅当对S的每一有向子集X，$f(\mathrm{lub}X)=\mathrm{lub}f(X)$。

完备格$(S,\leqslant)$和集合S上的函数f具有如下性质：

若函数f是单调的，则函数f有最小（或最大）不动点$\mathrm{lfp}(f)=\mathrm{gub}\{x|f(x)\leqslant x\}$（或$\mathrm{gfp}(f)=\mathrm{lub}\{x|x\leqslant f(x)\}$）。

1.1.4 基数、序数和（数学与超穷）归纳法

如果一个集合恰好由n个（n是自然数）元素组成，则称它是有穷集；否则，称它是无穷集。通常用集合的基数衡量集合的大小。显然，有穷集的大小可以用组成该集合的元素个数衡量。任何由n个元素组成的集合与集合$\{0,1,\cdots,n-1\}$存在1-1函数，故用n表示其基数。为了衡量无穷集合的大小，需要推广这种情形到无穷集。

称两个集合A和B是等势的，记作$A\sim B$，当且仅当存在从A到B的1-1函数。集合S的基数（势），记作$|S|$，$|S|$与S的联系，即使得对任何集合T，$|S|=|T|$当且仅当$S\sim T$。

特别地，空集∅的基数为 0，即|∅|=0。记自然数集 **N** 的基数为|**N**|。

对于集合 S 和集合 T，定义$|S|\leqslant|T|$：存在 T 的子集T'，使得$|S|=|T'|$。$|S|<|T|$定义：$|S|\leqslant|T|$且$|S|\neq|T|$。等价地，$|S|<|T|$当且仅当存在 T 的子集T'，使得$|S|=|T'|$，但是没有 S 的子集S'使得$|S'|=|T|$。

一个集合 S 如果满足$|S|=|\mathbf{N}|$，则称集合 S 是可数无穷的。其中，**N** 是自然数集。如果$|S|\leqslant|\mathbf{N}|$，则称 S 是可数的，即 S 是有穷的或者可数无穷的。

可数集有以下性质：

（1）可数集的子集是可数的；

（2）可数个可数集的并是可数的；

（3）有穷个可数集的笛卡儿积是可数的；

（4）以可数集的元为分量的有穷序列构成的集合是可数的。

存在不可数的集合。考虑符号表$\{0,1\}$上由连接运算生成的符号行的全体$\{0,1\}^*=\cup_{0\leqslant n}\{0,1\}^n$，其中，$\{0,1\}^0=\{\lambda\}$，$\lambda$是空符号行，其长度为零；对 $n\geqslant 1$，$\{0,1\}^n=\{0,1\}\{0,1\}^{n-1}$。令 F 是从$\{0,1\}^*$到$\{0,1\}$的所有函数组成的集合，则 F 是不可数的。这可使用著名的对角线方法证明。事实上，假设 F 可数，则可以记 F 为$\{f_0,f_1,\cdots,f_n,\cdots\}$。设 a_i 是$\{0,1\}^*$中依字典序的第 i 个符号行，定义函数 f 如下：

$$f(a_i)=\begin{cases}1, & f_i(a_i)=0\\0, & f_i(a_i)=1\end{cases}$$

显然，f 是从$\{0,1\}^*$到$\{0,1\}$的一个函数，然而它不属于$\{f_0,f_1,\cdots,f_n,\cdots\}$。这一矛盾表明 F 是不可数的。

通常，记此不可数集合 F 的基数为$\aleph$。容易证明，全体实数组成的集合的基数也是$\aleph$。设 S 是包含 n 个元素的集合，则$|P(S)|=2^n$。上面的论述表明，$|\mathbf{N}|<\aleph$。一般地，对任意集合 S，$|S|<|P(S)|$。

1.1.5　归纳定义

可以使用归纳（递归）的方法定义集合和集合上的关系与函数。

归纳定义一个集合 S，首先，给定一个集合 M 和 k 个 n_i 元函数 f_{n_i} ($1\leqslant k$，i:$1\leqslant i\leqslant k$)；然后，定义集合 S 为满足下述条件的最小集合 T：

（1）$M\subseteq T$；

（2）对任意 $x_1,\cdots,x_{n_i}\in T$，$f_{n_i}(x_1,\cdots,x_{n_i})\in T$。

等价的定义：给定集合 M 和 k 个 n_i 元函数 f_{n_i} ($1\leqslant k$，i:$1\leqslant i\leqslant k$)，集合 S 是满足下述条件的集合。

（1）$M\subseteq T$；

（2）对任意 $x_1,\cdots,x_{n_i}\in T$，$f_{n_i}(x_1,\cdots,x_{n_i})\in T$；

（3）集合 S 的元素都是通过有穷次使用条件（1）和条件（2）生成的。

上述条件（1）是已知条件，条件（2）是归纳条件，条件（3）是限制条件。

证明如上递归定义的集合 S 中所有元素具有某种性质，一般使用如下递归证明原理：

设集合 S 是上述归纳定义的集合，且给定函数 $g: M\to S$ 和 k 个 n_i 元函数 $h_i: S^{n_i}\to S(i:1\leqslant i\leqslant k)$，则有唯一的函数 $f: S\to S$，使得

（1）对任意 $x\in M$，$f(x)=g(x)$；

（2）对于任意 $x_1,\cdots,x_{n_i}\in S$，$f(f_{n_i}(x_1,\cdots,x_{n_i}))=h_i(f(x_1),\cdots,f(x_{n_i}))$。

应用递归证明原理所做的证明称为归纳证明。其中，命题“对于任意 $x_1,\cdots,x_{n_i}\in S$，$f(f_{n_i}(x_1,\cdots,x_{n_i}))=h_i(f(x_1),\cdots,f(x_{n_i}))$”是归纳命题。证明（1）是第一步，称为归纳的基始；证明（2）是第二步，称为归纳步，其中“对于任意 $x_1,\cdots,x_{n_i}\in S$，$f_{n_i}(x_1,\cdots,x_{n_i})$”隐含 $f_{n_i}(x_1,\cdots,x_{n_i})$有唯一的值属于 S，它是归纳假设。这里需要特别注意，应用归纳定义的集合 S，要求集合 S 中的每个元素有唯一的生成过程。

以自然数集合 $\mathbf{N}$ 为实例给出定义和数学归纳法。

给定元素 0 和一元函数 n'（后继函数），$\mathbf{N}$ 是满足下述条件的最小集合 T：

（1）$0\in T$；

（2）对于任意 $n\in T$，$n'\in T$（n'是 n 的后继）。

上述可等价地表示为

（1）$0=\varnothing$；

（2）$n'=n\cup\{n\}$；

（3）只有（有限次）使用条件（1）和条件（2）生成的 $n\in\mathbf{N}$。

数学归纳法：

设 R 是关于自然数的一个性质，如果

（1）$R(0)$；

（2）对于任何 $n\in\mathbf{N}$，如果 $R(n)$，则 $R(n')$；

则对于任何 $n\in\mathbf{N}$，$R(n)$。

上面“对于任何 $n\in\mathbf{N}$，$R(n)$”是归纳命题，其中 R 是某个性质，n 是归纳变元。证明的基始是条件（1），归纳步是条件（2），其中的假设 $R(n)$是归纳假设。

显然，基于自然数可以将任一可数集元素按照自然数的顺序排序。对于不可数集合，通过引入序数的概念，也可以对其元素按照序数的顺序排序。为此，拓

广自然数的定义。

令 S 是一个集合，称 S 是一个序数当且仅当 S 满足：

（1）对任意 x,y，若 $x\in y$ 且 $y\in S$，则 $x\in S$；

（2）对任意 x,y，若 $x\in S$ 且 $y\in S$，则 $x\in y$ 或 $x=y$ 或 $y\in x$；

（3）S 中不存在无穷多个 $x_1, x_2,\cdots$，使得 $x_{i+1}\in x_i$。

显然，每一自然数是序数，即第一个序数 $0=\varnothing$，第二个序数 $1=\{\varnothing\}$，第三个序数 $2=\{\varnothing,\{\varnothing\}\}=\{0,1\}$，… 。

关系<是所有序数的汇聚上的序。定义：对任意序数α和β，若$\alpha\in\beta$，则$\alpha<\beta$。$\alpha\leqslant\beta$当且仅当$\alpha<\beta$或$\alpha=\beta$。对任一序数α，令$\alpha+1=\alpha\cup\{\alpha\}$。对任一序数$\alpha$，若有序数$\beta$，使得$\alpha=\beta+1$，则称$\alpha$是后继的。一个非 0 的序数如果不是后继的，则称它是极限序数。

记$\omega=\{0,1,2,\cdots\}$（全体自然数的集合），可以看出，ω是最小的无穷序数，即第一个无穷序数。于是，$\omega+1=\omega\cup\{\omega\}$，$\omega+2=\omega+1\cup\{\omega\}$，…；第二个无穷序数是$\omega2=\{n|n\in\omega\}\cup\{\omega+n|n\in\omega\}$；随后是$\omega2+1,\cdots,\omega3,\omega3+1,\cdots$。

拓广序列$<a_1,\cdots,a_n>$（$n\geqslant1$）的概念到任意序数α。一个超穷序列是以序数的一个初始段$\{\alpha|\alpha<\mu\}$为下标的元素族，记作$<a_\alpha>_{\alpha<\mu}$，该序列的长度为μ。类似地，推广集合$\{A_1,\cdots,A_n\}$的笛卡儿积的概念到任意序数α，即 $A_1\times\cdots\times A_\alpha=\{<a_i>_{i<\alpha}|a_i\in A_i,\ i<\alpha\}$。

作为数学归纳法的拓广，引入超穷归纳法。设 R 是性质，$R(\alpha)$表示序数α有性质 R。

超穷归纳法原理：对任意满足$\beta<\alpha$的序数α和β，如果 $R(\beta)$蕴含 $R(\alpha)$，则对任意序数α，有 $R(\alpha)$。

注意：上述归纳假设“对任意满足$\beta<\alpha$的序数α和β，如果 $R(\beta)$蕴含 $R(\alpha)$”成立时包含“序数 0 具有性质 R”，即“$R(0)$”成立。

1.2 命题逻辑

数理逻辑是用数学方法研究逻辑推理问题（特别是数学中的逻辑推理问题）的分支，命题逻辑与一阶逻辑是数理逻辑中重要的基础部分。

1.2.1 命题语言

逻辑推理使用一定的推导规则，由给定的前提推导出结论。如何建立推导关系并保证其正确性是数理逻辑研究的对象，数理逻辑正是通过构造一种符号语言（即形式语言）以更为方便地进行研究。命题逻辑是用以表现较为简单的逻辑推理的形式语言，其逻辑推理的前提和结论都是命题。命题逻辑在一定程度上可以用于表现实际的推理过程，即通过对其进行解释（即赋值）使之为真。命题是可以判断真假的陈述句。在命题逻辑中，用符号（命题符号）表示只有语义上的真假值而语法上不能再进行逻辑分析的命题（称为简单命题），并通过使用联结词构成复合命题，从而构造出命题语言。

命题语言由一个符号表σ和命题公式组成。符号表σ包括命题符号、联结词符号和标点符号。

命题符号可用无穷多个小写拉丁文字母 $p,q,r,\cdots$ 或小写拉丁文字母加其他记号表示。

联结词符号由$\neg$（一元联结词，读作“非”）和以下四个二元联结词组成：合取，符号为“$\wedge$”（读作“与”）；析取，符号为“$\vee$”（读作“或”）；蕴含，符号为“$\rightarrow$”（读作“蕴含”）；等值，符号为“$\leftrightarrow$”（读作“等值”）。

标点符号是“(”和“)”，分别称为左括号和右括号。

用大写拉丁文字母 $A,B,C,\cdots$ 或大写拉丁文字母加其他记号表示任何命题公式（不发生混淆时，简写为公式）。$A,B,C,\cdots$ 可以是不同或相同的公式。但是在同一个上下文中，A 的不同出现必须是相同的公式，这种情形以后不再说明。

命题公式归纳定义如下：

（1）每个命题符号是公式（称为原子公式或原子）；

（2）如果 A 是公式，则$(\neg A)$是公式（称为否定式）；

（3）如果 A 和 B 是公式，则$(A\wedge B)$（称为合取式）、$(A\vee B)$（称为析取式）、$(A\rightarrow B)$（称为蕴含式）和$(A\leftrightarrow B)$（称为等值式）都是公式。

命题公式是用且只用这些规则有穷次地构成的。

按上述定义的公式称为合适公式，简写为 wff。通常，公式可以用 Backus-Naur-Form（BNF）的确定文法表示：

$$A::=p\mid(\neg A)\mid(A\wedge A)\mid(A\vee A)\mid(A\rightarrow A)\mid(A\leftrightarrow A)$$

其中，p 代表任何原子；在符号“::”右边出现的每个 A 代表先前已经用某种规则构造的公式。

通常，用 $\boldsymbol{L}_\sigma$（当不致混淆时用 $\boldsymbol{L}$）表示由符号表σ确定的所有命题公式。命题公式也称命题语句，用 $\mathbf{Atom}_\sigma$（当不混淆时，写作 **Atom**）表示符号表σ的全体原子公式的集合。

公式 A 的子公式是出现在 A 中的任何公式。特别地，A 是自身的子公式；称除 A 之外的 A 的子公式为 A 的真子公式。如果公式$(\neg B)$是公式 A 的子公式，则称 B 是其左边的$\neg$在 A 中的辖域；如果公式$(B*C)$是 A 的子公式，则分别称 B 和 C 是它们之间的“$*$”在 A 中的左辖域和右辖域，其中$*\in\{\wedge,\vee,\rightarrow,\leftrightarrow\}$。任何公式 A 中的任何“$\neg$”出现（如果有）有唯一的辖域；任何公式 A 中的任何$*$出现（如果有）有唯一的左辖域和右辖域。

我们可以按照优先权的约定省略括号：

$$\neg，\wedge，\vee，\rightarrow，\leftrightarrow$$

每个左边的联结词优先于右边的联结词。同一个联结词被重复使用时，右边的联结词优先于左边的联结词。最外面的括号通常被省略。

1.2.2 命题公式的语义

对命题逻辑的解释是通过真假赋值（即给原子指派真假值）实现的，即命题公式的语义。我们用小写拉丁文字母 v 或 v 加其他记号表示任一真假赋值。

真假赋值 v 是从全体原子到$\{0,1\}$（0 表示假，1 表示真）的函数。对任何公式，我们可以将 $v(A)$写作 A^v。对于一个真假赋值 v，递归定义公式在赋值 v 之下的真假赋值如下：

（1）对任意命题符号 p，$p^v\in\{0,1\}$。

（2）对任意公式 A,B，有

如果 $A^v=0$，则$(\neg A)^v=1$；否则，$(\neg A)^v=0$。

如果 $A^v=1$ 且 $B^v=1$，则$(A\wedge B)=1$；否则，$(A\wedge B)^v=0$。

如果 $A^v=1$ 或 $B^v=1$，则$(A\vee B)^v=1$；否则，$(A\vee B)^v=0$。

如果 $A^v=0$ 或 $B^v=1$，则$(A\rightarrow B)^v=1$；否则，$(A\rightarrow B)^v=0$。

如果 $A^v=B^v$，则$(A\leftrightarrow B)^v=1$；否则，$(A\leftrightarrow B)^v=0$。

给定公式集Γ和赋值 v，如果 $A^v=1$ 对任意 $A\in\Gamma$成立，则定义$\Gamma^v=1$，否则$\Gamma^v=0$。当$\Gamma^v=1$ 时，称 v 满足Γ或 v 是Γ的模型。称 A 是重言式（永真式），当且仅当对任意赋值 v，$A^v=1$；称 A 是矛盾式，当且仅当对任意赋值 v，$A^v=0$。

给定公式集Γ和公式 A，称 A 是Γ的逻辑推论，记作$\Gamma\vDash A$，当且仅当对任意赋值 v，$\Gamma^v=1$ 蕴含 $A^v=1$。$\Gamma\nvDash A$ 当且仅当存在一赋值 v，使得$\Gamma^v=1$ 且 $A^v=0$。特别地，当Γ为单子$\{B\}$时，记作 $B\vDash A$。

显然，对原子集Γ和原子 A，$\Gamma\vDash A$ 当且仅当 $A\in\Gamma$。

称公式 A 和公式 B 是逻辑等值公式，当且仅当 $A \mathrel{=}\!\!\!\!\!\mid\!\!\!\mid\, B$，其中 $A \mathrel{=}\!\!\!\!\!\mid\!\!\!\mid\, B$ 表示 $A\vDash B$ 且 $B\vDash A$。

通常，将赋值 v 等同于在 v 之下取值为 1 的所有命题原子的集合，即 $S=\{A\in\mathbf{Atom}|A^v=1\}$。于是，对任一命题原子集 S 确定的赋值 v 和公式 A（相应地，公式集Γ），若 $A^v=1$（相应地，$\Gamma^v=1$），则称 S 满足 A（相应地，Γ）或者 S 是 A（相应地，Γ）的一个模型；若 $A^v=0$，则称 A 是 S-不可满足的。容易证明，对任意公式集Γ和任意赋值 v，$\Gamma^v=1$ 当且仅当 $S\vDash\Gamma$，其中，$S=\{A\in\mathbf{Atom}|A^v=1\}$。

1.2.3 命题逻辑的形式推导

通常，用大写拉丁字母 S 或大写希腊字母$\Gamma,\Delta,\Sigma,\cdots$（或加其他记号）表示任意公式集，即每一个符号表示其中所有的公式且可以是无穷集或有穷集，特别地，可以是空集。

命题逻辑中一个公式 A 由公式集Γ可推导，记作$\Gamma\vdash A$（读作“结论 A 是在前提Γ作为假设下可推导的”），是一个引入和“释放”前提的有穷过程，即从已知假设出发，通过有穷次使用下述推导规则最后得到$\Gamma\vdash A$。为了方便，我们分别将$\Gamma\cup\{A\}$和$\Gamma\cup\Delta$记作Γ, A 和Γ, Δ。设Γ、Δ和Σ分别是公式集，G、F 和 H 分别是公式。推导规则如下：

(Ref) $F\vdash F$

(∧I) 如果$\Gamma\vdash F$ 且$\Delta\vdash G$，则Γ，$\Delta\vdash F\wedge G$。

(∧E) 如果$\Gamma\vdash F\wedge G$，则$\Gamma\vdash F$ 且$\Gamma\vdash G$。

(∨I) 如果$\Gamma\vdash F$，则$\Gamma\vdash F\vee G$ 且$\Gamma\vdash G\vee F$。

(∨E) 如果$\Gamma\vdash F\vee G$ 且Δ_1，$F\vdash H$ 且Δ_2，$G\vdash H$，则Γ，Δ_1，$\Delta_2\vdash H$。

(→I) 如果Γ，$F\vdash G$，则$\Gamma\vdash F\to G$。

(→E) 如果$\Gamma\vdash F$ 且$\Gamma\vdash F\to G$，则$\Gamma\vdash G$。

(¬I) 如果Γ，$F\vdash G$ 且Γ，$F\vdash\neg G$，则$\Gamma\vdash\neg F$。

(¬E) 如果Γ，$\neg F\vdash G$ 且Γ，$\neg F\vdash\neg G$，则$\Gamma\vdash F$。

(W) 如果$\Gamma\vdash\Sigma$，则Γ，$\Delta\vdash\Sigma$。

上述推导规则包含引入(I)规则，消去(E)规则，自反(Ref)规则和弱化(W)规则（也称为单调规则）。

公式 A 在命题逻辑中由公式集Γ形式可推导（或形式可证明），记作$\Gamma\vdash A$，当且仅当$\Gamma\vdash A$ 能由（有穷次使用）命题逻辑的推导规则生成。

下面举例说明推导$\neg p$，$q\to r\vdash(p\vee q)\to$r 的过程。

（1）$\neg p\vdash\neg p$　　(Ref)

（2）$q\to r\vdash q\to r$　　(Ref)

（3）$p\vee q\vdash p\vee q$　　(Ref)

（4）$p\vdash p$　　(Ref)

（5）p，$\neg p\vdash r$　　由（4）用$(\neg\mathrm{I})$

（6）$q\vdash q$　　(Ref)

（7）q，$q\to r\vdash r$　　由（6）和（2）用$(\to\mathrm{E})$

（8）$p\vee q$，$\neg p$，$q\to r\vdash r$　　由（3）、（5）和（7）用$(\vee\mathrm{E})$

（9）$\neg p$，$q\to r\vdash (p\vee q)\to r$　　由（8）用$(\to\mathrm{I})$

对于公式 A 和 B，用 $A \dashv\vdash B$ 表示$\vdash B$ 且 $B\vdash A$。称 A 和 B 是语法等值公式当且仅当 $A \dashv\vdash B$。

1.2.4　命题逻辑的重要性质

用赋值定义命题逻辑的语义推导刻画了非形式推导的前提和结论间的可推导关系，它是由前提和结论的真假值之间的关系（即前提的真蕴含结论的真）确定的，逻辑推论是语义的概念。用有限多条形式推导规则定义的形式推导涉及公式的语法结构，形式推导是语法概念。命题逻辑的可靠性定理表征形式可推导性所反映的前提与结论之间的关系，在非形式推导中都成立；而完备性定理则表明非形式推导中成立的前提与结论间的关系完全可以由形式可推导性反映。因此，可靠性和完备性将语法概念形式可推导性和语义概念逻辑推论联系起来，并且建立了两者的等价性。

定理 1.2.1（可靠性）　设Γ和 A 分别是公式集和公式，如果$\Gamma\vdash A$，则$\Gamma\vDash A$。

定理 1.2.2（完备性）　设Γ和 A 分别是公式集和公式，如果$\Gamma\vDash A$，则$\Gamma\vdash A$。

定理 1.2.3（紧性）　设Γ和 A 分别是公式集和公式，则$\Gamma\vdash A$ 当且仅当存在Γ的有限子集Γ'，使得$\Gamma'\vdash A$。等价地，Γ是可满足的当且仅当Γ的任何有穷子集是可满足的。

定理 1.2.4（替换）　设 A,C 是公式，A'是在 A 中将 B 的某些（不一定全部）出现替换为 C 而得到的公式。如果 $B \dashv\vdash$ C（等价地，$B \Dashv\vDash C$），则 $A \dashv\vdash A'$（等价地，$A \Dashv\vDash A'$）。

一个文字是一个原子 p（称为正文字）或一个原子 p 的否定$\neg p$（称为负文字）。一个公式如果是有穷个文字的析取，则称它是子句；一个公式如果是子句的合取，则称它是合取范式。一个公式如果是文字的合取，则称它是短语；一个公式如果是短语的析取，则称它是析取范式。

至多包含一个正文字的子句是 Horn 子句；恰好包含一个正文字的 Horn 子句是确定子句；没有正文字出现的 Horn 子句是目标子句。Horn 公式是有穷个 Horn 子句的合取。

基于等值公式替换定理，应用下述逻辑等值关系逐步将公式中的→和↔替换为¬、∧和∨，并且使得¬的辖域中不出现¬、∧和∨，从而可以将任何公式转化为与之逻辑等价的析取范式。

$$A \to B \vDash\!\!\!\dashv \neg A \vee B$$

$$A \leftrightarrow B \vDash\!\!\!\dashv (\neg A \vee B) \wedge (A \vee \neg B)$$

$$A \leftrightarrow B \vDash\!\!\!\dashv (A \wedge B) \vee (\neg A \wedge \neg B)$$

$$\neg\neg A \vDash\!\!\!\dashv A$$

$$\neg(A_1 \wedge \cdots \wedge A_n) \vDash\!\!\!\dashv \neg A_1 \vee \cdots \vee \neg A_n$$

$$\neg(A_1 \vee \cdots \vee A_n) \vDash\!\!\!\dashv \neg A_1 \wedge \cdots \wedge \neg A_n$$

$$A \wedge (B_1 \vee \cdots \vee B_n) \vDash\!\!\!\dashv (A \wedge B_1) \vee \cdots \vee (A \wedge B_n)$$

$$A \vee (B_1 \wedge \cdots \wedge B_n) \vDash\!\!\!\dashv (A \vee B_1) \wedge \cdots \wedge (A \vee B_n)$$

$$A \vee A \vDash\!\!\!\dashv A$$

$$A \wedge A \vDash\!\!\!\dashv A$$

$$A \wedge (A \vee B) \vDash\!\!\!\dashv A$$

$$A \vee (A \wedge B) \vDash\!\!\!\dashv A$$

$$A \vee (B \wedge \neg B \wedge C) \vDash\!\!\!\dashv A$$

$$A \wedge (B \vee \neg B \vee C) \vDash\!\!\!\dashv A$$

$$A \vee B \vDash\!\!\!\dashv B \vee A$$

$$A \wedge B \vDash\!\!\!\dashv B \wedge A$$

定理 1.2.5（范式定理） 任何公式都逻辑等价于某个析取范式（或合取范式）。

1.3 一阶逻辑及二阶逻辑

命题逻辑虽然能够处理涉及“不是”“并且”“或者”“如果……则”“当且仅当”等语句联结词的陈述句，但是在表示更为丰富的自然语言和人工语言的逻辑推理方面，如涉及“存在一个”“所有的”“在当中且仅……”等的陈述句时，则显得“无能为力”。为了克服命题逻辑的局限性，需要引入一阶逻辑（也称为谓词逻辑）。

1.3.1　一阶逻辑语言

一阶逻辑语言由一个符号表σ组成。符号表σ包括：

- 个体常元用小写拉丁字母 $a,b,c,\cdots$（或加其他记号）表示。
- 个体变元用小写拉丁字母 $u,v,w,\cdots,x,y,z,\cdots$（或加其他记号）表示。
- 函数符号用小写拉丁字母 $f,g,h,\cdots$（或加其他记号）表示。若函数符号 f 有确定的元数 $n\geqslant 0$，则称 f 为 n 元函数符号。
- 关系（谓词）符号用大写拉丁字母 $F,G,H,\cdots$（或加其他记号）表示。若谓词符号 F 有确定的元数 $n\geqslant 0$，则称 F 为 n 元谓词符号。
- 特殊的谓词（等词）符号：=。
- 逻辑联结词符号：$\neg$，$\wedge$，$\vee$，$\rightarrow$，$\leftrightarrow$。
- 量词符号：$\forall$（全称量词符号，读作“对所有”），$\exists$（存在量词符号，读作“存在一个”或“有一个”）。
- 标点符号：“(”和“)”（它们依次称为左括号和右括号）。
- 量词由量词符号和变元组成，$\forall x$ 和$\exists x$ 分别是全称量词和存在量词。

通常，一阶语言中个体符号、函数符号和谓词符号是有限的或可数的。可以视个体常元为 0 元函数符号；命题符号为 0 元谓词符号。

在一阶逻辑中，用项表示个体，用小写拉丁字母 t（或加其他记号）表示任何项。项是有穷次使用且只使用下述规则构成：

（1）个体常元和个体变元是项。

（2）如果 f 是 n（$n\geqslant 1$）元函数且 $t_1,\cdots,t_n$ 是项，则 $f(t_1,\cdots,t_n)$是项。

大写拉丁字母 $A,B,C,\cdots$ 仍用来表示一阶逻辑中的任何公式，大写拉丁字母 S 或大写希腊字母$\varGamma,\varDelta,\varSigma,\cdots$ 仍用来表示一阶逻辑中的任意公式集。

一阶逻辑中公式是有穷次使用且只使用下述规则构成：

（1）如果 F 是 n（$n\geqslant 0$）元谓词符号，$t_1,\cdots,t_n$ 是项，则 $F(t_1,\cdots,t_n)$是公式（一阶原子公式或一阶原子）。

（2）如果 t_1 和 t_2 是项，则 $t_1=t_2$ 是公式（一阶原子公式）。在这里，用 $t_1=t_2$ 代替$=(t_1,t_2)$。

（3）如果 A 是公式，则$(\neg A)$是公式。

（4）如果 A 和 B 是公式，则$(A\wedge B)$，$(A\vee B)$，$(A\rightarrow B)$，$(A\leftrightarrow B)$是公式。

（5）如果 A 是公式且 x 是变元，则$\forall xA$ 和$\exists xA$ 是公式。

按上述定义的公式称为合式公式（wff）。用 BNF 表示为

$$A::=F(t_1,\cdots,t_n)|\ (\neg A)|\ (A\wedge A)|\ (A\vee A)|\ (A\rightarrow A)|\ (A\leftrightarrow A)|\ \forall xA(x)|\ \exists xA(x)$$

其中，F 是 n 元谓词符号；$t_1,\cdots,t_n(n\geqslant 0)$是项；$x$ 是变元。

通常，用 $\boldsymbol{L}_\sigma$（当不会混淆时用 $\boldsymbol{L}$）表示由符号表σ确定的所有一阶公式。一阶原子公式通常简称为一阶原子（当不会混淆时也简称原子），符号 **Atom** 表示一阶原子全体组成的集合。称不含变元的一阶原子为基原子，将所有一阶基原子组成的集合记为 **GAtom**。

约定：将形如 $Q_1x\cdots Q_nxA$（$Q_i\in\{\forall,\exists\}$，$n\geqslant 1$）的公式（即由公式 A 通过前置同一变元构成的量词做成的公式）记作 Q_nxA（即只由 A 和最后一个量词构成）。可以看出，无论从形式上，还是从语义上，都可以证明它们是等价的。特别地，若 x 不在 A 中出现，$Q_1x\cdots Q_nxA$ 可以等价地简化为 A。

类似于命题公式，下面定义一阶公式的子公式。

可以按照优先权的约定省略括号：

（1）最外面的括号通常省略。

（2）对于联结词和量词的顺序，通常约定$\neg$、$\forall$和$\exists$具有最高优先权。

（3）在序列$\wedge$，$\vee$，$\rightarrow$，$\leftrightarrow$中，每个左边的联结词优先于右边的联结词。

同一个联结词被重复使用时，右边的联结词优先于左边的联结词。当不会混淆时，$(\forall xA(x))$和$(\exists xA(x))$中的量词$\forall$和量词$\exists$、左边的括号及与之配对的右括号可以省略。

一阶公式 A 中联结词$\neg$，$\wedge$，$\vee$，$\rightarrow$，$\leftrightarrow$的辖域如命题逻辑中的定义，对于公式$\forall xA$（相应地，$\exists xA$），称从 A 中除去任何形式为$\forall xB$（相应地，$\exists xB$）的子公式后得到的子公式是$\forall x$（相应地，$\exists x$）在公式$\forall xA$（相应地，$\exists xA$）中的辖域。任一公式 A 中任何量词$\forall x$（相应地，$\exists x$）的出现（如果有）有唯一的辖域。设 A 是公式且 x 出现在 A 中，x 在 A 中的出现是约束的，当且仅当 x 出现在 A 中某个$\forall x$ 或$\exists x$ 的辖域中；否则，它是自由的，即 x 不出现在 A 中任何一个$\forall x$ 或$\exists x$ 的辖域中。如果一个项 t 中没有变元出现，则称它是闭项（或基项）。一个公式中如果没有自由出现的变元，则称它是一个闭公式（或语句）。特别地，闭原子是基原子。一个理论是一阶语句的集合。

例如，在公式$\forall x(A(x)\rightarrow\exists xB(x))$中，$\forall x$ 的辖域是 $A(x)$，$\exists x$ 的辖域是 $B(x)$。该公式和它的子公式$\exists xB(x)$都是语句，而在子公式 $A(x)\rightarrow\exists xB(x)$中，$A(x)$和 $B(x)$都不是语句。

给定公式 A 和在公式 A 中出现的变元 x，称项 t 对于 x 是自由的，当且仅当，对出现在 t 中的任意变元 y，无论 $\forall y$ 还是 $\exists y$ 在 A 中的辖域中都没有 x 的任何自由出现。例如，在公式 $(\forall x(A(x)\wedge B(x)))\to(\neg A(x)\vee B(y))$ 中 $\forall x$ 的辖域是 $A(x)\wedge B(x)$；最左边的 $A(x)$ 中的 x 是约束出现，最右边的 $A(x)$ 中的 x 是自由出现。项 $f(y)$ 对于该公式中的 x 是自由的，而项 $f(x)$ 对于该公式中的 x 不是自由的。

设 A 是公式，x 是变元，t 是项，用 $A[t/x]$ 表示以 t 替换 x 在公式 A 中的所有自由出现而得到的公式（严格地说，$A[t/x]$ 本身不是一个逻辑公式，但是它的结果是公式）。在陈述推导规则时，用 $A[t/x]$ 表示一个置换，它要求 t 对公式 A 中自由出现的 x 是自由的。例如，对于公式 $A(x)\wedge\forall y(B(x)\to C(y))$，项 $f(y,y)$ 不能用来置换 $A(x)$ 中的 x。

1.3.2 一阶逻辑的语义

一阶语言通过解释给出其语义，其中，作为语法对象的项是用来表示论域中的个体的。因此，一阶语言的语义需要考虑该语言是否与某个结构有关。如果有关，则通过确立该语言中的个体常元、（n 元）函数符号、（n 元）关系符号与这个结构指定的论域中的个体，（n 元）函数、（n 元）关系之间的 1-1 对应关系作为该语言的解释。否则，需要一个非空论域，将该语言中的个体常元、（n 元）函数符号、（n 元）关系符号分别解释为此论域中的任意个体、（n 元）函数、（n 元）关系。无论哪种情形，都需要对自由变元指派论域中具体的值。总之，一阶语言的解释由一个论域和一个函数组成，赋值则由一个解释和一个指派组成，并以解释的论域为论域。

令 I,F 和 P 分别是一阶语言的个体常元、函数符号和谓词符号的集合，其中每个函数符号和谓词符号均有其给定的元数。三元组(I, F, P)的一个解释 M 由下述集合组成：

（1）一个称为论域的非空集合 D。

（2）对每个个体常元 $a\in I$，$a^M\in D$。

（3）对每个 n 元函数符号 $f\in F$，f^M 是从 D^n 到 D 的函数。

（4）对每个 n 元谓词符号 $p\in P$，p^M 是 D 上的一个 n 元关系。特别地，对等词符号=，$=^M$ 是 D 中的相等关系 $\{<d,d>|\ d\in D\}$。

令 V 是一阶语言的变元集，它的一个指派 l 是 V 到 D 的一个函数。我们用 $l[x\mapsto d]$ 表示由指派 l 得到的指派，使得 $l[x\mapsto d](x)=d$ 且对任何不同于 x 的变元 y，

$l[x\mapsto d](y)=l(y)$。

我们仍用斜体小写拉丁字母 v（或加其他记号）表示任何赋值。赋值 v 由解释 M 和指派 l 组成。为方便起见，在上述对个体常元、函数符号和谓词符号的解释和对变元的指派表示中统一用 v 代替 M 和 l。于是，赋值 $v(l[x\mapsto d])$表示其由赋值 v 的解释 M 和由 v 的指派 l 得到的指派 $l[x\mapsto d]$组成。

项的值递归定义如下：

（1）对个体符号 a 和个体变元 x，$a^v,x^v\in D$。

（2）对项 $f(t_1,\cdots,t_n)$，$(f(t_1,\cdots,t_n))^v=f^v(t_1{}^v,\cdots,t_n{}^v)$。

设 F 是任意 n 元谓词符号，$t_1,\cdots,t_n$ 是任意项，A 和 B 是任意一阶公式。给定赋值 v，对每个一阶公式递归定义其在 v 之下的真假值如下：

（1）对 $F(t_1,\cdots,t_n)$，$F(t_1,\cdots,t_n)^v=1$ 当且仅当$<t_1{}^v,\cdots,t_n{}^v>\in F^v$。

（2）对 $t_1=t_2$，$(t_1=t_2)^v=1$ 当且仅当 $t_1{}^v=t_2{}^v$（其中=是 D 中的相等关系）。

（3）$(\neg A)^v=1$ 当且仅当 $A^v=0$。

（4）$(A\wedge B)^v=1$ 当且仅当 $A^v=B^v=1$。

（5）$(A\vee B)^v=1$ 当且仅当 $A^v=1$ 或 $B^v=1$。

（6）$(A\rightarrow B)^v=1$ 当且仅当 $A^v=0$ 或 $B^v=1$。

（7）$(A\leftrightarrow B)^v=1$ 当且仅当 $A^v=B^v$。

（8）$(\forall xA(x))^v=1$ 当且仅当对任何 $d\in D$，$A(x)^{v([x\mapsto d])}=1$。

（9）$(\exists xA(x))^v=1$ 当且仅当存在某个 $d\in D$，使得 $A(x)^{v([x\mapsto d])}=1$。

给定一阶公式集Γ和赋值 v，$\Gamma^v=1$ 当且仅当对任意 $A\in\Gamma$，$A^v=1$。称公式集Γ在非空集合 D 中是可满足的，当且仅当有以 D 为论域的赋值 v，使得$\Gamma^v=1$。称公式集Γ是可满足的，当且仅当有以某个非空集合 D 为论域的赋值 v，使得$\Gamma^v=1$。如果对任意赋值 v 都有 $A^v=1$，则可称公式 A 是永真式（或重言式）；如果对任意赋值 v 都有 $A^v=0$，则可称公式 A 是永假式（矛盾式）。

通常，将赋值 v 等同于在赋值 v 下取值为 1 的所有基原子的集合。于是，对任意一阶公式集Γ和赋值 v，若$\Gamma^v=1$，则称 $S=\{A|A\in\mathbf{GAtom}$ 且 $A^v=1\}$满足Γ（或者 S 是Γ的一个模型）；若$\Gamma^v=0$，则称Γ是 S-不可满足的。

1.3.3 一阶逻辑的形式推导

一阶逻辑中由公式集Γ推导公式 A 的关系$\Gamma\vdash A$ 与命题逻辑的推导规则类似，只是其推导规则包含命题逻辑中列举的所有推导规则及如下推导规则：

(∀E) 如果$\Gamma\vdash\forall xA$，则$\Gamma\vdash A[t/x]$。

(∀I) 如果$\Gamma\vdash A[y/x]$，则$\Gamma\vdash\forall xA(x)$。

(∃E) 如果$\Gamma, A[y/x]\vdash B$ 且 y 不在Γ的任何公式或 B 中自由出现，则$\Gamma, \exists xA(x)\vdash B$。

(∃I) 如果$\Gamma\vdash A[t/x]$，则$\Gamma\vdash\exists xA(x)$。

(=E) 如果$\Gamma\vdash A[t_1/x]$且$\Gamma\vdash t_1=t_2$，则$\Gamma\vdash A[t_2/x]$。

(=I) $\Gamma\vdash t=t$。

注意：在以上推导规则中 $A[t/x]$（或 $A[y/x]$）要求 t（或 y）对 A 中自由出现的 x 是自由的。

一阶逻辑的语义推导和逻辑等值关系$\vDash$和$\models\!\!\!\dashv$，以及逻辑推论、重言式、可满足性等概念类似于它们在命题逻辑中的定义。

1.3.4　一阶逻辑的重要性质

命题逻辑中的可靠性、完备性和替换定理在一阶逻辑中同样成立。

定理 1.3.1（紧性）　设Γ是一阶公式集，A 是一阶公式，则$\Gamma\vdash A$ 当且仅当存在Γ 的有穷子集 Γ'，使得 $\Gamma'\vdash A$。等价地，Γ是可满足的当且仅当Γ的任何有穷子集是可满足的。

定义 1.3.1　称形式为 $Q_1x_1\cdots Q_nx_nA$ 的公式为前束范式，且称 A 为此前束范式的母式，其中 $Q_1,\cdots,Q_n\in\{\exists,\forall\}$且 A 中没有量词出现。称没有存在量词出现的前束范式为无∃前束范式。

定理 1.3.2（约束变元改名规则）　设在公式 A 中将 $QxB(x)$的某些（不一定全部）出现替换为 $QyB(y)$（y 是不在 A 中出现的变元），从而得到公式 A'，其中 $Q\in\{\exists,\forall\}$，则 $A\models\!\!\!\dashv A'$。

基于等值公式替换定理，应用前述关于命题逻辑公式的逻辑等值关系和定理 1.3.2 及下述逻辑等值关系逐步将公式中的→和↔替换为¬，∧，∨，并且使¬的辖域中不出现¬，∧，∨；再通过变元改名使得每个变元只出现在一个量词中（为了使用下面的逻辑等值关系（Ⅲ和Ⅳ））；最后逐步将量词∃和∀移到¬、∧和∨之外，从而得到与 A 逻辑等值的前束范式。

$$\neg\forall xA(x)\models\!\!\!\dashv\exists x\neg A(x) \qquad (\text{Ⅰ})$$

$$\neg\exists xA(x)\models\!\!\!\dashv\forall x\neg A(x) \qquad (\text{Ⅱ})$$

$$A\wedge QxB(x)\models\!\!\!\dashv Qx(A\wedge B(x))\text{，}x\text{ 不在 }A\text{ 中自由出现} \qquad (\text{Ⅲ})$$

$$A\vee QxB(x)\models\!\!\!\dashv Qx(A\vee B(x))\text{，}x\text{ 不在 }A\text{ 自由中出现} \qquad (\text{Ⅳ})$$

$$\forall xA(x)\wedge\forall xB(x) \models\!\mid \forall x(A(x)\wedge B(x)) \quad (\text{V})$$

$$\exists xA(x)\vee\exists xB(x) \models\!\mid \exists x(A(x)\vee B(x)) \quad (\text{VI})$$

$$Q_1xA(x)\wedge Q_2yB(y) \models\!\mid Q_1xQ_2y(A(x)\wedge B(y)) \quad (\text{VII})$$

其中，$Q,Q_1,Q_2\in\{\exists,\forall\}$，对于最后一个逻辑等值关系，要求 x 不在 $B(y)$中自由出现且 y 不在 $A(x)$中自由出现。

定理 1.3.3（Lowenheim-Skolem 定理） 任何一阶公式都逻辑等价于某个前束范式。

对于任何前束范式 A，通过 Skolem 化可以变换为不含存在量词的无∃前束范式：设$\exists x$ 是 A 中最左边的存在量词，如果在$\exists x$ 的左边不出现全称量词，则用一个既不在 A 中出现也没有在此前的变换过程中使用过的个体常元 c 替换 A 的母式中 x 的所有出现，然后删除$\exists x$；如果在$\exists x$ 的左边顺序出现$\forall x_1,\cdots,\forall x_n$，则取既不在 A 中出现也没有在此前的变换过程中使用过的 n 元函数符 f，用 $f(x_1,\cdots,x_n)$（称为 Skolem 函数）替换 A 的母式中 x 的所有出现，然后删去$\exists x$。于是，有穷步后得到 A 的无∃前束范式。进一步可以将一个公式 A 的无∃前束范式的母式转换为逻辑等值的合取范式，即得到 A 的 Skolem 范式。

公式 A 的 Skolem 范式$\forall x_1\cdots\forall x_nA(x_1,\cdots,x_n)$还可以变换为形如$\forall x_{11}\cdots\forall x_{1i}B_1(x_{11},\cdots,x_{1i})\wedge\cdots\wedge\forall x_{m1}\cdots\forall x_{mj}B_m(x_{m1},\cdots,x_{mj})$的逻辑等值公式，其中，$B_1(x_{11},\cdots,x_{1i}),\cdots,B_m(x_{m1},\cdots,x_{mj})$是 A 的无∃前束范式的母式中的所有合取项且$\{x_{11},\cdots,x_{1i},\cdots,x_{m1},\cdots,x_{mj}\}\subseteq\{x_1,\cdots,x_n\}$。

显然，如果前束范式 A 中没有存在量词出现，则其 Skolem 范式只需将其母式转换为逻辑等值的合取范式即可。

定理 1.3.4 公式 A 是可满足的，当且仅当 A 的无∃前束（Skolem）范式是可满足的。

注意：公式 A 与其相应的无∃前束范式不是逻辑等价的，即转换 A 为无∃前束不保持真性。

定理 1.3.4 提供了证明可满足性的重要方法，即归约一个一阶公式的可满足性问题为其无∃前束范式的可满足性问题。另外，对于一阶公式的可满足性，可以只考虑某个特殊论域，使得公式 A 的可满足性由此论域完全确定。为此，引入 Herbrand 域。

设 A 是无∃前束范式，令 $H_A=\{t'|t'$是 A 中出现的个体符号、自由变元符号和函数符号生成的项$\}$（如果 A 中没有个体符号出现，则增加一个个体符号）。称 H_A（当不会混淆时，简记作 H）为 A 的 Herbrand 域。

显然，闭公式 A 的 Herbrand 域是由 A 中出现的个体和函数符号生成的所有基项的集合。公式 A 的 Herbrand 基 B_A 是由 A 中出现的谓词符号和 H_A 中的基项生成的所有基原子的集合。

为定义公式 A 的 Herbrand 赋值 v，v 应该满足：

（1）若 a 是 A 中出现的个体，则 $a^v=a\in H_A$；

（2）若 u 是 A 中出现的自由变元，则 $u^v=u\in H_A$；

（3）若 f 是 A 中出现的 n 元函数且 $t_1^v,\cdots,t_n^v\in H_A$，则 $f^v(t_1^v,\cdots,t_n^v)=f(t_1,\cdots,t_n)\in H_A$。

类似地，定义任意公式集的 Herbrand 解释。

一阶公式集 S 的一个 Herbrand 模型是在相应的 Herbrand 赋值下，S 的 Herbrand 基 B_S 中取值为真的所有基原子的集合。如前所述，将 S 的 Herbrand 赋值等同于它的 Herbrand 模型。

给定形如$\forall x_1\cdots\forall x_nA(x_1,\cdots,x_n)$的无$\exists$前束范式 A，称用 $t_1,\cdots,t_n\in H_A$ 分别代入母式 $A(x_1,\cdots,x_n)$中 $x_1,\cdots,x_n$ 而得到的 $A(t_1,\cdots,t_n)$为母式的例式。特别地，没有变元出现的例式是母式的基例式。如果 A 中没有自由出现的变元，则其母式的例式是基例式。

称形如$\forall x_1\cdots\forall x_nA$ 的公式为全称语句，其中，$x_1,\cdots,x_n$ 是出现在 A 中的所有变元且 A 中无量词出现。

引理 1.3.1　设 A 是形如$\forall x_1\cdots\forall x_nB$ 的全称语句，若 A 在赋值 v 下可满足，则有一 Herbrand 赋值 v_1，使得 A 在赋值 v_1 下是可满足的。

证明　设赋值 v 的论域为非空集合 D，公式 A 的 Herbrand 域为 H_A。构造 A 的 Herbrand 赋值 v_1，满足对 A 中出现的任意 n 元谓词符号“p”和等词符号“=”，以及任何 $t_1',\cdots,t'\in H_A$：

$<t_1',\cdots,t_n'>\in p^{v_1}$ 当且仅当 $<t_1^v,\cdots,t_n^v>\in p^v$，即

$$p^{v_1}(t_1',\cdots,t_n')=p^{v_1}(t_1',\cdots,t_n')$$

$<t_1',t_2'>\in =^{v_1}$ 当且仅当 $<t_1^v,t_2^v>\in =^v$，即

$$(t_1',t_2')^{v_1}=(t_1,t_2)^v$$

以上过程归纳于公式 B 的结构，容易证明 $A^{v_1}=1$。

定理 1.3.5　全称语句 A 是不可满足的，当且仅当 A 在所有 Herbrand 赋值下都取假值。等价地，全称语句集 T 是协调的，当且仅当 T 有一 Herbrand 模型。

定理 1.3.6（Herbrand 定理）　无$\exists$前束范式$\forall x_1\cdots\forall x_nA(x_1,\cdots,x_n)$是不可满足的，当且仅当存在它的母式 $A(x_1,\cdots,x_n)$的一个有穷基例式集是不可满足的。

证明 不失一般性，设所给的无∃前束范式是只含一个全称量词的$\forall xA(x)$。

“当” 设$A(t_1),\cdots,A(t_n)$是$A(x)$的任意有穷个基例式，则

$$\forall xA(x)\vdash A(t_1)\wedge\cdots\wedge A(t_n)$$

因此，若$\forall xA(x)$可满足，则$A(t_1),\cdots,A(t_n)$可满足。因此，若存在$A(x)$的有穷个基例式，它们是不可满足的，则$\forall xA(x)$是不可满足的。

“仅当” 设$\forall xA(x)$是不可满足的，但$A(x)$的任意有穷个基例式是可满足的，则依定理 1.3.1，$A(x)$的所有基例式集$\{A(t)|t'\in H\}$是可满足的，其中H是$\forall xA(x)$的 Herbrand 域。因此，有赋值v_1使得对任一$t'\in H$，$A(t)^{v_1}=1$。如引理 1.3.1，由v_1构造赋值v。因为$A(t)$不包含量词，故$A(t)^{v}=A(t)^{v_1}=1$。取任意$t'\in H$和不在$A(x)$中出现的变元u，可得

$$A(u)^{v[u/t']}=A(u)^{v[u/t^{v}]}=1$$

需要注意的是，t'是H中的任意个体，故$\forall xA(x)^{v}=1$，这与$\forall xA(x)$的不可满足性矛盾。因此，存在$A(x)$的有穷基例式集是不可满足的。

定义 1.3.2 称原子为正文字，其否定形式为负文字。正文字和负文字统称为文字。约定用大写拉丁字母L（或加其他记号）表示任一文字。不含变元的文字称为基文字。

对任一原子A，两个文字A和$\neg A$称为互补的；分别记所有文字的集合和所有基文字的集合为 **Lit** 和 **GLit**。子句是形如$\forall x_1\cdots\forall x_n(L_1\vee\cdots\vee L_m)$的公式，其中$L_1,\cdots,L_m\in\mathbf{Lit}$，$x_1,\cdots,x_n$是出现在$L_1\vee\cdots\vee L_m$中的所有变元。一个 Horn 子句是至多有一个正文字出现的子句。有穷个 Horn 子句的合取是 Horn 公式，恰好有一个正文字的 Horn 子句是确定子句，没有正文字的 Horn 子句是目标子句；基子句是不含变元的子句。通常，子句的全称量词是被省略了的，且视命题子句为子句的特例。

定义 1.3.3 公式A的子句集是A的无∃前束范式的母式中的所有合取项的集合，其中每一合取项是省略了所有全称量词的子句。

于是定理 1.3.6 可以重述如下：

定理 1.3.6* 公式A是不可满足的当且仅存在A的子句集的一个有穷基例式集是不可满足的。

例如，为证明公式

$$\forall x\exists y(P(x)\to Q(x,y))\wedge\forall x\forall y\exists z(Q(x,y)\to R(x,z))\to\forall x\exists z(P(x)\to R(x,z))$$

是永真式，等价地只需证明它的否定

$$\neg(\forall x\exists y(P(x)\to Q(x,y))\wedge\forall x\forall y\exists z(Q(x,y)\to R(x,z))\to\forall x\exists z(P(x)\to R(x,z)))$$

是不可满足的。为此，首先将$\neg A$转化为逻辑等价的前束范式

$$\neg[\forall x\exists y(P(x)\to Q(x,y))\wedge\forall x\forall y\exists z(Q(x,y)\to R(x,z))\to\forall x\exists z(P(x)\to R(x,z))]$$
$$\Leftrightarrow\neg[\neg(\forall x\exists y(\neg P(x)\vee Q(x,y))\wedge\forall x\forall y\exists z(\neg Q(x,y)\vee R(x,z)))\vee\forall x\exists z(\neg P(x)\vee R(x,z))]$$
$$\Leftrightarrow\forall x(\exists y(\neg P(x)\vee Q(x,y))\wedge\forall y\exists z(\neg Q(x,y)\vee R(x,z)))\wedge\exists xP(x)\wedge\exists x\forall z(\neg R(x,z))$$
$$\Leftrightarrow\forall x_1(\exists x_2(\neg P(x_1)\vee Q(x_1,x_2))\wedge\forall x_3\exists x_4(\neg Q(x_1,x_3)\vee R(x_1,x_4)))\wedge\exists x_5(P(x_5)\wedge\forall x_6(\neg R(x_5,x_6)))$$
$$\Leftrightarrow\exists x_5\forall x_1\exists x_2\forall x_3\exists x_4\forall x_6((\neg P(x_1)\vee Q(x_1,x_2))\wedge(\neg Q(x_1,x_3)\vee R(x_1,x_4))\wedge P(x_5)\wedge\neg R(x_5,x_6))$$

最后得到无∃前束范式

$$\forall x_1\forall x_3\forall x_6((\neg P(x_1)\vee Q(x_1,f(x_1))\wedge(\neg Q(x_1,x_3)\vee R(x_1,g(x_1,x_3))\wedge P(c)\wedge\neg R(c,x_6))$$

上式的子句集是（省略了所有全称量词）：

$$\{\neg P(x_1)\vee Q(x_1,f(x_1)),\neg Q(x_1,x_3)\vee R(x_1,g(x_1,x_3)),P(c),\neg R(c,x_6)\}$$

它的一个基例式集是

$$\{\neg P(c)\vee Q(c,f(c)),\neg Q(c,f(c))\vee R(c,g(c,f(c))),P(c),\neg R(c,g(c,f(c)))\}$$

可以看出，该基例式集是不可满足的，因此公式 A 是永真式。

注意：转换一个公式 F 为前束范式时，用 Skolem 函数替换量词可以尽可能简化，即用自变元最少的 Skolem 函数。若 $F=F_1\wedge\cdots\wedge F_n$，可以分别得到 F_i 的无∃前束范式 S_i，记 S_i 的所有合取项的集合为 C_i（$1\leqslant i\leqslant n$），其中每一合取项是省略了所有全称量词的子句。令 $C=\cup_{1\leqslant i\leqslant n}C_i$，则容易证明：$F$ 是不可满足的当且仅当 C 是不可满足的。

例如，为证明群的一个定理 $F=A_1\wedge\cdots\wedge A_4\to B$ 是永真的，其中，e 是单位元，$i(x)$是 x 的逆元：

$A_1=\forall x\forall y\exists z\, p(x,y,z)$　　（群运算的封闭性）

$A_2=\forall x\forall y\forall z\forall u\forall v\forall w(p(x,y,u)\wedge p(y,z,v)\wedge p(u,z,w)\to p(x,v,w))$
$\wedge\forall x\forall y\forall z\forall u\forall v\forall w(p(x,y,u)\wedge p(y,z,v)\wedge p(x,v,w)\to p(u,z,w))$　　（结合性）

$A_3=\forall xp(x,e,x)\wedge\forall xp(e,x,x)$　　（幂等性）

$A_4=\forall xp(x,i(x),e)\wedge\forall xp(i(x),x,e)$　　（可逆性）

$B=\forall xp(x,x,e)\to(\forall u\forall v\forall wp(u,v,w)\to p(v,u,w))$　　（交换律）

若 $x\cdot x=e$ 对每一 A_i 得到相应的子句集 C_i：

$C_1=\{p(x,y,f(x,y))\}$，

$C_2=\{\neg p(x,y,u)\vee\neg p(y,z,v)\vee\neg p(u,z,w)\vee p(x,v,w)$,
$\neg p(x,y,u)\vee\neg p(y,z,v)\vee\neg p(x,v,w)\vee p(u,z,w)\}$，

$C_3=\{p(x,e,x)$，$p(e,x,x)\}$，

$C_4=\{p(x,i(x),e)$，$p(i(x),x,e)\}$，

$$\neg B=\neg(\forall xp(x,x,e)\to(\forall u\forall v\forall wp(u,v,w)\to p(v,u,w)))$$
$$=\neg(\neg\forall xp(x,x,e)\vee\forall u\forall v\forall w(\neg p(u,v,w)\vee p(v,u,w)))$$
$$=\forall xp(x,x,e)\wedge\neg\forall u\forall v\forall w(\neg p(u,v,w)\vee p(v,u,w))$$
$$=\forall xp(x,x,e)\wedge\exists u\exists v\exists w(p(u,v,w)\wedge\neg p(v,u,w))。$$

$\neg B$ 的子句集是 T：$\{p(x,x,e)，p(a,b,c)，\neg p(b,a,c)\}$。

于是，欲证 F 永真，只需证明子句集 $C=\cup_{1\leqslant i\leqslant 4}C_i\cup T$ 是不可满足的即可。

1.3.5 二阶逻辑

为表示“任一包含 0 且在后继函数下封闭的自然数集是所有自然数的集合”（数学归纳原理），“所有有界不空的实数集都有一个最小上界”，我们需要考虑自然数集和实数集的所有子集，并使用关于集的变元和量词，从而引入二阶逻辑。二阶语言的符号表由一阶语言的符号表增加下述符号得到。

- 谓词（关系）变元：$P,Q,R,\cdots$，任何谓词变元 $P^{(n)}$有确定的元数 $n\geqslant 0$，称 $P^{(n)}$为 n 元谓词变元。例如，$P^{(2)}$中的上标(2)表示 P 是二阶谓词。
- 函数变元：$X,Y,Z,\cdots$，任何函数变元 X 都有确定的元数 $n\geqslant 0$，称 X 为 n 元函数变元。

二阶语言中的项与一阶语言中的项定义类似，即有穷次使用且只使用下述规则构成：

（1）个体常元和个体变元都是项；

（2）如果 f 是 n 元函数符号或函数变元，$t_1,\cdots,t_n$ 是项，则 $f(t_1,\cdots,t_n)$是项。

二阶逻辑中公式是有穷次使用且只使用下述规则构成：

（1）如果 P 是 n（$n\geqslant 0$）元谓词符号或谓词变元，$t_1,\cdots,t_n$ 是项，则 $P(t_1,\cdots,t_n)$ 是公式（二阶原子公式或二阶原子）；

（2）如果 t_1 和 t_2 是项，则 $t_1=t_2$ 是公式（通常用 $t_1=t_2$ 代替$=(t_1,t_2)$）；

（3）如果 A 是公式，则$(\neg A)$是公式；

（4）如果 A 和 B 是公式，则$(A\wedge B)$，$(A\vee B)$，$(A\to B)$，$(A\leftrightarrow B)$是公式；

（5）如果 A 是公式且 x 是变元，则$\forall xA$ 和$\exists xA$ 是公式；

（6）如果 A 是公式且 P^n 和 X^n 分别是谓词变元和函数变元，则$\forall P^nA$，$\forall X^nA$，$\exists P^nA$，$\exists X^nA$ 是公式。

（个体、谓词或函数）变元的自由和约束出现类似于一阶逻辑的情形定义。二阶语句是没有（个体、谓词或函数）变元自由出现的公式。

注意：谓词符号和自由谓词变元扮演的角色本质上是相同的；个体常元与自由个体变元之间，以及函数符号与自由函数变元之间都有同样的密切关系。

对于二阶逻辑的语义，仍然使用 1.3.2 节中关于解释 M 的 4 个条件，但是，需要扩展指派的定义。令 V 是所有个体变元、谓词变元或函数变元的集合，指派 l 是 V 上的一个函数，使得对每一变元指派合适类型的对象，即

（7）对个体变元 x，$l(x)\in D$；

（8）对 n 元谓词变元 P，$l(P)$是 D 上的一个 n 元关系；

（9）对 n 元函数变元 X，$l(X)$是 D 上的一个 n 元函数。

类似于一阶逻辑的表示 $l[x\mapsto d]$，我们用 $l[P\mapsto R]$表示由指派 l 得到的指派，使得 $l[P\mapsto R](P)=R\subseteq D^n$，对不同于 P 的谓词变元 Q，$l[P\mapsto R](Q)=l(Q)$。$l[X\mapsto F]$表示由指派 l 得到的指派，使得 $l[X\mapsto F](X)=F$，对任何不同于 X 的函数变元 Y，$l[X\mapsto F](Y)=l(Y)$，其中 F 是 D 上的 n 元函数。

赋值 v 由解释 M 和指派 l 组成。为方便起见，在上述对个体常元、函数符号和谓词符号的解释和对变元的指派表示中统一用 v 代替 M 和 l。项和原子公式的赋值类似于一阶逻辑递归的定义，只需注意，在项的值的递归定义中，f 可以是函数符号，也可以是函数变元；对公式的赋值定义，条件（1）中的 F 是谓词符号，条件（2）～条件（8）中的项 t 和公式 A 与公式 B 分别是二阶逻辑中的项和公式。此外，需要增加以下条款：

（10）对谓词变元 P，$(P(t_1,\cdots,t_n))^v=1$ 当且仅当$<t_1{}^v,\cdots,t_n{}^v>\in P^v$；

（11）$(\forall PA)^v=1$ 当且仅当对 D 上的每一 n 元关系 R，$(A(l[P\mapsto R](P)))^v=(A[P/R])^v=1$；

（12）$(\forall XA)^v=1$ 当且仅当对每一 n 元函数 $F{:}D^n\to D$，$(A(l[X\mapsto F](X)))^v=(A[X/F])^v=1$。

其中，$A[P/R]$和 $A[X/F]]$表示用 R 和 F 分别替换 P 和 X 在 A 中的所有自由出现而得到的公式。

将前面给出的数学归纳法原理转换为二阶语句，即

$$\forall P(P(0)\wedge\forall x(P(x)\to P(S(x)))\to\forall yP(y))$$

其中，P 是谓词变元；x，y 是个体变元；S 是后继函数。

将语句“所有有界不空的实数集都有一个最小上界”转换为二阶语句，即

$$\forall P[\exists x\forall y(P(y)\to y\leqslant x)\wedge\exists yP(y)\to\exists x\forall z(\forall y(P(y)\to y\leqslant z)\leftrightarrow x\leqslant z)]$$

对于二阶以上的高阶逻辑，允许在个体变元、以函数或谓词变元为变元的二阶函数或谓词变元，以及以 n 阶函数或谓词变元为变元的 n 阶函数或谓词变元（$n>2$）的前面使用量词，即需要使用关于集的集、集的集的集等的变元和相应的量词。

1.4 可计算性与计算复杂性

下面介绍可计算性和计算复杂性的基本概念及其主要结果。

1.4.1 可计算性

传统上研究的可计算性问题原型是判定问题，即能够用“Yes（是）”或“No（否）”获得回答的问题，通常，以所谓“算法”确定这一性质。算法作为一个直观概念，是任何一组适合特定行为且绝无二义性的指令（即是行为处理的规范，它由有穷条逐步管理行为的指令序列组成），如用 Java 语言、C 语言或任何其他常用语言编写的指令。一个问题类 D 是可判定（算法可计算）的，当且仅当存在一个算法确定这个类中的每个问题的回答，即对于 D 的任一例式，该算法能够在有穷步终止并给出“Yes”或“No”的回答。如果 D 有一个算法对 S 的某个子类（可能空）中的所有例式能够在有穷步终止并给出“Yes”或“No”的回答，而对不在该子类中的例式不能在有穷步终止（可能永不终止）并给出“Yes”或“No”的回答，则 D 是半可判定（算法可计算）的。这里，我们所考虑的问题类取决于问题中的变元，假定问题中的变元取值于一个无穷论域 D，则当变元取定 D 中任一值后便得到该问题类的一个例式。例如，命题（相应地，一阶）逻辑中的算法可计算性（可判定性）是相对于命题（相应地，一阶）公式的一种性质，如果有一个算法处理任一命题（相应地，一阶）公式的永真性（在所有赋值中为真）或可满足性（在某个赋值中为真），使得在有穷步内终止并给出正确的回答“Yes”（公式永真或可满足）或“No”（公式非永真或不可满足），则称该命题（相应地，一阶）公式是算法可计算的（可判定的）。如果有算法对于确实永真或可满足的一阶公式在有穷步内终止并给出回答“Yes”，而对于不知道是否永真或可满足的一阶公式不能在有穷步内终止（可能永不终止）并给出回答“No”，则该一阶公式是算法半可计算的（或半可判定的）。

一个判定问题类 D 的补（通常称为 D 补，记作 $\overline{D}$）是这样一个判定问题：对任何算法和 D 中的任何例式 d，$\overline{D}$ 中有唯一例式 $\overline{d}$，使得算法确立 d 的回答为“Yes”当且仅当该算法确立 $\overline{d}$ 的输出为“No”；反之亦然。例如，命题（相应地，一阶）公式的永真性判定问题的补是这样的问题：给定一个命题（相应地，一阶）公式

A，它是不可满足的吗？SAT（可满足性）补是这样的问题：给定一个合取范式形式的布尔表达式，它是不可满足的吗？Hamilton 圈问题的补是如下问题：给定一个图 G，它没有 Hamilton 圈是真的吗？易见，如果判定问题类 D 和它的补 $\overline{D}$ 都是半可判定的，则 D 是可判定的。

无论一阶逻辑还是高阶逻辑，其语义都是用赋值确定的。赋值本质上是一类特殊的函数，即变元和值都属于{0,1}的布尔函数。确切地说，若函数 $f(x_1,\cdots,x_n)$（$n\geqslant0$）满足 $\mathrm{dom}(f)=\{0,1\}^n$ 且 $\mathrm{ran}(f)\subseteq\{0,1\}$，则称其为布尔函数；变元 $x_1,\cdots,x_n$ 称为布尔变元。特别地，零元布尔函数是 0 或 1。布尔函数在计算复杂性研究中具有重要作用。

正如任何命题公式都可以逻辑等价地转换为合取范式或析取范式那样，任何布尔函数也可以转换为与之相等的布尔公式。为此，给出如下定义。

对任意布尔变元 x 和 y，表 1-1 定义了两个布尔变元的合取运算（$\wedge$）、析取运算（$\vee$）及一个布尔变元的非运算（$\neg$）。

表 1-1　二元布尔函数的合取、析取、非运算

x	y	$x\wedge y$	$x\vee y$	$\neg x$
0	0	0	0	1
0	1	0	1	1
1	0	0	1	0
1	1	1	1	0

给定一个布尔变元符号表 $X=\{x_1,\cdots x_n,\cdots\}$，一个布尔公式是有穷次使用且只使用下述规则构成：

（1）一个布尔变元；

（2）一个形如$(\neg\varphi)$的布尔公式，其中φ是布尔公式；

（3）一个形如$(\varphi\vee\psi)$的公式，其中φ和ψ是布尔公式；

（4）一个形如$(\varphi\wedge\psi)$的公式，其中φ和ψ是布尔公式。

称情形（2）中的公式为φ的否定形式，情形（3）中的公式为φ和ψ的析取形式，而情形（4）中的表达式为φ和ψ的合取形式。

类似于命题逻辑，我们可以使用括号省略规则。

布尔变元和布尔变元的否定称为布尔文字，有穷个文字的合取称为布尔短语；有穷个文字的析取称为布尔子句。有穷个布尔子句的析取称为布尔析取范式，有穷个布尔子句的合取称为布尔合取范式。

视布尔变元为 0 元谓词变元，则布尔公式是依规则（1）、（2）构成的一个二阶公式。

布尔变元集 X 的一个赋值是函数 $v:X\rightarrow\{0,1\}$。对任意 $x\in X$，记 $v(x)$为 x^v 类似于命题公式的赋值，将赋值 v 拓广到任意布尔函数和布尔公式。布尔变元集 X 的一个部分赋值是函数 $v:Y\rightarrow\{0,1\}$，其中 $Y\subseteq X$。

容易验证：$\vee$和$\wedge$运算都满足交换律和结合律，$\vee$对$\wedge$和$\wedge$对$\vee$都满足分配律。$\vee$和$\wedge$都满足幂等律，即对任意布尔变元 x，有

$$x\vee x=x，\ x\wedge x=x$$

$\neg$运算满足双重否定律和摩根律：

$$\neg(\neg x)=x，\ \neg(x\vee y)=\neg x\wedge\neg y，\ \neg(x\wedge y)=\neg x\vee\neg y$$

施归纳法容易证明：任意一 n（$n\geqslant 0$）元布尔函数可以表示为与之相等的一个布尔公式。依此规律，任一布尔函数可以表示为一个与之相等的布尔析取（相应地，合取）范式。

布尔公式 SAT 问题是指，对任一布尔公式是否有一个赋值，使得该布尔公式取值为 1（即 SAT 问题是可满足的布尔公式组成的集合）。布尔公式的永真性（或重言式，TAU）问题是指，对任一布尔公式，该布尔公式对任意赋值是否都取值为 1（即或该布尔公式是否为重言式），即永真性（或重言式）问题是永真的布尔公式组成的集合。如果一个布尔合取范式中的每个布尔子句恰好由 n 个文字组成，则称判定该布尔合取范式是否可满足的问题为 n-可满足性（n-SAT）问题。显然，对任意布尔公式的永真性或可满足性问题，都有基于真值表的算法能在有穷步内终止并给出正确的回答“Yes”或“No”，因而是可判定的。然而，对于一阶语句，永真性和可满足性问题都是半可判定的。

定理 1.4.1 命题公式和布尔公式的永真性和可满足性问题是可判定的；一阶公式的永真性和可满足性问题是半可判定的。

上述定理的后半部分表明，如果一个一阶公式是永真或可满足的，则算法在有穷步内终止并给出正确的回答“Yes”；否则，算法不能在有穷步内终止（可能永不终止）并给出回答“No”。这一事实基于 Skolem 的量词消去方法，可以得到直观的解释：为了证明一阶闭公式 A 的永真性，即证明$\neg A$ 是不可满足的，我们可以将$\neg A$ 变换为逻辑等价的前束范式，然后变换为无$\exists$前束范式，从而依据 Herbrand 定理将问题转化为寻找该无$\exists$前束范式母式的有穷个基例式并证明其是不可满足的。为此，可以依母式中函数符号出现的个数分层，层数越高的项越多，对变元代入后生成的基例式也越多，从而产生不可满足基例式集的可能性越大。

然而，如果产生基例式的过程中还没有找到不可满足的有穷个基例式，则其中一种可能是当前还没有找到，但是有穷步后可以找到；另一种可能则是不存在这样的不可满足的有穷个基例式，从而这样的寻找过程永不终止。因此，这样的证明过程不是可判定的，通常称其为半可判定的。

对任意有穷的确定子句集 S，即形如 $A_0 \vee \neg A_1 \vee \cdots \vee \neg A_n$（省略全称量词）的子句组成的集合，其中 A_i（$0 \leqslant i \leqslant n$）为原子，因为 S 的 Herbrand 基 B_S 是 S 的模型，故 S 是可满足的；从而 S 的可满足性问题是可判定的。然而，如果 S 是有穷的 Horn 子句集，即允许 S 中有形如 $\neg A_1 \vee \cdots \vee \neg A_n$（省略全称量词）的子句，则 S 的可满足性问题是半可判定的。

通过适当的编码可以将非数值的判定问题转换为数值的判定问题。例如，通过 Godel 编码将逻辑公式 1-1 对应地转换为以自然数为论域和以$\{1,0\}$为值域的数论谓词，其中 1 表示真，0 表示假。谓词则可以用其特征函数表征。于是，可判定问题转换为是否有算法能够在有穷步终止并计算出相应的特征函数值的问题。

忽略任意算法所包含的确定特征：基本运算、运算规则和描述语言，这里主要关注可以被一类抽象算法族计算的数论函数。因此可以忽略关于运算和描述的确定特征的细节，而只关注有可数定义域的抽象算法的两个公共特征，即每一算法可以被视为，对每一自然数 n，计算某一 n 元数论函数（称该算法与此函数相伴）；每一算法可以用某一自然数表示。抽象算法族就是抽象算法的一个可数集。

尽管如此，算法的直观概念仍然是比较模糊的。因此，需要一个精确化的数值算法概念，递归函数的概念正是人们为精确化算法概念而构建的一个数学模型。初等算术运算的算法是较为常用的算法，其中复杂的算法可以通过组合比较简单的算法得到，比如用重复的加法实现乘法、求两个正整数的最大公因数的 Euclid 算法中用重复减法避免除法等。递归函数的概念提供了直观算法的一种精确的形式描述。

首先，拓广 1.1.3 节中定义的函数概念。

给定集合$\{A_1,\cdots,A_n\}$和集合 B 上的 $n+1$ 元关系 f，如果对 A_i 中元素 a_i（$1 \leqslant i \leqslant n$）的每一选择，至多有一个 $b \in B$ 满足$<a_1,\cdots,a_n,b> \in f$，则称 f 为从集合$\{A_1,\cdots,A_n\}$到集合 B 的 n 元部分（偏）函数，且记$<a_1,\cdots,a_n,b> \in f$ 为 $f(a_1,\cdots,a_n)=b$。f 的定义域（记作 $\mathrm{dom}(f)$）和值域（记作 $\mathrm{ran}(f)$）分别是

$$\mathrm{dom}(f)=\{<a_1,\cdots,a_n> \in A_1 \times \cdots \times A_n \mid \text{存在唯一的 } b \in B \text{ 满足} <a_1,\cdots,a_n,b> \in f\}$$

$$\mathrm{ran}(f)=\{b \in B \mid \text{存在 } a_i \in A_i,\ i:1 \leqslant i \leqslant n,\ \text{使得 } f(a_1,\cdots,a_n)=b\}$$

如果 f 是从集合$\{A_1,\cdots,A_n\}$到集合 B 的 n 元部分（偏）函数且$<a_1,\cdots,a_n> \in \mathrm{dom}(f)$，

则称 f 对变元 $a_1,\cdots,a_n$（的组合）有定义（即 $f(a_1,\cdots,a_n)$ 有定义）；否则，f 对变元 $a_1,\cdots,a_n$（的组合）无定义，即 $f(a_1,\cdots,a_n)$ 无定义。

显然，1.1.3 节中定义的函数 f 是 $\mathrm{dom}(f)=A_1\times\cdots\times A_n$ 的部分函数。因此，任一函数也是一个部分函数；一个从集合 $\{A_1,\cdots,A_n\}$ 到集合 B 的 n 元部分函数是函数，当且仅当该函数的定义域是 $A_1\times\cdots\times A_n$。

其次，重点关注数论函数。$\mathbf{N}$ 为全体自然数的集合，称函数 $f:\mathbf{N}^n\to\mathbf{N}$（$n\geqslant 1$）是 n 元数论函数（当不致混淆时，简称为 n 元函数）。为了定义递归函数，下面引入几个特殊的数论函数。

对任意自然数 m 和任意 $x_1,\cdots,x_n\in\mathbf{N}$，定义 n 元常值函数 C_m 为 $C_m(x_1,\cdots,x_n)=m$。

对任意 $i:1\leqslant i\leqslant n$，定义 n 元射影函数 P_i 为 $P_i(x_1,\cdots,x_n)=x_i$。

对任意 $x\in\mathbf{N}$，定义后继函数 S 为 $S(x)=x+1$。

基于算法的直观概念，定义算法可计算函数（或算法可计算的部分函数）。

设 Ω 是一个可数的算法族，对 Ω 中每一算法 A 指派一个自然数 i 作为其指标且每一自然数作为指标被指派给 Ω 中某个算法。记指标为 i 的算法 A 为 A_i，则 $\Omega=\{A_i|A_i\in\Omega$ 且 $i\in\mathbf{N}\}$。Ω 具有如下性质：

对每一正整数 n，Ω 中的每一算法与恰好一个 n 元数论函数（相应地，部分函数）相伴。称与算法 A_i 相伴的 n 元数论函数（相应地，部分函数）为用算法 A_i 计算的 n 元函数（相应地，部分函数），记此函数（相应地，部分函数）为 F_i，称 i 为函数（相应地，部分函数）F_i 的指标。因为可能有很多不同的算法计算同一函数（相应地，部分函数），故同一函数（相应地，部分函数）可能有多个不同的指标。因此，算法可计算函数（相应地，部分函数）是由与任一算法族中的任一算法相伴的所有数论函数（相应地，部分函数）组成的类。

为精确定义可计算函数（相应地，可计算的部分函数），引入递归（相应地，部分递归）函数的概念。

设 $n+1$ 元函数 g 满足"根存在条件"：对任意 $x_1,\cdots,x_n\in\mathbf{N}$，存在 $z\in\mathbf{N}$，使得 $g(x_1,\cdots,x_n,z)=0$；μ 是一个极小化算子：$\mu z(g(x_1,\cdots,x_n,z)=0)$ 表示使 $g(x_1,\cdots,x_n,z)=0$ 的最小自然数。定义 n 元函数 f 为 $f(x_1,\cdots,x_n)=\mu z(g(x_1,\cdots,x_n,z)=0)$。

递归函数是有穷次使用且只使用下述规则得到的函数。

（1）常值函数、射影函数和后继函数是递归函数；

（2）若 $g_1,\cdots,g_m$ 是 n 元递归函数，h 是 m 元递归函数，则复合函数 $h\circ(g_1,\cdots,g_m)$ 是 n 元递归函数，其中，$h\circ(g_1,\cdots,g_m)$ 的定义：对任意 $x_1,\cdots,x_n\in\mathbf{N}$，有

$$h\circ(g_1,\cdots,g_m)(x_1,\cdots,x_n)=h(g_1(x_1,\cdots,x_n),\cdots,g_m(x_1,\cdots,x_n))$$

（3）若 g 和 h 分别是 n 元和 $n+2$ 元递归函数，则由下述原始递归定义得到的 $m+1$ 元函数 f 是递归函数：对任意 $x_1,\cdots,x_m\in\mathbf{N}$，有

$$f(x_1,\cdots,x_m,0)=g(x_1,\cdots,x_m)$$
$$f(x_1,\cdots,x_m,n+1)=h(x_1,\cdots,x_m,f(x_1,\cdots,x_m,n))$$

（4）若 g 是满足根存在条件的 $n+1$ 元递归函数，则通过μ算子定义的 n 元函数 f:$f(x_1,\cdots,x_n)=\mu z(g(x_1,\cdots,x_n,z)=0)$是递归函数。

存在不满足根存在条件的递归函数，例如，$g(x,z)=|x-3z|$（即 $x-3z$ 的绝对值），当 x 不是 3 的倍数时无定义，需要引入部分递归函数的概念。因此，如果去掉规则（4）中的根存在条件这一限制，则定义的函数称为部分递归函数。如果去掉规则（4），将规则（1）、（2）和（3）中的递归函数改为原始递归函数，则定义的函数是原始递归函数。

利用归纳法证明如下定理。

定理 1.4.2　递归函数类是可数类。

自然数集 $\mathbf{N}$ 上的 n 元关系 R 的特征函数χ_R的定义：对任意 $x_1,\cdots,x_n\in\mathbf{N}$，若 $<x_1,\cdots,x_n>\in R$，则$\chi_R(x_1,\cdots,x_n)=1$；否则，$\chi_R(x_1,\cdots,x_n)=0$。

n 元关系 R 是递归关系，当且仅当χ_R是递归函数。特别地，一元递归关系（集合）称为递归集。显然，自然数集 $\mathbf{N}$、有穷自然数集和补集为有穷集的自然数集都是递归集。

数集 $S\subseteq\mathbf{N}$ 是递归可枚举的当且仅当 S 是空集，或者 S 是某个一元递归函数 f 的值域；此时，称 f 为 S 的枚举函数。

定理 1.4.3　每个递归集是递归可枚举集。

定理 1.4.4　集合 A 是递归集当且仅当 A 和 $\overline{A}$ 都是递归可枚举集。

算法可计算函数是直观概念，递归函数是精确定义的数学概念。下面的 Church 论题作为一种假设，使得递归函数成为算法可计算函数的精确定义，即算法是有穷次使用递归函数定义中的规则过程。

Church 论题　算法可计算函数类=递归函数类。

Church 论题对于部分函数也适合，即算法可计算部分函数类=部分递归函数类。

一个部分函数 f 是算法可计算的，当且仅当存在一个算法，使得对任意 $x\in\mathrm{dom}(f)$，该算法给出 f 的函数值。

基于 Church 论题，对于算法可计算函数（相应地，部分函数）与递归函数这两个概念，根据需要，可以使用其中一个代替另一个。例如，对于非空的递归可枚举集 A，有递归函数 f，使得 $A=\{a|$有某个 $n\in\mathbf{N}$，使得 $a=f(n)\}$。

根据 Church 论题，将算法用于计算 f 的函数值使得 A 的所有成员可以全部枚举出来（可能重复）：$f(0), f(1), \cdots, f(n), \cdots$ 这样的枚举称为能行枚举，反映了递归可枚举的直观意义。

一般来说，给定一个集合 $S\subseteq\mathbf{N}$，对应于 S 的判定问题：对任意 $n\in\mathbf{N}$，“$n\in S$”是真的吗？如果 S 是递归集，则总能得到回答“真”或“假”。如果 S 是递归可枚举集，则它是某一递归函数 f 的值域；当 n 确实是 S 的元素时，必有某一 $k\in\mathbf{N}$，使得 $f(k)=n$，从而得到回答“是”。当 n 不是 S 的元素时，无法由枚举 S 的所有元素确定是否有 $k\in\mathbf{N}$，使得 $f(k)=n$，从而得不到“是”或“不是”的回答。根据 Church 论题，可以通过下述定理判定。

定理 1.4.5 一个集合是递归集，当且仅当对应的判定问题是可判定的。一个集合是递归可枚举集，当且仅当对应的判定问题是半可判定的。

对每一算法族Ω和每一正整数 n，定义 $n+1$ 元函数 D 如下：

如果 $F_i^n(x_1,\cdots,x_n)$有定义，则 $D(i,x_1,\cdots,x_n)=1$；否则，$D(i,x_1,\cdots,x_n)=0$。其中，F_i 是用Ω中第 i 个算法计算的 n 元函数。称 D 为Ω的 n 元定义域函数。

称如下定义的一元函数 d 为Ω的对角线定义域函数：对任意自然数 x，如果 $F_x(x)$有定义，则 $d(x)=1$；否则，$d(x)=0$。

设算法族Ω由满足以下条件的所有算法组成：每一算法有某个部分递归函数相伴且每一部分递归函数是相伴于一个算法的。基于 Church 论题，可以证明下述定理。

定理 1.4.6 算法族Ω的对角线定义域函数 $d(x)$不是递归函数。

上述定理表明，存在不是递归函数的函数，即存在不可计算的函数。进而，存在不是递归集的递归可枚举集。这表明：有生成集合的元素的算法并不蕴含有判定任一元素是否属于该集合的算法。

定理 1.4.6 的典型实例——停机问题：对任意自然数 x 和以 x 为指标的一元部分递归函数φ_x，是否有算法判定$\varphi_x(x)$有定义。用谓词公式表示为

$$K=\{x|\varphi_x(x)\text{有定义}\}$$

集合 K 是递归可枚举的，但不是递归的。事实上，K 的特征函数χ_K是对角线定义域函数，所以它不是递归集。令 g 是如下定义的一元函数：对任意 $x\in\mathbf{N}$，如果$\varphi_x(x)$有定义，则 $g(x)=x$；否则，$g(x)$无定义。

显然，g 是部分递归函数，从而，$x\in\text{ran}(g)$当且仅当$\varphi_x(x)$有定义，即当且仅当 $x\in K$。因此，K 是一元部分递归函数的值域，故 K 是递归可枚举的。

然而，依定理 1.4.6，我们可以判定集合 K 的补集$\{x|\varphi_x(x)\text{无定义}\}$不是递归可枚举的集合。另外，集合 $T=\{x|\varphi_x\text{对任意自然数}x\text{有定义}\}$不是递归可枚举集。事实上，

如果 T 是递归可枚举的，则有一元递归函数 f，使得 T=ran(f)。定义函数 h 为

$$h(x)=U^2(f(x),x)+1=\varphi_{f(x)}(x)+1$$

其中，U^{n+1} 是通用函数，对任意自然数 i 和第 i 个算法计算的函数 F_i^n，有

$$U^{n+1}(i,x_1,\cdots,x_n)=F_i^n(x_1,\cdots,x_n)，对任意自然数 x_1,\cdots,x_n$$

因为 f 是递归函数，所以 h 也是递归函数。令 w 是 h 的任一指标，由 T=ran(f) 可知，对于任意 x，$\varphi_{f(x)}(x)$必有定义。因此，h 也是处处有定义的函数，这蕴含着 $w\in$ran(f)。设 $w=f(u)$，则有

$$h(u)=\varphi_{f(u)}(u)+1=\varphi_w(u)+1=h(u)+1$$

等式两端矛盾，由此矛盾可知集合 T 不是递归可枚举的。

1.4.2　计算复杂性

命题公式和一阶语句的永真性（相应地，可满足性）问题，尽管理论上分别是可判定的和半可判定的，但实际上因为计算步数或指令条数增加到非常大时变得难以计算，所以需要进行计算复杂性的研究。例如，对含 n 个原子的命题公式的永真性，一般需要检查 2^n 个可能的赋值；而对于一阶语句的永真性，依 Herbrand 定理，需要测试其否定的无∃前束范式母式的有穷个基例式是否不可满足，而母式的基例式可能呈指数增长，使得判定是否不可满足的计算非常困难甚至不可能。

计算复杂性一般以计算所花费时间的长短或所需要存储空间的大小来度量。时间的度量通常以计算程序指令的条数和计算的步数来衡量。根据计算所花费时间的长短或者所需存储空间的大小是否可以用多项式度量，将计算复杂性分为 **P**（多项式）复杂性和 **NP**（非确定性多项式）复杂性两类。例如，通过估计算法对于问题的一个规模（输入的长度）为 n 的例式需要执行的基本运算（加、减、乘、除和比较等）次数的一个上界 $f(n)$（即最差情形），确定该算法的时间复杂性。类似地，通过估计算法对于问题的一个规模为 n 的例式需要占用的空间大小的一个上界 $f(n)$，确定该算法的空间复杂性。

下面介绍渐近分析的估计形式，即只考虑算法在很大的输入上运行耗费的时间（相应地，空间）表示式的最高阶项，并用符号 O 描述：设 $f(n)$与 $g(n)$是定义在正整数上的实值函数，如果存在常数 $c>0$ 使得当 n 充分大时，$f(n)\leqslant cg(n)$，则记 $f(n)=O(g(n))$。大写字母 O 表示函数 f 渐近地不大于函数 g。小写字母 o 则表示函数 f 渐近地小于函数 g，即 $f(n)=O(g(n))$当且仅当 $f(n)<cg(n)$。给定一个规模为正整数 n 的判定问题和正整数上定义的函数 f，如果某一算法解决该问题至多需要花费时间（相应地，空间）$f(n)=O(g(n))$终止并给出回答“Yes”或“No”，则称 $f(n)$为

该问题（或算法）的计算时间（相应地，空间）复杂性。计算复杂性通常分为

（1）难于计算（**NP** 复杂性），其算法花费时间或空间呈“指数式爆炸”；

（2）可行（容易）计算，其算法花费时间以多项式时间或空间为上界。

如果一个算法是多项式时间（相应地，空间）算法，则其计算复杂性 $f(n)=O(n^k)$（k 为正整数）；否则（即如果 $f(n)=O(g(n))$ 且 $g(n)$ 不是 n^k 的形式），该算法为非多项式时间（相应地，空间）算法，典型的如指数算法，其 $f(n)$ 是 2^{nk} 的形式。

我们用 TIME(n^k)表示所有时间复杂性为 $O(n^k)$ 的问题类，则 **P** 类时间复杂性是所有能够用多项式时间算法解决的判定问题的集合，记为

$$\mathbf{P}=\cup_{k>0}\mathrm{TIME}(n^k) \tag{1-3}$$

如 2SAT，有向图中二结点是否存在一条有向路径及两个正整数是否互质等问题都属于 **P** 类。

定理 1.4.7 命题确定子句可满足性问题属于 **P** 类。

证明 假设 S 是由 m 个确定子句组成的集合，S 中出现的原子个数为 n。可以构造一个赋值 T，如下。

初始 T：$=\varnothing$（即所有原子赋值为 0）。

重复以下步骤直到 S 中所有形如 $\neg p_1\vee\neg p_2\vee\cdots\vee\neg p_k\vee q$ 子句都被满足：

取 S 中任一 T-不可满足的子句 $\neg p_1\vee\neg p_2\vee\cdots\vee\neg p_k\vee q$（$k\leqslant n$），则 T 满足所有的 p_i 但不满足 q，置 $T:=T\cup\{q\}$。因为 T 在每一步都增大，且算法在至多 m 步后必然终止，因此，最后得到的 T 满足 S 中所有的包含一个正文字的子句。

假设有另一赋值 T' 满足 S 中所有形如 $\neg p_1\vee\neg p_2\vee\cdots\vee\neg p_k\vee q$ 的子句，则 $T\subseteq T'$。于是，可以判定 $T=T'$。否则，$T'\subset T$。考虑算法执行中第一次得到 T' 时，依 T' 的定义，没有 S 中形如 $\neg p_1\vee\neg p_2\vee\cdots\vee\neg p_k\vee q$ 的子句不被 T' 满足。因此，算法将终止且不可能生成 T。这表明，S 可满足当且仅当 T 满足 S。易见，S 中任一形如 $\neg p_1\vee\neg p_2\vee\cdots\vee\neg p_k$ 的子句不被 T 满足当且仅当 $\{p_1,p_2,\cdots,p_k\}\subseteq T$。这表明，$T$ 的任何真子集不满足此子句。因此，我们可以判定 S 的可满足性：S 可满足当且仅当 S 中没有形如 $\neg p_1\vee\neg p_2\vee\cdots\vee\neg p_k$ 的子句，使得 $\{p_1,p_2,\cdots,p_k\}\subseteq T$，且此算法的时间复杂性为 $O(mn)$。

然而，有很多判定问题（如任意命题公式或布尔表达式的可满足性问题）尽管有算法解决，但是至今都不知道是否有多项式时间内终止的算法，因此无法判定其是否属于 **P** 类。人们认为这类问题是难以计算的，并且相信难于计算性是其固有的特性。通常解决这类问题采用猜测加验证的非确定算法：首先，猜测问题的例式的某个结构（称为证据，相信它存在，但是没有给出，甚至可能不知道如

何在多项式时间内找到这个猜测的确定方法）；然后，通过多项式时间内终止的算法验证这个猜测。如果猜测正确，则得到回答“Yes”；否则，得到回答“No”。问题的最终解决需要检验所有的猜测，这就是非确定性多项式时间算法。

相对于非确定性多项式时间算法，也可称 **P** 类为不需要猜测而直接用多项式时间算法判定的问题，并称相应的算法为确定性多项式时间算法；**NP** 类问题则是所有能够用不确定多项式时间算法解决的判定问题的集合。我们用符号 NPTIME(n^k)表示所有能够用时间复杂度为 $O(n^k)$的不确定多项式时间算法判定的问题类，即

$$\mathbf{NP} = \cup_{k>0} \mathrm{NPTIME}(n^k) \tag{1-4}$$

式（1-4）表示所有能够用不确定多项式时间算法判定的问题的集合。

例如，对于由 n 个命题原子形成的命题公式（相应地，子句集）的可满足性问题，有一个非确定性多项式时间算法，即猜想任一赋值并且检验其是否使得该公式（相应地，子句集）为真，一般需要检验所有 2^n 个可能的赋值，属于 **NP** 类。

对计算复杂度进行分类以便确定哪些问题可以在多项式时间求解，哪些不可能在多项式时间求解。对此，归约与完全性的概念起着重要作用。通过研究发现 **NP** 类中一些问题，其复杂度与整个类的复杂度相关：如果对这些问题中任一个存在多项式时间算法，则 **NP** 类中所有问题都可以在多项式时间算法内解决，即 **P=NP**。遗憾的是，至今没有解决是否 **P=NP** 的问题。基于 **P≠NP** 的假设，如何确定一个判定问题是否属于 **NP**，但不属于 **P** 的研究导致 **NP** 完全性理论，这个问题通常用多项式归约这一基本方法解决。

多项式归约是一个从判定问题 D_1 到 D_2 的函数 f，且 f 满足：

（1）有一个多项式函数 f，使得对 D_1 的任一实例 I_1，f 可以在 $f(|I_1|)$($|I_1|$为 I 的规模）时间内将 I_1 映射为 D_2 的唯一实例 I_2，即使得 $I_2=f(I_1)$；

（2）给定 D_1 的任一实例 I_1，一个算法确定 I_1 的回答为“Yes”当且仅当该算法确定 I_2 的回答为“Yes”。

称满足上述条件的函数 f 将 D_1 多项式归约为 D_2，记作 $D_1 \propto D_2$。

易见，$\propto$是自反和传递的二元关系。

两个判定问题 D_1 和 D_2 的复杂度是多项式等价的，当且仅当 $D_1 \propto D_2$，且 $D_2 \propto D_1$。

一般地，利用多项式归约的概念，我们给出复杂性类的某种偏序或全序：如果 D_1 可多项式归约到 D_2，则 D_2 至少如 D_1 一样复杂。反之，如果 D_2 不可多项式归约到 D_1，则 D_2 比 D_1 更复杂。显然，如果 $D_1 \propto D_2$ 且 $D_2 \in \mathbf{P}$，则 $D_1 \in \mathbf{P}$。

如果对所有其他 **NP** 问题 D'都有 $D' \propto D$，则称判定问题 $D \in \mathbf{NP}$ 是 **NP**-完全的。

称 **NP**-完全问题的集合为 **NP**-完全性（缩写为 **NPC**），它们的计算难度是多项式等价的（在多项时间内可相互归纳），也是 **NP** 类中最难的问题。研究人员找到的第一个 **NPC** 问题是 SAT 问题，利用多项式归约已经证明 3SAT、Hamilton（汉密尔顿）圈和售货员等问题都属于 **NPC** 类。

与计算问题的时间复杂性同样重要的是计算要求的空间（如存储器）复杂性，如果用 NPSPACE($f(n)$)表示所有可以用非确定性 $O(f(n))$空间算法解决的问题的集合，则类似地也有两类空间复杂性：

$$\mathbf{PSPACE} = \cup_{k>0} \mathrm{PSPACE}(n^k) \tag{1-5}$$

式（1-5）是所有可以用确定性多项式空间算法判定的问题的集合。

$$\mathbf{NPSPACE} = \cup_{k>0} \mathrm{NPSPACE}(n^k) \tag{1-6}$$

式（1-6）是所有可以用非确定性多项式空间算法判定的问题的集合。

已经证明：**NPSPACE=PSPACE**。SAT 问题尽管属于 **NPC** 类，但它可以用线性空间算法解决，这是因为空间可以重复使用而时间不能重复使用。

时间和空间复杂性类有下述关系，其中 **EXPTIME** 是时间复杂性为指数形式 2^{nk} 的类（k 为自然数）：

$$\mathbf{P} \subseteq \mathbf{NP} \subseteq \mathbf{PSPASCE} = \mathbf{NPSPACE} \subseteq \mathbf{EXPTIME} \tag{1-7}$$

对于一个复杂性类$\mathbb{C}$，它的补类 co-$\mathbb{C}$是类$\{\overline{d} \mid d\in\mathbb{C}\}$。显然，如果$\mathbb{C}$是 **P** 或 **PSPACE**，则$\mathbb{C}$=co-$\mathbb{C}$，即所有 **P** 和 **PSPACE** 是对于补封闭的。一个重要的未解决问题：非确定时间复杂性类是否对于补封闭。

可以证明：co-**NP** 中任何问题都可以归约为布尔公式的永真性问题。基于 **P≠NP** 的假设，可以证明存在 **NP** 中既不是 **P** 也不是 **NPC** 的判定问题。

假设 **P≠NP**，一般情况下，一个算法花费的时间（相应地，空间）越多，其可以解决的问题类越大，换言之，一个有较高时间（相应地，空间）复杂性的判定问题类应该包含有较低时间（相应地，空间）复杂性的判定问题类。这一直观在一定条件下是正确的，复杂性类的多项式分层正是这种直观的形式化。

复杂性类的多项式时间分层可以由以多项式时间为上界的非确定性带外部信息源询问的算法定义，该外部信息源能够按照问题的真或假在某一步做出不同的计算。这样的算法由猜测和验证两个阶段组成，只是在检验阶段除花费多项式时间外，可能包含对一类判定问题中问题的多项式猜测（即对外部信息源的多项式时间询问，每次询问花费时间只算一个时间单位），在询问结束后又继续非确定性计算。

令 A 表示借助外部信息源计算的判定问题类，用 $\mathbf{NP}^A$ 表示由多项式时间，以

及外部信息源借助 A 判定的所有判定问题组成的类；对任何判定问题类 D，记 $\mathbf{NP}^D=\cup_{A\in D}\mathbf{NP}^A$。于是，可以定义复杂性类 PH 的多项式分层由 Δ_i^p、Σ_i^p 和 Π_i^p 组成，其中，Δ_i^p、Σ_i^p 和 Π_i^p 定义如下：对一切 $i\geqslant 0$，

$$\Delta_0^p=\Sigma_0^p=\Pi_0^p=P$$

$$\Delta_{i+1}^p={}_{\mathbf{P}}\Sigma_i^p$$

$$\Sigma_{i+1}^p={}_{\mathbf{NP}}\Sigma_i^p$$

$$\Pi_{i+1}^p=\text{co}-\Sigma_{i+1}^p$$

类 PH 定义为$\cup_{0\leqslant i}\Sigma_i^p$。于是，$\Sigma_1^p=\mathbf{NP}$，$\Sigma_2^p=\mathbf{NP}^{\mathbf{NP}}$。

PH 的多项式分层中第一层由 Δ_1^p、Σ_1^p=**NP** 和 Π_1^p=**co-NP** 三个不同的类组成。Δ_1^p 由所有可表示为 **NP** 中一个问题和 **co-NP** 中一个问题的合取的问题组成，**NP**$\subseteq\Delta_2^p$ 且 **co-NP**$\subseteq\Delta_2^p$，通常认为 Δ_1^p 是非常靠近 **NP** 和 **co-NP** 的。

PH 的多项式分层中第二层由 $\Delta_2^p=\mathbf{P}^{\mathbf{NP}}$，$\Sigma_2^p=\mathbf{NP}^{\mathbf{NP}}$，$\Pi_2^p=\text{co-}\mathbf{NP}^{\mathbf{NP}}$ 组成。例如，第一层、第二层的三个类是互不相同的，如此等等。此外，正如 **P** 同时包含于 $\mathbf{P}^{\mathbf{NP}}$、**NP** 和 **co-NP**，在每一层中的每一类包含前面任一层中的所有类，从而对任何 $i>0$，有

$$\Sigma_i^p\cup\Pi_i^p\subseteq\Delta_{i+1}^p\subseteq\Sigma_{i+1}^p\cap\Pi_{i+1}^p\subseteq\mathbf{PSPACE}$$

下面主要考虑五种特殊的复杂性类：

（1）Σ_1^p（缩写为Σ^p）=**NP**。

（2）Π_1^p（缩写为Π^p）=**co-NP**。

（3）Δ_2^p：由可以表示为 **NP** 与 **co-NP** 中的问题的合取的所有问题组成的类，直观上，它是多项式分层中 **NP** 的下一层。

（4）Σ_2^p：也称为 $\mathbf{NP}^{\mathbf{NP}}$，直观上，它是多项式分层中 **NP** 的下一层。一个问题属于Σ_2^p，如果它的一个正例式可以通过对于 **NP** 中问题的一个猜测阶段和一个检验阶段判定，仅有的区别是检验阶段除花费多项式时间外，可能包含对 **NP** 中问题的多项式次猜测（即对外部信息源的询问），其花费时间为 $O(2^{n^{2^n}})$。

（5）Π_2^p：由所有 Σ_2^p 中问题的补组成。直观上，它是多项式分层中 **co-NP** 的下一层。

已经证明关于复杂性类的多项式分层的基本事实如下：若对某 $i\geqslant 1$，$\Sigma_i^p=\Pi_i^p$，则对一切 $j>i$，$\Sigma_i^p=\Pi_i^p$。因此，若 **P=NP**，或即使 **NP=co-NP**，复杂性类的多项式分层将崩塌到第一层。

考虑一个复杂性类$\mathbb{C}$，一个判定问题 B 和一个多项式归约 f，如果对所有 $A\in\mathbb{C}$，

$A \propto B$，则称 B 是$\mathbb{C}$-困难的；如果 $B \in \mathbb{C}$，则称 B 是$\mathbb{C}$-完全的。属于 Δ_1^p-完全问题的是 SAT-UNSAT 问题：给定两个命题公式 F 和 G，判定 F 是否可满足且 G 是否不可满足。基于 **P≠NP** 的假设，类似于 **NPC** 类，对任意 $i \geqslant 2$，容易定义 Σ_i^p-完全类。

对任一自然数 $i \geqslant 1$，可以将 SAT 问题推广而得到一个 Σ_i^p 中的完全问题。

给定一个布尔公式φ，出现在φ中的所有布尔变元的集合 X 被划分为 k 个两两互不相交的集合$\{X_1, \cdots, X_k\}$。设 v_i（$1 \leqslant i \leqslant k$）是 X_i 的一个赋值（即 X 的一个部分赋值），令 $v = \cup_{1 \leqslant i \leqslant k} v_i$ 是 X 到$\{0,1\}$的一个函数，使得对任意 $x \in X$，若 $x \in X_j$（$1 \leqslant j \leqslant k$），则 $x^v = x^{v_j}$；称 $v = \cup_{1 \leqslant i \leqslant k} v_i$ 是 X 的一个整体赋值。

Σ_i^p 可满足问题（SAT_i）：给定 i 个两两不相交的布尔变元集$\{X_1, \cdots, X_i\}$和由 $X = X_1 \cup \cdots \cup X_i$ 中元素形成的布尔公式 F，判定是否存在 $v_1 \forall v_2 \cdots Q_i v_i F^v = 1$，其中，$v_j: X_j \to \{0,1\}$是 X_j（$1 \leqslant i \leqslant k$）的赋值，$v = \cup_{1 \leqslant j \leqslant i} v_i$ 是 X 的赋值；i 为奇数时，Q_i 表示$\exists$，否则，Q_i 表示$\forall$。

直观上，SAT_i 问题是判定是否有满足如下条件的整体赋值 v，使得φ可满足：有 X_1 的某一赋值 v_1 使得对 X_2 的所有赋值 v_2 使得有 X_3 的某一赋值 v_3 使得……直到有 X_i 的一个（i 为奇数时）或对 X_i 的所有（i 为偶数时）赋值 v_i，使得 F 在整体赋值 v 下为真。

如果将赋值 $v_j(1 \leqslant j \leqslant i)$等同于 F 中被 v_j 指派的值为 1 的布尔变元集 $X_j = \{X_{j_1}, \cdots, X_{j_k}\}$，则判定是否存在 $v_1 \forall v_2 \cdots Q_i v_i F^v = 1$ 等价于判定二阶公式

$$\exists X_1 \forall X_2 \cdots Q_i X_i F \tag{1-8}$$

是否可满足，其中 $X_j = \{X_{j_1}, \cdots, X_{j_k}\}$视为谓词变元集，$Q_j \in \{\exists, \forall\}$，$Q_i X_i$ 是 $Q_i X_{j1} \cdots Q_i X_{j_k}$ 的缩写（$1 \leqslant j \leqslant i$）。

如果 SAT_i 问题能归约为其他 Σ_i^p 问题，则该问题是 Σ_i^p-完全问题。

一个 3-CNF 布尔公式是形如 $D_1 \wedge D_2 \wedge \cdots \wedge D_m$ 的布尔公式，其中每个 D_k（$1 \leqslant k \leqslant m$）是三个不同布尔文字的析取。一个 3-DNF 布尔公式是形如 $C_1 \vee C_2 \vee \cdots \vee C_m$ 的布尔公式，其中每个 C_k（$1 \leqslant k \leqslant m$）是三个不同布尔文字的合取。

用 3-CNF-SAT_i 和 3-DNF-SAT_i 分别表示判定一个 3-CNF 布尔公式 F 和 3-DNF 布尔公式 F 是否满足式（1-5）的判定问题，并用 3-CNF-TAU_i 和 3-DNF-TAU_i 分别表示判定一个 3-CNF 布尔公式 F 和 3-DNF 布尔公式 F 是否满足如下条件的判定问题：

$$\forall v_1 \exists v_2 \cdots Q_k v_k F^v = 1 \tag{1-9}$$

其中，$v = \cup_{1 \leqslant i \leqslant k} v_i$，$v_i: X_i \to \{0,1\}$是 X_i 上的赋值；k 为奇数时，Q_k 表示$\forall$，否则，Q_k 表示$\exists$。

易见 SAT_i 问题是 Σ_i^p 中的问题。可以证明：任一 Σ_i^p 中的问题都可以多项式归约为 SAT_i 问题。于是，我们有下面的定理和推论。

定理 1.4.8　令 $i>0$ 是自然数，则 SAT_i 是 Σ_i^p -完全的。

推论 1.4.1　对每一奇数 $i\geqslant 1$，3-CNF-SAT_i 是 Σ_i^p 完全的，3-DNF-TAU_i 是 Π_i^p -完全的。对每一偶数 $i\geqslant 2$，3-DNF-SAT_i 是 Σ_i^p -完全的，3-CNF-TAU_i 是 Π_i^p -完全的。

第 2 章

消解原理和逻辑程序

命题逻辑的重言式问题（即语句是否永真）尽管有判定算法（如真值表方法），但是否都能够在多项式时间判定（即 **NP=P**？）至今还未解决；即使将语句转换为逻辑等价的合取范式，仍然是难以计算的。因为不仅转换需要花费指数级时间并且可能使公式的长度呈指数级增加，而且一般情况下认为判定合取范式的可满足性属于 **NP** 类，对于一阶逻辑，仅当公式不可满足时，由 Herbrand 定理可通过找出其子句集（可能无穷）的不可满足的有穷个例式判定。然而，这一般是十分困难的。例如，为确定子句集

$$S=\{P(x_1,g(x_1),x_2,h(x_1,x_2),x_3,k(x_1,x_2,x_3)),\neg P(x_4,x_5,e(x_5),x_6,f(x_5,x_6),x_1)\}$$

的不可满足性，依 Herbrand 定理，可以逐步生成 S 的有穷基例式集 $S_0,S_1,S_2,\cdots$ 并检验它们的不可满足性，如下：

$$H_0=\{a\}$$

$$S_0=\{P(a,g(a),a,h(a,a),a,k(a,a,a)),\ \neg P(a,a,e(a),a,f(a,a),a)\}$$

$$H_1=\{a,g(a),h(a,a),k(a,a,a),e(a),f(a,a)\}$$

S_0 是可满足的，S_1 有 $6^3+6^4=1512$ 个元素也是可满足的；H_2 的元素个数达到 6^3 数量级；S_3 的元素个数达到$(6^3)^4$ 数量级……直到 S_5 才是不可满足的，此时 S_5 的元素个数达到 10^{256} 数量级。显然，这样的算法是计算机难以处理的。

因此，寻找判定子句集（特别地，Horn 子句集）不可满足性的可行算法是十分重要的。其中，最常用的一个方法是基于消解原理的消解法。该方法在一定条件下通过消解的控制策略可以避免指数式爆炸，而一个非 Horn 子句集 S 可以通过适当的变换，转化成不可满足意义下等价的 Horn 子句集 S'，尽管此变换一般需要花费指数级时间。因此，Horn 逻辑的研究是可行计算的重要组成部分。另外，为寻求逻辑的过程解释而引入一种程序设计语言，如 Programming in logic（PROLOG），因此逻辑程序设计作为一种描述性（即表示问题）语言而出现，其控制（即如何求解）由逻辑程序设计系统本身实现，而 PROLOG 的控制系统是基于消解原理的。

逻辑程序设计是一种表示陈述知识的方法，它为使用计算机求解问题提供了基于逻辑的陈述形式的程序设计语言。PROLOG 是一个为逻辑化编程而设计的程序设计语言（即利用数据之间的逻辑关系进行工作的编译型语言），它在理论上很容易理解，PROLOG 的拓广允许基于否定作为有穷失败的思想考虑否定文字，这种语义称为 LP 语义[4]，而允许缺省否定（not）的逻辑程序通常称为回答集程序，即基于稳定模型[5]或称回答集语义的逻辑程序[6]。

2.1　子句集和消解原理

基于定理 1.3.6 可以将一阶公式的不可满足性问题归约为该公式的子句集的有穷个基例式的不可满足性问题。更一般地，容易将此论断推广到可能无穷的任意子句集。如前所述，子句是省略了全称量词$\forall x_1 \cdots \forall x_n$的形如 $L_1 \vee \cdots \vee L_m$（$m \geqslant 1$，$n \geqslant 1$）的公式。其中，L_i 是文字且 $x_1, \cdots, x_n$ 是出现在 L_i（$1 \leqslant i \leqslant m$）中的所有变元。特别地，有穷个命题文字的析取是一个命题子句。由一个文字构成的子句是单元子句，不包含文字的子句是空子句，记作⊥。

引理 2.1.1　子句集 S 是可满足的当且仅当 S 有 Herbrand 模型。

证明　不失一般性，假设 S 中的每一子句中出现的变元与其他子句中出现的变元是不相同的，即对形如 $L_1 \vee \cdots \vee L_m$（$1 \leqslant m$）的子句，若 $x_1, \cdots, x_n$（$1 \leqslant n$）是出现在 L_i 中的所有变元，则这些变元均没有出现在 L_j（$1 \leqslant i$，$j \leqslant m$，$i \neq j$）中。事实上，通过变元改名并不难实现。于是，通过类似于引理 1.3.1 的证明来证明引理 2.1.1。

定理 2.1.1　子句集 S 是不可满足的，当且仅当 S 的有穷个基例式是不可满足的。

证明　由紧性定理和引理 2.1.1 可证得。

注意：对于不是子句的公式集 S，上述论断不成立。如 $S=\{p(a), \neg \exists x p(x)\}$是可满足的，因为取论域 $D=\{c,d\}$和赋值 v，使得 $a^v=c$，$p^v=\{c, d\}$，则 $S^v=1$。然而，S 没有 Herbrand 模型，因为它仅有的 Herbrand 赋值：$\varnothing$和$\{p(a)\}$都不是 S 的模型。

依定理 2.1.1，应用 Herbrand 定理证明一阶子句集的不可满足性需要生成子句集的基例式集，这往往导致极高的复杂性。Robinson（罗宾逊）的消解原理使得不必生成基例式集而直接利用子句集测试其不可满足性成为可能。为此，应首先考虑命题逻辑的消解原理，然后扩展到一阶逻辑。

2.1.1 命题子句的消解原理

为方便起见，在命题（相应地，一阶）语言的符号表中增加一个特殊的零元联结词符号$\bot$作为公式，称其为矛盾公式；作为特殊的子句，它是空子句。$\bot$的语义是在任意赋值下总取值为 0，相应的推理规则如下：

($\bot$I) 若$\Gamma\vdash A$，$\Gamma\vdash\neg A$，则$\Gamma\vdash\bot$。

($\bot$E) 若$\Gamma\vdash\bot$，则$\Gamma\vdash A$。

因此，对任意公式 A，$\bot\vdash A$（等价地，$\bot\vDash A$）。此外，使用符号$\top$作为公式$\bot\rightarrow\bot$的缩写，其语义是在任意赋值下总取值为 1。于是，对任意公式集 S，$S\vdash\top$（等价地，或 $S\vDash\top$）。

显然，1.2 节和 1.3 节定义的命题和一阶逻辑推导系统中可推导的公式在增加公式$\bot$和$\top$及$\bot$的引入与消去规则后得到的扩展推导系统中的公式仍然是可推导的。需要注意的是，$\bot$的引入与消去规则是原来的逻辑系统中的定理，而$\bot$与 $A\wedge\neg A$ 在扩展后的逻辑系统中是逻辑等价的，因此，扩展后的逻辑系统中可推导的公式在原来的逻辑系统中也是可推导的，只需视$\bot$为 $A\wedge\neg A$ 的缩写。在此意义下，扩展后的逻辑系统与原来的逻辑系统是等价的。

命题逻辑的消解过程是通过消去出现在子句集的两个子句中的互补文字对得到的消解式，并将得到的消解式加入子句集，如此重复，直到得到一个消解式为空子句$\bot$。这说明该子句集不可满足，从而实现反演推理，即欲证公式 A 是公式集 S 的逻辑推论，只需证 $S\cup\{\neg A\}$是不可满足的即可。

命题原子集和命题公式之间的逻辑推论关系$\vDash$可以特化为集合的属于关系$\in$。为此，将否定式$\neg A$ 和等值式 $A\leftrightarrow B$ 分别视为 $A\rightarrow\bot$和$(A\rightarrow B)\wedge(B\rightarrow A)$的缩写。依逻辑推论关系$\vDash$的定义容易证明下述定理。

定理 2.1.2 设 S 是任意命题原子集，F 是任一命题公式。

（1）若 F 是原子 A，则 $S\vDash A$，当且仅当 $A\in S$；

（2）若 F 是$\bot$，则 $S\nvDash\bot$；

（3）若 F 是合取式 $A\wedge B$，则 $S\vDash A\wedge B$，当且仅当 $S\vDash A$ 且 $S\vDash B$；

（4）若 F 是析取式 $A\vee B$，则 $S\vDash A\vee B$，当且仅当 $S\vDash A$ 或 $S\vDash B$；

（5）若 F 是蕴含式 $A\rightarrow B$，则 $S\vDash A\rightarrow B$，当且仅当 $S\nvDash A$ 或 $S\vDash B$；

（6）若 F 是等值式 $A\leftrightarrow B$，则 $S\vDash A\leftrightarrow B$，当且仅当 $S\vDash A\rightarrow B$ 且 $S\vDash B\rightarrow A$。

因此，任意命题原子集 S 和任意命题公式 F 之间的逻辑推论关系 $S\vDash F$ 可以等价地用上述定理所示的递归方式定义。

定义 2.1.1　设 $C_1=p\vee C_1'$，$C_2=\neg p\vee C_2'$，其中 C_i,C_i'（i=1,2）是子句，p 是命题原子。称 $C_1'\vee C_2'$为子句 C_1 和 C_2 的消解式，记为 $R(C_1,C_2)$。特别地，$R(p,\neg p)=\bot$。

命题逻辑的消解演算只需遵循如下规则。

定理 2.1.3（命题逻辑的消解规则）　设 C_1,C_2 是命题子句，$R(C_1,C_2)$是 C_1，C_2 的消解式，则 $C_1\wedge C_2\vDash R(C_1,C_2)$。

证明　设 $C_1=p\vee C_1'$，$C_2=\neg p\vee C_2'$，其中 C_i,C_i'（i=1,2）是子句，p 是命题原子。若 $C_1\wedge C_2\vDash R(C_1,C_2)$不成立，则有赋值 v，使得 $C_1^v=C_2^v=1$ 且 $C_1'^v=C_2'^v=0$。于是，若 $p^v=1$，则由 $C_1^v=1$ 推出 $C_1'^v=1$；若$(\neg p)^v=1$，则由 $C_2^v=1$ 推出 $C_2'^v=1$。这与 $C_1'^v=C_2'^v=0$ 矛盾。因此，$C_1\wedge C_2\vDash R(C_1,C_2)$。

定义 2.1.2　给定命题子句 C 和子句集 S，称子句序列 $C_1,C_2,\cdots,C_n$ 是从 S 到 C 的消解证明，且称 C 是从 S 消解导出的，记作 $S\vdash_{\text{res}}C$，其中每个 C_i（$1\leqslant i\leqslant n$）或者是 S 的成员，或者是 C_j 和 C_k 的消解式 $R(C_j,C_k)$（$j,k<i$）并且 $C_n=C$。如果 $C_n=\bot$，则称此消解证明为（消解）反驳。

定理 2.1.3 表明，消解规则是可靠的推导规则，即对任意子句集 S 和子句 C，如果 $S\vdash_{\text{res}}C$，则 $S\vDash C$。然而，消解规则不是完备的，即如果 $S\vDash C$，不一定有 $S\vdash_{\text{res}}C$。例如，$p\wedge q\vDash p\vee q$，但是不可能用子句集$\{p,q\}$的消解推导 $p\vee q$，因为没有任何可以消解的。即使对于子句集 S 和 Horn 子句 C，消解也是不完备的。例如，$\neg p\vDash\neg p\vee\neg q$，但不可能由子句集$\{\neg p\}$的消解推导$\neg p\vee\neg q$。然而，对于证明子句集的不可满足性，消解反驳方法是可靠且完备的。为此，我们将命题消解原理的推导规则扩展到一阶子句集，并证明其可靠和完备性。相应地，命题子句集消解反驳的完备性作为一阶情形的特例自然得到证明。

2.1.2　一阶子句集的消解原理

为了找出一阶子句集不可满足性的证明，不必逐一生成其基例式集，而是用某种语法方式组织基例式，可以等价地用生成语义树的方式实现。我们约定：一个子句 $C=L_1\vee\cdots\vee L_n$ 等同于文字集$\{L_1,\cdots,L_n\}$，子句集等同于与其中每一子句等同的文字集组成的集族；特别地，空子句$\bot$等同于空集$\varnothing$。于是，可以对子句施行集合运算。

定义 2.1.3　设 S 是一阶子句集，B_S是 S 的 Herbrand 基（当 S 为命题子句集

时，B_S是 S 中出现的所有原子的集合）。S 的（向下展开）一棵语义树是一棵树 T，每条边依如下方式用 B_S 中有穷个原子或原子的否定标记。

（1）对每一结点 N，只有从 N 向下展开的有穷条直接相邻的边 $E_1,\cdots,E_n$。令 Q_i（$1\leqslant i\leqslant n$）是标记 E_i 的集合中所有文字的合取，则 $Q_1\vee\cdots\vee Q_n$ 是永真公式。

（2）对每一结点 N 和 T 的通过 N 的任一简单路径，令 $I(N)$是标记该路径中每条边的文字集的并，则 $I(N)$不包含任一互补的文字。

定义 2.1.4 语句集 S 的语义树 T 是完全的，当且仅当对 T 的每一叶结点 N，$I(N)$包含且只包含 A 和$\neg A$ 之一，其中 $A\in B_S$。

例 2.1.1 令 $S=\{p,q,r\}$，则图 2-1 中 S 的语义树所示 S 的两棵语义树（a）和（b）都是完全的。

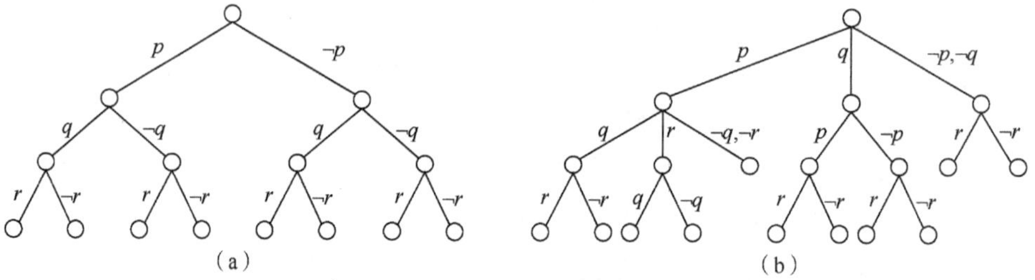

图 2-1　S 的语义树

设 W 是协调的基文字集，C 是基子句，若 $W\not\models C$，则称 W 失败于 C（或 C 在 W 中失败）。显然，$W\not\models C$ 当且仅当 $W\cap\mathbf{GLit}_C=\varnothing$，其中，$\mathbf{GLit}_C$ 是 C 中出现的所有文字的集合。

定义 2.1.5 设 N 是语句集 S 的语义树 T 中的一结点，$I(N)$是标记通过 N 的一简单路径中每条边的文字集的并。若 $I(N)$失败于 S 中某一子句 C 的某基例式 C'，但是对 N 的每一祖先结点 N'，$I(N')$不失败于 S 中任何子句的任一基例式，则称 N 是失败结点。语义树 T 是封闭的，当且仅当 T 的每一分支终止于一失败结点。设 N 是封闭的语义树 T 中的结点，若 N 的所有直接子孙结点都是失败结点，则称 N 是一个推导结点。

注意：依定义 2.1.3 的条件（2），上述定义中 $I(N)$和 $I(N')$都是协调的。

例 2.1.2 令 $S=\{p,q\vee r,\neg p\vee\neg q,\neg p\vee\neg r\}$，$B_S=\{p,q,r\}$。如图 2-1（a）是 S 的完全语义树，图 2-1（b）是 S 的封闭语义树。

于是，下面给出定理 2.1.1 的一个等价形式。

定理 2.1.4 语句集 S 是不可满足的，当且仅当对应于 S 的每一棵完全语义树，存在一棵有穷的封闭语义树。

证明　“仅当”　设 S 是不可满足的，T 是一棵 S 的完全语义树。对 T 的每一分支 V，令 I_V 是标记 V 的所有边的全体文字的集合，则 I_V 是 S 的一个赋值。因为 S 是不可满足的，故 I_V 必定失败于 S 中某一子句 C 的一个基例式 C'。由 C' 的有穷性，在分支 V 上必有一失败结点 N_V（它距离根结点有有穷条边）。因为 T 的每一分支有失败结点，故有 S 的一棵封闭语义树 T'，且它是有穷的（即 T' 中结点数有穷），若不然，则有不包含失败结点的无穷分支，导致矛盾。

“当”　设对应于 S 的每一完全语义树有一棵有穷的封闭语义树，则 T 的每一分支包含一个失败结点，这蕴含每一赋值都失败于 S，即 S 在每一 Herbrand 赋值下取值为 0，从而 S 是不可满足的。

对于一阶子句，相应的消解规则需要处理变元，为此引入“置换”与“合一”的概念。拓广置换的概念为形如 $\{t_1/x_1,\cdots,t_n/x_n\}$ 的有穷集，其中 x_i 是变元，t_i 是不同于 x_i 的项且 $x_i\neq x_j$（$i\neq j$，$i,j=1,\cdots,n$）。不含任何元素的置换为空置换，记作 ε，称其为恒等置换。置换 $\theta=\{t_1/x_1,\cdots,t_n/x_n\}$ 作用于项 t 的结果是将 t 中每个 x_i（$1\leqslant i\leqslant n$）的所有出现用 t_i 替换后得到项 $t\theta$，并其称为 t 的例式。类似地，定义置换 θ 作用于公式 A 得到的公式为 $A\theta$，并称其为 A 的例式。通常要求 θ 满足限制条件：对每个 i（$1\leqslant i\leqslant n$），t_i 对 A 中自由出现的 x_i 是自由的。显然，对任意项 t 和公式 F，$t\varepsilon=t$，$F\varepsilon=F$。如果置换 $\theta=\{t_1/x_1,\cdots,t_n/x_n\}$ 中所有的项 t_i 都是基项，则称该置换为基置换，项 t 和公式 A 由基置换得到的例式分别称为项 t 和公式 A 的基例式。

置换 $\theta=\{t_1/x_1,\cdots,t_m/x_m\}$ 与置换 $\delta=\{t_1'/y_1,\cdots,t_n'/y_n\}$ 的合成（或复合）$\theta\circ\delta$ 的定义如下：

（1）做置换 $\varphi=\{t_1\delta/x_1,\cdots,t_m\delta/x_m,t_1'/y_1,\cdots,t_n'/y_n\}$；

（2）若 $y_i\in\{x_1,\cdots,x_m\}$，先从 φ 中删除 t_i'/y_i；如果 $t_i\delta=x_i$，再从 φ 中删除 $t_i\delta/x_i$。

例如，$\theta=\{f(y)/x,z/y\}$，$\delta=\{a/x,b/y,y/z\}$，先作 $\varphi=\{f(b)/x,y/y,a/x,b/y,y/z\}$，然后从 φ 中删除 a/x 和 b/y，再删除 y/y，最后得到 $\theta\circ\delta=\{f(b)/x,y/z\}$。

可以看出，置换的合成满足结合律与单位元性质，即 $\theta\circ\varepsilon=\varepsilon\circ\theta=\theta$。

对于一阶公式集 $\{A_1,\cdots,A_n\}$，若有置换 θ，使得 $A_1\theta=A_2\theta=\cdots=A_n\theta$，则称 $A_1,A_2,\cdots,A_n$ 是可合一的，且称 θ 是 $A_1,\cdots,A_n$ 的合一置换。设 θ 是 $A_1,\cdots,A_n$ 的合一置换，如果对于 $A_1,\cdots,A_n$ 的任意合一置换 δ，存在置换 φ，使得 $\delta=\theta\circ\varphi$，则称 θ 是 $A_1,\cdots,A_n$ 的最一般的合一置换（mgu）。

例如，$A_1=P(u)$ 和 $A_2=P(f(v))$ 有合一置换 $\theta=\{f(a)/u,a/v\}$，它不是 A_1 和 A_2 的 mgu；$\delta=\{f(v)/u\}$ 才是 A_1 和 A_2 的 mgu。一般来说，mgu 可能不唯一，如 $A_1=P(u)$ 和 $A_2=P(v)$

有两个 mgu：$\{u/v\}$和$\{v/u\}$。当然，公式集也可能没有 mgu，如 $A_1=P(a)$和 $A_2=P(b)$，其中 a 和 b 是常元。

称一个项或一阶原子公式或有穷个文字的析取（或合取）为一个式子。令 S 是有穷式子集，为确定 S 的成员的不一致集，首先，找出式子的最左侧符号的位置使得在此位置处，至少有 S 中的两个式子有不同符号；然后，对 S 中的每一式子抽取从这个位置开始的子式组成 S 的不一致集。于是，有如下求有穷的项或一阶原子集 S 的 mgu（可能不唯一）算法：

步骤 1：对任意 $k\geqslant 1$，置 $k=0$，$\theta_0=\varepsilon$。

步骤 2：若 $S\theta_k$ 是单子，则终止，θ_k 是 S 的一个 mgu；否则，寻找集合 $S\theta_k$ 的不一致集 D_k。

步骤 3：若 D_k 有变元 v 和项 t，使得 v 不出现在 t 中，则置$\theta_{k+1}=\theta_k t/v$，$k$ 增加 1 且进入步骤 2。否则，停止，S 是不可合一的。

称步骤 3 中检查 v 是否出现在 t 中的过程为出现检查，其作用可由 $S=\{p(x,x), p(y,f(y))\}$看出：

$$\theta_0=\varepsilon$$

$$D_0=\{x,y\}，\ \theta_1=\{x/y\}，\ S\theta_1=\{p(y,y)，\ p(y,f(y))\}$$

$$D_1=\{y,f(y)\}$$

因为 y 出现在 $f(y)$中，故 S 不可合一。

定理 2.1.5 令 S 是项或一阶原子的有穷集，如果 S 可合一，则上述合一算法终止并给出 S 的一个 mgu；若 S 是不可合一的，则算法终止并报告此结果。

证明 因为 S 是项或一阶原子的有穷集，故 S 只包含有穷个变元，且每一次应用步骤 3 都会除去一个变元，从而算法总会终止。若 S 不可合一，则算法不可能在步骤 2 终止，从而必须在步骤 3 终止并报告 S 不可合一。若 S 是可合一的，令θ是 S 的任一合一，下面施归纳法证明：

对任何 $n\geqslant 0$，设σ_n是算法的第 n 次迭代给出的置换，则存在置换γ_n，使得$\theta=\sigma_n\circ\gamma_n$。

基始 $n=0$ 时，置$\gamma_0=\varepsilon$，则$\theta=\theta\circ\varepsilon$。

归纳 设对任一 $n\geqslant 0$，存在γ_n使得$\theta=\sigma_n\circ\gamma_n$。若 $S\sigma_n$ 是单子，则算法终止于步骤 2。于是，只需考虑 $S\sigma_n$ 不是单子的情形。此时，算法将确定 $S\sigma_n$ 的不一致集 D_n 并进入步骤 3。因为$\theta=\sigma_n\circ\gamma_n$且$\theta$使 S 合一，故γ_n使 S 合一。因此 D_n 必定包含一个变元，如 x。令 t 是 D_n 中任何另外的项，则因为 $x\gamma_n=t\gamma_n$，故 x 不可能出现在 t 中。不妨设$\{t/x\}$是在步骤 3 中选择的置换，则$\sigma_{n+1}=\sigma_n\circ\{t/x\}$。

定义$\gamma_{n+1}=\gamma_n\backslash\{x\gamma_n/x\}$。若 $t/x\in\gamma_n$，则

$$\begin{aligned}\gamma_n&=\{x\gamma_n/x\}\cup\gamma_{n+1}\\&=\{t\gamma_n/x\}\cup\gamma_{n+1}\quad（因为\ x\gamma_n=t\gamma_n）\\&=\{t\gamma_{n+1}/x\}\cup\gamma_{n+1}\quad（因为\ x\ 不在\ t\ 中出现）\\&=\{t/x\}\circ\gamma_{n+1}\quad（依置换复合的定义）\end{aligned}$$

若 $t/x\notin\gamma_n$，则$\gamma_{n+1}=\gamma_n$，D_n 中每一元素都是变元且$\gamma_n=\{t/x\}\circ\gamma_{n+1}$。

最后，若 S 可合一，则它终止于步骤 2。不妨设其终止在第 n 次迭代，则对某一γ_n，$\theta=\sigma_n\circ\gamma_n$。因为$\sigma_n$是 S 的合一，这表明，它确实是 S 的 mgu。

上述合一算法可能效率很低。考虑

$S=\{p(x_1,\cdots,x_n),p(f(x_0,x_0),\cdots,f(x_{n-1},x_{n-1}))\}$

$\theta_1=\{f(x_0,x_0)/x_1\}$

$S\theta_1=\{p(f(x_0,x_0),x_2,\cdots,x_n),p(f(x_0,x_0),f(f(x_0,x_0),f(x_0,x_0)),f(x_2,x_2),\cdots,f(x_{n-1},x_{n-1}))\}$

$\theta_2=\{f(x_0,x_0)/x_1,f(f(x_0,x_0),f(x_0,x_0))/x_2\}$

$S\theta_2=\{p(f(x_0,x_0),f(f(x_0,x_0),f(x_0,x_0)),x_3,\cdots,x_n),p(f(x_0,x_0),f(f(x_0,x_0),f(x_0,x_0)),f(f(f(x_0,x_0)$
$f(x_0,x_0)),f(f(x_0,x_0),f(x_0,x_0))),f(x_3,x_3),\cdots,f(x_{n-1},x_{n-1}))\}$

……

可以看出，在 $S\theta_n$ 的第二个原子中有 2^k-1 个 f 出现在它的第 k（$1\leqslant k\leqslant n$）个变元中；特别地，第 n 个变元中有 2^n-1 个 f 出现。这表明求 mgu 耗费的时间在最坏情形下是输入长度的指数函数。

对任一文字 L，若 $L=A$，则令$\overline{L}=\neg A$；若 $L=\neg A$，则令$\overline{L}=A$（A 是一阶原子）。

定义 2.1.6　如果一子句 C 的两个或两个以上具有同一谓词符号的文字有最一般的合一θ，则称 $C\theta$是 C 的一个因子。若 $C\theta$是一个单元子句，则称它是 C 的单元因子。

定义 2.1.7　设 C_1,C_2 是两个无公共变元的一阶子句且 $C_1=L_1\vee C_1'$，$C_2=\overline{L_2}\vee C_2'$。如果 L_1 和 L_2 有 mgu θ，则称$(C_1'\vee C_2')\theta$为 C_1,C_2 的一个二元消解式，称 L_1 和$\overline{L_2}$是被消解的文字。通常，为方便起见，我们用$(C_1\theta\backslash L_1\theta)\cup(C_2\theta\backslash L_2\theta)$表示$(C_1'\vee C_2')\theta$作为 C_1,C_2 的二元消解式。特别地，一对互补文字的二元消解式是$\perp$。

注意：如果 C_1,C_2 的变元相同，可以通过变元改名规则使用上述消解规则。例如，$P(x)$和$\neg P(f(x))$是不可满足的，可以通过变元改名规则变换为 $P(x)$和$\neg P(f(y))$，则它们有 mgu $\theta=\{f(y)/x\}$，从而有消解式$\perp$。

定义 2.1.8　子句 C_1 和 C_2 的一个消解式，记为 $R(C_1,C_2)$，是下述二元消解式之一：

（1）C_1 和 C_2 的二元消解式；

（2）C_1 和 C_2 的一个因子的二元消解式；

（3）C_2 和 C_1 的一个因子的二元消解式；

（4）C_1 的一个因子和 C_2 的一个因子的二元消解式。

引理 2.1.2（提升引理） 设 C_1 和 C_2 是子句，θ_i 是置换，$C_i'=C_i\theta_i$（i=1,2）。若 C' 是 C_1' 和 C_2' 的消解式，则存在 C_1 和 C_2 的消解式 C 和一置换 φ，使得 $C'=C\varphi$，即 C' 是 C 的一个例式。

证明 不妨设 C_1 和 C_2 中没有公共变元出现（这通过变元改名不难实现），令 $\theta=\theta_1\circ\theta_2$，则 $\theta=\theta_1\cup\theta_2$。设 $L_1'=L_1\theta$ 和 $L_2'=L_2\theta$ 是得到消解式 C' 时被消解的文字，$C'=(C_1'\gamma\backslash L_1'\gamma)\cup(C_2'\gamma\backslash L_2'\gamma)$，其中 γ 是 L_1' 和 $\neg L_2'$ 的 mgu。令 $L_i^1,\cdots,L_i^{r_i}$ 是 C_i 中被 θ 置换为 L_i' 的文字，即 $L_i^1\theta=\cdots=L_i^{r_i}\theta=L_i'$（$i$=1,2）。若 $r_i>1$，因为 $\{L_i^1,\cdots,L_i^{r_i}\}$ 可合一，依定理 2.1.5，$\{L_i^1,\cdots,L_i^{r_i}\}$ 有一个 mgu λ_i，令 $L_i\lambda_i=L_i^1\lambda_i$（$i$=1,2）。需要注意的是，因为 λ_i 是 mgu，故 $L_i^1\lambda_i,\cdots,L_i^{r_i}\lambda_i$ 是相同的。于是，L_i' 是 C_i 的因子 $C_i\lambda_i$ 中的一个文字。类似地，若 r_i=1，令 $\lambda_i=\varepsilon$，$L_i=L_i^1\lambda_i$，并令 $\lambda=\lambda_1\cup\lambda_2$。显然，$L_i'$ 是 L_i 的例式。由 L_1' 和 $\neg L_2'$ 可合一知 L_1 和 $\neg L_2$ 可合一。依定理 2.1.5，L_1 和 $\neg L_2$ 有 mgu σ，令

$$
\begin{aligned}
C=R(C_1,C_2)&=((C_1\lambda)\sigma\backslash L_1^1\sigma)\cup((C_2\lambda)\sigma\backslash L_2^1\sigma)\\
&=((C_1\lambda)\sigma\backslash(\{L_1^1,\cdots,L_1^{r_1}\}\lambda)\sigma)\cup((C_2\lambda)\sigma\backslash(\{L_2^1,\cdots,L_2^{r_2}\}\lambda)\sigma)\\
&=(C_1(\lambda\circ\sigma)\backslash\{L_1^1,\cdots,L_1^{r_1}\}(\lambda\circ\sigma))\cup(C_2(\lambda\circ\sigma)\backslash(\{L_2^1,\cdots,L_2^{r_2}\}(\lambda\circ\sigma))
\end{aligned}
$$

一方面，因为 C_1 和 C_2 中没有公共变元出现，可知 $\lambda\circ\sigma$ 是 $\{L_1^1,\cdots,L_1^{r_1},L_1,L_2^1,\cdots,L_i^{r_2},\neg L_2\}$ 的一个 mgu，故 C 是 C_1 和 C_2 的一个消解式；另一方面，因为

$$
\begin{aligned}
C'=R(C_1',C_2')&=(C_1'\gamma\backslash L_1'\gamma)\cup(C_2'\gamma\backslash L_2'\gamma)\\
&=((C_1\theta)\gamma\backslash(\{L_1^1,\cdots,L_1^{r_1}\}\theta)\gamma)\cup(C_2\theta)\gamma\backslash(\{L_2^1,\cdots,L_2^{r_2}\}\theta)\gamma\\
&=C_1(\theta\circ\gamma)\backslash\{L_1^1,\cdots,L_1^{r_1}\}(\theta\circ\gamma)\cup(C_2(\theta\circ\gamma))\backslash\{L_2^1,\cdots,L_2^{r_2}\}(\theta\circ\gamma)
\end{aligned}
$$

因为 L_1' 和 L_2' 分别是 L_1 和 L_2 的例式，$(\theta\circ\gamma)$ 是 $\{L_1^1,\cdots,L_1^{r_1},L_2^1,\cdots,L_2^{r_2},L_1,\neg L_2\}$ 的合一置换，故有合一置换 φ，使得 $\theta\circ\gamma=(\lambda\circ\sigma)\circ\varphi$。容易看出，$C\varphi=C'$，即 C' 是 C 的一个例式。

例 2.1.3 令

$$C_1=p(x)\vee p(y)\vee\neg q(z),\quad C_2=\neg p(f(u))\vee\neg p(f(b))\vee r(v)$$

$$\theta=\{f(b)/x,f(b)/y,a/z,b/u,c/v\}$$

$$C_1'=C_1\theta=p(f(b))\vee p(f(b))\vee\neg q(a)=p(f(b))\vee\neg q(a)$$

$$C_2'=C_2\theta=\neg p(f(b))\vee\neg p(f(b))\vee r(c)=\neg p(f(b))\vee r(c)$$

$$C'=R(C_1',C_2')=\neg q(a)\vee r(c)$$

其中：

（1）$C_1\theta$和 $C_2\theta$分别是 C_1 和 C_2 的例式，$p(x)$和 $p(y)$是 C_1 中被置换为 $p(f(b))$的文字，$\neg p(f(u))$和$\neg p(f(b))$是 C_2 中被置换为$\neg p(f(b))$的文字，$\sigma=\{f(u)/y\}$是 $p(y)$和$\neg p(f(b))$的 mgu，$R(C_1', C_2')$是C_1', C_2' 的消解式；

（2）$\{p(x), p(y)\}$的 mgu 是$\lambda_1=\{x/y\}$，$\{\neg p(f(u)),\neg p(f(b))\}$的 mgu 是$\lambda_2=\{b/u\}$，$\lambda=\lambda_1\cup\lambda_2=\{x/y,b/u\}$；

（3）$R(C_1,C_2)=(C_1(\theta\circ\gamma)\backslash\{L_1^1,\cdots,L_1^{r_1}\}(\theta\circ\gamma))\cup(C_2(\theta\circ\gamma))\backslash\{L_2^1,\cdots,L_i^{r_2}\}(\theta\circ\gamma))=\neg q(z)\vee r(v)$，其中，$(\theta\circ\gamma)=\{f(b)/y,b/u,f(b)/x,a/z,c/v\}$；

（4）$C'=R(C_1', C_2')=\neg q(a)\vee r(c)$，$\lambda\circ\sigma=\{u/y, b/u, f(u)/x\}$，$\varphi=\{a/z, c/v\}$，$\theta\circ\gamma=(\lambda\circ\sigma)\circ\varphi$，$C'=C\varphi'$。

定理 2.1.6（一阶逻辑的消解规则）　设 C_1,C_2 是一阶子句，$R(C_1,C_2)$是 C_1,C_2 的消解式，则 $C_1\wedge C_2\vDash R(C_1,C_2)$。

证明　根据定理 1.3.2，任意子句通过约束变元的改名得到的子句与原来的子句逻辑等价。因此，不失一般性，设 C_1 和 C_2 中没有公共变元出现，依定义 2.1.8，考虑下述情形。

情形 1：设 $R(C_1,C_2)=(C_1\theta\backslash L_1\theta)\cup(C_2\theta\backslash L_2\theta)$是 C_1,C_2 的二元消解式，其中 L_1 和 $\overline{L_2}$ 是被消解的文字，θ是 L_1 和 L_2 的 mgu。依定理 1.3.2 或($\forall$E)规则，$C_1\wedge C_2\vDash(C_1\wedge C_2)\theta$。根据定理 2.1.3，有$(C_1\wedge C_2)\theta\vDash R(C_1,C_2)$。因此，$C_1\wedge C_2\vDash R(C_1,C_2)$。

情形 2：设 $R(C_1,C_2)=(C_1\theta\backslash L_1\theta)\cup(C_2'\theta\backslash L_2\theta)$是 C_1,C_2 的二元消解式，其中 C_2' 是 C_2 的一个因子，即有 θ'，使得 $C_2'=C_2\theta'$，其中 θ' 是 C_2 中的两个或两个以上有同一谓词符号的文字的 mgu。于是，$C_2'\theta=C_2(\theta\circ\theta')$。依定理 1.3.2 或($\forall$E)规则，$C_1\wedge C_2\vDash(C_1\wedge C_2)\theta$。已知 C_2' 是 C_2 的一个因子，类似地，有 $C_2\theta\vDash C_2(\theta\circ\theta')$，即 $C_2\theta\vDash C_2'\theta$。由定理 2.1.3，$(C_1\wedge C_2)\theta\vDash(C_1\theta\backslash L_1\theta)\cup(C_2\theta\backslash L_2\theta)$。因为 $C_2\theta\vDash C_2'\theta$，所以 $C_1\wedge C_2\vDash(C_1\theta\backslash L_1\theta)\cup(C_2'\theta\backslash L_2\theta)$，即 $C_1\wedge C_2\vDash R(C_1,C_2)$。

情形 3 类似于情形 2，可证；情形 4 由情形 2 和情形 3 可证得。

定义 2.1.9　给定一阶子句 C 和子句集 S，称子句序列$<C_1,C_2,\cdots,C_n>$是从 S 到 C 的消解证明，C 是由 S 消解导出的，其中每个 C_i（$1\leqslant i\leqslant n$）或是 S 中的成员，或是 C_j 和 C_k 用一个 mgu θ_i 得到的消解式 $R(C_j,C_k)$（$j,k<i$）并且 $C_n=C$。如果 $C_n=\perp$，则称此消解证明为（消解）反驳。

不失一般性，我们总假定，如果上述定义中的 C_i（$1\leqslant i\leqslant n$）是 S 的成员，则任何在 C_j（$j<i$）中出现的变元都不出现在 C_i 中，通过变元改名可以实现。

定理 2.1.7 设 S 是一阶公式 A 的子句集，A 是不可满足的，当且仅当存在一个使用消解规则从 S 到空子句⊥的消解反驳。

证明 “当” 设有 S 到⊥的消解反驳，令 $R_1,R_2,\cdots,R_n$（$n\geqslant 1$）是此消解反驳中的消解式且 $R_n=\bot$。施归纳于消解反驳的长度 n 证明：S 是不可满足的。

基始 设 $n=1$，则必有 S 中子句 L_1 和 L_2 及一个 mguθ，使得 $L_1\theta=\overline{L_2}\,\theta$且 $R(C,\neg C)=\bot$，其中 L_1 和 L_2 是文字。依定理 2.1.6，$C_1\wedge C_2\vDash R(C_1,C_2)$，这表明，$C_1\wedge C_2$ 是不可满足的。因为 $S\vDash C_1\wedge C_2$，故 S 是不可满足的，从而 A 是不可满足的。

归纳 设对于长度为 n 的由任一子句集 T 到⊥的消解反驳，T 是不可满足的。考虑有长度为 $n+1$ 的 S 到⊥的消解反驳 $R_1,R_2,\cdots,R_{n+1}$，令 R_1 是 S 中子句 C_1 和 C_2 的消解式，其中 $R_{n+1}=\bot$。依定理 2.1.6，$C_1\wedge C_2\vDash R_1$；进而，$S\vDash C_1\wedge C_2\vDash R_1$。因为 $R_2,\cdots,R_{n+1}$ 是 $S\cup\{R_1\}$到⊥的长度为 n 的消解反驳，依归纳假设，$S\cup\{R_1\}$是不可满足的，由 $S\vDash C_1\wedge C_2$ 立得 $S\vDash S\cup\{R_1\}$，从而 S 是不可满足的。

“仅当” 设 S 是不可满足的，令$\{A_1,\cdots,A_n\}$是出现在 S 中的所有一阶原子的集合。令 T 是一棵如图 2-2 所示的完全语义树。

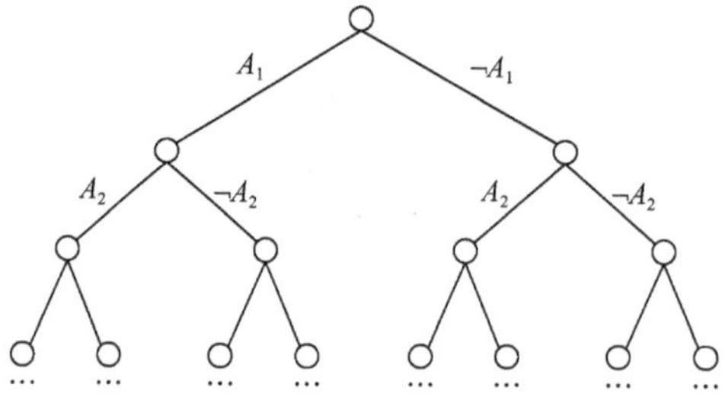

图 2-2 $\{A_1,\cdots,A_n\}$的完全语义树

依定理 2.1.4，T 有一棵有穷封闭语义树 T'。若 T' 仅由一个（根）结点组成，因为没有任何不同于⊥的子句能够在语义树的根失败，故⊥必在 S 中。从而，定理显然成立。设 T' 由多于一个的结点组成，则 T' 必有至少一个推导结点。否则，每个结点至少有一个子孙，从而可以找到一棵通过 T' 的无穷分支，这与 T' 是有穷封闭语义树矛盾。令 N 是 T' 中的一个推导结点，N_1 和 N_2 是直接在 N 下面的失败结点，且令

$$I(N)=\{m_1,m_2,\cdots,m_n\}$$
$$I(N_1)=\{m_1,m_2,\cdots,m_n,m_{n+1}\}$$
$$I(N_2)=\{m_1,m_2,\cdots,m_n,\neg m_{n+1}\}$$

因为N_1和N_2是失败结点而N不是失败结点，必有C_1和C_2的两个基例式C_1'和C_2'，使得C_1'和C_2'分别在$I(N_1)$和$I(N_2)$中失败。于是，C_1'必包含$\neg m_{n+1}$而C_2'必包含m_{n+1}。令$L_1'=\neg m_{n+1}$，$L_2'=m_{n+1}$，则得到C_1'和C_2'的消解式$C'=(C_1'\setminus L_1')\cup(C_2'\setminus L_2')$。因为$I(C_1'\setminus L_1')$和$(C_2'\setminus L_2')$都在$I(N)$中失败，故$C_1'$必在$I(N)$中失败。依引理 2.1.2，有$C_1$和$C_2$的消解式$C'$使得$C'$是$C$的基例式。令$T''$是从$T'$删去在消解式$C'$失败的第一个结点下面的任何结点或者连线得到的$S\cup\{C\}$的闭语义树。显然，$T''$中结点数少于$T'$中结点数。对$T''$应用前面的过程可以得到$S\cup\{C\}$中子句的另一个消解式，将其加入$S\cup\{C\}$中可以得到另一棵更小的封闭语义树。重复此过程，直到生成仅由根结点组成的封闭语义树为止，这仅当⊥被消解导出才有可能。因此，有一个从S到⊥的消解反驳。

例 2.1.4　为证明

$$\exists x(P(x)\wedge\forall y(D(y)\to L(x,y)))，\forall x(p(x)\to\forall y(q(y)\to\neg L(x,y)))$$
$$\vDash\forall x(D(x)\to\neg Q(x))$$

首先分别转换前提中的公式和结论的否定为子句集（Skolem 范式）：

（1）$P(a)$；

（2）$\neg D(y)\vee L(a,y)$；

（3）$\neg P(x)\vee\neg Q(y)\vee\neg L(x,y)$；

（4）$D(b)$；

（5）$Q(b)$。

用消解法得到下述证明：

（6）$L(a,b)$［（4）和（2）的消解］；

（7）$\neg Q(y)\vee\neg L(a,y)$［（3）和（1）的消解］；

（8）$\neg L(a,b)$［（5）和（7）的消解］；

（9）⊥［（6）和（8）的消解］。

尽管消解法比逐一生成基例式的方法更为有效，但消解的无限制使用可能导致生成很多无关和冗余的子句。

例 2.1.5　$S=\{P\vee Q，\neg P\vee Q，P\vee\neg Q，\neg P\vee\neg Q\}$是不可满足的。然而，依通常消解方式，首先计算$S$中子句对应的消解式；然后将它们增加到$S$中，重复此过程直到空子句被找到。于是，我们生成序列$<S_0,S_1,\cdots>$，其中：

$$S_0=S$$
$$S_{n+1}=\{C_1\text{和}C_2\text{的消解式}\mid C_1\in(S_0\cup\cdots\cup S_n)\text{且}C_2\in S\}，n\geqslant 0$$

容易看出，在S_1,S_2中有很多永真子句和冗余的子句生成，从而导致极高的计算复杂性。

为处理这类冗余问题，考虑一种基于包孕概念的删除策略。

定义 2.1.10 给定子句 C 和 D，若有置换θ，使得 $C\theta\subseteq D$，则称 C 包孕 D，D 是被 C 包孕的子句。

注意：若 D 是 C 的一个例式，则 D 是被 C 包孕的。删除策略是尽可能删除任何永真式和被包孕的子句，它依下述方式使用层次饱和方法施行：首先，依顺序枚举子句$(S^0\cup\cdots\cup S^{n-1})$为一张表，其中每个 S^i 是（等同于子句的）文字集。然后，将每一子句 $C_1\in(S^0\cup\cdots\cup S^{n-1})$与表中在 C_1 之后被枚举的子句 C_2 比较，如果可消解，则计算它们的消解式。若此消解式既不是永真式又不被表中的任何子句包孕，则将其附着在之前生成的表末尾。否则，删除该消解式。

例 2.1.5（续） $S^0=S$，$S^1=\{Q,P,\neg P,\neg Q\}$，$S^2=\{\perp\}$。

于是，我们得到定理 2.1.8，其证明是显然的。

定理 2.1.8 删除策略是完备的，即子句集是不可满足的当且仅当用删除策略得到的子句集 S'是不可满足的。

测试一子句是否永真式是比较容易的，然而测试一子句是否包孕另一子句则比较困难。设 C 和 D 是子句，令$\theta=\{a_1/x_1,\cdots,a_n/x_n\}$，其中，$x_1,\cdots,x_n$ 是出现在 D 中的所有变元，$a_1,\cdots,a_n$ 是既不出现在 C 中也不出现在 D 中的两两不同的新常元。设 $D=L_1\vee\cdots\vee L_m$，则 $D\theta=L_1\theta\vee\cdots\vee L_m\theta$是基子句，$\neg D\theta=\neg L_1\theta\wedge\cdots\wedge\neg L_m\theta$。下述算法用于测试 C 是否包孕 D。

步骤 1：令 $W=\{\neg L_1\theta,\cdots,\neg L_m\theta\}$。

步骤 2：置 $k=0$，$U^0=\{C\}$。

步骤 3：若 U^k 包含$\perp$，则终止；C 包孕 D。否则，令 $U^{k+1}=\{C_1$ 和 C_2 的消解式$\mid C_1\in U^k$，$C_2\in W\}$。

步骤 4：若 U^{k+1} 为空集，终止；C 不包孕 D。否则，置 $k=k+1$ 并进入步骤 3。

注意：U^{k+1} 中每一子句比从 U^k 中导出它的那个子句少一个文字，因此序列$\langle U^0,U^1,\cdots\rangle$中必定有一个集合包含$\perp$或是空集。

定理 2.1.9 包孕算法是正确的，即 C 包孕 D 当且仅当包孕算法在上述步骤 3 终止。

证明 “仅当” 若 C 包孕 D，则存在置换θ，使得 $C\sigma\subseteq D$，从而 $C(\sigma\circ\theta)\subseteq D\theta$。因此，$C(\sigma\circ\theta)$中文字可以用 W 中的单元基子句消解。因为 $C(\sigma\circ\theta)$是 C 的例式，故 C 中文字可以通过用 W 中单元基子句消解而除去。这意味着算法最终将找到包含$\perp$的一个 U^k，从而算法将终止于上述步骤 3。

“当”　若算法终止于上述步骤 3，则得到如图 2-3 所示的一个反驳。其中，$B_0,B_1,\cdots,B_r$ 是 W 中的单元子句，R_1 是 C 和 B_0 的消解式，对 $i:2\leqslant i\leqslant r$，$R_i$ 是 R_{i-1} 和 B_{i-1} 的消解式。

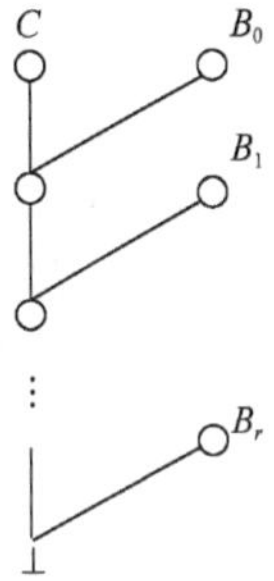

图 2-3　$\{C,B_0,B_1,\cdots,B_r\}$消解反驳

令 σ_0 是消解 C 和 B_0 得到的 mgu，σ_i 是消解 R_i 和 B_i 得到的 mgu（$1\leqslant i\leqslant r$），则 $C(\sigma_0\circ\sigma_1\circ\cdots\circ\sigma_r)=\{\neg B_0,\neg B_1,\cdots,\neg B_r\}\subseteq D\theta$。令 $\lambda=\sigma_0\circ\sigma_1\circ\cdots\circ\sigma_r$，则 $C\lambda\subseteq D\theta$。令 σ 是在合成 λ 的每一成员中用 x_i 替换 a_i 得到的置换，则 $C\sigma\subseteq D$。因此，C 包孕 D。

例 2.1.6　令 $C=\neg P(x)\vee Q(f(x),a)$，$D=\neg P(h(y),a)\vee Q(f(h(y)),a)\vee\neg R(z)$，$\theta=\{b/y, c/z\}$，则

$$D\theta=\neg P(h(b),a)\vee Q(f(h(b)),a)\vee\neg R(c)$$
$$W=\{P(h(b),a), \neg Q(f(h(b)),a), R(c)\}$$
$$U^0=\{\neg P(x)\vee Q(f(x),a)\}$$
$$U^1=\{Q(f(h(b)),a), \neg P(h(b),a), Q(f(c),a)\}$$
$$U^2=\{\bot\}$$

于是，C 包孕 D。

为处理消解的计算复杂性，一种途径是探讨各种各样的消解策略，另一种途径是限于考虑特殊类型的子句。Horn 子句是至多包含一个正文字的特殊的子句，它具有与一阶逻辑同等的表达能力，且其形式推导规则只有消解规则。于是，Horn 子句和相应的逻辑程序成为研究的重点对象。

2.2 稳定模型

命题公式的基于归约的极小模型，即稳定模型[7]，是命题逻辑程序的核心概念。逻辑程序将求解问题的回答集合表示为形式化该问题的公式的稳定模型[8]。

2.2.1 归约

定义 2.2.1 令 F 是命题公式，S 是命题原子集。公式 F 关于 S 的归约，记为 F^S 是用⊥替换 F 中所有 S 不可满足的最大子公式而得到的公式。

下面给出归约的等价的递归定义：对任一命题原子集 S，有

$$\bot^S=\bot$$

$$A^S=\begin{cases}A, & S\models A\\ \bot, & \text{否则}\end{cases} \qquad (A\text{ 是命题原子})$$

$$(F*G)^S=\begin{cases}F^S*G^S, & S\models F^S*G^S\\ \bot, & \text{否则}\end{cases} \qquad (*\in\{\wedge,\vee,\to\})$$

由于$\neg F$ 是 $F\to\bot$的缩写，因此上述定义中没有出现关于否定公式的条款。容易验证

$$(\neg F)^S=\begin{cases}\bot, & S\models F\\ \top, & \text{否则}\end{cases}$$

公式的归约具有如下性质：

引理 2.2.1 对任意命题公式 F 和任意命题原子集 S，$S\models F$ 当且仅当 $S\models F^S$。

证明 依定义 2.2.1，F^S 是用⊥替换 F 中所有 S 不可满足的最大子公式而得到的，由命题公式的替换定理，F 逻辑等价于 F^S。因此，对任意命题原子集 S，$S\models F$ 当且仅当 $S\models F^S$。

引理 2.2.2 对任意命题公式 F,G 和任意命题原子集 S，有

（1）$(F\vee G)^S \models\!\!\mid F^S\vee G^S$；

（2）$(F\wedge G)^S \models\!\!\mid F^S\wedge G^S$；

（3）$(F\to G)^S \models\!\!\mid F^S\to G^S$。

证明 作为示例，下面证明（3）。依引理 2.2.1，对任意命题原子集 S，

$$S\models(F\to G)^S$$

当且仅当 $S\models(F\to G)$；

当且仅当 $S\models G$ 或 $S\not\models F$；

当且仅当 $S\models G^S$ 或 $S\not\models F^S$；

当且仅当 $S\models F^S\to G^S$。

因此，$(F\to G)^S \models\!\!\mid F^S\to G^S$。

定理 2.2.1 令 F,G,F',G' 是公式，其中 G' 是将 F' 中 F 的某些（零个或者多个）出现替换为 G 而得到的。对任意命题原子集 S，若 $F^S \models\!\!\mid G^S$，则$(F')^S \models\!\!\mid (G')^S$。

证明 设归纳于 F' 的结构。

基始 $F'=\bot$ 或 F' 是命题原子，则 $G'=F'$，定理显然成立。当 $F'=F$，或者 G' 是将 F' 中 F 的零个出现替换为 G 而得到的，定理显然也成立。

归纳 设 F' 和 G' 分别是形如 $F_1' * F_2'$ 和 $G_1' * G_2'$ 的公式（$*\in\{\wedge,\vee,\to\}$），其中，G_i'（i=1,2）是将 F_i' 中 F 的某些出现替换为 G 而得到的。

依归纳假设，若$(F)^S \bowtie G^S$，则$(F_i')^S \bowtie (G_i')^S$（$i$=1,2）。依引理 2.2.2，有

$$(F')^S \bowtie (F_1')^S*(F_2')^S \bowtie (G_1')^S*(G_2')^S \bowtie (G')^S$$

2.2.2 稳定模型的基本概念

定义 2.2.2 令 F 是命题公式，S 是命题原子集。如果 S 是 F^S 在集合包含关系下的极小模型，则称 S 是 F 的稳定模型。

显然，一个公式的稳定模型是该公式的模型；反之，则不然。

例 2.2.1 公式$\neg\neg p$，其中 p 是命题原子。命题原子集 S 是该公式的模型当且仅当 $p\in S$。对任意命题原子集 S，若 $p\in S$，则$(\neg\neg p)^S=\top$，其极小模型是$\varnothing\neq S$；若 $p\notin S$，则$(\neg\neg p)^S=\bot$，$(\neg\neg p)^S$没有模型。因此，$\neg\neg p$ 没有稳定模型。类似地，$\neg p\to p$ 有模型但没有稳定模型。

依定义可以按照如下步骤检验命题原子集 S 是否为命题公式 F 的稳定模型：

步骤 1：标记 F 中每一个不被 S 满足的极大子公式；

步骤 2：用$\bot$替换 F 中被标记的所有公式（通过等价替换化简公式）；

步骤 3：检验步骤 2 得到的公式是否被 S 满足；

步骤 4：检验步骤 2 得到的公式对于 S 的任何真子集是否不可满足。

消去$\bot$的等价替换律如下：

$$A\vee\bot \bowtie A;\ A\vee\neg\bot \bowtie \neg\bot$$
$$A\wedge\bot \bowtie \bot;\ A\wedge\neg\bot \bowtie A$$
$$A\to\bot \bowtie \neg A;\ A\to\neg\bot \bowtie \neg\bot$$
$$\bot\to A \bowtie \neg\bot;\ \neg\bot\to A \bowtie A$$
$$A\leftrightarrow A \bowtie \neg\bot$$

例 2.2.2 公式$\neg p\to q$ 的稳定模型是$\{q\}$，其检验步骤如下（下划线表示被标记的不被$\{q\}$满足的极大子公式）：

步骤 1：$\neg\underline{p}\to q$；

步骤 2：$\neg\bot\to q$，化简为 q；

步骤 3：q 是被$\{q\}$满足的；

步骤 4：q 不被∅满足。

例 2.2.3 公式$\neg p\rightarrow q$ 和$\neg q\rightarrow p$ 是逻辑等价的，然而它们有不同的稳定模型，因为$\neg p\rightarrow q$ 的稳定模型是$\{q\}$，而$\neg q\rightarrow p$ 的稳定模型是$\{p\}$。

定义 2.2.3 给定命题公式 F 和命题原子 p。称 p 在 F 中的一个出现是正的，如果在 F 的蕴含式前件中有 p 的该出现的个数为偶数；否则，p 在 F 中的出现是负的。如果 p 是在 F 中的一个出现，而不是在 F 的任何蕴含式的前件中的出现，则 p 的该出现是严格正的。如果至少有 p 在 F 中的一个出现是严格正的，则称 p 是 F 的头原子公式。

例 2.2.4 命题公式$((p\rightarrow q)\wedge r)\rightarrow p$ 中原子 p 的两个出现都是正的：第二个出现是严格正的，第一个不是严格正的；原子 q 和原子 r 的出现都是负的。则 p 是该公式的头原子，q 和 r 都不是该公式的头原子。

引理 2.2.3 设 F 是命题公式，S' 是 F 的所有头原子组成的集合，S 是命题原子集。若 $S\vDash F$，则 $S\cap S'\vDash F^S$。

证明 施归纳于 F 的结构。

基始 由 $S\vDash F$ 知 $F\neq\bot$。若 F 是原子 p，则由 $S\vDash F$ 可得 $F^S=p$ 且 $p\in S$。因为 p 是 F 的头原子，故 $p\in S\cap S'$。因此，$S\cap S'\vDash F^S$。

归纳 （1）设 F 是 $G\wedge H$，S'是 F 的所有头原子组成的集合。令 $S'(G)$和 $S'(H)$分别是 G 和 H 的头原子组成的集合，则 $S'=S'(G)\cup S'(H)$。由 $S\vDash F$ 可得 $S\vDash G$ 和 $S\vDash H$。依归纳假设，$S\cap S'(G)\vDash G^S$ 且 $S\cap S'(H)\vDash H^S$，故

$$(S\cap S'(G))\cup(S\cap S'(H))\vDash G^S\wedge H^S$$

依引理 2.2.2，$F^S \models\mid G^S\wedge H^S$。于是，$S\cap S'\vDash F^S$。

（2）F 是 $G\vee H$ 的情形类似。

（3）对于 F 是 $G\rightarrow H$ 的情形，如上述归纳（1），令 $S'(G)$和 $S'(H)$分别是 G 和 H 的头原子组成的集合。依引理 2.2.2，有 $F^S \models\mid G^S\rightarrow H^S$。因为 $S\vDash F$，故 $S\vDash H$ 或 $S\nvDash G$。若 $S\vDash H$，则依归纳假设，$S\cap S'(H)\vDash H^S$，故 $S\cap S'\vDash G^S\rightarrow H^S$，即 $S\cap S'\vDash F^S$。若 $S\nvDash G$，则 $G^S=\bot$，故 $S\cap S'\vDash G^S\rightarrow H^S$，即 $S\cap S'\vDash F^S$。

定理 2.2.2 命题公式 F 的任何稳定模型是 F 的头原子集的子集。

证明 令 S 是 F 的一个稳定模型，S'是 F 的所有头原子的集合。由引理 2.2.3，$S\cap S'\vDash F^S$。因为 S 是满足 F^S 的极小模型，故 $S\subseteq S\cap S'$；因此，$S\subseteq S'$。

因为命题公式$\neg F$ 是 $F\rightarrow\bot$的缩写，易知形如$\neg F$ 的公式中任何原子的出现都不是严格正的。因此，其头原子集是空集。

例 2.2.1（续） 公式$\neg\neg p$ 和$\neg p\rightarrow p$ 都是可满足的；但是没有稳定模型，因为

它们都没有头原子。

例 2.2.3（续）　容易验证：式$\neg p\to q$和$\neg q\to p$的合取$(\neg p\to q)\wedge(\neg q\to p)$有两个稳定模型$\{p\}$和$\{q\}$，这表明公式可能有多个稳定模型。

例 2.2.4（续）　公式$((p\to q)\wedge r)\to p$所有可能的稳定模型是$\{p\}$和$\varnothing$，容易看出，$\varnothing$是唯一的稳定模型。

定理 2.2.3　设F和G是命题公式，S是命题原子集。S是$F\wedge\neg G$的稳定模型当且仅当S是F的满足$\neg G$的稳定模型。

证明　情形 1：如果S满足$F\wedge\neg G$，则S不满足G。依引理 2.2.2，$(F\wedge\neg G)^S \models\!\!\!\models F^S\wedge\neg\bot \models\!\!\!\models F^S$。因此有如下结论：

（1）S是一个满足F^S的极小原子集；

（2）当且仅当S是一个满足$(F\wedge\neg G)^S$的极小原子集；

（3）当且仅当S是F的满足$\neg G$的稳定模型。

情形 2：如果S不满足$F\wedge\neg G$，则S不可能是F的满足$\neg G$的模型。

拓广命题公式的归约和稳定模型概念到任意命题公式集，命题公式集K关于命题原子集S的归约，记作K^S，是集合$\{F^S|F\in K\}$；如果S是满足K^S中所有公式的极小命题原子集，则S是K的一个稳定模型。

2.2.3　命题公式的强等价

例 2.2.3 表明，两个在经典逻辑意义下等价的公式可能有不同的稳定模型，即从直觉主义逻辑观点看，它们是不等价的，在直觉主义逻辑意义下等价的公式总有相同的稳定模型。直觉主义逻辑是将第 1 章中经典逻辑的规则$(\neg E)$用下述规则（矛盾推出一切）代替而得到的逻辑系统：

$(\neg E)$若$\Gamma\vdash A$，$\Gamma\vdash\neg A$，则$\Gamma\vdash B$。

在直觉主义逻辑中，不接受反证法和排中律。

另外，在经典逻辑意义下，公式的合取的模型一定是每一合取项的模型，这是经典逻辑的单调性。然而，公式的合取的稳定模型不一定是每一合取项的稳定模型。在此意义下，稳定模型的概念是非单调的。

例 2.2.5　给定公式$(\neg p\to q)\wedge p$，其中p和q是原子。它的唯一稳定模型$\{p\}$不是第一个合取项$\neg p\to q$的稳定模型。

定义 2.2.4　给定任意两个公式F和G，设F'是包含F的出现的任一公式，G'是在F'中用G替换F的那个出现而得到的公式。如果F'与G'有相同的稳定模型，

则称 F 和 G 是强等价的。

强等价在逻辑程序中起着重要作用，它允许通过忽略程序的一些部分而化简程序。例如，公式 $p\wedge(p\to q)$和 $p\wedge q$ 在直觉主义逻辑语义下等价。因而，在任何包含程序规则 $p\to q$ 和 p 的程序中用 q 代替 $p\to q$ 不会影响该程序的稳定模型。

例 2.2.6 公式 $p\to q$ 和 $p\to r$ 有相同的稳定模型∅，但它们不是强等价的。事实上，取 F' 为$(p\to q)\wedge p$，G' 为$(p\to r)\wedge p$。F' 和 G' 分别有不同的稳定模型$\{p,q\}$和$\{p,r\}$。

定理 2.2.4 设 F 和 G 是两个命题公式，F 强等价于 G 当且仅当对任意命题原子集 S，$F^S \mathrel{\models\!\!\!\dashv} G^S$。

证明 “仅当” 设 F 强等价于 G，依定义 2.2.4，令 $F'=F$，则 $G'=G$ 且 F' 和 G' 有相同的稳定模型，即对任意原子集 S，$F^S \mathrel{\models\!\!\!\dashv} G^S$。

“当” 对任意原子集 S，设 $F^S \mathrel{\models\!\!\!\dashv} G^S$。对任一包含 F 的出现的公式 F'，考虑下述情形：

情形 1：若 $F'=F$，则 $G'=G$。因为 $F^S \mathrel{\models\!\!\!\dashv} G^S$，故$(F')^S \mathrel{\models\!\!\!\dashv} (G')^S$，这表明 F' 和 G' 有相同的稳定模型。依定义 2.2.4，F 和 G 是强等价的。

情形 2：设 F 是 F' 的真子公式，则 G 是 G' 的真子公式。对任意原子集 S，因为 $F^S \mathrel{\models\!\!\!\dashv} G^S$，依定理 2.2.1，$(F')^S \mathrel{\models\!\!\!\dashv} (G')^S$，故 F' 和 G' 有相同的稳定模型。依定义 2.2.4，F 和 G 是强等价的。

2.2.4 Horn 公式的稳定模型

称有穷个命题确定子句的合取为命题确定公式，即有穷个形如 $E\to p$ 的蕴含式的合取称为命题确定公式，其中 E 是有穷个命题原子（零个或多个）的合取，p 是命题原子。需要注意的是，有穷个目标子句的合取仍是一个目标子句。显然，若任一命题确定公式 F 有模型，且 F 的所有模型的交也是它的模型，则该模型称为 F 的最小模型。形如 $E\to A$ 的蕴含式的空合取⊤的最小模型是∅。

协调的命题 Horn 公式集有最小模型。事实上，设 K 是协调的命题 Horn 公式集，故 K 有模型。

令 K^*是 K 中所有确定 Horn 公式的集合，G 是 K 中所有目标子句的集合，$K^{**}=K^*\setminus\{F\to A\in K|A$ 在 G 的一个目标子句中出现$\}$。容易证明 K 和 K^{**}有相同的模型，从而 K 和 K^{**}是逻辑等价的。由于 K^{**}是确定 Horn 公式集，故有最小模型，它也是 K 的最小模型。

定理 2.2.5　命题确定公式的最小模型是该命题的唯一稳定模型。

为证明这一结果，首先证明下述引理：

引理 2.2.4　对任一命题确定公式 F 和任意命题原子集 S 与 S'，若 $S\subseteq S'$ 且 $S'\vDash F$，则 $S\vDash F$ 当且仅当 $S\vDash F^{S'}$。

证明　设 F 是单一蕴含式 $A_1,\cdots,A_n\to A$。若 $A_1,\cdots,A_n\in S'$，则由 $S'\vDash F$ 导出 $A\in S'$，因此，$F^{S'}=F$。因此 $S\vDash F$ 当且仅当 $S\vDash F^{S'}$。一方面，若存在 i（$1\leqslant i\leqslant n$），使得 $A_i\notin S'$，依假设 $S\subseteq S'$，则 $A_i\notin S$，从而 $S\vDash F$。另一方面，因为 $F^{S'}\ \vDash\!\dashv\ (\bot\to A^{S'})\ \vDash\!\dashv\ \top$，所以 $S\vDash F^{S'}$。因此，$S\vDash F$ 当且仅当 $S\vDash F^{S'}$。

设 F 是蕴含式的合取 $F_1\wedge\cdots\wedge F_m$，其中每个 F_i（$1\leqslant i\leqslant m$）是形如 $A_1,\cdots,A_n\to A$ 的蕴含式，则 $S\vDash F$ 当且仅当对每一 i:$1\leqslant i\leqslant m$，$S\vDash F_i$。依假设 $S'\vDash F$，故 $F^{S'}\ \vDash\!\dashv\ F_1^{S'}\wedge\cdots\wedge F_m^{S'}$。因此，$S\vDash F^{S'}$ 当且仅当对每一 $i(1\leqslant i\leqslant m)$，$S\vDash F_i^{S'}$。根据前面关于 F 是单一蕴含式的证明，可得 $S\vDash F$ 当且仅当 $S\vDash F^{S'}$。

下面是对定理 2.2.5 的证明。

设命题原子集 M 是命题确定公式 F 的最小模型，依引理 2.2.1，$M\vDash F^M$，但对 M 的任何真子集 Q，$Q\nvDash F^M$。因此，M 是 F 的一个稳定模型。对于 F 的任一稳定模型 S'，由于 M 是最小模型，因此 $M\subseteq S'$。因为 $S'\vDash F$ 且 $M\vDash F$，依引理 2.2.4，$M\vDash F^{S'}$。由于 S' 是 F 的稳定模型，依定义 2.2.2，S' 是满足 $F^{S'}$ 的原子集中极小的一个，故 $S'\subseteq M$。因此，$S'=M$，即 M 是 F 的唯一稳定模型。

注意：上述证明表明，原子集 M 是命题确定公式 F 的最小模型，当且仅当 S 是 F 的唯一稳定模型。

例 2.2.7　公式 $p\wedge(p\to q)\wedge(q\wedge r\to s)$ 有唯一稳定模型，即它的最小模型 $\{p,q\}$。空合取 $\top$ 以空集为其唯一模型。

类似地，对于一阶 Horn 公式，协调的一阶 Horn 公式总有 Herbrand 模型，该公式的所有 Herbrand 模型的交是它的最小 Herbrand 模型。称协调的一阶 Horn 公式的最小 Herbrand 模型为该公式的稳定模型，则协调的一阶确定公式的最小 Herbrand 模型是该公式的唯一稳定模型。

2.3 逻辑程序

子句的消解可以解释为：将问题（或目标）归约为若干子问题（或子目标），每一子问题又可解释为对其他过程（或子句）的调用，单元子句则代表一个已知其解的基元问题。过程调用实际上是使构成子句的一个负文字（作为子目标）与构成某一子句的正文字匹配，即运用消解原理的合一的过程。因此，用子句表示知识和推理并给出逻辑程序的概念，即视子句为逻辑程序的规则，逻辑程序的定理证明过程即逻辑程序的执行过程。本节介绍的逻辑程序是经典逻辑程序。

逻辑程序的基本语句（或规则）是子句，逻辑程序的语言由一个符号表σ和规则集组成。类似于一阶逻辑语言，符号表σ包括：

- 个体常元：a，b，c，…。
- 个体变元：u，v，w，…，x，y，z，…。
- 函数符号：f，g，h，…。
- 关系符号：F，G，H，…和一个特殊的关系符号=（等词）。

上述符号（除“=”外）可以带或不带上下标。

- 逻辑联结符号：¬，，，；和←及一个特殊的零元联结词⊥。
- 量词符号：∀（全称量词符号），∃（存在量词符号）。

量词由量词符号和变元组成，$\forall x$ 和$\exists x$ 分别是全称量词和存在量词。

注意：上面的逻辑联结词符号“,”和“;”分别等同于一阶逻辑语言中的“∧”和“∨”；“←”是一阶逻辑语言中“→”的反向表示，即 $F\leftarrow G$ 等同于 $G\rightarrow F$。

类似于一阶逻辑，符号 **Atom**（相应地，**GAtom**）和 **Lit**（相应地，**GLit**）分别记作全体原子（相应地，基原子）和全体文字（相应地，基文字）的集合。

规则是省略了所有全称量词的形如

$$A_1;\cdots;A_k\leftarrow B_1,\cdots,B_m\quad(1\leqslant k,m\geqslant 0)\tag{2-1}$$

的表达式。称集合$\{A_1,\cdots,A_k\}$和$\{B_1,\cdots,B_m\}$分别为该程序规则的头和体。记规则为 Head←Body，其中 Head=$\{A_1,\cdots,A_k\}$，Body=$\{B_1,\cdots,B_m\}$。

规则等同于一阶公式

$$\forall x_1\cdots\forall x_n(B_1\wedge\cdots\wedge B_m\rightarrow A_1\vee\cdots\vee A_k)\tag{2-2}$$

即逻辑等价于一阶子句

$$\forall x_1\cdots\forall x_n(A_1\vee\cdots\vee A_k\vee\neg B_1\vee\cdots\vee\neg B_m)$$

其中，$x_1,\cdots,x_n$ 是出现在原子 $A_1,\cdots,A_k,B_1,\cdots,B_m$ 中的所有变元。

逻辑程序是程序规则（或子句）的集合，有穷逻辑程序是由有穷条程序规则组成的程序。

对任一逻辑程序Π，令 $\mathrm{Head}(\Pi)=\cup_{r\in\Pi}\mathrm{Head}(r)$，$\mathrm{Body}(\Pi)=\cup_{r\in\Pi}\mathrm{Body}(r)$，其中 Head($r$)和 Body($r$)分别是Π中规则 $r=A_1;\cdots;A_k\leftarrow B_1,\cdots,B_m$ 的头和体。当 Head(r)仅包含一个元素时，比如 A，也记 Head(r)为 A。

称形如式（2-2）的公式为相应的程序规则式（2-1）的逻辑解释，逻辑程序Π的逻辑解释是Π中每一程序规则的逻辑解释的集合，记为Π_P。通常，我们将一个逻辑程序等同于它的逻辑解释，程序Π的 Herbrand 域（H_Π）、Herbrand 基（B_Π）和模型分别是Π_P 的 Herbrand 域、Herbrand 基和模型。

程序约束是如下省略了所有全称量词的形如

$$\bot \leftarrow B_1, \cdots, B_m \quad (1 \leqslant j \leqslant m) \tag{2-3}$$

的规则，通常省略⊥，记作$\leftarrow B_1, \cdots, B_m$，它的逻辑解释是一阶公式

$$\forall x_1 \cdots \forall x_n (\neg B_1 \vee \cdots \vee \neg B_m) \tag{2-4}$$

与之逻辑等价的公式即$\neg\exists x_1 \ldots \exists x_n(B_1 \wedge \cdots \wedge B_n)$。

程序规则，约束和逻辑程序的可满足性（永真性）和模型分别是相应的逻辑解释的可满足性（永真性）和模型，程序的模型和逻辑推论分别是相应的逻辑解释的模型和逻辑推论。

本节内容只考虑头为不多于一个原子的规则组成的程序，由多于一个原子的头（析取头）的规则组成的程序将在第 4 章讨论。

2.3.1　确定逻辑程序

称形如$A \leftarrow B_1, \cdots, B_m$的式子为确定程序规则，其逻辑解释是$\forall x_1 \cdots \forall x_n(A \vee \neg B_1 \vee \cdots \vee \neg B_m)$，原子 A 为该规则的头，原子集$\{B_1, \cdots, B_m\}$为该规则的体。特别地，形如$A \leftarrow$的确定程序规则（即有空体的确定程序规则）为单元规则。程序约束的体称为确定目标。确定目标是一个有穷原子集，其每个元素是该目标的子目标。

给定程序Π，对于任意规则 $r \in \Pi$，用 B_Π中的基项置换 r 中所有变元后得到的规则称为 r 的基例式，即 $\text{ground}_H(r)=\{r\theta \mid \theta:\text{var}(r) \to B_\Pi\}$，其中，$\text{var}(r)$是 r 中出现的所有变元，θ是基置换。程序Π的基例式是 $\text{ground}_H(\Pi)=\cup_{r \in \Pi}\text{ground}_H(r)$。类似地，可定义基约束和约束的基例式。

程序规则和程序的基例式中出现的基原子是命题原子或相应的一阶基原子，将所有出现的一阶基原子视为语法对象。将作为扩展后的命题语言的原子视为命题原子，即扩展后的命题语言的基原子集是相应的 Herbrand 基。于是，通常的命题公式集作为一阶语句集的特例，其 Herbrand 基，即出现在该公式集中的全体命题原子，其 Herbrand 赋值与它在通常意义下的赋值是一致的。

将包含变元的程序规则和程序及约束分别视为其所有基例式的集合，缩写的方法称为基例化方法，即用基项例式变元。因为该方法使得基例化得到的所有程序的集合不但与原来的程序有相同的结论集（或回答集），而且本质上是命题的逻

辑程序。

在上述约定下，如果一个逻辑程序规则（或约束）中不出现变元（可能出现一阶基原子），则称它为命题逻辑程序规则（或约束）；命题逻辑程序规则组成的逻辑程序称为命题逻辑程序。

容易验证，通常命题逻辑所有语法、语义的概念和定理及其相应的证明可以逐字逐句转换到扩展后的命题语言中，唯一的修改是将“命题公式”替换为“扩展的命题公式”。为简便起见，今后当提及命题公式（命题逻辑程序规则，命题确定程序或命题约束）时，出现在该公式（命题逻辑程序规则，命题确定程序或者命题约束）中的命题原子可以是一阶基原子。

命题原子集和命题公式之间的逻辑推论关系$\models$可以特化为集合的属于关系$\in$。为此，将否定式$\neg A$和等值式$A\leftrightarrow B$分别视为$A\rightarrow\bot$和$(A\rightarrow B)\wedge(B\rightarrow A)$的缩写。根据逻辑推论关系$\models$的定义可以证明定理 2.3.1。

定理 2.3.1 设 S 是任意扩展命题原子集，F 是任意一扩展命题公式。

（1）若 F 是命题原子 A，则 $S\models A$，当且仅当 $A\in S$；

（2）若 F 是$\bot$，则 $S\not\models\bot$；

（3）若 F 是合取式 $A\wedge B$，则 $S\models A\wedge B$，当且仅当 $S\models A$ 且 $S\models B$；

（4）若 F 是析取式 $A\vee B$，则 $S\models A\vee B$，当且仅当 $S\models A$ 或 $S\models B$；

（5）若 F 是蕴含式 $A\rightarrow B$，则 $S\models A\rightarrow B$，当且仅当 $S\not\models A$ 或 $S\models B$；

（6）若 F 是等值式 $A\leftrightarrow B$，则 $S\models A\leftrightarrow B$，当且仅当 $S\models A\rightarrow B$ 且 $S\models B\rightarrow A$。

因此，任意命题原子集 S 和任意一命题公式 F 之间的逻辑推论关系 $S\models F$ 可以等价地用定理 2.3.1 所示的递归方式定义。

定义 2.3.1 命题确定程序是命题确定程序规则的集合。

因为逻辑程序的模型是其逻辑解释的模型，依定理 2.3.1，可证明 S 是程序Π的模型当且仅当对每一 $A\leftarrow B_1,\cdots,B_m\in\Pi$，如果$\{B_1,\cdots,B_m\}\subseteq S$，则 $A\in S$。事实上，若 S 是Π的模型，则对任一 $A\leftarrow B_1,\cdots,B_m\in\Pi$，$S\models A\vee\neg B_1\vee\cdots\vee\neg B_m$。若$\{B_1,\cdots,B_m\}\subseteq S$，则依定理 2.3.1，$S\not\models\neg B_1\vee\cdots\vee\neg B_m$，因此 $S\models A$。再根据定理 2.3.1，则 $A\in S$。

若对每一 $A\leftarrow B_1,\cdots,B_m\in\Pi$，$\{B_1,\cdots,B_m\}\subseteq S$ 蕴含 $A\in S$，根据定理 2.3.1，则 $S\models A\vee\neg B_1\vee\cdots\vee\neg B_m$。因此，$S$ 是该规则的模型，进而，S 是程序Π的模型。

于是，可以给出如下定义。

定义 2.3.2 命题确定程序Π封闭于命题原子集 S（或者，S 是程序Π的模型，记作 $S\models\Pi$），当且仅当对每一 $A\leftarrow B_1,\cdots,B_m\in\Pi$，如果$\{B_1,\cdots,B_m\}\subseteq S$ 则 $A\in S$。命题原子集 S 满足命题约束$\leftarrow B_1,\cdots,B_m$，当且仅当$\{B_1,\cdots,B_m\}\backslash S\neq\varnothing$。

显然，**Atom** 是任意命题确定程序Π的模型。程序Π的所有模型的交也是Π的模型，且是Π的最小模型。为此，引入下面的概念。

定义 2.3.3　设Π是命题确定程序，用 $C_n(\Pi)$表示Π的最小模型，称其为Π的结论集，$C_n(\Pi)$中的成员称为Π的结论。若 S 是程序Π的模型，令

$$GR(S,\Pi)=\{A\leftarrow B_1,\cdots,B_m\in\Pi\mid\{B_1,\cdots,B_m\}\subseteq S\}$$

称其为 S 的生成规则集。

定义 2.3.4　命题原子集 S 是命题确定程序Π支撑的（或 S 是程序Π的支撑模型），当且仅当对每一 $A\in S$ 存在Π中一规则 Head←Body 使得 Head=A 且 Body⊆S。

显然，对命题确定程序Π，Π是 $C_n(\Pi)$支撑的且 $C_n(\Pi)\subseteq$Head(Π)。

注意：原子集$\{p\}$是封闭于程序$\{p\leftarrow p\}$且是该程序支撑的，但不是该程序的结论集。事实上，$C_n(\{p\leftarrow p\})=\varnothing$。

定理 2.3.2　令程序Π是命题确定程序，S 是命题原子集，则下述命题是等价的：

（1）S 是程序Π的稳定模型；

（2）S 是程序Π的结论集，即 $S=C_n(\Pi)$。

定理 2.3.2 揭示了命题确定程序的结论集和该程序（作为确定子句）的稳定模型之间的关系。

证明　（1）⇒（2）：因为 S 是Π的稳定模型，由定理 2.2.5，S 是Π的最小模型。由定义 2.3.3，S 是Π的结论集，即 $S=C_n(\Pi)$。

（2）⇒（1）：由定义 2.3.3，S 是Π的最小模型。再由定理 2.2.5，知 S 是Π的稳定模型。

对有变元出现的确定程序Π，B_Π是程序Π的一个 Herbrand 模型，程序Π的所有 Herbrand 模型的交（记为 M_Π）也是程序Π的模型。因此，容易证明：对任意确定程序Π（有或者没有变元出现），$M_\Pi=\{A\in B_\Pi\mid A$ 是Π的一个逻辑推论$\}$。

当Π中没有变元出现时，其 Herbrand 模型是通常定义的模型，因此有

A 是Π的一个逻辑推论，当且仅当$\Pi\cup\{\neg A\}$是不可满足的；

当且仅当$\Pi\cup\{\neg A\}$没有 Herbrand 模型；

当且仅当$\neg A$ 关于Π的所有 Herbrand 模型为假；

当且仅当 A 关于Π的所有 Herbrand 模型为真；

当且仅当 $A\in M_\Pi$。

因此，定义 2.3.3 可以拓广到任意确定程序Π（可能有变元程序）：$C_n(\Pi)$是Π的最小 Herbrand 模型，即 $C_n(\Pi)=M_\Pi$，即确定程序的陈述语义。此后若无特别说明，我们提及的确定程序总是指命题确定程序，有变元出现序的确定程序是其基

例式全体的缩写。

容易证明，结论映射 C_n 具有单调性和紧性，即

定理 2.3.3 对任意确定程序Π_1和Π_2，若$\Pi_1\subseteq\Pi_2$，则 $C_n(\Pi_1)\subseteq C_n(\Pi_2)$。

定理 2.3.4 确定程序Π的一个结论是Π的一个有穷子集的结论，即若 $A\in C_n(\Pi)$，则存在Π的有穷子集Π′，使得 $A\in C_n(\Pi')$。

确定程序Π的结论集可以通过自底向上的方式计算，为此，引入确定程序的算子。具体如下：对一个确定程序Π，定义函数 $T_\Pi: 2^{B_\Pi}\to 2^{B_\Pi}$，使得对任意 $S\subseteq B_\Pi$，$T_\Pi(S)=\{A\in B_\Pi|A\leftarrow B_1,\cdots,B_m$ 是Π中一个子句的基例式且$\{B_1,\cdots,B_m\}\subseteq S\}$。

特别地，对于确定命题程序Π，有函数 $T_\Pi: 2^{\mathbf{Atom}}\to 2^{\mathbf{Atom}}$ 使得对Π的一个赋值 S，$T_\Pi(S)=\{A\in B_\Pi|A\leftarrow B_1,\cdots,B_m\in\Pi$且$\{B_1,\cdots,B_m\}\subseteq S\}$，其中 **Atom** 是所有命题原子的集合。

因为$(2^{B_\Pi},\cup,\cap)$是完备格，T_Π是连续函数，所以可以证明 T_Π有最小不动点且 $\mathrm{lfp}(T_\Pi)=T_\Pi\uparrow\omega$。据此，Π的最小 Herbrand 模型 M_Π有不动点特征。

定理 2.3.5 令Π是确定程序，则 $C_n(\Pi)=M_\Pi=\mathrm{lfp}(T_\Pi)=T_\Pi\uparrow\omega$。

证明 $M_\Pi=\mathrm{glb}\{S|S$ 是Π的一个 Herbrand 模型$\}$

$=\mathrm{glb}\{S|T_\Pi(S)\subseteq S\}$

$=\mathrm{lfp}(T_\Pi)$

$=T_\Pi\uparrow\omega$

算子 T_Π提供了确定程序Π的陈述语义和过程语义之间的联系，使得 M_Π可以通过自底向上的方式计算：

$$T_\Pi\uparrow 0=\varnothing$$

$$T_\Pi\uparrow(n+1)=T_\Pi(T_\Pi\uparrow n)$$

$$T_\Pi\uparrow\omega=\mathrm{glb}\{T_\Pi\uparrow n|n\in\omega\}=\cup_{n\in\omega}T_\Pi\uparrow n$$

例 2.3.1 考虑确定程序$\Pi=\{p(f(x))\leftarrow p(x),\ q(a)\leftarrow p(x)\}$。令 $M_1=B_\Pi$，$M_2=T_\Pi(M_1)$和 $M_3=\varnothing$，则

$$T_\Pi(M_1)=\{q(a)\}\cup\{p(f(t))\mid t\in B_\Pi\}$$

$$T_\Pi(M_2)=\{q(a)\}\cup\{p(f(f(t)))\mid t\in B_\Pi\}$$

$$T_\Pi(M_3)=\varnothing$$

$$M_\Pi=\mathrm{lfp}(T_\Pi)=\varnothing$$

定义 2.3.5 Horn 程序规则是确定程序规则或确定约束，Horn 程序是 Horn 程序规则的集合。

Horn 程序规则的逻辑解释是相应的确定程序规则或确定约束的逻辑解释，为给出确定程序的过程语义，需要相应的推理规则，即命题或一阶消解规则。该规则源自逻辑程序中面向目标搜索和自动推理的消解理论的 SLD 消解（确定程序的有选择规则的线性消解），它组成确定程序的过程语义。为此，将一阶（或命题）子句的消解规则翻译如下：

设 G 是一个确定约束 $\leftarrow A_1,\cdots,A_m,\cdots,A_k$, C 是一个确定程序子句 $A\leftarrow B_1,\cdots,B_n$, θ 是 A_m（称为被选择的原子）和 A 的一个 mgu，则 G 和 C 的消解式是确定约束

$$\leftarrow \neg(A_1,\cdots,A_{m-1},B_1,\cdots,B_n,A_{m+1},\cdots,A_k)\theta \tag{2-5}$$

称它为 G 和 C 的 SLD 消解式。

设 G 是一个确定约束，Π 是一个确定程序。序列 $<C_0,C_1,\cdots,C_n>$ 如果满足：

（1）$C_0=G$；

（2）C_1 是 Π 中的一个成员，C_2 是 C_1 和 G 的一个 SLD 消解式；

（3）每个 C_i（$3\leqslant i\leqslant n$）或者是 Π 中的一个成员，或者是 Π 中的成员 C_j 和 C_k 的消解式 $R(C_j,C_k)$（$j,k<i$），或者是 Π 中的一个成员 C_j（$j<i$）和一个 SLD 消解式 C_k（$k<i$）的 SLD 消解式。

则称该序列为从 $\Pi\cup\{G\}$ 到 C_n 的一个消解序列。如果 $C_n=\perp$，则称该序列为从 $\Pi\cup\{G\}$ 到 $\perp$ 的 SLD 反驳（成功分支）。如果 $C_n\neq\perp$ 且 C_n 中被选择的原子不可能与程序 Π 中的任何子句的头合一，则称该序列为从 $\Pi\cup\{G\}$ 到 $\perp$ 的有穷失败分支。如果序列 $<C_0,C_1,\cdots,C_n,\cdots>$ 是无穷的，对任意 $n\geqslant 3$，$C_n\neq\perp$ 且 C_n 中被选择的原子能与程序 Π 中的某一子句的头合一，则称该序列是从 $\Pi\cup\{G\}$ 到 $\perp$ 的无穷分支。

定义 2.3.6　令 Π 是确定程序，称集合 $\{A\in B_\Pi|\Pi\cup\{\leftarrow A\}$ 有一 SLD 反驳$\}$ 为 Π 的成功集。

根据定理 2.1.5 可容易得到如下 SLD 消解的完备性定理。

定理 2.3.6　设 Π 是一个确定程序，G 是一个确定约束，$\Pi\cup\{G\}$ 是不可满足的，当且仅当有一个从 $\Pi\cup\{G\}$ 到 $\perp$ 的 SLD 反驳。

定理 2.3.7　令 Π 是确定程序，Π 的成功集 S 等于 Π 的最小 Herbrand 模型 M_Π。

定理 2.3.7 表明了确定程序的过程语义与其稳定模型之间的关系。

证明　对任意 $A\in S$，依定义 2.3.6，$\Pi\cup\{\leftarrow A\}$ 有一 SLD 反驳。依定理 2.3.6，$\Pi\cup\{\leftarrow A\}$ 是不可满足的，故 A 是 Π 的一个逻辑推论。因此，$A\in M_\Pi$，从而 $S\subseteq M_\Pi$。

对任意 $A\in M_\Pi$，依定理 2.3.5，对某个 $n\in\omega$，$A\in T_\Pi\uparrow n$。

施归纳于 n 证明：$\Pi\cup\{\leftarrow A\}$ 有一 SLD 反驳，从而 $A\in S$。

基始　设$n=1$，则由$A\in T_{\Pi}\uparrow 1$知A是程序Π的一个单元子句的其中一个基例式。显然，$\Pi\cup\{\leftarrow A\}$有一个SLD反驳，故$A\in S$。

归纳　设对任一$B\in T_{\Pi}\uparrow(n-1)$，$\Pi\cup\{\leftarrow B\}$有一SLD的反驳。令$A\in T_{\Pi}\uparrow n$，依$T_{\Pi}$的定义，存在$\Pi$中规则$B\leftarrow B_1,\cdots,B_k$的一个基例式使得对某一置换$\theta$，$A=B\theta$且$\{B_1\theta,\cdots,B_k\theta\}\subseteq T_{\Pi}\uparrow n-1$。依归纳假设，对$i=1,\cdots,k$，$\Pi\cup\{(\leftarrow B_i)\theta\}$有一SLD的反驳。因每个$B_i\theta$是基原子，这些反驳可以组合为$\Pi\cup\{\leftarrow(B_1,\cdots,B_k)\theta\}$的一个反驳。依定义2.3.6，$\Pi\cup\{\leftarrow A\}$有一个SLD反驳，故$A\in S$。

例 2.3.2　对确定程序$\Pi=\{B(x)\leftarrow A(x),C(x)\leftarrow A(x),A(a)\leftarrow,D(a)\leftarrow\}$和确定约束$G=\leftarrow D(x),C(x)$。

有从$\Pi\cup\{G\}$到$\perp$的SLD反驳：

（1）$C_0=G$；

（2）$C_1=D(a)\leftarrow$；

（3）$C_2=\leftarrow C(a)$，它是G和C_1用mgu $\theta_1=\{[a/x]\}$得到的SLD消解式；

（4）$C_3=C(x)\leftarrow A(x)$；

（5）$C_4=A(a)\leftarrow$；

（6）$C_5=C(a)\leftarrow$，它是C_3和C_4用mgu $\theta_1=\{[a/x]\}$得到的消解式；

（7）$C_6=\perp$，它是C_2和C_5的SLD消解式。

例 2.3.3　程序P_1由下述三子句组成：

（1）$p(x,z)\leftarrow q(x,y),p(y,z)$；

（2）$p(x,x)$；

（3）$q(a,b)$。

约束是$\leftarrow p(x,b)$。

在图2-4所示的SLD消解过程中，带下划线的原子是被选择的，数字1,2,3分别指出被选择原子消解时所用到的子句编号。消解产生一棵有三类分支的SLD消解树，即无穷分支；以空子句终止的分支（成功分支）和因为无可用规则而得到以死循环终止的分支（有穷失败分支）。

在本例中，总用出现在约束中的最后一个原子做消解。若总选择约束中第一个原子做消解，可以得到（至少在此例中）一有穷树。通常，给定确定程序P，有一个用于选择SLD消解中被消解的原子的选择规则R，它是由确定约束集到**Atom**的函数，使得对一个确定约束G，R取G中的一个原子（称为被选择原子）为值。可以证明选择函数的独立性，即对于R的任意选择，如果$P\cup G$是不可满足的，则总可以找到用选择函数R的一个消解。

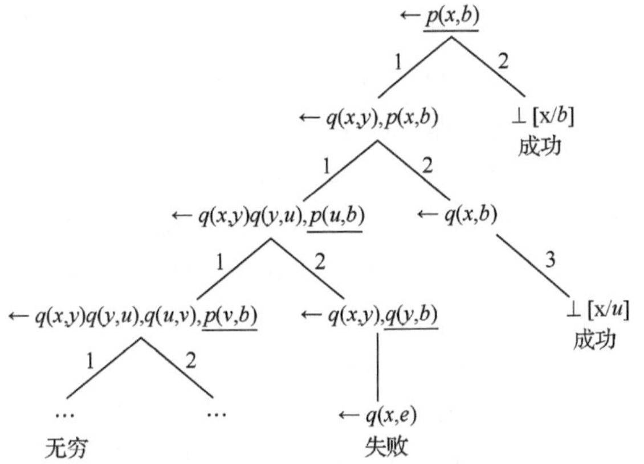

图 2-4　例 2.3.3 中程序 P_1 与约束 $\leftarrow p(x,b)$ 的消解示例

命题确定程序的 SLD 消解也可以用 SLD 演算的形式表示。为此，引入命题确定程序的 SLD 演算系统。视空集 $\varnothing$ 为公式 $\top$，令 $\vDash_S$ 和 $\dashv_F$ 分别表示"成功"和"失败"，G 是目标，表达式 $\vDash_S G$ 和 $\dashv_F G$ 是导出对象。

SLD 演算的公理：$\vDash_S \varnothing$。

分别对于成功和失败的推理规则：

(S)　对某一 $B \in \text{Bodies}(A)$，若 $\vDash_S G \cup B$，则 $\vDash_S G \cup \{A\}$。

(F)　若 $\dashv_F G \cup B$ 对一切 $B \in \text{Bodies}(A)$ 成立，则 $\dashv_F G \cup \{A\}$。

其中，对程序 Π 和基原子 A，$\text{Bodies}(A)=\{\text{Body}(r) | r \in \Pi，\text{Head}(r)=A\}$，$G$ 是目标。规则 (F) 的前提的基数等于 $\text{Bodies}(A)$ 的基数（可能为 0 或无穷）。当 $\text{Bodies}(A)$ 的基数 0（即 $\text{Bodies}(A)$ 是空类，B 只出现在程序 Π 的规则的体中而不作为程序 Π 的任何规则的头出现）时，该规则的前提个数为 0，结论自然成立。

与经典逻辑的可推导概念类似，可给出 SLD 演算的成功与失败的可推导概念，只需注意，对有无穷条规则可应用的 SLD 演算，一个推导是一棵没有无穷分支的树（可能无穷），这里无穷分支是指它的结点是导出对象，使得每一结点为一片叶和一条公理，或者为能够应用一条规则于它的后继结点。

设 Π 是命题确定程序，G 是目标，若 $\vDash_S G$ 是在对 Π 的 SLD 演算中可推导的，则称 G 关于 Π 成功；若 $\dashv_F G$ 是在对 Π 的 SLD 演算中可推导的，则称 G 关于 Π 失败。

例 2.3.4　对于确定程序 $\Pi=\{q，p \leftarrow q，r \leftarrow s，r \leftarrow p,q\}$，目标 $G=\{r\}$，SLD 演算如下：

（1）$\vDash_S \underline{\varnothing}$　　　　（公理）

（2）$\vDash_S \underline{\{q\}}$　　　　（因为 $A=\{q\}$，$\text{Bodies}(q)=\{\varnothing\}$，$G=\varnothing$）

（3）$\models_S \underline{\{p,q\}}$　　　（因为 $A=\{p\}$，Bodies$(p)=\{\{q\}\}$，$G=\{q\}$）

（4）$\models_S \underline{\{r\}}$　　　（$A=r$，$B=\{p,q\}$，Bodies$(r)=\{\{s\}, \{p,q\}\}$）

这表明，$\{r\}$关于Π成功，即 r 是Π的逻辑推论。

如果将Π中第（1）条规则改为 $q\leftarrow s$ 得到程序Π^*，则有

$\dashv_F \{s\}$，F 规则有零个前提的应用，Bodies$(s)=\varnothing$，$G=\varnothing$

$\dashv_F \{q\}$，因为 Bodies$(q)=\{\{s\}\}$，$G=\varnothing$

$\dashv_F \{s\}$　　$\dashv_F\{p,q\}$，因为 Bodies$(p)=\{\{q\}\}$，$G=\{q\}$

$\dashv_F \{r\}$，因为 Bodies$(r)=\{\{s\},\{p,q\}\}$,$G=\varnothing$

这表明，$\{r\}$关于程序Π^*失败，即 r 不是Π^*的逻辑推论。

注意：对任意原子 A，目标$\{A\}$关于程序 $A\leftarrow A$ 既不成功也不失败。

容易证明 SLD 演算具有下述性质：

定理 2.3.8　对任意一命题确定程序Π和任意一原子 A：

（1）没有任何目标关于程序Π同时成功且失败；

（2）$\{A\}$关于程序Π成功，当且仅当 A 是程序Π的一个结论；

（3）若$\{A\}$关于程序Π失败，则 A 不是程序Π的一个结论。

证明　（1）给定确定程序Π和任一目标 G，施归纳于$\models_S G$ 的结构，可以证明若$\models_S G$ 则在 SLD 演算中不可能推导出$\dashv_F G$。

基始　设 G 是应用 SLD 演算的公理$\models\varnothing$推导出的，则 $G=\varnothing$。依规则(F)，对任意目标 G，若$\dashv_F G$ 可推导，则 $G\neq\varnothing$，故不可能推导$\dashv_F\varnothing$。

归纳　设 G 是应用规则(S)得到的，即对任意 $B\in$Bodies(A)，若$\models_S G'\cup B$，则$\models_S G'\cup\{A\}$，其中 $G'\cup\{A\}=G$。依归纳假设，$\dashv_F G'\cup B$ 不可能推导。如果$\dashv_F G$ 是可推导的，则它只能用规则(F)得到，从而$\dashv_F G'\cup B$ 必须是可推导的，矛盾。

（2）依（1）只需证明：

对任意目标 G，G 关于Π成功，当且仅当 $G\subseteq C_n(\Pi)$

由定理 2.3.5，只需证明：

G 关于Π成功当且仅当 $G\subseteq T_\Pi\uparrow\omega$

为此，施归纳于$\models_S G$ 的结构证明这一结论。

基始　设$\models_S G$ 是应用公理$\models_S\varnothing$推导出的，则 $G=\varnothing$。显然，$\models_S\varnothing$，当且仅当 $\varnothing\subseteq T_\Pi\uparrow\omega$。

归纳　设 G 是应用规则(S)得到的，即对任意 $B\in$Bodies(A)，若$\models_S G'\cup B$，则$\models_S G'\cup\{A\}$，其中 $G'\cup\{A\}=G$。依归纳假设，对任意 $B\in$Bodies(A)，$\models_S G'\cup B$，当且仅当 $G'\cup B\subseteq T_\Pi\uparrow\omega$。依 T_Π的定义和 $T_\Pi\uparrow\omega=\cup_{n\in\omega}T_\Pi\uparrow n$，$A\in T_\Pi\uparrow\omega$，当且仅当对

任意 $B\in\mathrm{Bodies}(A)$，$B\subseteq T_\Pi\uparrow\omega$。因此，$G'\cup\{A\}\subseteq T_\Pi\uparrow\omega$，当且仅当对任意 $B\in\mathrm{Bodies}(A)$，$G'\cup B\subseteq T_\Pi\uparrow\omega$，这表明，$\vDash_S G$ 当且仅当 $G\subseteq T_\Pi\uparrow\omega$。

由（1）和（2）可直接导出：若$\{A\}$关于Π失败，则 A 不是Π的结论。

定理 2.3.8 表明，SLD 演算的成功规则是可靠和完备的；失败规则是可靠但不完备的。例如，原子 A 不是程序 $A\leftarrow A$ 的结论，A 关于此程序不失败。

2.3.2　部分赋值

很多情形需要在程序子句的体中有否定条件，如为定义两个集合不相同，须使用规则

$$\mathrm{Different}(x,y)\leftarrow\mathrm{member}(z,x),\neg\mathrm{member}(z,y)$$

$$\mathrm{Different}(x,y)\leftarrow\neg\mathrm{member}(z,x),\mathrm{member}(z,y)$$

允许经典否定$\neg$出现在程序子句的体中，于是得到确定子句和确定程序概念的拓广。

形如 $A\leftarrow L_1,\cdots,L_n$ 的子句称为扩展确定子句（规则），其中 A 是原子，$L_1,\cdots,L_n$ 是文字；扩展子句组成的集合为扩展确定程序。形如$\leftarrow L_1,\cdots,L_n$ 的子句称为扩展确定约束，其中，$L_1,\cdots,L_n$ 是文字。

设 $x_1,\cdots,x_k$ 是出现在 L_i（$0\leqslant i\leqslant n$）中的所有变元，扩展程序规则 $A\leftarrow L_1,\cdots,L_n$（$n\geqslant 0$）和扩展约束$\leftarrow L_1,\cdots,L_n$（$n\geqslant 1$）的逻辑解释分别是下述的一阶公式：

$$(\forall x_1\cdots\forall x_k)(\overline{L_1}\vee\cdots\vee\overline{L_n}\vee A)\text{和}(\forall x_1\cdots\forall x_k)(\overline{L_1}\vee\cdots\vee\overline{L_n})$$

其中，对任一文字 L，若 $L=A$，则 $\overline{L}=\neg A$；若 $L=\neg A$，则 $\overline{L}=A$（A 是原子）。

一般地，如果允许经典否定$\neg$出现在程序规则的头和体中，则得到基本程序规则

$$L_0\leftarrow L_1,\cdots,L_n\quad(n\geqslant 0)\tag{2-6}$$

它也记为 Head$\leftarrow$Body，其中 Head$=L_0$，Body$=\{L_1,\cdots,L_n\}$。相应地，有基本约束

$$\leftarrow L_1,\cdots,L_n\quad(n\geqslant 1)$$

为给出基本程序的逻辑解释。扩展一阶模型的概念如下：

对任意一阶公式集Γ和赋值 v，若 $\Gamma^v=1$，则称 $S=\{L\mid L\in\mathbf{GLit}\text{ 且 }L^v=1\}$是$\Gamma$的一个模型；若对任一赋值 v，$\Gamma^v=0$，则称 **GLit** 是Γ的模型。特别地，对Γ的 Herbrand 赋值 v，若 $\Gamma^v=1$，则称

$$S=\{A\mid A\in B_\Gamma\text{且 }A^v=1\}\cup\{\neg A\mid A\in B_\Gamma\text{且 }A^v=0\}$$

是Γ的一个 Herbrand 模型。若对任一 Herbrand 赋值 v，$\Gamma^v=0$，则称

$$B_\Gamma \cup \{\neg A \mid A \in B_\Gamma\}$$

是Γ的 Herbrand 模型。

基本程序规则 $L_0 \leftarrow L_1, \cdots, L_n$ 和约束 $\leftarrow L_1, \cdots, L_n$ 的逻辑解释分别是下述的一阶公式：

$$(\forall x_1 \cdots \forall x_k)(\overline{L_1} \vee \cdots \vee \overline{L_n} \vee L_0) \text{和} (\forall x_1 \cdots \forall x_k)(\overline{L_1} \vee \cdots \vee \overline{L_n})$$

其中，$x_1, \cdots, x_k$ 是出现在 L_i（$0 \leqslant i \leqslant n$）中的所有变元。

基本程序Π的逻辑解释是程序Π中子句的逻辑解释的集合，记为Π_P。

类似于确定程序，对有变元出现的基本程序规则，我们总视其为基例化后的规则全体的缩写。因此，在本节中，若无特别说明，基本程序是指命题基本程序，即程序中出现的文字都是基文字。

定义 2.3.7 文字集 S 是协调的，当且仅当 S 不包含互补的文字；S 是逻辑封闭的，当且仅当 S 是协调的，或者 S 等于 **Lit**。文字集 S 关于基本程序Π封闭（或者，S 是Π的模型），当且仅当对每一 $L_0 \leftarrow L_1, \cdots, L_n \in \Pi$，如果 $L_1, \cdots, L_n \subseteq S$，则 $L_0 \in S$。用符号 $C_n(\Pi)$表示关于Π封闭且逻辑封闭的最小文字集，称其为Π的结论集（或回答集）。文字集 S 是基本程序Π支承的（或 S 是Π的支承模型），当且仅当对每一 $L \in S$，存在Π中一规则 Head$\leftarrow$Body，使得 Head$=L$ 且 Body$\subseteq S$。文字集 S 关于基本约束$\leftarrow L_1, \cdots, L_n$ 封闭，当且仅当 S 不协调，或者 S 协调但是$\{L_1, \cdots, L_n\} \backslash S \neq \varnothing$。

显然，**Lit** 关于任一基本程序Π封闭且逻辑封闭，$\varnothing$是Π支承的。给定基本程序Π，令 W 是所有关于Π封闭且逻辑封闭的文字集族，则 W 非空且偏序集$(W, \supseteq)$的任一良序子集 V 有极大元$\cap_{S \in V} S$，其中$\supseteq$是集合的反向包含关系。依 Zorn 引理，W 有极大元，它是关于Π封闭且逻辑封闭的最小文字集，故 $C_n(\Pi)$存在且唯一。

对任意基本程序Π，如果 $C_n(\Pi)$是协调的，则称程序Π是协调的；否则，程序Π是不协调的。如果程序Π的所有规则的 Head 的集合是协调的，则称程序Π是头协调的。容易得出，头协调的程序是协调的。

通过适当的修改，容易拓广定理 2.3.1～定理 2.3.8 到基本程序。为此，用下述方式，将基本程序规则和约束分别转换为相应的确定程序规则和约束。

对每一原子 $A \in$ **Atom**，选择一个不在 **Atom** 中出现的新原子符号 A^+，令 **Atom**$^+$是这些新符号的集合。对任意 $L \in$ **Lit**，令映射 DEF(L)是集合 **Atom**$\cup$**Atom**$^+$的元素使得 DEF$(A)=A$，DEF$(\neg A)=A^+$（$A \in$ **Atom**）。

显然，**Atom**$\cup$**Atom**$^+$=DEF(**Lit**)。

拓广映射 DEF 到任意文字集 S，基本规则 $L_0 \leftarrow L_1, \cdots, L_n$，基本约束$\leftarrow L_1, \cdots, L_n$ 及基本程序Π，可以得到

$$\mathrm{DEF}(S)=\{\mathrm{DEF}(L)|L\in S\}$$
$$\mathrm{DEF}(L_0\leftarrow L_1,\cdots,L_n)=\mathrm{DEF}(L_0)\leftarrow \mathrm{DEF}(L_1),\cdots,\mathrm{DEF}(L_n)$$
$$\mathrm{DEF}(\leftarrow L_1,\cdots,L_n)=\leftarrow \mathrm{DEF}(L_1),\cdots,\mathrm{DEF}(L_n)$$
$$\mathrm{DEF}(\Pi)=\{\mathrm{DEF}(r)|r\in\Pi\}$$

显然，DEF 是从 **Atom** 上的基本程序集到 **Atom**∪**Atom**$^+$上的确定程序集的 1-1 映射。为转换基本程序Π为确定程序 DEF(Π)，只需将Π中出现的每一负文字$\neg A$用 A^+代替即可。进而，容易将确定程序的有关结果扩展到基本程序。

为此，用 Contr 记矛盾规则 $A\leftarrow B,B^+$和 $A^+\leftarrow B,B^+$的集合，其中 A 和 B 是 **Atom** 中任一不同原子对。显然，任意协调的文字集 S，DEF(S)和 DEF(**Lit**)都关于 Contr 逻辑封闭。易见，任一文字集 S⊆**GLit**，S 是协调的，当且仅当 DEF(S)不包含任何形如 A 和 A^+的基原子对。于是，Contr 的语义为：任何协调的文字集都满足 Contr。

映射 DEF(L)具有如下性质：

定理 2.3.9　令Π是基本程序，则

（1）$C_n(\Pi)=\{A|A\in$ **Atom**∩DEF($C_n(\Pi)$)}∪{$\neg A|A^+\in$Atom$^+$∩DEF($C_n(\Pi)$)}，若Π协调；

（2）$C_n(\Pi)$=**Lit**，若Π不协调；

（3）DEF($C_n(\Pi)$)=C_n(DEF(Π)∪Contr)。

特别地，若Π协调，则 DEF($C_n(\Pi)$)=C_n(DEF(Π))。

证明　设Π不协调，则 $C_n(\Pi)$不协调，**Lit** 是关于Π封闭且逻辑封闭的最小文字集，依定义 2.3.7，$C_n(\Pi)$=**Lit**。

设Π协调，依定义 2.3.7，$C_n(\Pi)$协调且是关于Π封闭且逻辑封闭的最小文字集。容易证明，S={$L|L\leftarrow$Body∈Π且 Body⊆$C_n(\Pi)$}是关于Π封闭的最小文字集，故 $S=C_n(\Pi)$。依 DEF 的定义，有

$C_n(\Pi)=\{A|A\in$ **Atom**∩DEF($C_n(\Pi)$)}∪{$\neg A|A^+\in$ **Atom**$^+$∩DEF($C_n(\Pi)$)}

对不协调的基本程序，DEF($C_n(\Pi)$)=**Atom**∪**Atom**$^+$。因此，对任一基本程序，有

DEF($C_n(\Pi)$)={$A|A\in C_n(\Pi)$且 $A\in$**Atom**}∪{$A^+|\neg A\in C_n(\Pi)$且 $A\in$**Atom**}

$C_n(\Pi)=\{A|A\in$ **Atom**∩DEF($C_n(\Pi)$)}∪{$\neg A|A^+\in$ **Atom**$^+$∩DEF($C_n(\Pi)$)}

因为 $C_n(\Pi)$关于Π逻辑封闭，故 DEF($C_n(\Pi)$)关于 DEF(Π)逻辑封闭。当Π协调时，$C_n(\Pi)$协调，则 DEF($C_n(\Pi)$)不包含任何形如 A 和 A^+的原子对。因此，DEF($C_n(\Pi)$)关于 Contr 逻辑封闭。如果Π不协调，则 $C_n(\Pi)$=**Lit**，DEF($C_n(\Pi)$)=**Atom**∪**Atom**$^+$关于 Contr 逻辑封闭。于是，DEF($C_n(\Pi)$)关于 DEF(Π)∪Contr 逻辑封闭。由 $C_n(\Pi)$关于Π逻辑封闭的极小性，容易推导出 DEF($C_n(\Pi)$)关于 DEF(Π)∪Contr 逻辑封闭

的极小性。因此，

$$\mathrm{DEF}(C_n(\Pi))=C_n(\mathrm{DEF}(\Pi)\cup \mathrm{Contr})$$

当Π协调时，由映射 C_n 的极小性可得 $\mathrm{DEF}(C_n(\Pi))=C_n(\mathrm{DEF}(\Pi))$。

因此，确定程序的主要性质（如 C_n 的单调性、紧性等）对于基本逻辑程序也成立（某些性质可能需要适当修改，如限于协调的基本程序）。类似地，可以给出协调的基本程序的 SLD 消解证明方法。只需注意，相应于定理 2.3.8 的结论是协调的基本程序Π的成功集等于它的结论集。

例 2.3.5 基本程序

$$\Pi=\{p,\neg q,r\leftarrow p,q,\neg r\leftarrow p,\neg q,s\leftarrow r,s\leftarrow p,s,\neg s\leftarrow p,\neg q,\neg r\}$$

有唯一回答集 $\{p,\neg q,\neg r,\neg s\}$，它是关于Π封闭且逻辑封闭的唯一最小文字集。通过 DEF 转换Π得到

$$\mathrm{DEF}(\Pi)=\{p,q^+,r\leftarrow p,q,r^+\leftarrow p,q^+,s\leftarrow r,s\leftarrow p,s,s^+\leftarrow p,q^+,\neg r^+\}$$

确定程序 DEF(Π)有唯一回答集 $\{p,q^+,r^+,s^+\}$，它满足 Contr。易知，$\{p,q^+,r^+,s^+\}$ 是确定程序 $C_n(\mathrm{DEF}(\Pi)\cup \mathrm{Contr})$的回答集，$\mathrm{DEF}^{-1}(\{p,q^+,r^+,s^+\})=\{p,\neg q,\neg r,\neg s\}$($\mathrm{DEF}^{-1}$ 是 DEF 的逆映射)。

协调的基本程序Π有最小 Herbrand 模型 M_Π，由此，有

$$C_n(\Pi)=\{A|A\in \mathrm{Head}(\Pi)\cap M_\Pi\}\cup\{\neg A|\neg A\in \mathrm{Head}(\Pi)\text{且 }A\in M_\Pi\}$$

给定基本程序Π，定义算子 T_Π：$2^{\mathbf{Lit}}\to 2^{\mathbf{Lit}}$ 如下，对任意文字集 S，如果 S 协调，则 $T_\Pi(S)=\{L_0|L_0\leftarrow L_1,\cdots,L_n\in\Pi，\{L_1,\cdots,L_n\}\subseteq S\}$；否则，$T_\Pi(S)=\mathbf{Lit}$。

于是，类似于确定程序或利用 *DEF* 映射，容易证明，对于基本程序Π，$C_n(\Pi)=\mathrm{lfp}(T_\Pi)$，并得到 $C_n(\Pi)$的自底向上计算方法。

为此，定义算子 $T_\Pi:2^{\mathbf{Lit}}\to 2^{\mathbf{Lit}}$为：对任意文字集 S，若 S 协调，则 $T_\Pi(S)=\{L_0|L_0\leftarrow L_1,\cdots,L_n\in\Pi，\{L_1,\cdots,L_n\}\subseteq S\}$；否则，$T_\Pi(S)=\mathbf{Lit}$。

由于$(2^{\mathbf{Lit}},\cup,\cap,\neg)$是完备格，$T_\Pi$是连续函数，因此 T_Π有最小不动点 $\mathrm{lfp}(T_\Pi)$，且 $\mathrm{lfp}(T_\Pi)=T_\Pi\uparrow\omega$。

定理 2.3.10 对任意协调的基本程序Π，$C_n(\Pi)=T_\Pi\uparrow\omega$。

证明 首先，施归纳于 n，容易证明 $T_\Pi\uparrow\omega\subseteq C_n(\Pi)$。

基始 $n=0$ 时，$T_\Pi\uparrow 0=\varnothing$，$T_\Pi\uparrow 0\subseteq C_n(\Pi)$显然成立。

归纳 设 $n\geqslant 0$，$T_\Pi\uparrow n\subseteq C_n(\Pi)$。若 $L\in T_\Pi\uparrow(n+1)$，则有 $L\leftarrow L_1,\cdots,L_n\in\Pi$，使得 $\{L_1,\cdots,L_n\}\subseteq T_\Pi\uparrow n$。于是，$\{L_1,\cdots,L_n\}\subseteq C_n(\Pi)$。因为 C_n 关于Π封闭，故 $L\in C_n(\Pi)$。因此，$T_\Pi\uparrow(n+1)\subseteq C_n(\Pi)$。

由于Π是协调的且 $T_\Pi\uparrow\omega$关于Π是封闭的，由 $C_n(\Pi)$的极小性可得 $C_n(\Pi)=T_\Pi\uparrow\omega$。

推论 2.3.1 对任一扩展程序Π，$C_n(\Pi)=T_\Pi\uparrow\omega$。

2.3.3 推导否定信息

SLD 反驳具有局限性，即不可能推导否定信息。也就是说，对任一确定程序Π，如果 $A\in B_\Pi$，则不可能证明$\neg A$ 是确定程序Π的逻辑推论，因为$\Pi\cup\{A\}$有模型 B_Π，从而是可满足的。

例 2.3.6 考虑由规则 student(Joe)←，student(Bill)←，student(Jin)←，teacher (Mary)←组成的程序Π，若要确立 Mary 不是学生，则需要证明¬student(Mary)不是Π的逻辑推论。显然 SLD 反驳对此无能为力。

即使对于扩展确定程序，仍然不可能推导否定信息。这是因为对扩展确定程序Π和原子 $A\in B_\Pi$，$\Pi\cup\{A\}$有模型 B_Π，从而Π是可满足的。当扩展的确定程序允许否定文字出现在子句的体中时，程序只包含出现在程序规则的头中的谓词符号的定义（即程序中以该谓词符号为头的所有子句）的“当”部分，这使得程序的 Herbrand 基是它的一个模型。然而，它并不包含此谓词符号的“仅当”部分，以致不能推导该谓词的否定。为了推导否定信息，可以通过增加谓词符号的“Only if”部分和一个等词理论以“完备”程序。这样的完备程序直接将程序作为一阶公式看待，使得作为该完备程序的逻辑推论的负文字且只有这些负文字被考虑为真，对于任一正文字也做同样的处理。如此处理的过程是一种捕捉推导否定信息的思想：程序没有给出的信息作为失败以导出该信息的否定，它使用 Clark 提出的非单调推理规则——否定即失败规则。支持此途径的证明方法称为 SLDNF 消解（有否定即失败规则 NF 的 SLD 消解）。

否定即失败规则的思想：一程序Π不仅由所蕴含的信息组成，而且所包含的只是这些被蕴含的信息。粗略地说，应解释规则箭头“←”为箭头“↔”。将确定逻辑程序Π与理论 Comp(Π)（称为Π的完备）联系起来，因为 Comp(Π)的 Herbrand 模型是Π的模型，从而可以用否定即失败规则推导否定信息。

定义 2.3.8 有穷扩展确定程序Π中的一个谓词符号 p 的完备的定义是Π中所有以 p 为头的扩展程序子句的集合。

给定有穷扩展确定程序Π中的一子句 $p(t_1,\cdots,t_n)\leftarrow L_1,\cdots,L_m(n,m\geqslant 0)$，如果Π中没有等词“=”出现，则将“=”添加到Π的符号表中并以“≠”作为“¬=”的缩写，即“$(t_1\neq t_2)$”表示为“$\neg(t_1=t_2)$”，等词“=”的语义解释为相等关系。

首先，转换给定的子句为

$$p(x_1,\cdots,x_n)\leftarrow(x_1=t_1)\wedge\cdots\wedge(x_n=t_n)\wedge L_1\wedge\cdots\wedge L_m \tag{2-7}$$

其中，$x_1,\cdots,x_n$是不出现在给定子句中的变元。其次，如果$y_1,\cdots,y_k$是出现在给定子句中的变元，再转换前面得到的子句为

$$p(x_1,\cdots,x_n)\leftarrow\exists y_1\cdots\exists y_n(x_1=t_1)\wedge\cdots\wedge(x_n=t_n)\wedge L_1\wedge\cdots\wedge L_m \tag{2-8}$$

假设已经对p的定义中每一子句做出这样的转换，则得到$k\geqslant 1$个形如

$$p(x_1,\cdots,x_n)\leftarrow E_1$$

……

$$p(x_1,\cdots,x_n)\leftarrow E_k$$

的转换公式，其中每一$E_i(1\leqslant i\leqslant k)$有一般形式

$$\exists y_1\cdots\exists y_k((x_1=t_1)\wedge\cdots\wedge(x_n=t_n)\wedge L_1\wedge\cdots\wedge L_m)$$

于是，谓词p的完备定义是公式

$$\forall x_1\cdots\forall x_n(p(x_1,\cdots,x_n)\leftrightarrow E_1\vee\cdots\vee E_k) \tag{2-9}$$

对于程序中出现但不出现在任何程序子句的头中的谓词符号（如q），增加子句$\forall x_1\cdots\forall x_n\neg q(x_1,\cdots,x_n)$作为该谓词符号的完备定义。

最后扩展等词“=”的公理得到下述公理。其中，形如$\forall A(x_1,\cdots,x_n,y_1,\cdots,y_m)$的公式是$\forall x_1\cdots\forall x_n\cdots\forall y_1\cdots\forall y_m A(x_1,\cdots,x_n,y_1,\cdots,y_m)$的缩写。

（1）对所有不同常元对子c和d，$c\neq d$;

（2）对所有不同函数符号对子f和g，$\forall(f(x_1,\cdots,x_n)\neq g(y_1,\cdots,y_m))$;

（3）对每一常元c和函数符号f，$\forall(f(x_1,\cdots,x_n)\neq c)$;

（4）对每一包含x但不同于x的项$t[x]$，$\forall(t[x]\neq x)$;

（5）对每一函数符号f，$\forall((x_1\neq y_1)\vee\cdots\vee(x_n\neq y_n)\rightarrow f(x_1,\cdots,x_n)\neq f(y_1,\cdots,y_n))$;

（6）$\forall(x=x)$;

（7）对每一函数符号f，$\forall((x_1=y_1)\wedge\cdots\wedge(x_n=y_n)\rightarrow f(x_1,\cdots,x_n)\neq f(y_1,\cdots,y_n))$;

（8）对每一谓词符号p（包括=），$\forall((x=y_1)\wedge\cdots\wedge(x_n=y_n)\rightarrow(p(x_1,\cdots,x_n)\rightarrow p(y_1,\cdots,y_n)))$。

注意：上述公理（6）～（8）是关于“=”的通常一阶逻辑公理，它们隐含“=”是等价关系。上述等词公理对“=”的赋值做了限制，本质上是对否定即失败检验的检验。

例 2.3.7 设程序Π中以谓词符号p为头的所有子句是

$$p(y)\leftarrow q(y),\neg r(a,x),\ p(f(z))\leftarrow\neg q(z),\ p(b)\leftarrow$$

则p的完备定义是

$$\forall x(p(x)\leftrightarrow(\exists y((x=y)\wedge q(y)\wedge\neg r(a,y))\vee\exists z(x=f(z)\wedge\neg q(z))\vee(x=b)))$$

定义 2.3.9 令Π是有穷的扩展确定程序，Π的完备（记作Comp(Π)）由Π中谓词符号的完备定义及上述关于“=”的公理的全体组成。

有穷的扩展命题程序Π（视命题原子为零元谓词），Comp(Π)：

（1）将所有具有相同的头的子句聚合成一个新子句，此新子句的头与各旧子句的头相同，其体是一个析取的体，它由这些旧子句的所有的体组成（体为空的子句以永真式T代替）；

（2）用“↔”代替“←”；

（3）对于程序中出现但不在任何程序子句的头中出现的命题原子，如 A，增加子句$\neg A$。

定理 2.3.11 令Π是一个扩展确定程序，则Π是 Comp(Π)的逻辑推论。

例 2.3.8 程序Π由五个子句 $a\leftarrow\neg p$，$a\leftarrow b$，$p\leftarrow a$，$p\leftarrow b$，$b\leftarrow b$ 组成，则

$$\mathrm{Comp}(\Pi)=\{a\leftrightarrow(\neg p\vee b),\ p\leftrightarrow(a\vee b),\ b\leftrightarrow b\}$$

$$\mathrm{Th}(\mathrm{Comp}(\Pi))=\mathrm{Th}(\{a\leftrightarrow(\neg p\vee b),\ p\leftrightarrow(a\vee b)\})$$

对$\Pi\cup\{p\}$得到

$$\mathrm{Comp}(\Pi\cup\{p\})=\{a\leftrightarrow(\neg p\vee b),\ p\leftrightarrow(a\vee b\vee\top)\}$$

$$\mathrm{Th}(\mathrm{Comp}(\Pi\cup\{p\}))=\mathrm{Th}(\{p,\ a\vee b,\ a\leftrightarrow b\})$$

下面引入否定即失败规则(NF)的 SLD 消解（即 SLDNF 消解）和有穷失败的 SLDNF 树的概念，可以证明否定即失败规则的可靠性。至于完备性结果，还需要增加限制条件。

定理 2.3.12 给定有穷扩展确定程序Π和扩展约束 G，如果$\Pi\cup\{G\}$有一棵有穷失败的 SLDNF 树，则 G 是 Comp(Π)的逻辑推论。

上述定理表明，欲由有穷扩展确定程序Π推导否定信息，可以将该否定信息作为扩展约束，通过 SLDNF 消解，如果得到一有穷失败的 SLDNF 树，则该否定信息作为 Comp(Π)的逻辑推论可由Π推导出。于是，可得到否定即失败规则。

否定即失败规则：如果 $A\in B_\Pi\setminus M_\Pi$，则推导$\neg A$；等价地，如果$\Pi\cup\{\leftarrow A\}$存在有穷失败的 SLD 树，则推导$\neg A$。

另一种推导否定信息的途径是 Herbrand 规则，它用如下定义的 T_Π的最大不动点 gfp(T_Π)表征：

- $T_\Pi\downarrow 0=B_\Pi$；
- 对任一后继序数$\alpha+1$，$T_\Pi\downarrow(\alpha+1)=T_\Pi(T_\Pi\downarrow\alpha)$；
- 对任一极限序数α，$T_\Pi\downarrow\alpha=\mathrm{glb}\{T_\Pi\downarrow\beta|\beta<\alpha$，$\beta$是序数$\}=\cap\{T_\Pi\downarrow\beta|\beta<\alpha$，$\beta$是序数$\}$。

可以证明，T_Π的最大不动点为 $\mathrm{gfp}(T_\Pi)=\cap\{S\subseteq B_\Pi|T_\Pi(S)\subseteq S\}$ 且 $M_\Pi\subseteq\mathrm{gfp}(T_\Pi)\subseteq T_\Pi\downarrow\omega\subseteq B_\Pi$。

例 2.3.9 对于程序$\Pi=\{p(f(x))\leftarrow p(x), q(a)\leftarrow p(x)\}$，有

$$T_\Pi\downarrow\omega=\bigcap\{T_\Pi\downarrow n|n\in\omega\}=\{q(a)\}，\mathrm{gfp}(T_\Pi)=T_\Pi\downarrow(\omega+1)=\varnothing$$

Herbrand 规则：如果 $A\in B_\Pi\backslash\mathrm{gfp}(T_\Pi)$，则推导$\neg A$；等价地，如果 Comp(Π)∪{$A$}没有 Herbrand 模型，则推导$\neg A$。

上述规则都是基于一种推导模式，即 SLDNF 消解，由扩展程序导出否定信息。对于比扩展程序更为一般的基本程序，如何推导否定信息？Reiter 提议增加封闭世界假设（CWA）作为从一个语句集推导否定原子的非单调推理规则。

CWA 规则：设应用论域是用一阶语句集 S 表示的，则 S 完全确定了由 S 推导出的所有基原子事实。

从而，每一不能由 S 推导出的基原子的否定可以依 CWA 规则推导得出。形式上表示为

如果 $A\in B_\Pi\backslash T_\Pi\uparrow\omega$，则推导$\neg A$；等价地，如果$\Pi\nvDash A$，则推导$\neg A$，即 $\mathrm{CWA}(S)=S\cup\{\neg A|A$ 是基原子且 $S\nvDash A\}$。

特别地，对任意 $S\subseteq$**GAtom**，$\mathrm{CWA}(S)=S\cup\{\neg A|A\in\mathbf{GAtom}\backslash S\}$。

第3章

缺 省 逻 辑

3.1 缺省理论的扩张

本节首先介绍 Reiter 的基本缺省理论的语法和语义（扩张），并讨论其基本性质[9]。

3.1.1 用缺省表示知识

1. 缺省与例外

对于表示关于人们所知道的某个知识（除少数外）“几乎总是真的”这一事实，可假设下述形式“大多数 P 是 Q”或“大多数 P 具有性质 Q”。

例如，“大多数鸟会飞”可用一阶表达式显式地表示为

$$\forall x(\mathrm{Bird}(x)\wedge\neg\mathrm{Penguin}(x)\wedge\neg\mathrm{Ostrich}(x)\wedge\cdots\rightarrow\mathrm{Fly}(x))$$

但若要证明“已知 tweety 是一只鸟，则 Fly(tweety)”，则需要确立子目标

$$\neg\mathrm{Penguin}(\mathrm{tweety})\wedge\neg\mathrm{Ostrich}(\mathrm{tweety})\wedge\cdots$$

显然，这是不可能的，因为没有关于 tweety 的进一步的信息。如何依缺省条件承认 tweety 会飞？怎样表示这样的缺省？一种自然的途径是取其意指“若 x 是鸟，则在没有任何矛盾信息时，推断 x 会飞”；也可取作“若 x 是鸟且相信 x 会飞（或者，与 x 会飞相协调），则推断 x 会飞”。形式地表示为

$$\mathrm{Bird}(x){:}M\,\mathrm{Fly}(x)/\mathrm{Fly}(x)$$

其中，M 表示“相信”（或者“它与假设相协调”）。用缺省推演出的结论 Fly(x)表示一种信念，它是可以改变的。

因此可用下述标准的一阶表达式给出

$$\forall x(\mathrm{Penguin}(x)\rightarrow\neg\mathrm{Fly}(x))$$

$$\forall x(\mathrm{Ostrich}(x)\rightarrow\neg\mathrm{Fly}(x))$$

……

又如，德国足球组织采用一条规则：“只要运动场没有积雪，足球赛将举行”。可以表示这一经验规则为缺省：

$$football{:}M\neg snow/takes\text{-}Place$$

它可以解释为如果没有运动场有积雪，则假设¬snow 且推断比赛将举行是合理的。

但是，如果在比赛前一天的晚上下大雪，则不能再做出¬snow 的假设，因为我们有确定的信息表明运动场有积雪。于是，不能使用上述缺省，先前关于比赛将举行的论断也不再成立。

如果用经典逻辑表示这一经验规则：

$$football\wedge\neg snow\rightarrow takes\text{-}Place$$

则其问题在于：使用这一规则之前我们必须确认运动场将没有积雪，这意味着不可能制定冬季足球赛的日程。显然，这是违背常识的。

使用上述两条规则的根本区别：后者必须知道天将不下雪；前者只需假设天将不下雪。缺省正是支持基于假设做出结论的推理。

2. 用缺省模型化一种典型性的推理

为形式化“一个概念的多数例示具有某种性质”这样的规则，可以使用缺省。例如，“通常孩子都有（活着的）双亲”可以表示为

$$child(x){:}M\ has\text{-}Parents(x)/has\text{-}Parents(x)$$

缺省还可以表示非冒险的推理。例如，无罪推定原则：“在没有相反证据的情形，总假定被告无罪”，可以用缺省表示为

$$accused(x){:}M\ innocent(x)/innocent(x)$$

生物学中常常使用具有例外的遗传。例如，“通常软体动物（mollusk）是 shell-bearer，头足类动物（cephalopods）是软体动物但不是 shell-bearer”可以用缺省

$$mollusk(x){:}M\ shell\text{-}bearer(x)/shell\text{-}bearer(x)$$

和一阶公式

$$cephalopod(x)\rightarrow mollusk(x)\wedge\neg shell\text{-}bearer(x)$$

表示。

3. 缺省模型化用于数据库的闭世界假设（CWA）

当用一定的公理描述一个应用领域时，人们总假定：一个基事实（关于单个对

象的非参数化的陈述）如果不能从这些公理导出，则它在此问题的论域中被取作假，即缺省

$$:M\neg R(x_1,\cdots,x_n)/\neg R(x_1,\cdots,x_n)$$

表示对 n 元关系 R 的一个CWA，该缺省表示：对任意关系 R 和任意个体 $x_1,\cdots,x_n$，人们可假定 $\neg R(x_1,\cdots,x_n)$，只要这样做是协调的（等价地，没有 $R(x_1,\cdots,x_n)$ 的证明）。

4. 框架缺省

缺省模式 $R(x,s):M\ R(x,f(x,s))/R(x,f(x,s))$ 表示框架推理规则，它是所谓“strips-assumption”的形式化表示。依此推理规则，对于所有关系 R 和所有状态转换函数 f，只要没有其他行动（状态改变）可能被推导，则保持每一关系不变，其中 R 是以状态变元 x 为自变元和以 s 为状态常元的关系，f 是状态转换函数。

3.1.2 缺省的基本概念

给定一阶语言 $\boldsymbol{L}_\sigma$（通常用 $\boldsymbol{L}$ 代替 $\boldsymbol{L}_\sigma$），它由符号表 σ 上通常的合式公式组成。符号表 σ 包含：

（1）可数多个变元 $x,y,z,\cdots$；

（2）可数多个函数符号 $a,b,c,f,g,h,\cdots$；

（3）可数多个谓词符号 $P,Q,R,\cdots$；

（4）常用的标点符号“(”和“)”；

（5）标准的逻辑联结词符号 $\neg,\wedge,\vee,\rightarrow,\leftrightarrow$ 和量词符号 $\exists,\forall$。

以上变元，函数和谓词符号可能带有下标，其中，$a,b,c,\cdots$ 是零元函数符号，$f,g,h,\cdots$ 是 $n(n\geqslant 1)$ 元函数符号；$P,Q,R,\cdots$ 是 n 元谓词符号（$n\geqslant 0$，当 $n=0$ 时是命题符号）。为方便起见，在一阶语言的符号表中增加一个特殊的零元联结词符号 $\bot$ 作为命题原子，其语义是对任意赋值 v，$\bot^v=0$，相应地，关于它的推理规则：

$(\bot I)$ 若 $\Gamma\vdash A$，$\Gamma\vdash\neg A$，则 $\Gamma\vdash\bot$。

$(\bot E)$ 若 $\Gamma\vdash\bot$，则 $\Gamma\vdash A$。

因此，对任意公式 A，$\bot\vdash A$（等价地，$\bot\vDash A$）。此外，符号 $\top$ 作为公式 $\bot\rightarrow\bot$ 的缩写，其语义是在任意赋值下总取值为真。对任意公式集 S，$S\vdash\top(S\vDash\top)$。

对任意闭公式集 S，令 $\mathrm{Th}(S)=\{w|w\in\boldsymbol{L},\ S\vdash w\}$，闭公式集 S 是演绎封闭的，当且仅当 $S=\mathrm{Th}(S)$，称 $\mathrm{Th}(S)$ 为 S 的演绎闭包。

此外，需要一个不在 L_σ 中的特殊符号 M，它只出现在缺省的“检验”中，并且总是置于一个公式的前面（不致混淆时可以省去 M）。符号 M 的直观意义是“相信”，其精确意义则由下面的定义给出。

1. 缺省

称形如

$$A(x):MB_1(x),\cdots,MB_n(x)/C(x)\ (n\geqslant 0) \tag{3-1}$$

的式子为缺省（记作 d）。其中 $A(x),B_1(x),\cdots,B_n(x),C(x)$是公式，它们的变元是 $x=\{x_1,\cdots,x_m\}$。称 $A(x)$是缺省 d 的前提，$C(x)$是它的结论，$B_1(x),\cdots,B_n(x)$是它的检验（或协调性条件）。

缺省 $A(x):MB_1(x),\cdots,MB_n(x)/C(x)$的直观意义：如果已知 $A(x)$，并且可以协调地假设 $B_1(x),\cdots,B_n(x)$，则可以推导 $C(x)$。

一个缺省是闭的，当且仅当 $A(x),B_1(x),\cdots,B_n(x),C(x)$均不包含自由变元（即它们都是一阶语句）；否则，它是开缺省（也称缺省模式）。

一个缺省确定了它的 Herbrand 域（即该缺省中出现的公式集合的 Herbrand 域），从而可将开缺省解释为表示该缺省的所有基例式的模式，即一个缺省模式 $A(x):MB_1(x),\cdots,MB_n(x)/C(x)$确定一个闭缺省集合。

$\{A(x)\sigma:MB_1(x)\sigma,\cdots,MB_n(x)\sigma/C(x)\sigma \mid \sigma$是一个给变元 x 指派 Herbrand 域中值的基置换$\}$。

一个缺省理论Δ是形如(D,W)的对子，其中 D 是缺省集，W 是闭公式集（称为Δ的事实或公理）。一个缺省理论(D,W)是封闭的，当且仅当 D 是封闭的（即 D 的每个缺省中出现的公式都是封闭的）。

在此后章节，如无特殊说明，我们总假定所讨论的公式集和缺省理论是封闭的，并将形如式（3-1）的缺省写作 $A:MB_1,\cdots,MB_n/C$。

给定缺省理论$\Delta=(D,W)$，对任意 $D'\subseteq D$ 和 $W'\subseteq W$，称$\Delta'=(D',W')$为Δ的子（缺省）理论。

对任意缺省 $d=A:MB_1,\cdots,MB_n/C$ 和缺省集 D，可使用下述记号表示。

- $\mathrm{Pre}(d)=A$；$\mathrm{Ccs}(d)=\{B_1,\cdots,B_n\}$；$\mathrm{Con}(d)=C$。
- $\mathrm{Pre}(D)=\{\mathrm{Pre}(d)|d\in D\}=\{A|A:MB_1,\cdots,MB_n/C\in D\}$，称为 D 的前提集。
- $\mathrm{Ccs}(D)=\cup_{d\in D}\mathrm{Ccs}(d)=\{B_i|A:MB_1,\cdots,MB_n/C\in D,\ i\leqslant n\}$，称为 D 的检验（或协调性条件集）。

- $\mathrm{Con}(D)=\{\mathrm{Con}(d)|d\in D\}=\{C|A:MB_1,\cdots,MB_n/C\in D\}$，称为 D 的结论集。

称形如 $MB_1,\cdots,MB_n/C$ 的缺省 d 为无前提的缺省，此时，$\mathrm{pre}(d)=\top$，通常，在 d 中省略了$\top$。若 D 中所有缺省都是无前提的，则称该缺省理论$\Delta=(D,W)$是无前提的缺省理论。

在表达式中，若 $n=0$，即 $\mathrm{Ccs}(d)$为空时，d 是形如 $A:/C$ 的缺省，表示这样的规则没有检验条件，等同于一条经典推理规则："若 A 可导出，则 C 也可导出"。特别地，既无前提又无检验条件的缺省：$/C$ 等同于一个事实（公理）。通常，总将这样的缺省置于 W 中。当然，也可以将事实（公理）集 W 中每一事实作为一个缺省置于 D 中，从而缺省理论可以定义为缺省的集合。

在此后章节，如无特别说明，缺省理论中的缺省都是具有检验条件的，即对任意形如式（3-1）的缺省 d，$n\geqslant 1$。

如果一个缺省中出现的公式都是命题公式，则称该缺省为命题缺省。命题公式集 W 和命题缺省组成的缺省集 D 形成的缺省理论称为命题缺省理论。

2. 扩张

对于一个缺省理论$\Delta=(D,W)$，可以用"扩张"这一概念给出它的语义，即扩张是满足某些条件的当前知识库。直观上，它表示基于给定缺省理论的可能的观点，即通过可使用的缺省的"合理"猜测扩充已知事实集。"缺省 $A:MB_1,\cdots,MB_n/C$ 对于一个演绎封闭的公式集 E 是可以使用的"，意指：$A\in E$ 并且$\neg B_1,\cdots,\neg B_n\notin E$。因此，对符号 M 的意义进行了精确化。

一个公式集 E 作为一个缺省理论$\Delta=(D,W)$的扩张（通过 D 中所有可使用的缺省尽可能扩充可使用的事实集 W 而得到的公式集），它具有如下性质：

（1）包含可使用的事实集，即 $W\subseteq E$；

（2）为了遵从一阶推理规则，E 应是演绎封闭的，即 $E=\mathrm{Th}(E)$；

（3）对于 D 中所有可使用的缺省是封闭的，即对 D 中任何缺省 $A:MB_1,\cdots,MB_n/C$，如果 $A\in E$，$\neg B_1,\cdots,\neg B_n\notin E$，则 $C\in E$（极大可能的观点）。

注意：即使定义扩张为满足上述性质的极小集合，仍然不能准确地反映扩张的直观意义。

例 3.1.1 对于缺省理论$\Delta=(\{\mathrm{Bird}(x):M\,\mathrm{Fly}(x)/\mathrm{Fly}(x)\}，\{\mathrm{Bird}(\mathrm{swallow})\})$，容易看出集合 $E=\mathrm{Th}(\{\mathrm{Bird}(\mathrm{swallow})，\neg\mathrm{Fly}(\mathrm{swallow})\})$关于上述三条性质是极小的，但

集合 E 显然不是扩张，因为断言“燕子不会飞”是违背常识的。

导致上述问题的原因是，已知的事实 Bird(swallow)允许使用缺省 Bird(x):M Fly(x)/Fly(x)，但选择作为扩张待选的集合 E 包含了阻挡该缺省使用的断言¬Fly(swallow)。

为此，我们要求选择作为缺省理论(D,W)的扩张成员的公式应该以该缺省理论为依据，即扩张的成员应该是由 W 和 D 中所有可使用的缺省的结论在经典逻辑意义下可推导的。

为了准确地描述缺省理论的扩张，Reiter 给出了一个不动点定义。他使用算子定义的方式以保证一个缺省理论的扩张是基于该缺省理论的。为此，引入下面递归定义的集合，有助于理解这一不动点定义。

定义 3.1.1 设$\Delta=(D,W)$是缺省理论，对任意公式集 $E\subseteq \mathbf{L}$，定义：

（1）$E_0=W$，对 $i\geqslant 0$；

（2）$E_{i+1}=\mathrm{Th}(E_i)\cup\{C|A{:}MB_1,\cdots,MB_n/C\in D, A\in E_i,\neg B_1,\cdots,\neg B_n\notin E\}$；

（3）$\theta(E,\Delta)=\cup_{0\leqslant i}E_i$，对 $i\geqslant 0$；

（4）$\mathrm{GD}(E_0,\Delta)=\varnothing$；

（5）$\mathrm{GD}(E_{i+1},\Delta)=\{A{:}MB_1,\cdots,MB_n/C\in D|A\in E_i,\neg B_1,\cdots,\neg B_n\notin E\}$；

（6）$\mathrm{GD}(\theta(E,\Delta),\Delta)=\{A{:}MB_1,\cdots,MB_n/C\in D|A\in \theta(E,\Delta),\neg B_1,\cdots,\neg B_n\notin E\}$。

称集合 $\mathrm{GD}(\theta(E,\Delta),\Delta)$为$\theta(E,\Delta)$的生成缺省集。

约定：若允许 D 中出现无检验的缺省，则对这样的缺省，上述定义中条件$\neg B_1,\cdots,\neg B_n\notin E$ 仅当 E 协调时满足，从而

$$\mathrm{GD}(\theta(E,D),\Delta)=\{A:/C\in D\mid A\in\theta(E,D)\}\cup \{A:MB_1,\cdots,MB_n/C\in D\mid A\in\theta(E,D),\neg B_1,\cdots,\neg B_n\notin E,n\geqslant 1\} \tag{3-2}$$

容易看出，算子θ关于公式集 E 和缺省理论Δ生成的公式集$\theta(E,\Delta)$是唯一确定的，$\theta(E,\Delta)$中的每个成员都是由事实（公理）集 W 和 D 中“合适”（即可使用）的缺省生成。集合 $\mathrm{GD}(\theta(E,\Delta),\Delta)$表示生成$\theta(E,\Delta)$的所有缺省集。

推论 3.1.1 给定缺省理论$\Delta=(D,W)$，设 E 和 F 是任意公式集且 $E\subseteq F$，则$\theta(F,\Delta)\subseteq\theta(E,\Delta)$。

证明 施归纳法证明，对任意 $i\geqslant 0$，$F_i\subseteq E_i$。

基始 当 $i=0$ 时，$F_0=W=E_0$，因此，$F_0\subseteq E_0$。

归纳 设 $F_i\subseteq E_i$，则 $\mathrm{Th}(F_i)=\mathrm{Th}(E_i)$。对任一 $A{:}MB_1,\cdots,MB_n/C\in D$，如果 $A\in F_i$ 且$\neg B_1,\cdots,\neg B_n\notin F$，依归纳假设和 $E\subseteq F$，则有 $A\in E_i$ 且$\neg B_1,\cdots,\neg B_n\notin E$。因此，$F_{i+1}\subseteq E_{i+1}$。

由定义 3.1.1 即可得$\theta(F,\Delta)\subseteq\theta(E,\Delta)$。

推论 3.1.2 设$\Delta=(D,W)$是缺省理论，E 是任一公式集，则

（1）$\mathrm{GD}(\theta(E,\Delta),\Delta)=\cup_{0\leqslant i}\mathrm{GD}(E_i,\Delta)$；

（2）$\mathrm{Con}(\mathrm{GD}(\theta(E,\Delta),\Delta))=\cup_{0\leqslant i}\mathrm{Con}(\mathrm{GD}(E_i,\Delta))$。

证明 由定义 3.1.1 施归纳法容易证明，对任意 $i\geqslant 0$，$\mathrm{GD}(E_i,\Delta)\subseteq\mathrm{GD}(\theta(E,\Delta),\Delta)$，故$\cup_{0\leqslant i}\mathrm{GD}(E_i,\Delta)\subseteq\mathrm{GD}(\theta(E,\Delta),\Delta)$。

对任意 $A{:}MB_1,\cdots,MB_n/C\in\mathrm{GD}(\theta(E,\Delta),\Delta)$，由 $A\in\theta(E,\Delta)$和$\theta(E,\Delta)=\cup_{0\leqslant i}E_i$，必有某 $i\geqslant 0$，使得 $A\in E_i$。于是$\neg B_1,\cdots,\neg B_n\notin E$，从而 $A{:}MB_1,\cdots,MB_n/C\in\mathrm{GD}(E_{i+1},\Delta)$，这蕴含$\mathrm{GD}(\theta(E,\Delta),\Delta)\subseteq\cup_{0\leqslant i}\mathrm{GD}(E_i,\Delta)$。因此，$D(\theta(E,\Delta),\Delta)=\cup_{0\leqslant i}\mathrm{GD}(E_i,\Delta)$且$\mathrm{Con}(\mathrm{GD}(\theta(E,\Delta),\Delta))=\cup_{0\leqslant i}\mathrm{Con}(\mathrm{GD}(E_i,\Delta))$。

引理 3.1.1 $\theta(E,\Delta)=\mathrm{Th}(W\cup\mathrm{Con}(\mathrm{GD}(\theta(E,\Delta),\Delta)))$。

证明 施归纳法易证，对一切 $i\geqslant 0$，$E_i\subseteq\mathrm{Th}(W\cup\mathrm{Con}(\mathrm{GD}(\theta(E,\Delta),\Delta)))$。因此，$\theta(E,\Delta)\subseteq\mathrm{Th}(W\cup\mathrm{Con}(\mathrm{GD}(\theta(E,\Delta),\Delta)))$。

为证反向包含关系，只需注意，对任意 $C\in\mathrm{Th}(W\cup\mathrm{Con}(\mathrm{GD}(\theta(E,\Delta),\Delta)))$，由一阶逻辑的紧性定理，有 $C_1,\cdots,C_k\in\mathrm{Con}(\mathrm{GD}(\theta(E,\Delta),\Delta))$，使得 $W\cup\{C_1,\cdots,C_k\}\vdash C$。依推论 3.1.2，存在 $i\geqslant 0$，使得$\{C_1,\cdots,C_k\}\subseteq E_i$。因此，$C\in E_{i+1}\subseteq\theta(E,\Delta)$。引理获证。

推论 3.1.3 $\mathrm{Th}(\theta(E,\Delta))=\theta(E,\Delta)$。

证明 由引理 3.1.1，$\theta(E,\Delta)=\mathrm{Th}(W\cup\mathrm{Con}(\mathrm{GD}(\theta(E,\Delta),\Delta)))$。因此，

$$
\begin{aligned}
\mathrm{Th}(\theta(E,\Delta))&=\mathrm{Th}(\mathrm{Th}(W\cup\mathrm{Con}(\mathrm{GD}(\theta(E,\Delta),\Delta))))\\
&=\mathrm{Th}(W\cup\mathrm{Con}(\mathrm{GD}(\theta(E,\Delta),\Delta)))\\
&=\theta(E,\Delta)
\end{aligned}
$$

由此，扩张的不动点定义如下。

定义 3.1.2 设$\Delta=(D,W)$是缺省理论。对每一公式集 S，算子Γ指派满足下述条件的最小的公式集$\Gamma(S)$：

条件 1：$W\subseteq\Gamma(S)$；

条件 2：$\mathrm{Th}(\Gamma(S))=\Gamma(S)$；

条件 3：对任一 $A{:}MB_1,\cdots,MB_n/C\in D$，若 $A\in\Gamma(S)$，$S\nvdash\neg B_i(1\leqslant i\leqslant n)$，则 $C\in\Gamma(S)$。

公式集 E 是Δ的扩张当且仅当 $E=\Gamma(E)$，即 E 是Γ的不动点。

约定：若允许集合 D 中出现无检验的缺省，则条件 3 中 $S\nvdash\neg B_i(1\leqslant i\leqslant n)$自然满足，从而条件 3 可特别表述为，对任一缺省 $A{:}/C\in D$，若 $A\in\Gamma(S)$，则 $C\in\Gamma(S)$。

例 3.1.1（续） 显然，$\Gamma(E)=\mathrm{Th}(\{\mathrm{Bird(swallow)}\})\neq E$，故 E 不是Δ的扩张。如果令 $F=\mathrm{Th}(\{\mathrm{Bird(swallow)}，\mathrm{Fly(swallow)}\})$，则易见$\Gamma(F)=F$，从而 F 是Δ的扩张。

下述定理表明定义 3.1.2 中算子Γ是在$\{E|E\subseteq\boldsymbol{L}\}$上合式定义的。

定理 3.1.1 对任意缺省理论$\Delta=(D,W)$与任一公式集 E，$\Gamma(E)=\theta(E,\Delta)$。

证明 首先，由$\theta(E,\Delta)=\cup_{0\leqslant i}E_i$，易见$\theta(E,\Delta)$满足定义 3.1.2 中条件 1、条件 2 和条件 3。

其次，施归纳法容易证明：若 E'是满足定义 3.1.2 中条件 1、条件 2 和条件 3 的任一公式集，即 E'满足

- $W\subseteq E'$；
- $\mathrm{Th}(E')=E'$；
- 若 $A{:}MB_1,\cdots,MB_n/C\in D$，且 $A\in E'$，$\neg B_1,\cdots,\neg B_n\notin E$，则 $C\in E'$。

于是，则对任意 $i\geqslant 0$，$E_i\subseteq E'$。因此，$\theta(E,\Delta)\subseteq E'$，即$\theta(E,\Delta)$是满足条件 1，条件 2 和条件 3 的最小集合，故$\Gamma(E)=\theta(E,\Delta)$。

注意： 定义 3.1.2 中条件 3 直观上表明，若 A 可相信，且 $B_1,\cdots,B_n$ 协调地可相信，则 C 可相信。

当 E 为$\Delta=(D,W)$的扩张时，$\mathrm{GD}(\theta(E,\Delta),\Delta)$是 E 的生成缺省集，于是给出如下定义。

定义 3.1.3 给定缺省理论$\Delta=(D,W)$与它的一个扩张 E，称集合

$$\{A:MB_1,\cdots,MB_n/C\in D\mid A\in E,\neg B_1,\cdots,\neg B_n\notin E\} \tag{3-3}$$

为 E 的生成缺省集并记为 $\mathrm{GD}(E,\Delta)$。

约定：若允许 D 中出现无检验的缺省，则上述定义中$\neg B_1,\cdots,\neg B_n\notin E$ 自然满足，因此，若 $A\in E$，则 $A{:}/C\in\mathrm{GD}(E,\Delta)$。

通过上面的讨论可得到扩张的一个充要条件——扩张的准归纳特征，它提供了扩张的更为直观的特征。

定理 3.1.2（扩张的准归纳特征） 令$\Delta=(D,W)$是缺省理论且 $E\subseteq\boldsymbol{L}$，则 E 是Δ的扩张，当且仅当 $E=\cup_{0\leqslant i}E_i$，其中

$$E_0=W\text{，对于 } i\geqslant 0$$

$$E_i=\mathrm{Th}(E_i)\cup\{C|A{:}MB_1,\cdots,MB_n/C\in D, A\in E_i,\neg B_1,\cdots,\neg B_n\notin E\}$$

该定理可由定义 3.1.2 与定理 3.1.1 证得。

例 3.1.2 令$\Delta=(D,W)$，其中 $D=\{{:}MA/A,{:}MB/B,{:}MC/C\}$，$W=\{B\to\neg A\wedge\neg C\}$。

Δ有两个扩张 $E_1=\mathrm{Th}(W\cup\{A,C\})$和 $E_2=\mathrm{Th}(W\cup\{B\})$。

例 3.1.3 $\Delta=(D,W)$，其中 $D=\{{:}MC/\neg D, {:}MD/\neg E, {:}ME/\neg F\}$，$W=\varnothing$。

可以看出，$E=\mathrm{Th}(\{\neg D,\neg F\})$是$\Delta$的唯一扩张。

例 3.1.4 $\Delta=(D,W)$，其中 $D=\{{:}MA/\neg A\}$，$W=\varnothing$，A 不是矛盾式。考虑任意一演绎封闭的公式集 E，如果$\neg A\in E$，则$\Gamma(E)=\mathrm{Th}(\varnothing)\neq E$。如果$\neg A\notin E$，则$\Gamma(E)=\mathrm{Th}(\{\neg A\})\neq E$。

因此，Δ无扩张。

对于缺省理论的不协调扩张（即扩张为所有公式的集合 $\boldsymbol{L}$），我们有下述结论。

推论 3.1.4 缺省理论$\Delta=(D,W)$有不协调扩张，当且仅当 W 不协调。

证明 “仅当” 若$\Delta=(D,W)$有不协调扩张 $\boldsymbol{L}$，由定理 3.1.2 可知，$\boldsymbol{L}=\cup_{0\leqslant i}\boldsymbol{L}_i$，其中，

$$\boldsymbol{L}_0=W，对于 i\geqslant 0$$

$$\boldsymbol{L}_i=\mathrm{Th}(E_i)\cup\{C|A:MB_1,\cdots,MB_n/C\in D, A\in E_i,\neg B_1,\cdots,\neg B_n\notin E\}$$

依前述“缺省理论中的缺省都是具有检验条件”约定，可得 $\boldsymbol{L}=\mathrm{Th}(W)$。因此，$W$ 不协调。

“当” 若 W 不协调，令 $E_0=W$，则 $E_i=\mathrm{Th}(W)=\boldsymbol{L}$（$i\geqslant 0$）。由定理 3.1.2 可以看出，$E=\cup_{0\leqslant i}E_i=\boldsymbol{L}$ 是$\Delta=(D,W)$的不协调扩张。

由上述证明的“仅当”部分直接推导出下述推论。

推论 3.1.5 若缺省理论有一不协调扩张，则此不协调扩张是该缺省理论唯一的扩张。

定义 3.1.4 称有协调扩张的缺省理论为协调缺省理论，称有不协调扩张的缺省理论为不协调缺省理论。

注意： 不协调缺省理论有唯一扩张 $\boldsymbol{L}$，其生成缺省集为空集$\varnothing$。

定理 3.1.3（扩张极小性） 若 E 与 F 是缺省理论$\Delta=(D,W)$的扩张且 $E\subseteq F$，则 $E=F$。

证明 因为 $E\subseteq F$，由推论 3.1.1 可知，$\theta(F,\Delta)\subseteq\theta(E,\Delta)$。依定理 3.1.1，有$\Gamma(F)\subseteq\Gamma(E)$。因为 E 与 F 都是缺省理论$\Delta=(D,W)$的扩张，所以$\Gamma(F)=F$ 且$\Gamma(E)=E$。于是，$F\subseteq E$。因此，$E=F$。

定理 3.1.4 设 E 是缺省理论$\Delta=(D,W)$的扩张，则 $E=\mathrm{Th}(W\cup\mathrm{Con}(\mathrm{GD}(E,\Delta)))$。

证明 因为 E 是Δ的扩张，由定理 3.1.2，有 $E=\theta(E,\Delta)$。依引理 3.1.1 可知，$E=\mathrm{Th}(W\cup\mathrm{Con}(\mathrm{GD}(E,\Delta)))$。

定理 3.1.5 设 E 是缺省理论$\Delta=(D,W)$的扩张，则对任意公式集 $G\subseteq E$，E 也是$\Delta'=(D,W\cup G)$的扩张。

证明 依定理 3.1.2，$E=\cup_{0\leqslant i}E_i$。令

$$F_0=W\cup G，对 i\geqslant 0$$

$$F_{i+1}=\mathrm{Th}(F_i)\cup\{C|A:MB_1,\cdots,MB_n/C\in D，A\in F_i，\neg B_1,\cdots,\neg B_n\notin E\}$$

首先，施归纳法易证得，对任意 $i\geqslant 0$，有 $E_i\subseteq F_i$，从而 $E\subseteq\cup_{0\leqslant i}F_i$。

其次，归纳地证明，对任意 $i\geqslant 0$，有 $F_i\subseteq E$，从而$\cup_{0\leqslant i}F_i\subseteq E$，于是 $E=\cup_{0\leqslant i}F_i$，依定理 3.1.2，E 也是Δ'的扩张。

基始　因 $G\subseteq E$，故 $F_0\subseteq E$。

归纳　对任意 $A\in F_{i+1}$，若 $A\in \mathrm{Th}(F_i)$，则依归纳假设 $F_i\subseteq E$，故 $A\in E$。若有 $A':MB_1,\cdots,MB_n/A\in D$，使得 $A'\in F_i, \neg B_1,\cdots,\neg B_n\notin E$，则依归纳假设，$A'\in E$。因此，$A':MB_1,\cdots,MB_n/A\in \mathrm{GD}(E,\Delta)$，从而 $A\in E$。因此，$F_{i+1}\subseteq E$。

上述论证表明，缺省逻辑具有“谨慎的单调性”，即对于缺省理论 $\Delta=(D,W)$ 和它的任一扩张，增加该扩张的任一子集到原来的事实集 W 中，不会改变原来的扩张。然而，增加新的事实到原来的事实集 W 中，一般会改变原来的扩张。

例 3.1.3（续）　令 $W'=\{\neg C\}$，则 (D,W') 有唯一扩张 $E'=\mathrm{Th}(\{\neg C,\neg E\})$。

3.2 扩张的计算特征

缺省逻辑的主要推理问题是审慎推理（即判定一个公式是否属于给定缺省理论的所有扩张）和冒险推理（即判定一个公式是否属于给定缺省理论的某一扩张）及扩张是否存在。因为，一阶公式 A 是否是一阶公式集 S 的逻辑推论问题是半可判定的，所以缺省逻辑的主要推理问题及扩张是否存在的问题是不可判定的。即使限于命题缺省理论（尽管这些问题是可判定的），但因为扩张是公式的无穷集合，无论依据扩张的定义还是准归纳特征，处理这些问题都是十分困难的。为此，需要确立缺省理论的重要计算性质，它只使用缺省理论 (D,W) 中出现的公式来描述缺省扩张的特征，并据此特征给出有穷命题缺省理论扩张和主要推理问题的算法。

通过引入算子 Λ 和相容性概念，可以推导出一个直接依据缺省理论本身判定扩张是否存在的特征。特别地，对于有穷缺省理论（即 D 与 W 均为有穷集时），用此特征通过有穷次数逻辑测试（形式可推导关系 $\vdash$）可以判定一个缺省理论是否有扩张，并在扩张存在时，计算其所有扩张及求解主要的推理问题。因此，这样的计算特征也称为有穷特征[10-12]。

首先，定义一个表征缺省的前提可导出性的算子 Λ 和它的重要性质。

定义 3.2.1　设 $\Delta=(D,W)$ 是缺省理论，对任意 $D'\subseteq D$，定义算子 Λ：$2^D\to 2^D$，如下：

$$\Lambda(D',\Delta)=\cup_{0\leqslant i}D'_i(\Delta)$$

其中，对任意 $i\geqslant 0$，

$$D'_0(\Delta)=\{A:MB_1,\cdots,MB_n/C\in D' \mid W\vdash A\}$$

$$D'_{i+1}(\Delta)=\{A:MB_1,\cdots,MB_n/C\in D' \mid W\cup \mathrm{Con}(D'_i(\Delta))\vdash A\}$$

由上述定义可以看出，对任意 $D'\subseteq D$，$\Lambda(D',\Delta)\subseteq D'$。

应用算子Λ可以表征缺省理论中出现空检验的缺省时不协调扩张的特性，即有下面的推论。

推论 3.1.4* 缺省理论$\Delta=(D,W)$有不协调扩张，当且仅当 $W\cup \mathrm{Con}(\Lambda(D',\Delta))$不协调，其中 $D'=\{A:/B|A:/B\in D\}$。Δ的不协调扩张的生成缺省集是$\Lambda(D',\Delta)$。

证明 “仅当” 设Δ有不协调扩张 $\boldsymbol{L}$，依定理 3.1.2，则 $\boldsymbol{L}=\cup_{0\leqslant i}\boldsymbol{L}_i$，其中，对任意 $i\geqslant 0$，有

$$\boldsymbol{L}_0=W$$

$$\begin{aligned}\boldsymbol{L}_{i+1}&=\mathrm{Th}(\boldsymbol{L}_i)\cup\{C|A:MB_1,\cdots,MB_n/C\in D, A\in\boldsymbol{L}_i,\neg B_1,\cdots,\neg B_n\notin\boldsymbol{L}\}\\&=\mathrm{Th}(\boldsymbol{L}_i)\cup\{C|A:/C\in D,\ A\in\boldsymbol{L}_i\}\end{aligned}$$

令 $D^*=\cup_{0\leqslant i}\{A:/C\in D|A\in\boldsymbol{L}_i\}$，则 $\mathrm{GD}(\boldsymbol{L},\Delta)=D^*$。容易验证，$D^*=\Lambda(D',\Delta)$。因此，$\boldsymbol{L}=\mathrm{Th}(W\cup \mathrm{Con}(D^*))=\mathrm{Th}(W\cup \mathrm{Con}(\Lambda(D',\Delta)))$，这表明，$W\cup \mathrm{Con}(\Lambda(D',\Delta))$不协调。

“当” 设 $W\cup \mathrm{Con}(\Lambda(D',\Delta))$不协调。由定义 3.1.1，$\theta(\boldsymbol{L},\Delta)=\cup_{0\leqslant i}E_i$，其中对任意 $i\geqslant 0$，有

$$E_0=W$$

$$E_{i+1}=\mathrm{Th}(E_i)\cup\{C|A:MB_1,\cdots,MB_n/C\in D,A\in E_i,\neg B_1,\cdots,\neg B_n\notin\boldsymbol{L}\}$$

因为$\Lambda(D',\Delta)=\cup_{0\leqslant i}D_i'(\Delta)$，其中，对任意 $i\geqslant 0$，有

$$D_0'(\Delta)=\{A:MB_1,\cdots,MB_n/C\in D'|W\vdash A\}$$

$$D_{i+1}'(\Delta)=\{A:MB_1,\cdots,MB_n/C\in D'|W\cup \mathrm{Con}(D_i'(\Delta))\vdash A\}$$

施归纳法容易证明：对任意 $i\geqslant 0$，$W\cup \mathrm{Con}(D_i'(\Delta))\subseteq E_{i+1}$。因此，$W\cup \mathrm{Con}(\Lambda(D',\Delta))\subseteq E$。

因为$W\cup \mathrm{Con}(\Lambda(D',\Delta))$不协调，故$\mathrm{Th}(W\cup \mathrm{Con}(\Lambda(D',\Delta)))=\boldsymbol{L}$。所以，$\boldsymbol{L}\subseteq\mathrm{Th}(\theta(\boldsymbol{L},\Delta))$，这蕴含 $\mathrm{Th}(\theta(\boldsymbol{L},\Delta))=\boldsymbol{L}$。依定理 3.1.2，$\boldsymbol{L}$ 是Δ的不协调扩张。

显然，算子Λ是单调的和封闭的。

推论 3.2.1 设$\Delta=(D,W)$是缺省理论，$D'\subseteq D''\subseteq D$，则$\Lambda(D',\Delta)\subseteq\Lambda(D'',\Delta)$且$\Lambda(\Lambda(D',\Delta),\Delta)=\Lambda(D',\Delta)$。

证明 推论的第一部分$\Lambda(D',\Delta)\subseteq\Lambda(D'',\Delta)$容易用归纳法证明。

由定义3.2.1易见，$\Lambda(D',\Delta)\subseteq D'$。依推论的第一部分可知，$\Lambda(\Lambda(D',\Delta))\subseteq\Lambda(D',\Delta)$。施归纳法容易证明，对任意 $i\geqslant 0$，有 $D_i'(\Delta)\subseteq(\Lambda(D',\Delta))_i(\Delta)$，因此，$\Lambda(D',\Delta)\subseteq\Lambda(\Lambda(D',\Delta))$。所以，$\Lambda(\Lambda(D',\Delta),\Delta)=\Lambda(D',\Delta)$。

下面的结果给出扩张的生成缺省集的一个必要条件。

引理 3.2.1 设 E 是缺省理论$\Delta=(D,W)$的扩张，则$\Lambda(\mathrm{GD}(E,\Delta),\Delta)=\mathrm{GD}(E,\Delta)$。

证明 E 不协调的情形是平凡的，只需考虑 E 是协调的。

因为$\Lambda(\mathrm{GD}(E,\Delta),\Delta)\subseteq\mathrm{GD}(E,\Delta)$，我们证 $\mathrm{GD}(E,\Delta)\subseteq\Lambda(\mathrm{GD}(E,\Delta),\Delta)$。

依定义 3.2.1，$\Lambda(\mathrm{GD}(E,\Delta),\Delta)=\cup_{0\leqslant i}\mathrm{GD}(E,\Delta)_i(\Delta)$，再由定义 3.1.1 可以看出，$\mathrm{GD}(E,\Delta)=\cup_{0\leqslant i}\mathrm{GD}(E_i,\Delta)$，其中，对 $i>0$，有

$$\mathrm{GD}(E_0,\Delta)=\varnothing$$

$$\mathrm{GD}(E_i,\Delta)=\{A{:}MB_1,\cdots,MB_n/C\in D|A\in E_{i-1},\neg B_1,\cdots,\neg B_n\notin E\}$$

施归纳法容易证明，对任意 $i\geqslant 0$，$\mathrm{GD}(E_i,\Delta)\subseteq\mathrm{GD}(E,\Delta)_{i-1}$，故 $\mathrm{GD}(E,\Delta)\subseteq\Lambda(\mathrm{GD}(E,\Delta),\Delta)$。

因此，如果判定一个缺省子集 D'的前提是否都在某个扩张 E 中，必须验证 $\Lambda(D',\Delta)=D'$。这可以从空集出发，利用下面的结果逐个检验每一缺省而实现。

推论 3.2.2 设$\Delta=(D,W)$是缺省理论，对任意 $D'\subseteq D$，如果$\Lambda(D',\Delta)=D'$，则对任意 $d\in D\setminus D'$，$\Lambda(D'\cup\{d\},\Delta)=D'\cup\{d\}$，当且仅当$W'\cup\mathrm{Con}(D')\vdash A$。

证明 令 $D''=D'\cup\{d\}$，依推论 3.2.1，$\Lambda(D',\Delta)\subseteq\Lambda(D'',\Delta)$。

“当” 因为 $W\cup\mathrm{Con}(D')\vdash A$，依紧性定理，有 $d_1,\cdots,d_i\in D'$，使得

$$W\cup\mathrm{Con}(\{d_1,\cdots,d_i\})\vdash A$$

由定义 3.2.1，有 $j\geqslant 0$，使得 $W\cup\mathrm{Con}(D'_j(\Delta))\vdash A$，因此 $W\cup D''_j(\Delta)\vdash A$。于是，$d\in\Lambda(D'',\Delta)$。所以，$\Lambda(D'',\Delta)=D''$。

“仅当” 若 $W\vdash A$，则 $W\cup\mathrm{Con}(D')\vdash A$。若 $W\nvdash A$，由$\Lambda(D'',\Delta)=D''$，存在某个 $i\geqslant 0$，使得 $d\in(D'')_{i+1}(\Delta)$且 $d\notin(D'')_i(\Delta)$。易见，$(D'')_i(\Delta)\subseteq D'$，故 $W\cup\mathrm{Con}(D')\vdash A$。

注意：在推论 3.2.2 中，条件$\Lambda(D',\Delta)=D'$是重要的。考虑缺省理论$\Delta=(D,W)$，其中

$$W=\varnothing$$

$$D=\{{:}MA/B,C'{:}ME/F,B{:}MG/C\}$$

$$D'=\{{:}MA/B,C'{:}ME/F\}$$

$$d=B{:}MG/C$$

尽管 $\mathrm{Con}(\Lambda(D',\Delta))\vdash B$，但是，$\Lambda(D'\cup\{d\},\Delta)=\{{:}MA/B,B{:}MF/C\}\neq D'\cup\{d\}=D$。

缺省的可使用性除要求其前提可导出外，还要求其检验被满足，这可以用相容性的概念描述。特别地，扩张的生成缺省集必须满足极大强相容性。

定义 3.2.2 设$\Delta=(D,W)$是缺省理论且 $D'\subseteq D$，若对任意 $B\in\mathrm{Ccs}(D')$，$W\cup\mathrm{Con}(D')\nvdash\neg B$，则称 D'关于Δ是相容的。若 D'是相容的且不存在 $D''\subseteq D$，使得 D''是相容的且 $D'\subset D''$，称 D'是极大相容的。若 D'是相容的且$\Lambda(D',\Delta)=D'$，则 D'是强相容的（缩写为 SC）。若 D'是强相容的且不存在 $D''\subseteq D$，使得 D''是强相容的且 $D'\subset D''$，则 D'是极大强相容的（缩写为 MSC）。

推论 3.2.3 若 D'是相容的（关于Δ），则任意 $D''\subseteq D'$也是相容的（关于Δ）。特别地，$\varnothing$关于任意缺省理论是相容的。

定义 3.2.3 设$\Delta=(D,W)$是缺省理论，令 $\mathrm{SC}(\Delta)=\{D' \mid D' \subseteq D$ 且 D' 是强相容的$\}$，则 $\mathrm{MSC}(\Delta)=\{D' \mid D'$ 是 $\mathrm{SC}(\Delta)$的极大元$\}$。

推论 3.2.4 $\mathrm{MSC}(\Delta)\neq\varnothing$。

证明 因为$\varnothing\in\mathrm{SC}(\Delta)$，故 $\mathrm{SC}(\Delta)\neq\varnothing$。依推论 3.2.1 和定义 3.2.2，对任意 $D'\subseteq D$，若 D' 相容，则$\Lambda(D',\Delta)\subseteq D'$ 也相容。对 $\mathrm{SC}(\Delta)$中任意链 $D_1\subseteq D_2\subseteq\cdots$，类似于推论 3.2.1，施归纳法容易证明：$\cup_{1\leqslant i}D_i$ 相容且$\Lambda(\cup_{1\leqslant i}D_i,\Delta)=\cup_{1\leqslant i}D_i$。由 Zorn 引理，$\mathrm{SC}(\Delta)$有极大元存在，故 $\mathrm{MSC}(\Delta)\neq\varnothing$。

引理 3.2.2 设 E 缺省理论$\Delta=(D,W)$的扩张，则 $\mathrm{GD}(E,\Delta)\in\mathrm{MSC}(\Delta)$。

证明 可以看出 $\mathrm{GD}(E,\Delta)$是相容的，依引理 3.2.1，有 $\mathrm{GD}(E,\Delta)\in\mathrm{SC}(\Delta)$。只需证明，$\mathrm{GD}(E,\Delta)$是 $\mathrm{SC}(\Delta)$中的极大元。

对任意 $d=A{:}MB_1,\cdots,MB_n/C\in D\backslash\mathrm{GD}(E,\Delta)$，依扩张的生成缺省集的定义，则或者 $A\notin E$，或者存在某 $i{:}1\leqslant i\leqslant n$，使得$\neg B\in E$。

情形 1：若 $A\notin E$，依定理 3.1.4 和推论 3.2.2 有$\Lambda(\mathrm{GD}(E,\Delta)\cup\{d\},\Delta)=\mathrm{GD}(E,\Delta)$。

情形 2：若$\neg B_i\in E$，则 $\mathrm{GD}(E,\Delta)\cup\{d\}$不相容。

因此，$\mathrm{GD}(E,\Delta)\in\mathrm{MSC}(\Delta)$。

下面给出扩张的一个新特征——扩张的计算特征，它不需要如定义 3.1.1 或定理 3.1.2 那样测试无穷多个公式 E，而是直接依据缺省理论本身判定扩张是否存在。

定理 3.2.1（扩张的计算特征） 设$\Delta=(D,W)$是缺省理论，Δ有扩张当且仅当存在 D 的相容缺省子集 D^*，使得

（1）$\Lambda(D^*,\Delta)=D^*$；

（2）对任意 $d=A{:}MB_1,\cdots,MB_n/C\in D\backslash D^*$，或者 $W\cup\mathrm{Con}(D^*)\nvdash A$，或者对某 $i{:}1\leqslant i\leqslant n$，$W\cup\mathrm{Con}(D^*)\vdash\neg B_i$。

证明 对 W 不协调的情形，依推论 3.1.4 可知定理成立（注意此时定理中的 D^*为空集）。故只需考虑 W 协调的情形。

“仅当” 设Δ有扩张 E，依引理 3.2.2，$\mathrm{GD}(E,\Delta)\in\mathrm{MSC}(\Delta)$，故 $\mathrm{GD}(E,\Delta)$相容且满足（1）。

对任意 $A{:}MB_1,\cdots,MB_n/C\in D\backslash\mathrm{GD}(E,\Delta)$，若 $W\cup\mathrm{Con}(\mathrm{GD}(E,\Delta))\vdash A$ 且 $W\cup\mathrm{Con}(\mathrm{GD}(E,\Delta))\nvdash\neg B_i(1\leqslant i\leqslant n)$，则 $A\in E$，$\neg B_1,\cdots,\neg B_n\notin E$，从而 $A{:}MB_1,\cdots,MB_n/C\in\mathrm{GD}(E,\Delta)$，矛盾。因此，$\mathrm{GD}(E,\Delta)$满足（2）。

令 $D^*=\mathrm{GD}(E,\Delta)$，“仅当”得证。

“当” 令 $E=\mathrm{Th}(W\cup\mathrm{Con}(D^*))$，依定理 3.1.2，只须证 $E=\theta(E,\Delta)$。

首先，施归纳法易证，对任意 $i\geqslant 0$，$E_i\subseteq E$，从而$\theta(E,\Delta)\subseteq E$。

其次，证明 $D^{*}\subseteq GD(\theta(E,\Delta),\Delta)$，从而 $E\subseteq\theta(E,\Delta)$，于是定理获证。

为此，依定义 3.2.1 与定理 3.1.2，容易归纳地证明$(D^*)_i(\Delta)\subseteq GD(E_{2i+2},\Delta)$，从而 $D^{*}=\Lambda(D^{*},\Delta)\subseteq GD(\theta(E,\Delta),\Delta)$。

基始　对任意 $A:MB_1,\cdots,MB_n/C\in(D^{*})_0,\Delta)$，依$\Lambda(D^{*},\Delta)=D^{*}$和 D^{*}的相容性，有 $W\vdash A$，$W\cup Con(D^{*})\nvdash\neg B_i$（$1\leqslant i\leqslant n$）。

因此，$A:MB_1,\cdots,MB_n/C\in GD(\theta(E_2,\Delta),\Delta)$。

归纳　设$(D^{*})_i(\Delta)\subseteq GD(E_{2i+2},\Delta)$，则对任意 $A:MB_1,\cdots,MB_n/C\in(D^{*})_{i+1}(\Delta)$，有 $W\cup Con((D^{*})_i)\vdash A$ 且 $W\cup Con(D^{*})_i\nvdash\neg B_j$（$1\leqslant j\leqslant n$）。因此，$W\cup Con(GD(E_{2i+2},\Delta))\vdash A$，故 $C\in E_{2i+3}$，即 $A:MB_1,\cdots,MB_n/C\in GD(E_{2i+4},\Delta)$。

例 3.1.2（续）　由于 $D_1=\{:MA/A, :MC/C\}$和 $D_2=\{:ME/\neg F\}$是Δ的两个极大强相容缺省子集且它们满足条定理 3.2.1 中的（2）。因此，Δ有分别以 D_1 和 D_2 为生成缺省集的扩张。

例 3.1.3（续）　$D'=\{:MC/\neg D, :ME/\neg F\}$是$\Delta$的唯一极大强相容缺省子集且满足定理 3.2.1 的条件（2），因此存在以其为生成缺省集的唯一扩张。

例 3.1.4（续）　$D'=\varnothing$是Δ的唯一极大强相容缺省子集，但它不满足条件定理 3.2.1 中的（2），故该缺省理论无扩张。

基于经典逻辑的紧性定理和定理 3.2.1，缺省逻辑有如下的紧性定理。

定理 3.2.2（紧性定理）　设 E 是缺省理论$\Delta=(D,W)$的扩张且 $A^{*}\in E$，则存在Δ的子理论 $\Delta'=(D',W')$，使得 D' 和 W' 是有穷集，$D'\subseteq D$，$W'\subseteq W$ 且存在 Δ' 的扩张 E'，使得 $A^{*}\in E'$。

证明　由 $A^{*}\in E$ 和 $E=\cup_{0\leqslant i}E_i$，其中，对任意 $i\geqslant 0$，有

$$E_0=W$$

$$E_{i+1}=Th(E_i)\cup\{C|A:MB_1,\cdots,MB_n/C\in D,\ A\in E_i,\ \neg B_1,\cdots,\neg B_n\notin E\}$$

施归纳法证明：若 $A^{*}\in E_i$，则存在有穷的 D' 和 W'，使得 $D'\subseteq D$，$W'\subseteq W$ 且 $\Delta'=(D',W')$的扩张 E' 满足 $A^{*}\in E'$。

基始　设 $A^{*}\in E_0$，显然存在 $D'=\varnothing$，$W'=\{A^{*}\}$，使得 $\Delta'=(D',W')$的扩张 $E'=Th(\{A\})$满足 $A^{*}\in E'$。

归纳　设 $A^{*}\in E_{i+1}$，则由

$$E_{i+1}=Th(E_i)\cup\{C|A:MB_1,\cdots,MB_n/C\in D,\ A\in E_i,\ \neg B_1,\cdots,\neg B_n\notin E\}$$

考虑两种仅有的可能情形。

情形 1：$A^{*}\in Th(E_i)$，依经典逻辑的紧性定理，有 $A_1,\cdots,A_m/\in E_i$，使得 $A^{*}\in Th(A_1,\cdots,A_m)$。依归纳假设，存在有穷的 $D_1,\cdots,D_m\subseteq D$ 和有穷的 $W_1,\cdots,W_m\subseteq W$ 使得

$A_i \in E_i$，其中，E_i 是 $\Delta_i=(D_i,W_i)$ 的扩张（$1 \leqslant i \leqslant m$）。令

$$D'=\cup_{1\leqslant i\leqslant m}D_i,\quad W'=\cup_{1\leqslant i\leqslant m}W_i$$

则 D' 和 W' 都是有穷集。容易验证，$E'=\cup_{1\leqslant i\leqslant m}E_i$ 是 $\Delta'=(D',W')$ 的扩张。因为 $A^* \in \mathrm{Th}(A_1,\cdots,A_m)$，$\mathrm{Th}(A_1,\cdots,A_m)\subseteq E'$，故 $A^* \in E'$。

情形 2：$A^* \in \{C|A:MB_1,\cdots,MB_n/C \in D, A \in E_i, \neg B_1,\cdots,\neg B_n \notin E\}$，则有 $A:MB_1,\cdots,MB_n/A^* \in D$，使得 $A \in E_i$，$\neg B_1,\cdots,\neg B_n \notin E$。因为 $A \in E_i$，依归纳假设，存在有穷的 D^* 和 W^*，使得 $\Delta^*=(D^*,W^*)$ 的扩张 E^* 满足 $A \in E^*$。因为 E^* 是 Δ^* 的扩张，故

- $E^*=\mathrm{Th}(W^* \cup \mathrm{GD}(E^*,\Delta^*))$；
- $\mathrm{GD}(E^*,\Delta^*)=\Lambda(\mathrm{GD}(E^*,\Delta^*),\Delta^*)$ 是相容的；
- 令 $D'=\mathrm{GD}(E^*,\Delta^*) \cup \{A:MB_1,\cdots,MB_n/A^*\}$，$\Delta'=(D',W^*)$。

下面证明 $E'=E^* \cup \{A^*\}$ 是 Δ' 的扩张。

由 $A \in E^*$ 可得

$$\begin{aligned}\Lambda(D')&=\Lambda(\mathrm{GD}(E^*,\Delta^*)) \cup \{A:MB_1,\cdots,MB_n/A^*\}\\&=\mathrm{GD}(E^*,\Delta^*) \cup \{A:MB_1,\cdots,MB_n/A^*\}\\&=D'\end{aligned}$$

由 $E^* \subseteq E_i \subseteq E$，$\neg B_1,\cdots,\neg B_n \notin E$ 和 $A^* \in E_{i+1}$ 可知 $\neg B_1,\cdots,\neg B_n \notin E'$。因此，$\Lambda(D')$ 是相容的。依定理 3.2.1，$E'=E^* \cup \{A^*\}$ 是 Δ' 的扩张。显然，$A^* \in E'$。

综上所述，定理获证。

下面的内容有助于对特殊的缺省理论的研究。

推论 3.2.5 若缺省理论 $\Delta=(D,W)$ 存在不同的扩张 E 和 F，则有缺省 $A:MB_1,\cdots,MB_n/C \in D$，使得 $A \in E \cap F$，$C \in E$，$\neg B_1,\cdots,\neg B_n \notin E$ 且有某个 $i:1 \leqslant i \leqslant n$，使得 $\neg B_i \in F$。

证明 因为 $E \neq F$，所以 $\mathrm{Th}(W) \subseteq E$ 且 $\mathrm{Th}(W) \subseteq F$。由扩张的极小性，有 $\mathrm{Th}(W) \subset E \cap F$ 且 $\mathrm{GD}(E,\Delta) \neq \varnothing$ 和 $\mathrm{GD}(F,\Delta) \neq \varnothing$。再由 $E \neq F$，有 $\mathrm{GD}(E,\Delta) \neq \mathrm{GD}(F,\Delta)$，因此 $\Lambda(\mathrm{GD}(E,\Delta),\Delta) \neq \Lambda(\mathrm{GD}(F,\Delta),\Delta)$。

于是，存在 $d=A:MB_1,\cdots,MB_n/C \in \Lambda(\mathrm{GD}(E,\Delta),\Delta) \setminus \Lambda(\mathrm{GD}(F,\Delta),\Delta)$。依定义 3.2.1，有最小的 $k:k \geqslant 0$，使得

$$(\mathrm{GD}(E,\Delta))_k(\Delta)=(\mathrm{GD}(F,\Delta))_k(\Delta)$$

$$(\mathrm{GD}(E,\Delta))_{k+1}(\Delta) \neq (\mathrm{GD}(F,\Delta))_{k+1}(\Delta)$$

$$d \in (\mathrm{GD}(E,\Delta))_{k+1}(\Delta) \setminus (\mathrm{GD}(F,\Delta))_{k+1}(\Delta)$$

容易看出，$W \cup \mathrm{Con}((\mathrm{GD}(E,\Delta))_k(\Delta)) \vdash A$。从而，$W \cup \mathrm{Con}((\mathrm{GD}(F,\Delta))_k(\Delta)) \vdash A$。因此，$A \in E \cap F$。

由 $d=A:MB_1,\cdots,MB_n/C\in\Lambda(\mathrm{GD}(E,\Delta),\Delta)\backslash\Lambda(\mathrm{GD}(F,\Delta),\Delta)$，有 $C\in E$，$\neg B_1,\cdots,\neg B_n\notin E$。因为 $d\notin\mathrm{GD}(F,\Delta)$，故存在某个 $i(1\leqslant i\leqslant n)$，使得$\neg B_i\in F$。

3.3 特殊缺省理论

根据扩张的计算特征，一个缺省理论没有扩张的根本原因在于该缺省理论的任何极大强相容缺省子集都有一条相应的自不相容的缺省。本节主要讨论一些特殊的缺省理论，它们的扩张总是存在且具有特殊的性质。

定义 3.3.1 缺省理论$\Delta=(D,W)$是相容的，当且仅当 D 中每一缺省是相容的（关于Δ，视该缺省为单原子集）。

定理 3.3.1 给定缺省理论$\Delta=(D,W)$，若$\Lambda(D,\Delta)$是相容的，则Δ有唯一扩张。特别地，相容的缺省理论$\Delta=(D,W)$有唯一扩张。

证明 若 W 不协调，显然定理 3.3.1 为真。若 W 协调且$\Lambda(D,\Delta)$相容，则容易验证$\Lambda(D,\Delta)$满足定理 3.2.1，从而 $E=\mathrm{Th}(W\cup\mathrm{Con}(\Lambda(D,\Delta)))$是$\Delta$的扩张。显然，$\mathrm{MSC}(D,\Delta)=\{\Lambda(D,\Delta)\}$，故扩张唯一。

对相容的缺省理论$\Delta=(D,W)$，显然$\Lambda(D,\Delta)$相容，故有Δ唯一扩张。

推论 3.3.1 设$\Delta=(D,W)$，若 $W\cup\{B_1\wedge\cdots\wedge B_n\wedge C|A:MB_1,\cdots,MB_n/C\in D\}$协调，则$\Delta$有唯一扩张。

例 3.3.1 设$\Delta=(D,W)$，其中 $W=\varnothing$，$D=\{:Mp/q, :M\neg p/q, :M(\neg q\vee\neg r\vee\neg s)/s\}$。

易见，Δ是相容的。$\Delta=(D,W')$是不相容的，其中 $W'=\{r\}$。此时，当 W 增大时其相容性可能不再保持。

例 3.3.2 缺省理论$\Delta_1=(D,\varnothing)=(\{:Mp/p,\ p:M\neg p/\neg p\},\varnothing)$有唯一扩张 $\mathrm{Th}(\{p\})$，但$\Lambda(D,\Delta_1)=D$ 不相容。

缺省理论 $\Delta_2=(\{s:Mp/p,\ r:M\neg(p\wedge q)/q\},\{s\})$不是相容的，但它有唯一扩张 $E=\mathrm{Th}(\{s,p\})$。这表示定理 3.3.1 的逆不真。

定义 3.3.2 设$\Delta=(D,W)$是缺省理论，$D'\subseteq D$ 是相容的。对任一 $d=A:MB_1,\cdots,MB_n/C\in D$，若

（1）对任意 $i:1\leqslant i\leqslant n$，$W\cup\mathrm{Con}(D')\nvdash\neg B_i$；

（2）$D'\cup\{d\}$不相容。

则称 d 关于 D'是自不相容的。

若 d 关于 D'不是自不相容的，则称 d 关于 D'是自相容的（即或者 $D'\cup\{d\}$相

容，或者对某 i:$1\leqslant i\leqslant n$，$W\cup \mathrm{Con}(D')\vdash\neg B_i$）。

直观上，D'的相容性使得它可能成为某个扩张的生成缺省集的子集，而缺省 d 关于 D'的自不相容性则阻挡了这种可能。

定义 3.3.3 设$\Delta=(D,W)$是缺省理论，$d=A:MB_1,\cdots,MB_n/C\in D$。若 d 关于任何相容的 $D'\subseteq D$ 是自相容的，则称 d 关于Δ是自相容的。若任意 $d\in D$ 关于Δ是自相容的，则称缺省理论$\Delta=(D,W)$是自相容的。

定义 3.3.4 设$\Delta=(D,W)$是缺省理论，$d=A:MB_1,\cdots,MB_n/C\in D$。称 d 是关于Δ弱自相容的，若对任意强相容的 $D'\subseteq D$，只要 $W\cup \mathrm{Con}(D')\vdash A$ 则 d 关于 D'是自相容的。称$\Delta=(D,W)$是弱自相容的，若任意 $d\in D$ 关于Δ是弱自相容的。

显然，自相容缺省理论是弱自相容的。特别地，不协调的缺省理论是弱自相容的，其唯一的极大相容缺省集是空集$\varnothing$。

定义 3.3.5 称形如 $d=A:MB/B$ 的缺省为正规缺省。若 D 中所有缺省是正规的，缺省理论$\Delta=(D,W)$是正规的。

由定义 3.3.2 和定义 3.3.3 容易导出下述推论。

推论 3.3.2 相容的缺省理论是自相容的。

推论 3.3.3 正规缺省理论是自相容的。

证明 设正规缺省理论不是自相容的，即Δ是正规的但不是自相容的，则存在 $d=A:MB/B\in D$ 和相容的缺省集 $D'\subseteq D$，使得 $W\cup \mathrm{Con}(D')\nvdash\neg B$，但是 $D'\cup\{d\}$不相容。于是，存在 $B^*\in \mathrm{Ccs}(D\cup\{d\})$，使得 $W\cup \mathrm{Con}(D'\cup\{d\})\vdash\neg B^*$。

因此，$W\cup \mathrm{Con}(D')\vdash B\to\neg B^*$。

容易得出 $B^*\neq B$，即 $B^*\in \mathrm{Ccs}(D')$。进而，

$$W\cup \mathrm{Con}(D')\vdash\neg B^*$$

这与 D'的相容性矛盾。

例 3.3.3 $\Delta=(\{:MA/A, :M\neg A/\neg A\},\varnothing)$是自相容但不是相容的。

$\Delta'=(\{:MA/B,\ C:MF/\neg A\},\varnothing)$既不是相容的，也不是自相容的，但它是弱自相容的。

对于这些特殊缺省理论类，下述关系成立：

正规缺省理论类$\subset$自相容缺省理论类$\subset$弱自相容缺省理论类$\subset$相容缺省理论类

对于弱自相容缺省理论，下述定理表明其扩张的存在性是有保证的。

定理 3.3.2 弱自相容缺省理论总有扩张，它的每个极大强相容缺省子集是相

应的扩张的生成缺省集。

证明 设$\Delta=(D,W)$是弱自相容缺省理论。依推论 3.2.3，$\mathrm{MSC}(\Delta)\neq\varnothing$。给定任意$D'\in\mathrm{MSC}(\Delta)$，对任意$d=A:MB_1,\cdots,MB_n/C\in D\setminus D'$，考虑下述两种情形。

情形 1：若$W\cup\mathrm{Con}(D')\nvdash A$，则$D'$满足定理 3.2.1 的条件。

情形 2：若$W\cup\mathrm{Con}(D')\vdash A$，令$D''=D'\cup\{d\}$，依推论 3.2.2，$\Lambda(D'',\Delta)=D''$。因此，存在$i$（$1\leqslant i\leqslant n$）使得$W\cup\mathrm{Con}(D')\vdash\neg B_i$，从而$D'$满足定理 3.2.1 的条件。

设若不然，则对任意i，$W\cup\mathrm{Con}(D')\nvdash\neg B_i$，依$d$的弱自相容性，$D''\cup\{d\}$是相容的，进而$D''\cup\{d\}$是强相容的。因$D'$是极大强相容的，故$D'=D'\cup\{d\}$，即$d\in D'$，矛盾。

综上所述，D'是Δ的一个扩张$E=\mathrm{Th}(W\cup\mathrm{Con}(D'))$的生成缺省集。

由定理 3.3.2 和推论 3.3.3 可得下述定理：

定理 3.3.3 正规缺省理论总有扩张。

引理 3.3.1 设缺省理论$\Delta=(D,W)$是（弱）自相容的，对任意$D'\subseteq D$，(D',W)也是（弱）自相容的。

定义 3.3.6 称缺省理论$\Delta=(D,W)$具有半单调性，对任意$D',D''\subseteq D$，如果$D'\subseteq D''$且$\Delta'=(D',W)$有扩张E'，则存在$\Delta''=(D'',W)$的扩张E''，使得$E'\subseteq E''$且$\mathrm{GD}(E',\Delta')\subseteq\mathrm{GD}(E'',\Delta'')$。

注意：将上述定义弱化，即给定缺省理论$\Delta=(D,W)$，如果对任意$D'\subseteq D$，$\Delta'=(D',W)$有扩张E'，则存在Δ的扩张E，使得$E'\subseteq E$且$\mathrm{GD}(E',\Delta')\subseteq\mathrm{GD}(E,\Delta)$，于是，得到 Reiter 定义的半单调性，我们称其为弱半单调性。显然，具有半单调性的缺省理论$\Delta=(D,W)$也具有弱半单调性，反之则不然。举例说明如下。

例 3.3.4 $\Delta=(\{:MA/A, :MA/\neg B, :MB/\neg A\},\varnothing)$有两个扩张：$\mathrm{Th}(\{\neg A\})$和$\mathrm{Th}(\{A,\neg B\})$，其中$A$和$B$都不是矛盾式。可知，$\Delta$具有弱半单调性但不具有半单调性。

定理 3.3.4（半单调性） 弱自相容的缺省理论具有半单调性。

证明 依定义 3.3.6，令$\Delta=(D,W)$是弱自相容的缺省理论，只需证明：对任意$D',D''\subseteq D$，若$D'\subseteq D''$且E'是$\Delta'=(D',W)$的扩张，则存在$\Delta''=(D'',W)$的扩张E''，使得$E'\subseteq E''$且$\mathrm{GD}(E',\Delta')\subseteq\mathrm{GD}(E'',\Delta'')$。

显然，$\Delta'=(D',W)$和$\Delta''=(D'',W)$都是弱自相容的。依定理 3.3.2，Δ'和Δ''分别有扩张E'和E''，使得

$$\mathrm{GD}(E',\Delta')\in\mathrm{MSC}(\Delta')$$
$$\mathrm{GD}(E'',\Delta'')\in\mathrm{MSC}(\Delta'')$$

由 $D'\subseteq D''$，可知 $E'\subseteq E''$ 且 $\mathrm{GD}(E',\Delta')\subseteq\mathrm{GD}(E'',\Delta'')$。

定理 3.3.5（扩张个数的单调性） 设$\Delta=(D,W)$是弱自相容的缺省理论且$D'\subseteq D$。若 E_1' 与 E_2' 是 $\Delta'=(D',W)$的不同扩张，则Δ存在不同扩张 E_1 与 E_2，使得 $E_1'\subseteq E_1$ 且 $E_2'\subseteq E_2$。

证明 依弱自相容缺省理论的半单调性，Δ有扩张 E_1 与 E_2，使得

$$E_1'\subseteq E_1,\quad E_2'\subseteq E_2$$

$$\mathrm{GD}(E_1',\Delta')\subseteq\mathrm{GD}(E_1,\Delta)$$

$$\mathrm{GD}(E_2',\Delta')\subseteq\mathrm{GD}(E_2,\Delta)$$

由 $E_1'\neq E_2'$，依推论 3.2.5，存在 $d=A:MB_1,\cdots,MB_n/C\in D$，使得 $A\in E_1'\cap E_2'$，$C\in E_1'$ 和$\neg B_1,\cdots,\neg B_n\notin E_1'$，且存在 i（$1\leqslant i\leqslant n$），使得$\neg B_i\in E_2'$。

若 $E_1=E_2$，则 $\mathrm{GD}(E_1,\Delta)=\mathrm{GD}(E_2,\Delta)$且 $E_1'\cup E_2'\subseteq E_1$，从而 $d\in\mathrm{GD}(E_1,\Delta)$。但是$\neg B_i\in E_2'\subseteq E_1$，这表明 $d\notin\mathrm{GD}(E_1,\Delta)$，矛盾。因此，$E_1$ 与 E_2 是Δ的不同扩张。

定理 3.3.6 设$\Delta=(D,W)$是弱自相容的缺省理论，$D'\subseteq D$ 且 E' 是 $\Delta'=(D',W)$的扩张。E' 是Δ的扩张，当且仅当对 D 的任意极大相容子集 D''（关于Δ），若 $\mathrm{GD}(E',\Delta')\subseteq D''$，则 E' 也是 $\Delta''=(D'',W)$的扩张。

证明 首先，因为 $D'\subseteq D$ 且 E'是$\Delta'=(D',W)$的扩张，所以 $\mathrm{GD}(E',\Delta')\subseteq D'$。

“仅当” 因为$\Delta=(D,W)$是弱自相容的，对 D 的任意极大相容子集 D''（关于Δ），如果 $\mathrm{GD}(E',\Delta')\subseteq D''$，则由定理 3.3.4，$\Delta''$ 存在扩张 E''，使得 $E'\subseteq E''$ 且 $\mathrm{GD}(E',\Delta')\subseteq\mathrm{GD}(E'',\Delta'')\subseteq D''$。

由 $D''\subseteq D$ 和定理 3.3.4，Δ存在扩张 E，使得 $E''\subseteq E$ 且 $\mathrm{GD}(E'',\Delta'')\subseteq GD(E,\Delta)$，因此 $E'\subseteq E$。因为 E' 是Δ的扩张，依定理 3.1.3，$E'=E$。因此，$E'=E''$，即 E' 也是 $\Delta''=(D'',W)$的扩张。

“当” 因为 E' 是 $\Delta'=(D',W)$的扩张，$D'\subseteq D$ 及定理 3.3.4，Δ存在扩张 E，使得 $E'\subseteq E$ 且 $\mathrm{GD}(E',\Delta')\subseteq\mathrm{GD}(E,\Delta)$。

因 $\mathrm{GD}(E,\Delta)$相容，故有Δ的极大相容集 $D''\subseteq D$，使得 $\mathrm{GD}(E,\Delta)\subseteq D''$。依假设，$E'$ 也是 $\Delta''=(D'',W)$的扩张。由 D'' 关于Δ的极大相容性，D'' 关于 Δ'' 是相容的。依定理 3.3.1，E' 是 Δ'' 的唯一扩张。再依Δ的弱自相容性和 D'' 关于Δ相容的极大性，容易证明$\Lambda(\mathrm{GD}(E,\Delta),\Delta)=\Lambda(D'',\Delta)$。

因此，$\mathrm{GD}(E,\Delta)=\Lambda(D'',\Delta'')=\mathrm{GD}(E',\Delta'')$。从而，$E'=E$，即 E' 是Δ的一个扩张。

由定理 3.3.4 可直接得到下面两个性质。

性质 1：将一缺省添加到一自相容的缺省理论中，只要新的缺省理论仍为自相容的，就不会减少原有的导出信念集（即不会缩小原缺省理论的扩张）。

性质 2：对自相容的缺省理论存在一个关于这些缺省是局部的证明程序，使得某些缺省可被忽略。

性质 2 类似于经典一阶逻辑的局部的证明论。依一阶逻辑的紧性定理，若 S 是一个一阶理论，A 是 S 的一个定理，则可以只用 S 的一个有穷子集 S'确定从 S 导出 A 的一个证明。一阶逻辑的单调性允许这样的局部证明，即若有从 S'导出 A 的证明，则此证明也是从 S 导出 A 的证明。然而，对缺省理论（D,W）关于 D 或 W 不是单调的，即通过增大 D 或 W 可能改变(D,W)的扩张，使得这些扩张中没有一个是增大后的缺省理论的任何扩张的子集，这意味着一般缺省理论的证明程序可能需要使用 D 的所有缺省和 W 的所有公式，因此这样的证明一般不具有局部性。

定理 3.3.7 缺省理论$\Delta=(D,W)$是弱自相容的，当且仅当Δ具有半单调性。

证明 依定理 3.3.4，只需证“当”。

如果Δ是具有半单调性的缺省理论，但Δ不是弱自相容的，则有 $d=A:MB_1,\cdots,MB_n/C\in D$ 和强相容的 $D'\subseteq D$，使得

（1）$W\cup \mathrm{Con}(D')\vdash A$；

（2）对任意 $i:1\leqslant i\leqslant n$，$W\cup \mathrm{Con}(D')\nvdash \neg B_i$；

（3）$D'\cup\{d\}$不相容。

因此，根据 d 的自不相容性与定理 3.2.1，$(D'\cup\{d\},W)$无扩张。另外，根据定理 3.3.1，(D',W)有唯一扩张 $E'=\mathrm{Th}(W\cup \mathrm{Con}(D'))$。因为$\Delta$具有半单调性，故$(D'\cup\{d\},W)$有扩张 $E''\supseteq E'$，矛盾。

例 3.3.4（续） 易知，缺省理论$\Delta=(\{:MA/A, :MA/\neg B, :MB/\neg A\}, \varnothing)$不是弱自相容的。因此，它不具有单调性。

注意：正规缺省理论是弱自相容的，故正规缺省理论具有半单调性和扩张个数的单调性。此外，正规缺省理论还具有下述性质：

定理 3.3.8（扩张的正交性） 若正规缺省理论$\Delta=(D,W)$存在不同扩张 E 和 F，则 $E\cup F$ 不协调。

证明 依推论 3.2.5，存在 $d=A:MB/B\in D$，使得 $A\in E\cap F$，$B\in E$，$\neg B\notin E$ 且 $B\in F$，故 $E\cup F$ 不协调。

需要注意的是，此定理对（弱）自相容缺省理论不成立。例如，$W=\varnothing$，$D=\{:\neg A/B, :\neg B/A\}$，其中 A 和 B 是原子。此缺省理论是（弱）自相容的且有两个扩张 $\mathrm{Th}(\{B\})$ 和 $\mathrm{Th}(\{A\})$，但是 $\mathrm{Th}(\{B\})\cup\mathrm{Th}(\{A\})$是协调的。

正规缺省语法简单、易于判定，且具有“十分漂亮”的性质，但是表达能力有限。特别地，只使用正规缺省往往导致违反直观的结果。例如，“typically”（“通

常”）不具有传递性，“all”与“typically”互相影响，以及一对有相同例式但结论矛盾的缺省，这些问题都不是正规缺省自身能够处理的。

例如，“通常高级中学的橄榄球队员是成年人”，“通常成年人是被雇用的”可以分别表示为

$$\text{high-school-dropout}(x){:}M\,\text{adult}(x)/\text{adult}(x)$$

$$\text{adult}(x){:}M\,\text{employed}(x)/\text{employed}(x)$$

由此导出“通常高级中学的橄榄球队员是被雇用的”，这一由“通常”的传递性推出的结论是人们不希望得到的。

又如，“所有 21 岁的人是成年人”“通常成年人是已婚的”“约翰是 21 岁的人”，可以表示为

$$\forall x(\text{21-year-old}(x)\to\text{adult}(x))$$

$$\text{adult}(x){:}M\,\text{married}(x)/\text{married}(x)$$

$$\text{21-year-old(John)}$$

由此推出人们不希望的结论“约翰是已婚的”。

再如，由$(\{A(x){:}MC(x)/C(x),\ B(x){:}M\neg C(x)/\neg C(x)\},\ \{A(a),\ B(a)\})$可推出结论$C(a)$还是$\neg C(a)$？为解决类似的问题，引入半正规缺省。

定义 3.3.7 称形如$A{:}M(B\wedge C)/C$的缺省为半正规缺省。若D中缺省都是半正规的，则缺省理论$\Delta=(D,W)$是半正规的。

推论 3.3.4 设$\Delta=(D,W)$是半正规的缺省理论。若$W\cup\text{Ccs}(D)$协调，则D是相容的。进而，Δ有唯一扩张。

证明 若D不相容，则有$A{:}M(B\wedge C)/C\in D$，使得$W\cup\text{Con}(D)\vdash\neg B\vee\neg C$。然而，由$C\in\text{Con}(D)$和$\text{Ccs}(D)\vdash\text{Con}(D)$，故$W\cup\text{Ccs}(D)\vdash\neg B$，从而$W\cup\text{Ccs}(D)$不协调，矛盾。

例 3.3.5 $\Delta=(\{{:}M(A\wedge\neg B)/B,\ {:}M(B\wedge C)/C\},\varnothing)$不是自相容的，$W\cup\text{Ccs}(D)=\{A\wedge\neg B,\ B\wedge C\}$不协调。

例 3.3.6 $\Delta=(\{{:}M(A\wedge B)/A,\ {:}M(C\wedge D)/C\},\ \{\neg A\vee\neg B\vee\neg C\vee\neg D\})$是相容的，且有唯一扩张$\text{Th}(\{A,\ C,\ \neg B\vee\neg D\})$；但$W\cup\text{Ccs}(D)$不协调。

可以证明，半正规缺省具有和一般缺省同等的表达能力。

3.4 扩张与推理问题的算法及复杂性

本节将给出有穷缺省理论扩张的算法与主要推理问题的解法。

定义 3.4.1 缺省理论$\varDelta=(D,W)$是有穷的，若 D 与 W 均为有穷集。

基于定理 3.2.1，能够用有穷步推理测试（$\vdash$）求出有穷缺省理论的有穷个生成缺省集，在此意义下，定理 3.2.1 也称为缺省理论的有穷特征。

定义 3.4.2 设$\varDelta=(D,W)$是缺省理论，D'是$\varDelta$的一生成缺省集，A 是公式。扩张的成员问题是判定 A 是否是$\varDelta$的由 D' 生成的扩张的元素。

定义 3.4.3 设$\varDelta=(D,W)$是缺省理论，A 是公式。

缺省逻辑的审慎推理(SR)用于判定 A 是否出现在$\varDelta$的所有扩张中，若是，则 A 是$\varDelta$的 SR-推论，记作$\varDelta\vdash_s A$。

缺省逻辑的冒险推理(CR)用于判定 A 是否出现在$\varDelta$的某一扩张中，若是，则 A 是$\varDelta$的 CR-推论，记作$\Delta\vdash_c A$。

令$\varDelta=(D,W)$是有穷的协调缺省理论。为简化，对于带多个检验的缺省的情形，不妨假设 D 中每个缺省是单一检验的缺省（即形如 $A{:}MB/C$ 的缺省）。为求解$\varDelta$的每个扩张与 SR 问题、CR 问题，下面引入三个主要的程序。

程序 1：

```
FUNCTION  LAMBDA(D,W,D′)
BEGIN
result:=∅
REPEAT
   new:=∅
   FOR EACH d=A:MB/C∈D′\result DO
      IF W∪Con(result)⊢A  THEN  new:=new∪{d}
   result:=result∪new
UNTIL new=∅
RETURN (result)
END
```

程序 1 中，LAMBDA 用于计算$\varLambda(D',\varDelta)$，其正确性由定义 3.2.1 易知。注意，程序 LAMBDA 至多使用$|D'|^2$次逻辑推理测试($\vdash$)，此外需要耗时 $O(n^2)$，其中 n 是输入的大小。

定义 3.4.4 设$\varDelta=(D,W)$是缺省理论，D 的相容子集 D'是扩张的生成缺省集的“合法候选人”（记作 JCGD），若$\varLambda(D',\varDelta)=D'$，且对任意 $A{:}MB/C\in D\backslash D'$，$W\cup \mathrm{Con}(D')\nvdash A$ 或 $W\cup \mathrm{Con}(D')\vdash\neg B$。

程序 2：

```
BOOLEAN  FUNCTION  JCGD(D,W,D′)
BEGIN
FOR EACH d=A:MB/C∈D′  DO
   IF W∪Con(D′)⊢¬B  THEN  RETURN (false)
IF LAMBDA(D,W,D′)≠D′  THEN  RETURN (false)
FOR EACH A:MB/C∈D\D′  DO
   IF W∪Con(D′)⊢A  AND  W∪Con(D′)⊬ B THEN  RETURN(false)
RETURN (true)
END
```

程序 2 中，JCGD 用于判断 D'是否是Δ的一扩张的生成缺省集，其正确性由定义 3.4.4 及定理 3.2.1 易知。该程序至多包含$|D'|^2+2|D'|+|D\backslash D'|$次逻辑推理测试，此外需要的耗时至多是输入大小的平方。

程序 3：

```
BOOLEAN  FUNCTION  MEMBER(A,D,W,D′)
BEGIN
F:=W∪Con(D′)
   IF  F⊢A  THEN  RETURN (true)
   ELSE  RETURN (false)
END
```

程序 3 中，MEMBER 用于判定 A 是否是Δ由 D'生成的扩张的一个成员。该程序除包含一次逻辑推理测试外，耗时是输入大小的线性函数。

以上述三个程序为模块，可以求出$\Delta=(D,W)$的所有扩张或判定Δ是否有扩张（这里实际是求出Δ的生成缺省集）。

```
FUNCTION  ALL-EXTENSIONS(D,W)
BEGIN
result:=∅
REPEAT
   new:=∅
   FOR EACH D′⊆D DO
      IF JCGD(D,W,D′)  THEN  new:=new∪{D′}
   result:=result∪new
```

```
UNTIL  new=∅
RETURN (result)
END
```

用下述程序可以求解 SR 问题：

```
BOOLEAN  FUNCTION  SR(A,D,W)
BEGIN
FOR EACH D′⊆D DO
    IF JCGD(D,W,D′)  AND  NOT MEMBER(A,D,W,D′)
    THEN  RETURN (false)
RETURN (true)
END
```

用下述程序可以求解 CR 问题：

```
BOOLEAN  FUNCTION  CR(A,D,W)
BEGIN
FOR EACH D′⊆D DO
    IF  JCGD(D,W,D′)  AND  MEMBER(A,D,W,D′)
    THEN  RETURN (true)
RETURN (false)
END
```

对于弱自相容的缺省理论，计算扩张的算法更为简单。因为没有弱自不相容的缺省，任何缺省只要其前提可以导出且满足协调性检验，则该缺省就是某个扩张的生成缺省集的一个成员。具体地说，任意给定缺省集的一个良序，依照顺序逐一检查该缺省集的每个成员，就能生成一个扩张。

下面简要介绍生成有穷弱自相容缺省理论(D,W)的所有扩张算法 FUCTION-ALL-EXTENSIONS-WAC，对于 D 的任一良序$<$，假设 D 的成员有相应的枚举$\{d^{<}_{m} | m\leqslant|D|\}$。

```
FUCTION-ALL-EXTENSIONS-WAC
BEGIN
result:=∅
FOR EACH WELL-ORDERING < OF D DO
    E<:=Th(W)
    GD< :=∅
```

```
    REPEAT
        new:=∅
            IF THER IS THE LEAST k SUCH THAT d<_k=A:MB/C∈{d<_m|m⩽|D|}\GD<
                WHERE A∈E< AND ¬B∉E<
            THEN
                        new:=new∪{d_k}
                        E<:=Th(E<∪{C})
                        GD<:=GD<∪{d_k}
    result:=result∪{E<}
    UNTIL new=∅
  RETURN (result)
  END
```

为了证明上述算法的正确性，需要下述引理。

引理 3.4.1 设$\Delta=(D,W)$是弱自相容的缺省理论，上述算法循环过程中每一步生成的$\mathrm{GD}^<$是强相容的，且最后得到的$\mathrm{GD}^<$是极大强相容的。

证明 首先，施归纳于循环的步数p证明，每一步生成的$GD^<$是强相容的。

基始 $p=0$，$\varnothing$是强相容的。

归纳 设在第$q(q\geqslant 0)$步生成的$\mathrm{GD}^<$（记为$\mathrm{GD}^<_q$）是强相容的，在第$q+1$步生成的$\mathrm{GD}^<$记为$\mathrm{GD}^<_{q+1}$。只需考虑$\mathrm{GD}^<_{q+1}=\mathrm{GD}^<_q\cup\{d_k\}$的情形，其中$k$是满足如下条件的最小序数$\chi$：

$$d_\chi=A{:}MB/C\in\{d^<_m\,|\,m\leqslant|D|\}\backslash\mathrm{GD}^<_q$$
$$A\in E^<_q=\mathrm{Th}(W\cup\mathrm{Con}(\mathrm{GD}^<_q))$$
$$\neg B\notin E^<_q$$

由推论 3.2.2 得到，$\Lambda(\mathrm{GD}^<_{q+1},\Delta)=\mathrm{GD}^<_{q+1}$。又因为$\neg B\notin E^<_q$，则依$\Delta$的弱自相容性知$\mathrm{GD}^<_{q+1}$是相容的，故归纳结论成立。

另外，由该算法最后得到的$GD^<$是极大强相容的。这是因为，$\mathrm{GD}^<$是强相容的，故有极大强相容的D'，使得$\mathrm{GD}^<\subseteq D'$。由$D'=\Lambda(D',\Delta)=\cup_{0\leqslant i}D'_i(\Delta)$和算法的结构，施归纳于$i$，易证$D'_i(\Delta)\subseteq D^<$（即$D'_i(\Delta)$中每个成员必在循环的某一步被添加到先前一步生成的$\mathrm{GD}^<$中），从而$D'=\mathrm{GD}^<$，极大性获证。

定理 3.4.1 算法 FUCTION-ALL-EXTENSIONS-WAC 是可靠且完备的，即由该算法得到的都是弱自相容缺省理论$\Delta=(D,W)$的一个扩张的生成缺省集；反之，Δ的每个扩张的生成缺省集都可以由该算法得到。

证明 对于W不协调的情形，定理是显然的。因此只需考虑W协调的情形。

“可靠性”：对缺省集 D 的每个良序<，依引理 3.4.1 可知，该算法最后生成的 $GD^{<}$关于Δ是极大强相容的。进而，依定理 3.3.2，$E^{<}=Th(W\cup Con(GD^{<}))$是$\Delta$的以 $GD^{<}$为生成缺省集的扩张。

“完备性”：对于Δ的任一扩张 E，令 $D'=GD(E,\Delta)$。因为 $D'=\Lambda(D',\Delta)=\cup_{0\leqslant i}D'_i(\Delta)$，则可定义 D 上的一个良序<和 D 在此良序下的枚举$\{d^{<}_m|m\leqslant|D|\}$，使得对于任意 $d^*\in D'_i(\Delta)$和 $d^{**}\in D'_j(\Delta)$，如果 $i<j$，则 d^*先于 d^{**}被枚举。由Δ的弱自相容性和 D' 的极大强相容性，易知算法最后生成的 $GD^{<}$恰好是 D'（首先生成 $D'_0(\Delta)$，然后生成 $D'_1(\Delta)$，如此等等）。

容易看出，上述算法计算每个扩张至多耗费$|D|(|D|-1)/2$ 次逻辑推理测试，所有的良序共有$|D|!$个。

为了讨论缺省逻辑中扩张的存在性和推理问题的复杂性，下面介绍 Σ_2^p-完全问题。

令 Q 是形如$\exists p_1\cdots\exists p_n\forall q_1\cdots\forall q_m\Phi$的量词化的命题公式，其中，$p_i$ 和 $q_j(1\leqslant i\leqslant k, 1\leqslant j\leqslant m)$是两两不同的命题变元，$\Phi$是由 $p_1,\cdots,p_n,q_1,\cdots,q_m$ 形成的命题公式，则判定 Q 是否为真（即是否有关于 $p_1,\cdots,p_n$ 的赋值 v，使得在 v 对 $q_1,\cdots,q_m$ 所有可能的延拓 v^*下，$v^*(\Phi)$是否取值为真）的问题是 Σ_2^p 完全的。

利用一个简单的变换，可以确立下述关于缺省逻辑中扩张的存在性和推理问题的复杂性结果。

定理 3.4.2 在命题缺省逻辑中，判定有穷缺省理论$\Delta=(D,W)$是否有扩张是 Σ_2^p 完全的。

证明 由缺省理论扩张的计算程序，可知扩张存在性问题是属于 Σ_2^p 的。因为它需要 $O(n^2)$次调用 **NP** 外部信息源，以确立$\Lambda(D',\Delta)$和协调性检验条件。

为证明扩张存在性问题对于 Σ_2^p 是完全的，对任意量词化的命题公式 $Q=\exists p_1\cdots\exists p_n\forall q_1\cdots\forall q_m\Phi$构造一缺省理论$\Delta_Q=(D,W)$，如下：

$$W=\varnothing$$

$$D=\{:Mp_1/p_1,\ :M\neg p_1/\neg p_1,\ \cdots,\ :Mp_n/p_n,\ :M\neg p_n/\neg p_n,\ :M\neg\Phi/\bot\}$$

其中，$\bot$表示永假的命题公式。

显然由 Q 到Δ_Q的变换是在 Q 的长度（即 Q 中出现的命题变元的个数）的多项式时间（实际上是线性）内可实现的。

注意：W 是协调的且 D 中每个缺省的协调性条件非空。下面证明，Δ_Q有（协调）扩张的，当且仅当 Q 是永真的。

“仅当” 对Δ_Q的任一扩张 E，其生成缺省集 $GD(E,\Delta_Q)$包含且只包含$:Mp_i/p_i$

与$:M\neg p_i/\neg p_i$中的一个($1\leqslant i\leqslant n$)。因为$M:\neg\Phi/\perp\notin \mathrm{GD}(E,\Delta_Q)$，所以$\neg\Phi$与$E$不协调，此时$E\vdash\Phi$。令$T=\{p_i|p_i\in E\}\cup\{\neg p_i|p_i\notin E\}$，则$T\vdash\Phi$。因此，$\Delta_Q$恰好有$2^n$个扩张，且它们对应于对$p_1,\cdots,p_n$的$2^n$种赋值。每个这样的赋值对$q_1,\cdots,q_n$的任何可能延拓均使$\Phi$可满足。这表明，若$\Delta_Q$有扩张，则$Q$是永真的。

“当” 设v是使Q为真的，对$p_1,\cdots,p_n$的赋值，令

$$E_v=\mathrm{Th}(\{p_i|v(p_i)=1, 1\leqslant i\leqslant n\}\cup\{\neg p_i|v(p_i)=0, 1\leqslant i\leqslant n\})$$

因为Φ为真，故v对$q_1,\cdots,q_m$的每个延拓均使Φ可满足，从而E_v与$\neg\Phi$不协调。注意到，Δ_Q是弱自相容，依定理3.3.2，易知E_v是Δ_Q的一扩张。事实上，令$D'=\{:Mp_i/p_i|v(p_i)=1，1\leqslant i\leqslant n\}\cup\{:M\neg p_i/\neg p_i|v(p_i)=0，1\leqslant i\leqslant n\}$，易知

（1）$\Lambda(D',\Delta_Q)=D'$；

（2）D'是相容的；

（3）D'是D的满足条件（1）和条件（2）的极大子集。

基于上面的证明，由于Δ_Q的扩张是协调的，故有下面的推论。

推论 3.4.1 判定有穷命题缺省理论是否有协调扩张的问题是Σ_2^p-完全的。

类似地，可以得到命题缺省逻辑中审慎推理与冒险推理问题（SR与CR）的复杂性结果。

定理 3.4.3 给定有穷命题缺省理论$\Delta=(D,W)$和公式A，判定Δ是否有一扩张包含A的问题（CR）是Σ_2^p完全的，判定A是否属于Δ的所有扩张的问题(SR)是Π_2^p-完全的。

证明 由求解CR问题的算法，易见CR属于Σ_2^p。

欲证CR对于Σ_2^p是完全的，只须由公式$Q=\exists p_1\cdots\exists p_n\forall q_1\cdots\forall q_m\Phi$构造正规缺省理论$\Delta_Q=(\{:Mp_1/p_1，:M\neg p_1/\neg p_1,\cdots,:Mp_n/p_n，:M\neg p_n/\neg p_n，:M\neg\Phi/\neg\Phi\}，\varnothing)$。

类似于定理3.4.2，易证Φ是真的，当且仅当有Δ_Q的扩张E，使得$\Phi\in E$。

为证SR是Π_2^p-完全的，只需证明其补问题（即判定Δ是否有一扩张不包含给定公式A）是Σ_2^p-完全的。这与证明CR是Σ_2^p-完全的类似，唯一的区别是在CR中对外部信息源的调用是确定是否有$A\in E$，而在SR中对外部信息源的调用是确定是否有$A\notin E$。

3.5 缺省证明与自顶向下的缺省证明

我们已知的计算扩张与求解推理问题的算法，它们假设逻辑测试（$\vdash$）是作

为外部信息源被提供的。众所周知，一个一阶理论的定理集是半可判定（或递归可枚举）的，一阶可满足的公式集不是半可判定（或递归可枚举）的，这表明任意缺省理论的信念集（或扩张）不是半可判定的。因而，缺省逻辑不同于经典逻辑的显著特征，除非单调性外，还具有非半可判定性。

定理 3.5.1 缺省理论的扩张成员问题不是半可判定的。

证明 只需证明：任意一阶正规缺省理论的扩张不是半可判定的。

给定一正规缺省理论Δ，令 $B(\Delta)=\cup\{E|E$ 是Δ的扩张$\}$。令 $W_0,W_1,\cdots$ 是 L 的闭公式的一个递归枚举。对 $i=0,1,\cdots$，令$\Delta_i=(\{:MW_i/W_i\},\varnothing)$是正规缺省理论。

显然，Δ_i有唯一扩张 E_i，当 W_i 不可满足时，$B(\Delta)=E_i=\mathrm{Th}(\varnothing)$；当 W_i 可满足时，$E_i=\mathrm{Th}(W_i)$。因此，$\cup_{i\geqslant 0}E_i=\cup_{i\geqslant 0}B(\Delta_i)$是 L 的封闭的可满足公式集。

对任意一阶正规缺省理论Δ，若有 $B(\Delta)$的一个递归枚举，则存在一递归函数 $f(\Delta,i)$，它定义在正规缺省理论类和非负整数集上，使得 $\mathrm{ran}(f(\Delta,\cdot))=B(\Delta)$。特别地，$\mathrm{ran}(f(\Delta_j,\cdot))=B(\Delta_j)$。由递归论知，存在一递归函数 $g(i)$，它定义在非负整数上且使得 $\mathrm{ran}(g)=\cup_{0\leqslant i}B(\Delta_j)$，即$\cup_{0\leqslant i}B(\Delta_j)$是递归可枚举的，也即封闭的一阶可满足公式集是递归可枚举的，矛盾。

为了得到特殊形式的缺省理论的扩张与推理问题的更为有效的算法，下面给出缺省证明的概念。缺省证明的概念并不提供通常意义下的证明程序，因为它的条件涉及可满足性问题。但是可以将它看作一个关于最基本的、必须的条件框架，从而可以讨论可靠性与完备性问题，即只要这些条件满足，则给定的闭公式是由给定的缺省理论可相信的。反之，若某给定的公式可由一缺省理论相信，则所述条件将得到满足。

由于缺省证明的概念是基于扩张的半单调性的，因此，我们总限于讨论弱自相容缺省理论类(特别是正规缺省理论类)。此外，若 D 是一有穷缺省集，令$\wedge\mathrm{Pre}(D)$为 D 中所有缺省的前提的合取。

定义 3.5.1 设$\Delta=(D,W)$是协调的弱自相容缺省理论，A 是公式，D 的子集的一个有穷序列$\langle D_0,\cdots,D_k\rangle$是 A 的关于Δ的缺省证明，当且仅当

（1）$W\cup\mathrm{Con}(D_0)\vdash A$；

（2）对 $1\leqslant i\leqslant k$，$W\cup\mathrm{Con}(D_i)\vdash\wedge\mathrm{Pre}(D_{i-1})$；

（3）$D_k=\varnothing$；

（4）对每个 $B\in\mathrm{Ccs}(\cup_{0\leqslant i\leqslant k}D_i)$，$W\cup\cup_{0\leqslant i\leqslant k}\mathrm{Con}(D_i)\cup\{B\}$是协调的。

注：当Δ是正规缺省理论时，条件（4）可简化为

（4）$^*W\cup\cup_{0\leqslant i\leqslant k}\mathrm{Con}(D_i)$协调。

例如，$\Delta=(D,W)$，其中 $D=\{d_1,d_2,d_3,d_4\}$，$W=\{C\to G,A\wedge B\to E,E\vee G,G\to F\}$。

$$d_1=E\vee F:M(A\wedge F)/A\wedge F$$
$$d_2=A:MB/B$$
$$d_3=A\wedge E:MC/C$$
$$d_4=:M\neg E/\neg E$$

易知$\{d_3\}$，$\{d_2,d_1\}$，$\{d_1\}$，$\{\ \}$是 G 关于Δ的一个缺省证明。同时，$\{d_4\}$，$\{\ \}$也是 G 关于Δ的一个缺省证明。但$\{d_3,d_4\}$，$\{d_1,d_2\}$，$\{\ \}$不是 $G\wedge\neg E$ 关于Δ的缺省证明，因为尽管它满足定义 3.5.1 的条件（1）～（3），但不满足条件（4）。

定理 3.5.2（可靠性） 设$\Delta=(D,W)$是协调的弱自相容缺省理论，A 是公式。若 A 存在关于Δ的缺省证明 $D_0,\cdots,D_k$，则Δ存在扩张 E，使得 $A\in E$。

证明 令 $D'=\cup_{0\leqslant i\leqslant k}D_i$，$\Delta'=(D',W)$。由于 $D_0,\cdots,D_k$ 满足定义 3.5.1 中条件(2)，易知$(D')_i(\Delta)=D_{k-i+1}$，故$\Lambda(D',\Delta')=D'$。又由于 $D_0,\cdots,D_k$ 满足条件（4），故 D'相容(关于Δ')。依定理 3.3.1，Δ'存在唯一扩张 $E'=\mathrm{Th}(W\cup\mathrm{Con}(D'))$。因为$\Delta$是弱自相容的，依半单调性知，存在$\Delta$的扩张 E，使得 $E'\subseteq E$，故 $A\in E$。

定理 3.5.3（完备性） 设 E 是协调的弱自相容缺省理论$\Delta=(D,W)$的扩张，且 $A\in E$，则 A 有一个关于Δ的缺省证明。

证明 令 $D'=\mathrm{GD}(E,\Delta)$，因为 $A\in E$，所以 $W\cup\mathrm{Con}(D')\vdash A$。因为 $D'=\cup_{0\leqslant i}(D')_i(\Delta)$，依一阶逻辑的紧性，有 $j\geqslant 0$，使得 $W\cup\cup_{0\leqslant i\leqslant j}\mathrm{Con}((D_i)(\Delta))\vdash A$。令 $D_i=(D')_{j-i}(\Delta)$，$k=j+1$，$D_k=\varnothing$。由生成缺省集的特性易知，$D_0,\cdots,D_k$ 满足定义 3.5.1 中的条件（1）～（4）。

注：可以要求 $D_0,\cdots,D_k$ 两两互不相交。为此，只需注意$\Lambda(D')=\cup_{0\leqslant i}(D')_i(\Delta)=\cup_{0\leqslant i}(D'^*)_i(\Delta)$，其中

$$D'^*_0(\Delta)=\{A:MB_1,\cdots,MB_n/C\in D'\,|\,W\vdash A\}，\ i\geqslant 0$$
$$D'^*_{i+1}(\Delta)=\{A:MB_1,\cdots,MB_n/C\in D'\setminus\cup_{0\leqslant j\leqslant i}(D'^*)_j(\Delta)\mid W\cup\mathrm{Con}(D'^*_j(\Delta))\vdash A\}$$

易知，Λ算子的以上两种定义是等价的。

由定理 3.5.2 和定理 3.5.3 可得定理 3.5.4。

定理 3.5.4 对任一公式 A，协调的弱自相容缺省理论$\Delta=(D,W)$有扩张 E，使得 $A\in E$，当且仅当 A 有关于Δ的缺省证明。

类似地，我们可以证明“向前链接构造”（FC）的算法对于计算弱自相容缺省理论的扩张是可靠且完备的，其中，$<$是 D 上的一个良序。

不失一般性，假定 D 中每个缺省是具单一检验的缺省，即形如 $A:MB/C$ 的缺省。

定义 3.5.2（向前链接构造） 给定一个有穷缺省理论$\Delta=(D,W)$，设$\{d_n|0\leqslant n\}$是 D 中所有缺省在良序$<$下的列举。

令 $E_0^{<}$=Th(W)，对任意 $n \geq 0$，令 m 是满足下述条件的最小自然数，$d_m=A:MB/C$，$A \in E_n^{<}$且$\neg B$, $C \notin E_n^{<}$。

如果存在这样的 m，则定义 $E_{n+1}^{<}$=Th($E_n^{<} \cup \{C\}$)；否则，令 $E_{n+1}^{<}=E_n^{<}$，定义 $E^{<}=\cup\{E_n^{<} \mid 0 \leqslant n\}$。

下面给出关于弱自相容的缺省理论扩张的向前链接构造（FC）算法：

```
FUNCTION one-extension (D,W,<)
BEGIN
E0<:=Th(W);  GD0<:=∅;
REPEAT
new:=∅;
IF THERE EXISTS THE LEAST m SUCH THAT dm<∈{dn<|n≤|D|}\GDn<
    WHERE Pre(dm<)∈En< AND ¬B,C∉En< FOR ANY B∈Ccs(dm<) AND C∈Con(dm<)
THEN
BEGIN
    new:=new∪{dm <}
    E<=Th(E<∪Con(dm<))
    GD<=GD<∪{dm<}
END
UNTIL new=∅;
RETURN(E<)
END
```

定理 3.5.5（可靠性和完备性） 给定弱自相容缺省理论Δ=(D,W)，公式集 E 是Δ的扩张，当且仅当 E 是由上述算法得到的。

定理 3.5.5 表明，一个弱自相容缺省理论的每一扩张都可由 D 上的一个良序通过上述算法得到，反之亦然。

3.6 缺省逻辑的语义

缺省逻辑的模型论语义本质上是具有完全可达关系的 Kripke 模型的扩充，它将缺省视为关于不完全规范世界的一阶知识，从经典一阶理论的模型族中选择两个受限制的子族，从而给出缺省理论的模型论特征。不同之处在于，Kripke 模型的论域要求非空，以保证与模型相应的理论的协调性。类似于缺省理论扩张的有穷特征，我们引入下述语义概念以确立扩张的语义特征。

令Φ是一阶语言 $\boldsymbol{L}$ 的所有赋值组成的类。给定任意一阶闭公式集 F，令 F 的全体模型的集合为 $\mathrm{MOD}(F)=\{\psi\in\Phi,|\psi\vDash F\}$。若 $F=\varnothing$，则令 $\mathrm{MOD}(F)=\Phi$; 令 $\mathrm{MOD}(\perp)=\varnothing$，$\mathrm{MOD}(\top)=\Phi$。

如前所述，给定一个集合 S，$P(S)$表示 S 的幂集。

定义 3.6.1 称对子$(\Psi,\tilde{\Psi})$是语义框架，其中$\Psi\neq\varnothing$，$\Psi\subseteq\Phi$，$\tilde{\Psi}\in P(\Phi)$。若语义框架$(\Psi,\tilde{\Psi})$满足：对任意$\Omega\in\tilde{\Psi}$，$\Psi\cap\Omega\neq\varnothing$，则称它是分布式相容的。对任意语义框架$(\Psi,\tilde{\Psi})$和$(\Omega,\tilde{\Omega})$，$(\Psi,\tilde{\Psi})\neq(\Omega,\tilde{\Omega})$，当且仅当$\Psi\neq\Omega$或$\tilde{\Psi}\neq\tilde{\Omega}$。

定义 3.6.2 令 $d=A:MB_1,\cdots,MB_n/C$ 是一缺省，定义语义框架上的关系$\leqslant_d$如下：

对任意两个语义框架$(\Psi_1,\tilde{\Psi}_1)$和$(\Psi_2,\tilde{\Psi}_2)$，$(\Psi_1,\tilde{\Psi}_1)\leqslant_d(\Psi_2,\tilde{\Psi}_2)$，当且仅当

（1）对任意$\psi\in\Psi_1,\psi\vDash A$；

（2）$\Psi_2=\{\psi\in\Psi_1|\psi\vDash C\}$；

（3）$\tilde{\Psi}_2=\tilde{\Psi}_1\cup\cup_{1\leqslant i\leqslant n}\{\mathrm{MOD}(\{B_i\})\}$。

显然，若$(\Psi_1,\tilde{\Psi}_1)\leqslant_d(\Psi_2,\tilde{\Psi}_2)$，则$\Psi_2\subseteq\Psi_1$，$\tilde{\Psi}_1\subseteq\tilde{\Psi}_2$。

注意：若 A 或 C 是永假公式，则对任意$(\Psi_1,\tilde{\Psi}_1)$和$(\Psi_2,\tilde{\Psi}_2)$，$(\Psi_1,\tilde{\Psi}_1)\leqslant_d(\Psi_2,\tilde{\Psi}_2)$不成立。

拓广上述关系到任意缺省序列和缺省集，具体如下：

定义 3.6.3 令$(\Psi_1,\tilde{\Psi}_1)$和$(\Psi_2,\tilde{\Psi}_2)$是任意两个语义框架，$<d_i>_{i<\alpha}$是缺省序列（α是一序数）。

归纳地定义关系$\leqslant_{<d_i>_{i<\alpha}}$如下：

$(\Psi_1,\tilde{\Psi}_1)\leqslant_{<d_i>_{i<\alpha}}(\Psi_2,\tilde{\Psi}_2)$当且仅当有语义框架序列$(\Omega_i,\tilde{\Omega}_i)_{i<\alpha}$，使得

（1）$(\Omega_0,\tilde{\Omega}_0)=(\Psi_1,\tilde{\Psi}_1)$；

（2）对后继序数 i: $(\Omega_i,\tilde{\Omega}_i)\leqslant_{d_{i-1}}(\Omega_{i-1},\tilde{\Omega}_{i-1})$；

（3）对极限序数 i: $\Omega_i=\cap_{j<i}\Omega_j$，$\tilde{\Omega}_i=\cup_{j<i}\tilde{\Omega}_j$;

（4）$(\Psi_2,\tilde{\Psi}_2)=(\Omega_\alpha,\tilde{\Omega}_\alpha)$。

对空缺省序列$<>$，定义$(\Psi_1,\tilde{\Psi}_1)\leqslant_{<>}(\Psi_2,\tilde{\Psi}_2)$，当且仅当$\Psi_1=\Psi_2$且$\tilde{\Psi}_1=\tilde{\Psi}_2$。对只由一个缺省 d 组成的序列$<d>$，视$(\Psi_1,\tilde{\Psi}_1)\leqslant_{<d>}(\Psi_2,\tilde{\Psi}_2)$等同于$(\Psi_1,\tilde{\Psi}_1)\leqslant_d(\Psi_2,\tilde{\Psi}_2)$。

定义 3.6.4 令 D 是缺省集，定义关系$\leqslant_D$，如下：

$(\Psi_1,\tilde{\Psi}_1)\leqslant_D(\Psi_2,\tilde{\Psi}_2)$，当且仅当$(\Psi_1,\tilde{\Psi}_1)=(\Psi_2,\tilde{\Psi}_2)$或存在 D 中某些缺省构成的非空序列$<d_i>_{i<\alpha}$，使得$(\Psi_1,\tilde{\Psi}_1)\leqslant_{<d_i>_{i<\alpha}}(\Psi_2,\tilde{\Psi}_2)$。

$(\Psi,\tilde{\Psi})<_D(\Omega_\alpha,\tilde{\Omega}_\alpha)$，当且仅当$(\Psi,\tilde{\Psi})\leqslant_D(\Omega_\alpha,\tilde{\Omega}_\alpha)$且$(\Psi,\tilde{\Psi})\neq(\Omega_\alpha,\tilde{\Omega}_\alpha)$。

下面给出$\leqslant_D$的一些性质，它们比较容易被证明。

引理 3.6.1 设D_1和D_2是缺省集D的子集且$D_1 \subseteq D_2$。对任意语义框架$(\Psi_1,\tilde{\Psi}_1)$和$(\Omega,\tilde{\Omega})$，若$(\Psi,\tilde{\Psi}) \leqslant_{D_1} (\Omega,\tilde{\Omega})$，则$(\Psi,\tilde{\Psi}) \leqslant_{D_2} (\Omega,\tilde{\Omega})$。

引理 3.6.2 令d是缺省，$\leqslant_d$是反对称且传递的。特别地，若$(\Psi_1,\tilde{\Psi}_1) \leqslant_d (\Psi_2,\tilde{\Psi}_2) \leqslant_d (\Psi_3,\tilde{\Psi}_3)$，则$(\Psi_2,\tilde{\Psi}_2)=(\Psi_3,\tilde{\Psi}_3)$。设$D$是缺省集，关系$\leqslant_D$是自反、反对称和传递的，即$\leqslant_D$是偏序。

定义 3.6.5 令D是缺省集，称语义框架$(\Psi,\tilde{\Psi})$是$\leqslant_D$-极大的，当且仅当不存在框架$(\Omega,\tilde{\Omega})$，使得$(\Psi,\tilde{\Psi}) <_D (\Omega,\tilde{\Omega})$，$(\Psi,\tilde{\Psi})$是极大分布相容的当且仅当$(\Psi,\tilde{\Psi})$是分布相容的且不存在分布相容的语义框架$(\Omega,\tilde{\Omega})$，使得$(\Psi,\tilde{\Psi}) <_D (\Omega,\tilde{\Omega})$。

定义 3.6.6 缺省集D是协调的当且仅当$\mathrm{Pre}(D)\cup\mathrm{Con}(D)$是协调的。

定义 3.6.7 语义框架$(\Psi,\hat{\Psi})$是协调缺省集D的模型，记作$(\Psi,\tilde{\Psi}) \vDash D$，当且仅当$\Psi = \mathrm{MOD}(\mathrm{Pre}(D)\cup\mathrm{Con}(D))$且$\tilde{\Psi}=\{\mathrm{MOD}(B) | B\in\mathrm{Ccs}(D)\}$，其中，$\mathrm{Ccs}(D)\neq\varnothing$；若$\mathrm{Ccs}(D)=\varnothing$，则$\tilde{\Psi}=\{\Phi\}$。

语义框架$(\Psi,\tilde{\Psi})$是缺省序列$<d_i>_{i<\alpha}$的模型当且仅当$(\Psi,\tilde{\Psi})$是由缺省序列$<d_i>_{i<\alpha}$的所有成员构成的缺省集的模型。

易见，不协调的缺省集D没有模型。

根据定义 3.6.3 和定义 3.6.7，下述结果是显然的。

推论 3.6.1 若$(\Phi,\{\Phi\}) \leqslant_{<d_i>_{i<\alpha}} (\Psi,\tilde{\Psi})$，则$(\Psi,\tilde{\Psi})$是缺省序列$<d_i>_{i<\alpha}$的模型。

以下约定，对缺省理论$\Delta=(D,W)$，W协调，$T^*=\{:/C | C\in W\}$。

引理 3.6.3 对任意缺省集D和任一$D'\subseteq D$，$\Lambda(D',\Delta)=D'$，当且仅当$D'\cup T^*$有模型$(\Psi,\hat{\Psi})$，使得$(\Phi,\{\Phi\}) \leqslant_{<d_i>_{i\leqslant\alpha}} (\Psi,\tilde{\Psi})$，其中$<d_i>_{i\leqslant\alpha}$是$D'\cup T^*$中所有缺省构成的系列。

证明 不失一般性，设$D'\neq\varnothing$。事实上，若$D'=\varnothing$，则由定义 3.6.4 和定义 3.6.7 可知引理成立。

证明条件“仅当” 用$D'\cup T^*$的良序$d_1,\cdots,d_k$定义框架$(\Psi_\alpha,\tilde{\Psi}_\alpha)$和缺省序列$<\delta_i>_{i<\alpha}$如下：

（1）$(\Psi_0,\tilde{\Psi}_0)=(\Phi,\{\Phi\})$。

（2）对后继序数i，若有$d_k=A:MB_1,\cdots,MB_n/C\in(D'\cup T^*)\backslash\{\delta_j \mid j\leqslant i-1\}$，使得对任一$\psi\in\Psi_{i-1}$，$\psi\vDash A$，则$\Psi_i=\{\psi\in\Psi_{i-1} | \psi\vDash C\}$，$\tilde{\Psi}_i=\tilde{\Psi}_{i-1}\cup\cup_{j\leqslant n}\mathrm{MOD}(\{B_j\})$。

定义δ_{i-1}是上述d_k中下标中最小的一个d_m，即

$m=\min\{k | d_k\in(D'\cup T^*)\backslash\{\delta_j | j\leqslant i-1$ 且 $\Psi_{i-1}\vDash A\}\}$。

（3）对极限序数 i，$(\Psi_i,\tilde{\Psi}_i)=(\cap_{j<i}\Psi_j，\cup_{j<i}\tilde{\Psi}_j)$。

（4）$(\Psi_\alpha,\tilde{\Psi}_\alpha)=(\cap_{j<\alpha}\Psi_j,\cup_{j<\alpha}\tilde{\Psi}_j)$。

因为 D' 有模型且 $\Lambda(D',\Delta)=D'$，故 T' 中每个缺省必在上述过程中恰好被选择一次。于是，对任意 $i\geqslant 0$，$\Psi_i\neq\varnothing$ 且 $<\delta_i>_{i<\alpha}$ 恰好由 $D'\cup T^*$ 中所有缺省构成（只是次序不一定相同）。

因为 $(\Psi,\tilde{\Psi})$ 是 $D'\cup T^*$ 的模型，故 $\Psi_i=\cap_{j<\alpha}\Psi_j$，$\tilde{\Psi}_i=\cup_{j<\alpha}\tilde{\Psi}_j$。因此，$(\Phi,\{\Phi\})\leqslant_{<d_i>_{i<\alpha}}(\Psi,\tilde{\Psi})$。

证明条件“当” 因为 $(\Phi,\{\Phi\})\leqslant_{<d_i>_{i<\alpha}}(\Psi,\tilde{\Psi})$ 且 $<\delta_i>_{i<\alpha}$ 是 $D'\cup T^*$ 中所有缺省构成的序列，容易验证：$(\Psi,\hat{\Psi})$ 是 $D'\cup T^*$ 的模型且 $\Lambda(D',\Delta)=D'$。

引理 3.6.4 令 $\Delta=(D,W)$ 是缺省理论，$D'\subseteq D$，$<d_i>_{i<\alpha}$ 是 $D'\cup T^*$ 中所有缺省构成的序列。D' 是强相容集当且仅当有 $D'\cup T^*$ 的模型 $(\Psi,\tilde{\Psi})$，使得

（1）$(\Psi,\tilde{\Psi})$ 是分布相容的；

（2）$(\mathrm{MOD}(W),\{\Phi\})\leqslant_{<d_i>_{i<\alpha}}(\Psi,\tilde{\Psi})$。

证明 证明条件“当” 因为 $\Lambda(D',\Delta)=D'$，依引理 3.6.3，$D'\cup T^*$ 有模型 $(\Psi,\tilde{\Psi})$，使得 $(\Phi,\{\Phi\})\leqslant_{<d_i>_{i\leqslant\alpha}}(\Psi,\tilde{\Psi})$，其中，$<d_i>_{i\leqslant\alpha}$ 是 $D'\cup T^*$ 中所有缺省构成的序列。因为 $\Lambda(D',\Delta)=D'$，则 $W\cup\mathrm{Con}(D')\vdash\mathrm{Pre}(D')$，故 $(\mathrm{MOD}(W),\{\Phi\})\leqslant_{<d_i>_{i<\alpha}}(\Psi,\tilde{\Psi})$。依 D' 的相容性，易知 $(\Psi,\tilde{\Psi})$ 是分布相容的。

证明条件“仅当” 因为 $(\mathrm{MOD}(W),\{\Phi\})\leqslant_{<d_i>_{i<\alpha}}(\Psi,\tilde{\Psi})$，依引理 3.6.3，$\Lambda(D',\Delta)=D'$。由 $(\Psi,\tilde{\Psi})$ 的分布相容性可知，D' 是相容的。因此，D' 是强相容的。

引理 3.6.5 令 $\Delta=(D,W)$ 是缺省理论，$D'\subseteq D$，$<d_i>_{i<\alpha}$ 是 $D'\cup T^*$ 中所有缺省构成的序列。D' 是极大强相容集，当且仅当有 $D'\cup T^*$ 的模型 $(\Psi,\tilde{\Psi})$，使得

（1）$(\Psi,\tilde{\Psi})$ 是极大分布相容的；

（2）$(\mathrm{MOD}(W),\{\Phi\})\leqslant_{<d_i>_{i<\alpha}}(\Psi,\tilde{\Psi})$。

证明 由引理 3.6.4，只需证明“极大性”。

由 D' 的极大性可出“仅当”中 $(\Psi,\tilde{\Psi})$ 的极大性。

下面证明“当”中 $(\Psi,\tilde{\Psi})$ 关于分布相容的性质是极大的。

一方面，若有分布相容的框架 $(\Omega,\tilde{\Omega})$ 使得 $(\Psi,\tilde{\Psi})<_D(\Omega,\tilde{\Omega})$，则有 $d=A:MB_1,\cdots,MB_n/C\in D$ 和框架 $(\Omega_1,\tilde{\Omega}_1)$，使得 $(\Psi,\tilde{\Psi})<_d(\Omega_1,\tilde{\Omega}_1)<_D(\Omega,\tilde{\Omega})$。因此，对任意一 $\psi\in\Psi$，$\Psi|=A$，即 $\mathrm{Con}(W\cup\mathrm{Con}(D'))\vdash A$。因此，$(D'\cup\{d\},\Delta)=D'\cup\{d\}$。

另一方面，因为 $<_D(\Omega,\tilde{\Omega})$ 是分布相容的，则 $D'\cup\{d\}$ 是相容的，这与 D' 作为强相容集的极大性矛盾。

引理 3.6.5 可以等价地陈述如下：

引理 3.6.6 框架 $(\Psi,\tilde{\Psi})$ 是 $\leqslant_D$ 极大分布相容的且 $(\mathrm{MOD}(W),\{\Phi\})\leqslant_D(\Psi,\tilde{\Psi})$，当且仅当有 D 的极大强相容子集 D'，使得 $(\mathrm{MOD}(W),\{\Phi\})\leqslant_{<d_i>_{i<\alpha}}(\Psi,\tilde{\Psi})$，其中，序列 $<d_i>_{i<\alpha}$ 由 D' 的所有元素构成。

证明 以“仅当”为例，设 $<d_i>_{i<\alpha}$ 是 D 中缺省构成的极大序列，使得 $(\Psi,\tilde{\Psi})$ 是分布相容的且 $(\mathrm{MOD}(W),\{\Phi\})\leqslant_{<d_i>_{i<\alpha}}(\Psi,\tilde{\Psi})$，即不存在 $d\in D\backslash D'$，使得 $(\Psi,\tilde{\Psi})$ 是分布相容的，且 $(\mathrm{MOD}(W),\{\Phi\})\leqslant_{<d'_i>_{i<\alpha+1}}(\Psi,\tilde{\Psi})$，其中，$D'$ 由 $<d_i>_{i<\alpha}$ 中的所有元素组成，$<d'_i>_{i<\alpha+1}=<d_0\cdots d_i\cdots d'>$，$i<\alpha$。

显然，$(\Psi,\tilde{\Psi})$ 是 $\leqslant_{D'}$-极大的。由引理 3.6.5，$\Lambda(D',\Delta)=D'$ 且 D' 相容，从而 D' 是强相容的。

若存在 $d=A:MB_1,\cdots,MB_n/C\in D$，使得 $D'\cup\{d\}$ 是相容的，则 $W\cup\mathrm{Con}(D')\vDash A$。因此

（1）对任一 $\psi\in\Psi$，$\psi\vDash A$；

（2）$(\Psi,\tilde{\Psi})\leqslant_d(\{\psi\in\Psi|\psi\vDash C\},\ \tilde{\Psi}\cup\{\mathrm{MOD}(B_i)|1\leqslant i\leqslant n\})$；

（3）$(\{\psi\in\Psi|\psi\vDash C\},\ \tilde{\Psi}\cup\{\mathrm{MOD}(B_i)|1\leqslant i\leqslant n\})$ 是分布相容的。

依 $(\Psi,\tilde{\Psi})$ 的 $\leqslant_D$ 极大性，可得到

$$\{\psi\in\Psi|\psi\vDash C\}=\Psi,\quad \tilde{\Psi}\cup\{\mathrm{MOD}(B_i)|1\leqslant i\leqslant n\}=\tilde{\Psi}$$

因此，由 $<d_i>_{i<\alpha}$ 的极大性，我们有 $d\in<d_i>_{i<\alpha}$，这表明 D' 是极大强相容集。

定义 3.6.8 分布相容的语义框架 $(\Psi,\tilde{\Psi})$ 关于缺省 $A:MB_1,\cdots,MB_n/C$ 是稳定的，当且仅当 $\mathrm{Mod}(A)\not\subseteq\Psi$，或者对某一 $i{:}1\leqslant i\leqslant n$，$\mathrm{MOD}(B_i)\notin\tilde{\Psi}$。

利用缺省理论的语义框架和缺省理论论扩张的特征，可推导出缺省理论扩张的语义特征。

定理 3.6.1 缺省理论 $\Delta=(D,W)$ 有扩张，当且仅当有 $D'\subseteq D$ 和语义框架 $(\Psi,\tilde{\Psi})$ 满足

（1）$(\Psi,\tilde{\Psi})$ 是分布相容的；

（2）$(\mathrm{MOD}(W),\{\Phi\})\leqslant_{<d_i>_{i<\alpha}}(\Psi,\tilde{\Psi})$，其中，$<d_i>_{i<\alpha}$ 是 D' 中所有缺省组成的序列；

（3）对任一 $d\in D\backslash D'$，$(\Psi,\tilde{\Psi})$ 关于 d 是稳定的。

证明 证明条件“仅当” 设 Δ 有扩张，则有 $D'\subseteq D$ 满足扩张的特征定理 3.2.1。于是，由引理 3.6.4 易见 $D'\cup T^*$ 的模型 $(\Psi,\tilde{\Psi})$ 是分布相容的，且 $(\mathrm{MOD}(W),\{\Phi\})\leqslant_{<d_i>_{i<\alpha}}(\Psi,\tilde{\Psi})$，其中 $<d_i>_{i<\alpha}$ 是 D' 中所有缺省组成的序列。

对任意 $d=A:MB_1,\cdots,MB_n/C\in D\setminus D'$，若 $\mathrm{Mod}(A)\subseteq\Psi$，则 $W\cup\mathrm{Con}(D')\vdash A$，因此 $\Lambda(D'\cup\{d\},\Delta)=D'\cup\{d\}$。进而，若对每个 $i:1\leqslant i\leqslant n$，$\tilde{\Psi}\cap\mathrm{MOD}(B_i)\neq\varnothing$，则 $D'\cup\{d\}$是相容的。依扩张的特征定理 3.2.1，$d\in D'$，矛盾。因此，$\mathrm{Mod}(A)\not\subseteq\Psi$，或者对某一 $i:1\leqslant i\leqslant n$，$\mathrm{MOD}(B_i)\notin\tilde{\Psi}$。这表明，$(\Psi,\tilde{\Psi})$ 关于 d 是 D'-稳定的。

证明条件“当” 设 $(\Psi,\hat{\Psi})$ 是分布相容的且$(\mathrm{MOD}(W),\{\Phi\})\leqslant_D(\Psi,\tilde{\Psi})$，根据引理 3.6.6，存在 D 的强相容的子集 D'，使得$(\mathrm{MOD}(W),\{\Phi\})\leqslant_{<d_i>_{i<\alpha}}(\Psi,\tilde{\Psi})$，且$(\Psi,\tilde{\Psi})$是分布相容的，其中$<d_i>_{i<\alpha}$是由 D' 中所有元素构成的。

对任意 $d=A:MB_1,\cdots,MB_n/C\in D\setminus D'$，因为$(\Psi,\tilde{\Psi})$ 关于 d 是稳定的，所以 $\mathrm{MOD}(A)\not\subseteq\Psi$，或者对某一 $i:1\leqslant i\leqslant n$，$\mathrm{MOD}(B_i)\notin\tilde{\Psi}$。这表明，$W\cup\mathrm{Con}(D')\nvdash A$ 或 $W\cup\mathrm{Con}(D')\cup\{B_i\}$不协调。于是，$D'$ 满足扩张的特征定理 3.2.1，所以Δ有扩张。

由定理 3.6.1 可得扩张的下述语义特征。

定理 3.6.2（语义框架的可靠性） 令 E 是缺省理论$\Delta=(D,W)$的扩张，$(\Psi,\tilde{\Psi})$ 是 $D'\cup T^*$的模型，其中 $D'=\{A:MB_1,\cdots,MB_n/C\in D|A\in E,\neg B_1,\cdots,\neg B_n\notin E\}$，则框架 $(\Psi,\tilde{\Psi})$ 满足：

（1）$(\Psi,\tilde{\Psi})$ 是分布相容的；

（2）$(\mathrm{MOD}(W),\{\Phi\})\leqslant_{<d_i>_{i<\alpha}}(\Psi,\tilde{\Psi})$，其中，$<d_i>_{i<\alpha}$是 D' 中所有缺省组成的序列；

（3）对任一 $d\in D\setminus D'$，$(\Psi,\tilde{\Psi})$ 关于 d 是稳定的。

定理 3.6.3（语义框架的完备性） 令$\Delta=(D,W)$是缺省理论，若有 $D'\subseteq D$ 和语义框架 $(\Psi,\tilde{\Psi})$ 满足下述条件：

（1）$(\Psi,\tilde{\Psi})$ 是分布相容的；

（2）$(\mathrm{MOD}(W),\{\Phi\})\leqslant_{<d_i>_{i<\alpha}}(\Psi,\tilde{\Psi})$，其中，$<d_i>_{i<\alpha}$是 D' 中缺省组成的序列；

（3）对任意 $d\in D\setminus D'$，$(\Psi,\tilde{\Psi})$ 关于 d 是稳定的。

则Δ有扩张 $E=\mathrm{Th}(\mathrm{Con}(D'))$，使得

$$D'=\{A:MB_1,\cdots,MB_n/C\in D|A\in E,\neg B_1,\cdots,\neg B_n\notin E\}$$

$$\Psi=\mathrm{MOD}(\mathrm{Con}(D')\cup\{C|C\in W\})$$

$$\tilde{\Psi}=\{\mathrm{MOD}(B)|B\in\mathrm{Ccs}(D')\}\cup\{\Phi\}$$

定理 3.6.3 的结论中的 D' 恰好是 E 的生成缺省集 $\mathrm{GD}(E,\Delta)$。

第4章

回答集程序

一阶语句集的可满足问题（当可判定时）具有很高的复杂性，因此发展出逻辑程序设计研究，并由此发展了各种各样的方法与工具。缺省逻辑的推理问题，即使在可判定情形下，复杂度也远高于一阶逻辑的可满足性问题。于是，需要引入类似于逻辑程序的特殊子类，即回答集程序，其主要的思想是拓广经典逻辑程序的稳定模型语义。

回答集程序（ASP）作为基于回答集（或稳定模型）语义的知识表示与推理的语言，其根源是标准PROLOG语法与语义的陈述逻辑程序设计和析取数据库及非单调逻辑。PROLOG的拓广允许基于否定作为有穷失败的思想，并且考虑否定文字，这种语义称为LP语义；演绎数据库研究中的分层（或类似的偏好）语义，其基本直观模式来自非单调推理；为形式化数据库处理否定信息的方式而提出的闭世界假设（CWA）是最早的非单调推理模式。这类语义与经典逻辑程序的不同之处在于：基本目标不是模型化否定作为失败，也不是Clark的完备化或SLDNF消解，而是构造适于非单调推理形式应用的新的、更为有力的语义，即回答集（或稳定模型）语义。这种新的语义也为深入理解经典的非单调逻辑（Reiter的缺省逻辑[9]，McDermott和Doyle的自认知逻辑[13]及McCarthy的限制[14]）提供了新的观点。

回答集程序提供了缺省及其例外的简单表示，为用这类信息推导结论提供了强有力的逻辑模型。形式上，Horn程序规则是一阶公式的特例，正规回答集规则是缺省规则的特例。然而，作为一种面向困难的组合搜索问题的陈述逻辑程序，尽管其语法类似于经典逻辑程序，但与经典逻辑程序基于特殊计算机制——消解原理的途径不同。ASP是基于创建命题逻辑可满足性的高速求解器的思想。它的计算机制是引入回答集这一重要概念，将搜索问题表示为求一个公式的回答集的问题，用结论关系表征对应的结论（或回答）的集合，然后用回答集求解器（一种生成稳定模型的系统，如SMODELS[15]、DLV[16]、CLASP[17]等）在合理的时间内求得问题的解。ASP 与大量的求解器相结合极大地拓广和丰富了知识表示与推理的研究，也极大地扩展了它的应用论域。比如，经典 PROLOG 的基于面向目标的 SLDNF 消解及其变种关于其程序的回答集是可靠的，演绎数据库的不动点计算关于其程序的回答集同样为真。

本章介绍回答集程序的基本语法、语义，并讨论缺省理论扩张的有穷特征在回答集程序中的应用[18]及基于分裂（splitting）的回答集计算方法[19]。

4.1 回答集程序的基本概念

回答集程序的语言由经典逻辑程序的语言增加特殊的联结词 not（缺省否定）和 “;”（认知析取）而得。由一个文字 L 前置 not 得到的表达式 not L 称为扩展文字。回答集程序规则 r 是形如

$$L_0;\cdots;L_k \leftarrow L_{k+1},\cdots,L_m,\text{not } L_{m+1},\cdots,\text{not } L_n \quad (k,m,n \geqslant 0) \tag{4-1}$$

的表达式。

集合$\{L_0,\cdots,L_k\}$称为规则 r 的头，记为 Head(r)；$\{L_{k+1},\cdots,L_m\}$为规则 r 的正体，记为 Pos(r)；$\{L_{m+1},\cdots,L_n\}$为规则 r 的负体，记为 Neg(r)。令 Body(r)=Pos(r)∪not Neg(r)，称其为规则 r 的体。记规则 r 为 Head(r)←Pos(r), not Neg(r)，当不致混淆时，也记为 Head←Pos, not Neg。

出现在规则的头中的文字称为头文字。如果 k>0，则 Head(r)称为规则 r 的析取头，并称 r 是有析取头的规则。如果 k=0（即没有认知析取出现），则称 r 为基本回答集程序规则，写作

$$L_0 \leftarrow L_1,\cdots,L_m,\text{not } L_{m+1},\cdots,\text{not } L_n \quad (m,n \geqslant 0) \tag{4-2}$$

特别地，若文字 $L_0,L_1,\cdots,L_m,L_{m+1},\cdots,L_n$ 都是原子，则称规则 r 为正规回答集程序规则（当不致混淆时，称为正规程序规则），写作

$$A_0 \leftarrow A_1,\cdots,A_m,\text{not } A_{m+1},\cdots,\text{not } A_n \quad (m,n \geqslant 0) \tag{4-3}$$

若 m=n=0，称规则 r 为（回答集程序）事实，写作

$$L_0;\cdots;L_k \quad (k \geqslant 0) \tag{4-4}$$

特别地，若 k=0，则写作 L，称其为基本事实；当 L 为原子时，称为正规事实。

注意：n=m（即没有缺省否定出现）时的回答集程序规则是经典基本程序规则的拓广；特别地，如果 k=0，n=m，则退化为经典的基本程序规则；如果没有经典否定¬出现，则退化为经典的确定程序规则。

称形如

$$\leftarrow L_1,\cdots,L_m,\text{not } L_{m+1},\cdots,\text{not } L_n \quad (m,n\geqslant 0) \tag{4-5}$$

的表达式为（回答集程序）约束。若 $m=n$，则退化为经典的约束。对式（4-5）形式的约束 r，记 $\text{Head}(r)=\varnothing$，$\text{Pos}(r)=\{L_1,\cdots,L_m\}$，$\text{Neg}(r)=\{L_{m+1},\cdots,L_n\}$，因此，约束 r 可表示为$\leftarrow\text{Pos}(r)$, not $\text{Neg}(r)$。

一个回答集程序Π是回答集程序规则的集合，记

$$\text{Head}(\Pi)=\cup_{r\in\Pi}\text{Head}(r)$$
$$\text{Pos}(\Pi)=\cup_{r\in\Pi}\text{Pos}(r)$$
$$\text{Neg}(\Pi)=\cup_{r\in\Pi}\text{Neg}(r)$$
$$\text{Body}(\Pi)=\text{Pos}(\Pi)\cup\text{not Neg}(\Pi)$$

对于一个回答集程序，如果至少包含一条析取规则，则称该程序为析取回答集程序，类似地，可以定义基本回答集程序和正规回答集程序以及相应的头和体。

对任意形式的规则 r，称删除其负体后得到的规则

$$L_0;\cdots;L_k\leftarrow L_{k+1},\cdots,L_m \quad (k, m\geqslant 0)$$

为 r 的相伴规则，记为 r^{Cmp}；回答集程序Π的相伴程序是$\Pi^{\text{Cmp}}=\{r^{\text{Cmp}}|r\in\Pi\}$。类似地，定义约束$\leftarrow L_1,\cdots,L_m$, not $L_{m+1},\cdots$,not $L_n(m,n\geqslant 0)$的相伴约束为$\leftarrow L_1,\cdots,L_m$。

不包含变元的规则称为基规则，基规则组成的程序称为基程序。回答集程序Π的 Herbrand 基类似于经典逻辑程序定义并记作Π_B（注意，若Π中没有变元出现，则增添一个个体常元符号）。对包含变元的规则 r，称用Π_B中常元置换 r 中所有变元后得到的规则为 r 的基例式，并记 r 的所有基例式的集合为 $\text{ground}_H(r)$。Π的基例式是 $\text{ground}_H(\Pi)=\cup_{r\in\Pi}\text{ground}_H(r)$。通常，视包含变元的程序规则和程序分别为相应的 Herbrand 基例式的缩写，并用 $\mathbf{GLit}_\Pi$和 $\mathbf{GAtom}_\Pi$分别表示所有出现在程序Π中的基文字和基原子的集合，当不致混淆时，一般省略它们的下标Π。对于约束也有类似的约定。

在此后章节，若无特别说明，回答集程序是指基回答集程序，回答集中程序中出现的文字是指基文字。

对一个回答集程序Π，如果由有穷条回答集程序规则（可能包含变元）组成，则称Π是有穷的回答集程序（当其中的程序规则包含变元时，视其为该规则的所有基例式的缩写）。

回答集程序的语义是由部分赋值确定的，它给回答集程序指派一族特殊部分赋值作为其模型。对于任意基文字 L，令$\overline{L}$为 L 的补，即若 $L=A$，则$\overline{L}=\neg A$；若 $L=\neg A$；则$\overline{L}=A$，其中 A 是基原子。用“0”表示假值，“1”表示真值，增加一个

值 u 表示未知。一个部分赋值 v 是一个协调的基文字集 S，使得

（1）对任意 $L\in\mathbf{GLit}$，若 $L\in S$，则 $L^v=1$；若 $\overline{L}\in S$，则 $L^v=0$；否则，$L^v=u$。

（2）对基扩展文字 not L，若 $L\notin S$，则$(\text{not } L)^v=1$；否则，$(\text{not } L)^v=0$。

（3）对基文字集 E（视为基文字的合取），若 E 中所有文字 L 满足 $L^v=1$，则 $E^v=1$；若 E 中至少有一文字满足 $L^v=0$，则 $E^v=0$；否则，$E^v=u$。

（4）对基文字的认知析取 D，若至少有 D 中一文字 L，使得 $L^v=1$，则 $D^v=1$；若对 D 中所有文字 L 都有 $L^v=0$，则 $D^v=0$；否则，$D^v=u$。

（5）对基扩展文字的集合 U（视为基扩展文字的合取），若对每一 not $L\in U$，$(\text{not } L)^v=1$，则 $U^v=1$；若至少有一 not $L\in U$，使得$(\text{not } L)^v=0$，则 $U^v=0$。

通常，将部分赋值 v 等同于相应的协调的文字集 S。

令 e 是一个文字的集合，或者文字的认知析取，或者扩展文字的集合（视单一元素组成的集合等同于该元素），S 是协调的基文字集，v 是 S 确定的部分赋值。对 e 中每一元素 f，若 $f^v=1$，则称 S 满足 e，记作 $e^v=1$。对基回答集程序规则 r，若 S 同时满足 Pos(r)和 not Neg(r)蕴含 S 满足 Head(r)，则称 S 满足 r，记作 $r^v=1$。S 满足回答集程序Π，当且仅当 S 满足Π中每一基规则。称满足程序Π的协调文字集 S 为Π的模型，记作$\Pi^v=1$。Π的模型 S 是Π的极小模型，当且仅当不存在Π的模型 V 使得 $S\subset V$。

协调的基文字集 S 满足约束 $c=\leftarrow L_{k+1},\cdots,L_m, \text{not } L_{m+1},\cdots,\text{not } L_n$，当且仅当 $S\cap\{\overline{L}_{k+1},\cdots,\overline{L}_m\}=\varnothing$ 或 $S\cap\{L_{m+1},\cdots,L_n\}\neq\varnothing$，记作 $c^v=1$。

定义 4.1.1　设Π是不包含缺省否定的回答集程序（可能包含认知析取），如果部分赋值 S 是Π的一个极小模型，则称 S 是Π的回答集（或者稳定模型）。

注意：基本程序是既不包含缺省否定，也不包含认知析取的回答集程序，它有唯一极小模型。如果一个基本程序的模型是 **GLit**，因为任一部分赋值由相应的一个协调基文字集确定，没有部分赋值满足此基本程序，故它没有回答集。例如，基本程序$\{A,\neg A\}$有唯一模型 **GLit**，但没有回答集。

类似于基本程序，不包含缺省否定的回答集程序Π的回答集可以通过自底向上的方式计算。为此，定义算子 T_Π：$2^{\mathbf{GLit}}\to 2^{2^{\mathbf{GLit}}}$ 使得对任意 $S\subseteq\mathbf{GLit}$，若 S 协调，则 $T_\Pi(S)=\text{SM}(\text{Head}\{r\in\Pi|\text{Pos}(r)\subseteq S\})$；否则，$T_\Pi(S)=\{\mathbf{GLit}\}$。

- 令 $T_\Pi\uparrow 0=\{\varnothing\}$；
- 对 $n\geqslant 1$，若 $T_\Pi\uparrow n\neq\{\mathbf{GLit}\}$，则 $T_\Pi\uparrow(n+1)=\{V|S\in T_\Pi\uparrow n, V\in T_\Pi(S)\}$；否则，$T_\Pi(S)\uparrow(n+1)=\{\mathbf{GLit}\}$。

其中，SM(F)是文字的认知析取 F 所有极小模型（依集合包含关系）的集合。

显然，对任意 $V\in T_{\Pi}\uparrow(n+1)$，存在 $V'\in T_{\Pi}\uparrow n$。因此，$T_{\Pi}\uparrow\omega$中每一元素是 T_{Π}的一个最小不动点。例如，对程序$\Pi=\{A; B, C ;E\leftarrow A, D ;F\leftarrow B\}$，则

$$T_{\Pi}\uparrow 0=\{\varnothing\}$$

$$T_{\Pi}\uparrow 1=\{\{A\}, \{B\}\}$$

$$T_{\Pi}\uparrow 2=\{\{A,C\}, \{A,E\}, \{B,D\}, \{B,F\}\}=T_{\Pi}\uparrow\omega$$

类似于定理 2.3.10，容易验证，对不包含缺省否定的回答集程序Π，若 S 是Π的一个回答集，则 $S\in T_{\Pi}\uparrow\omega$。

既不包含缺省否定又不包含认知析取的回答集程序是基本程序，故其如有回答集，则该回答集是程序的最小 Herbrand 模型（在 2.3.2 节陈述的扩展 Herbrand 模型）。

为了拓广定义 4.1.1 到任意回答集程序，需要引入归约的概念。直观上，归约是用适当的部分赋值消除回答集程序中的缺省否定以得到不包含缺省否定的回答集程序，从而通过后者的回答集得到前者的回答集。

定义 4.1.2 给定回答集程序Π和部分赋值 S，Π对于 S 的归约是集合：

$$\{\text{Head}(r)\leftarrow \text{Pos}(r)\mid r\in\Pi，\text{Neg}(r)\cap S=\varnothing\} \tag{4-6}$$

记作Π^S，Π^S可以通过如下方式得到：

对Π中每一规则 $L_0;\cdots;L_k\leftarrow L_{k+1},\cdots,L_m,\text{not } L_{m+1},\cdots,\text{not } L_n$：

（1）若$\{L_{m+1},\cdots,L_n\}\cap S\neq\varnothing$，则删除这一规则；

（2）若$\{L_{m+1},\cdots,L_n\}\cap S=\varnothing$，则删除该规则中的扩展文字 not $L_{m+1},\cdots,$not L_n。

定义 4.1.3 部分赋值 S 是回答集程序Π的回答集，当且仅当 S 是Π^S的回答集。

定义 4.1.4 设Π是回答集程序，S 是部分赋值。令

$$\text{GR}(S,\Pi)=\{r\in\Pi\mid \text{Head}(r)\cap S\neq\varnothing,\text{Pos}(r)\subseteq S,\text{Neg}(r)\cap S=\varnothing\} \tag{4-7}$$

若 S 是Π的回答集，则称 GR(S,Π)是 S 的生成规则集。

上述定义给出了回答集程序的陈述语义。直观上，回答集程序Π的回答集是由基于Π的规则的一种适当推理机制构建的所有可能信念集；此信念集必须满足程序的每一规则和合理性原则：任何不被程序强迫相信的信息都不应该被相信。

例 4.1.1 程序$\{p(a)\leftarrow\text{not } p(a)\}$和$\{p(a)\leftarrow,\neg p(a)\leftarrow\}$都没有回答集；而程序$\{p(0)，p(x+2)\leftarrow\text{not } p(x)，q(x+1)\leftarrow p(x)，\text{not } q(x)，q(x)\leftarrow p(x)，\text{not } q(x+1)\}$（其中 x 是自然数），有无穷多个回答集，每个回答集由原子 $p(0),p(3),p(4),p(7),p(8),\cdots$ 和对每一满足 p 的 n，选择 $q(n)$或 $q(n+1)$之一组成。

注意：尽管回答集程序的回答集是由其归约（不含 not 的程序）的回答集确定，但有本质的区别。例如，基本程序的回答集中没有原子 A，表示 A 为假；而

在基本回答集程序的回答集中没有 A 与 $\neg A$，则意指不知道关于 A 的任何信息。此外，如果基本程序有回答集，则回答集是唯一的，而基本回答集程序可能有多个回答集。因此，基本程序在下述语义下是完全的：对询问“A 不在回答集中”是完全确定的。然而，当基本回答集程序有多个回答集时，它在同样的语义下是不完全的，因为关于“A 不在回答集中”有几种不同的解释（比如不在一个或所有回答集中），所以对询问的回答因这些不同的解释而不同。

例 4.1.2　程序 $\{B\leftarrow\neg A\}$ 有唯一回答集 $\varnothing$，程序 $\{B\leftarrow \text{not } A\}$ 有唯一回答集 $\{B\}$，这表明经典否定 $\neg$ 和缺省否定 not 的区别。在基本程序的意义下，“A 不在 $\{B\leftarrow\neg A\}$ 的回答集中”表示“A 为假”。在回答集程序的意义下，“A 不在程序 $\{B\leftarrow \text{not } A\}$ 的回答集中”表示“关于 A 什么也不知道”。

用符号“;”代替经典的析取“$\vee$”是为了强调两个联结词的区别：经典逻辑的公式“$A\vee B$ 为真”表示“A 为真”或“B 为真”；而规则“$A;B$”按照认知析取解释，是指包含此规则的程序的回答集必须“满足 A”或“满足 B”。

例 4.1.3　程序 $\{p(a)\leftarrow q(a),\ p(a)\leftarrow\neg q(a)\}$ 有唯一回答集 $\varnothing$，因为既无理由相信 $q(a)$，也无理由相信 $\neg q(a)$。然而，程序 $\{p(a)\leftarrow q(a),\ p(a)\leftarrow\neg q(a),\ q(a);\neg q(a)\}$ 有两个回答集 $\{p(a),q(a)\}$ 和 $\{p(a),\neg q(a)\}$，它反映了联结词“;”的认知解释。表达式 $q(a);\neg q(a)$ 不表示重言式，而 $q(a)\vee\neg q(a)$ 是重言式。

推论 4.1.1　任何回答集程序不可能有两个这样的回答集：其中一个是另一个的真子集。

推论 4.1.2　设 S 是回答集程序 Π 的回答集，则 $S\subseteq \text{Head}(\Pi^S)\subseteq \text{Head}(\Pi)$。

依定义 4.1.4 容易证明上述推论。推论 4.1.1 表明程序的回答集的极小性，推论 4.1.2 则表明程序的回答集（如果存在）只能由程序的头文字生成。

例 4.1.4　程序 Π 由下述规则组成：

$$p(a)\leftarrow \text{not } q(a)$$
$$p(b)\leftarrow \text{not } q(b)$$
$$q(a)$$

它的可能回答集是 $\{p(a), p(b), q(a)\}$ 的所有子集。逐一测试这些子集 S 是否为 Π^S 的极小模型，最后得到 $S=\{q(a), p(b)\}$，Π^S 由规则 $p(b)\leftarrow$ 和 $q(a)$ 组成，其有唯一回答集 $S=\{q(a), p(b)\}$。因此，S 是 Π 的唯一回答集。

定义 4.1.5　若一回答集程序 Π 有回答集，则称它是协调的；若程序 Π 没有回答集，则称它是不协调的。回答集程序 Π 满足约束 c，当且仅当有 Π 的回答集 S 使得 $\exists l\in S$ 且 $\overline{l}\in \text{Pos}(c)$ 或 $S\cap \text{Neg}(c)\neq\varnothing$。给定协调的回答集程序 Π，称属于 Π 的所有回

答集的文字 L 为Π的一个结论。称Π的所有结论的集合为Π的结论集并记作 Cn(Π)。

回答集程序模型的概念可以等价地在下面的定义中重新表述。

定义 4.1.6 给定回答集程序Π和协调文字集 $S\subseteq \mathbf{GLit}_{\Pi}$。称 S 封闭于Π（或 S 是Π的模型），当且仅当对每一规则 $r\in\Pi$，如果 $\mathrm{Pos}(r)\subseteq S$ 且 $\mathrm{Neg}(r)\cap S=\varnothing$，则至少有一个文字 $L\in\mathrm{Head}(r)\cap S$。称 S 是基于Π的（或 S 是Π支承的），当且仅当对任一文字 $L\in S$，有一规则 $r\in\Pi$使得 $\mathrm{Pos}(r)\subseteq S$，$\mathrm{Neg}(r)\cap S=\varnothing$且 $\mathrm{Head}(r)\cap S=\{L\}$。

定理 4.1.1 设基文字集 S 是回答集程序Π的回答集，则 S 封闭于Π且是Π支承的。特别地，Π的回答集 S 是封闭于 GR(S,Π)且是 GR(S,Π)支承的。

证明 依定义 4.1.1 和定义 4.1.2，S 是Π的回答集蕴含 S 是Π^S的极小模型。

对任意 $r\in\Pi$，如果 $\mathrm{Pos}(r)\subseteq S$ 且 $\mathrm{Neg}(r)\cap S=\varnothing$，则 $\mathrm{Head}(r)\leftarrow\mathrm{Pos}(r)\in\Pi^S$。因为 S 是Π^S的极小模型且 $\mathrm{Pos}(r)\subseteq S$，易见有一个文字 $L\in\mathrm{Head}(r)$使得 $L\in S$，表明 S 封闭于Π。

对任一文字 $L\in S$，如果Π^S中没有形如 Head←Pos 的规则 r，使得 $L\in\mathrm{Head}(r)$，则因为 S 是Π^S的极小模型，$L\notin S$，与“$L\in S$”矛盾。因此，有 $r\in\Pi$，使得 $\mathrm{Head}(r)\leftarrow\mathrm{Pos}(r)\in\Pi^S$，$\mathrm{Neg}(r)\cap S=\varnothing$且 $L\in\mathrm{Head}(r)$。这表明，S 是Π支承的。

依 GR(S,Π)的定义和 S 关于Π的封闭性与支承性，可知 S 是封闭于 GR(S,Π)且是 GR(S,Π)支承的。

例 4.1.5 基原子集$\{A\}$是封闭于程序$\Pi=\{A\leftarrow A, \mathrm{not}\ B\}$且Π支承的，但Π的回答集是∅，这表明定理 4.1.1 的逆不真。

定义 4.1.7（回答集程序的审慎推理） 令Π是协调的回答集程序，L 是基文字。如果 L 属于Π的所有回答集，则称 L 是Π的逻辑推论，记作$\Pi\vDash_n L$（其中$\vDash_n$的下标 n 表示非单调推导关系），令 $\mathrm{Cn}(\Pi)=\{L\in\mathbf{GLit}|\Pi\vDash_n L\}$。

一个询问是形如“?q”的表达式，其中 q 是基文字的合取（也称目标），通常也记为文字的集合。包含变元的询问是其基例式的集合。为简单起见，总假设 q 是一个基文字。

定义 4.1.8 给定回答集程序Π和询问 q，如果$\Pi\vDash_n q$，则Π对 q 的回答为“是”；如果$\Pi\vDash_n\neg q$，则回答为“否”；否则，回答为“未知”。

例 4.1.4（续） 易知，$\Pi\vDash_n q(a)$，$\Pi\vDash_n q(b)$，$\Pi\vDash_n\neg q(b)$。因此，Π对询问“?$q(a)$”和“?$q(b)$”的回答分别“是”与“未知”。如果增加规则$\neg q(x)\leftarrow\mathrm{not}\ q(x)$到Π中，则得到的程序有唯一回答集$\{q(a), \neg q(b), p(b)\}$；对“?$q(b)$”的回答为“否”。

尽管正规程序的回答集概念是确定程序的回答集（或稳定模型）概念的拓广，然而，即使正规程序Π的回答集与其稳定模型相同，Π在稳定模型语义下的意义却

不同于它在回答集语义下的意义。这是基于回答集语义推论关系$\vDash_n$所造成的差异：对正规逻辑程序Π，$\Pi\vDash_n\neg p(a)$，当且仅当对Π的每一回答集 S，$p(a)\notin S$。也就是说，只有缺乏一个相信 $p(a)$的理由才能断言 $p(a)$为假。为匹配就回答集而言的稳定模型语义，需要用显示的闭世界假设（CWA）扩充正规程序Π，即 $\mathrm{CWA}(\Pi)=\Pi\cup\{\neg p(x_1,\cdots,x_n)\leftarrow \mathrm{not}\ p(x_1,\cdots,x_n)|p$ 是Π中出现的 n 元谓词$\}$（$n\geqslant 0$）。

在这里，若Π中出现的谓词 p 的信息是完全的（称为闭的），即$\neg p(x_1,\cdots,x_n)\leftarrow \mathrm{not}\ p(x_1,\cdots,x_n)$已出现在Π中，上述定义就不必增加关于此谓词的规则。称信息不完全的谓词为开的。

例 4.1.6　某计算机学院的教授任课表中，cs 表示计算机科学系，课程是 java（Java 语言），c（C 语言），ai（人工智能），logic（逻辑）；人员是 sam, bob, tom；变元 P 和变元 C 分别取值为教授和课程。关系 course(C,cs)和 member(P,cs)分别表示 C 是计算机科学系课程和 P 是计算机科学系成员。建立知识库 K：

- member(sam,cs)，member(bob,cs)，member(tom,cs)；
- course(java,cs)，course(c,sc)，course(ai,cs)，course(logic,cs)。

其 CWA 是

- ¬member(P,cs)←not member(P,cs)；
- ¬course(C,cs) ←not course(C,cs)。

该假设由相应信息的完全性验证。相应的程序对询问“?member(mary,cs)”正确地回答“否”，对询问“?teaches(mary,cs)”回答“未知”。

初步的课程表可用表描述，如 teaches(sam,java)，teaches(bob,ai)。

因为课程表是不完全的，关系 teaches 是开的且对此关系使用 CWA 是不合适的。

例 4.1.6（续）　扩展知识库 K，用语句“正常情况下，计算机科学课程只由计算机科学系教师讲授；逻辑课程是此规则的例外，它可以由数学系教师讲授”。这是一种典型的有例外的缺省（即终止一个缺省的应用而不废除它的结论），在 ASP 中可表示为下述规则：

¬teaches(P,C)←¬member(P,cs),course(C,cs), not ab(d_1(P,C)),not teaches(P,C)；

ab(d_1(P,logic))←not¬member(P,math)。

其中，d_1(P,C)是缺省规则的名字。ab(d_1(P,C))表示：缺省规则 d_1(P,C)对于对子<P,C>是不可应用的。第二条规则表示终止缺省规则 d_1(P,C)对任何可能是数学系教师的 P 应用。

设 member(mary,math)在扩展知识库 K 中，则询问“?teaches(mary,c)”将回答“no”，而询问“?teaches(mary,logic)”仍然回答“不知道”。

值得注意的是，我们有每个系的成员的完整信息，上面第二条规则可以用下面简单的规则代替：

$$\mathrm{ab}(d_1(P,\mathrm{logic}))\leftarrow \mathrm{member}(P,\mathrm{math})$$

不难证明替代后的程序与原来的程序有相同回答集。

完成关系“teaches”的定义，用规则“正常情况下，一门课由一个人讲授”。这表示为规则：

$$\neg\mathrm{teaches}(P_1,C)\leftarrow \mathrm{teaches}(P_2,C),\ P_1\neq P_2,\ \mathrm{not}\ ab(P_1,C),\ \mathrm{not}\ \mathrm{teaches}(P_1,C)$$

现在，若已知 logic 课程是 bob 讲授，则可以断言 logic 课程不是 mary 讲授的。于是，构造的知识库 K 关于简单的更新是容易实现的，例如，更新各个系的人员表和课程目录。

现在考虑一个系在该大学的隶属地位，可通过下述规则扩展 K 实现：

$$\mathrm{part}(\mathrm{cs},\mathrm{cos})$$
$$\mathrm{part}(\mathrm{cos},\mathrm{u})$$
$$\mathrm{part}(E_1,E_2)\leftarrow \mathrm{part}(E_1,E),\ \mathrm{part}(E,E_2)$$
$$\neg\mathrm{part}(E_1,E_2)\leftarrow \mathrm{not}\ \mathrm{part}(E_1,E_2)$$
$$\mathrm{member}(P,E_1)\leftarrow \mathrm{part}(E_2,E_1),\ \mathrm{member}(P,E_2)$$

其中，cos 和 u 分别表示科学学院和大学。

前两个事实形成该大学或该组织记录的一部分，第三条规则表示此 part 关系的传递性，第四条规则是对 part 的闭世界假设。只要知识库 K 包含该大学的完整的组织记录，它就是可以验证的。如果是这样，成员的闭世界假设（CWA）也可以表示，如规则 $\neg\mathrm{member}(P,Y)\leftarrow \mathrm{not}\ \mathrm{member}(P,Y)$。

K 的回答集可以用 DLV 系统直接计算，只是需要做一些小的修改。

为测试 sam 是否是大学的一个成员，形成询问“?member(sam,u)”。

此回答集求解器也提供了一个简单的工具以展示所有满足定义的关系的项，并将它们产生为一个表，比如，cs 系的所有成员等。为此引入一个新关系，offered(C,D)，用规则定义它为

$$\mathrm{offered}(C,D)\leftarrow \mathrm{course}(C,D),\ \mathrm{teaches}(P,C)$$
$$\neg\mathrm{offered}(C,D)\leftarrow \mathrm{course}(C,D),\ \mathrm{not}\ \mathrm{offered}(C,D)$$

假设 tom 或 bob 两人之一讲授这个班的 logic 课程，此事实表示为

$$\mathrm{teaches}(\mathrm{tom},\mathrm{logic});\mathrm{teaches}(\mathrm{bob},\mathrm{logic})$$

因此，程序有两个回答集，每一个包含 offered(logic,cs)。

上述程序可以通过下面所述的映射 DEF 和 ORF 转换为没有经典否定与认知析

取出现的正规程序，并且该程序与转换后得到的正规程序的回答集 1-1 对应。注意，此正规程序是没有 4.3 节中定义的正环的程序，因此，上面的规则等价于

teaches(tom,logic)←not teaches(bob,logic)

teaches(bob,logic)←not teaches(tom,logic)

最后得到的程序与原来的程序有完全相同的回答集，并且可以用回答集程序的两个求解器 Smodels 和 DLV 对所得知识库进行推理。

下面介绍一类特殊回答集程序及其性质，有助于进一步研究回答集程序。

定义 4.1.9　选择公式是体为空的有穷基回答集程序，其每一规则是形如 $\wedge_{A\in Z}(A;\neg A)$的公式，记作 Z^c，其中，Z 是给定的有穷基原子集。

定理 4.1.2　设 Z 是有穷基原子集，基原子集 X 是 Z^c 的稳定模型，当且仅当 $X\subseteq Z$。

证明　对 Z 的任意子集 X，Z^c 关于 X 的归约是$\wedge_{A\in X}(A\vee\bot)\wedge\wedge_{A\in Z\backslash X}(\bot\vee\neg\bot)$，它等价于$\wedge_{A\in X}A$。因为$\wedge_{A\in X}A$ 被 X 满足而不被 X 的任何真子集满足，故 X 是 Z^c 的稳定模型。反之，依定理 2.2.2，若 X 是 Z^c 的稳定模型，则 $X\subseteq Z$。

显然，若 Z 由 n 个基原子组成，则 Z^c 有 2^n 个稳定模型。例如，$\{A,B\}^c$ 有 4 个稳定模型，它们是$\{A,B\}$的所有子集。

例 4.1.6 表明，将形式复杂的回答集程序通过某些转换得到形式相对简单的程序，使得它们与原来的程序具有完全相同的回答集，从理论和应用的观点都是很有意义的。为此，引入在同一程序语言中回答集程序等价的概念。

定义 4.1.10　令Π_1 和Π_2 是任意两个协调的回答集程序。Π_1 和Π_2 是等价的，当且仅当它们有完全相同的回答集。Π_1 和Π_2 是强等价的，当且仅当对任意回答集程序Π，$\Pi_1\cup\Pi$和$\Pi_2\cup\Pi$等价。

显然，Π_1 和Π_2 等价，当且仅当对任意基文字集 X 和 Y，称 X 封闭于 Π_1^Y，当且仅当 X 封闭于 Π_2^Y。

例 4.1.7　程序$\Pi_1=\{p(a);p(b)\}$和$\Pi_2=\{p(a)\leftarrow\text{not }p(b),\ p(b)\leftarrow\text{not }p(a)\}$有相同的回答集$\{p(a)\}$和$\{p(b)\}$，它们是等价的。但它们不是强等价的，事实上，令$\Pi_3=\{p(a)\leftarrow\text{not }p(b)\}$，则$\Pi_1\cup\Pi_3$ 有唯一回答集$\{p(a)\}$，而$\Pi_2\cup\Pi_3=\Pi_2$ 有两个回答集$\{p(a)\}$和$\{p(b)\}$，故$\Pi_1\cup\Pi_3$ 和$\Pi_2\cup\Pi_3$ 不等价。因此，Π_1 和Π_2 不是强等价的。

另外，令$\Pi_4=\Pi_1\cup\Pi_3=\{p(a);p(b),\ p(a)\leftarrow\text{not }p(b)\}$，则$\Pi_3$ 和Π_4 强等价。事实上，对任一回答集程序Π和任意协调文字集 S，有

S 是$\Pi_3\cup\Pi$的回答集，当且仅当 S 是$(\Pi_3\cup\Pi)^S$ 的回答集；

当且仅当 S 是$\{p(a)\leftarrow\}\cup\Pi^S$ 的回答集(因为 $p(b)\notin S$，$(\Pi_3\cup\Pi)^S=\{p(a)\leftarrow\}\cup\Pi^S$)；

当且仅当 S 是$\{p(a);p(b),\ p(a)\leftarrow\}\cup\Pi^S$ 的回答集（因为 $p(b)\notin S$)；

当且仅当 S 是 Π_4^S 的回答集（因为$(\Pi_4 \cup \Pi)^S=\{p(a);p(b), p(a)\leftarrow\} \cup \Pi^S$）；

当且仅当 S 是Π_4的回答集。

因此，Π_3和Π_4强等价。

类似于 2.3.2 节将基本程序规则和约束转换为确定程序规则和约束回答集程序的方式，可以将回答集程序转换为等价的不含经典否定的程序。为此，对回答集程序语言中 L 的每一 n 元（$0\leqslant n$）谓词符 p，令 p^+是不在 L 中出现的新的 n 元谓词符，$\mathbf{GAtom}^+=\{p^+(t)|p(t)\in\mathbf{GAtom}\}$，其中，**GAtom** 是 L 的全体基原子组成的集合，p 是 L 的 n 元（$0\leqslant n$）谓词符，t 是基项。

映射 DEF 定义：对任一 $L\in\mathbf{GLit}$（L 的全体基文字组成的集合），

若 $L=A$，则 $\mathrm{DEF}(L)=L$；

若 $L=\neg A$，则 $\mathrm{DEF}(L)=L^+$。

其中，$A\in\mathbf{GAtom}$。注意，$\mathbf{GLit}=\mathbf{GAtom}\cup\{\neg A|A\in\mathbf{GAtom}\}$，则有

$$\mathbf{GAtom}^+=\{A^+|\neg A\in\mathbf{GLit}, A\in\mathbf{GAtom}\}$$

显然，DEF 是 **GLit** 到 $\mathbf{GAtom}\cup\mathbf{GAtom}^+$上的 1-1 映射。

拓广 DEF 到文字集，回答集程序规则和约束及回答集：

- $\mathrm{DEF}(S)=\{\mathrm{DEF}(L)|L\in S\}$，其中 $S\subseteq\mathbf{GLit}$；
- DEF(Head←Pos, not Neg)=DEF(Head←DEF(Pos), not DEF(Neg))；
- $\mathrm{DEF}(\Pi)=\{r^+|r\in\Pi\}$，其中$\Pi$是回答集程序，$r$ 是回答集程序规则；
- DEF(←Pos,not Neg)=←DEF(Pos), not DEF(Neg)。

从以上可以看出，DEF 是基本程序集到正规程序集上的 1-1 映射，这里，正规程序集的每一成员是在扩展的基原子集 $\mathbf{GAtom}\cup\mathbf{GAtom}^+$定义的。

因为程序 DEF(Π)的回答集可能包含一对原子 A 和 A^+，类似于基本程序，引入 Contr 作为特殊原子，用于标识矛盾规则 $A\leftarrow B,B^+$和 $A^+\leftarrow B,B^+$的集合，其中 A 和 B 是任意一对不同的基原子。于是增加 Contr，如果 $\mathrm{DEF}(\Pi)\cup\mathrm{Contr}$ 有回答集 $S\subseteq\mathbf{GAtom}\cup\mathbf{GAtom}^+$，则 DEF($S$)是 DEF(Π)的不包含任何原子对 A 和 A^+的回答集，因此文字集 $\mathrm{DEF}^{-1}(S)$是协调的，其中，DEF^{-1} 是 DEF 的逆映射。

对任一文字集 $S\subseteq\mathbf{GLit}$，称 DEF(S)是合式的，当且仅当 DEF(S)不包含任何形如 A 和 A^+的基原子对。

令$\Pi^+=\mathrm{DEF}(\Pi)\cup\mathrm{Contr}$。称 $S\subseteq\mathbf{GAtom}\cup\mathbf{GAtom}^+$是$\Pi^+$的回答集，当且仅当 S 是合式的且 S 是 DEF(Π)的回答集。

定理 4.1.3 协调的基文字集 S 是回答集程序Π的回答集，当且仅当 DEF(S)是Π^+的回答集。

证明 “仅当” 设 S 是Π的回答集，则 S 是Π^S的一个极小模型。因为 S 是协调的，故 DEF(S)是合式的且 Contr 关于 DEF(S)逻辑封闭。依 DEF 的定义容易证明：DEF(S)是 $(\Pi^+)^{\mathrm{DEF}(S)}$ 的模型。由 S 的极小性易知，DEF(S)是 $(\Pi^+)^{\mathrm{DEF}(S)}$ 的一个极小模型，因此，DEF(S)是Π^+的回答集。

“当” 对任意 DEF(S)，$(\Pi^+)^{\mathrm{DEF}(S)}=\mathrm{DEF}(\Pi)^{\mathrm{DEF}(S)}\cup$ Contr。设 DEF(S)是Π^+的回答集，则 DEF(S)是 $(\Pi^+)^{\mathrm{DEF}(S)}$ 的一个极小模型。因为 DEF(S)是合式的，故 S 是协调的。根据 DEF^{-1} 的定义，容易验证 S 是Π^S的模型。再由 DEF(S)的极小性可知 S 是Π^S的一个极小模型，故 S 是的回答集。

例 4.1.4（续） 增加两条规则$\neg q(x)\leftarrow$not $q(x)$，$x\in\{a,b\}$到程序Π中得到新程序Π_1，程序Π_1^+是$\{p(a)\leftarrow$not $q(a)$，$p(b)\leftarrow$not $q(b)$，$q(a)$，$q^+(a)\leftarrow$not $q(a)$，$q^+(b)\leftarrow$not $q(b)\}\cup$ Contr。

Π_1^+是扩展的程序语言中的正规程序。易见，DEF(Π_1)有唯一回答集$\{q(a), p(b), q^+(b)\}$。因为此回答集是合式的，故满足 Contr。因此，Π_1 有唯一回答集$\{q(a), \neg q(b), p(b)\}$。

例 4.1.8 易知，程序$\Pi=\{A\leftarrow$not $B,\neg A\leftarrow$not $B\}$没有回答集，程序 DEF(Π)=$\{A\leftarrow$not $B,A^+\leftarrow$not $B\}$有唯一回答集$\{A, A^+\}$，但它不是合式的。因此，Π^+没有回答集。

类似地，可以进一步将不含经典否定的析取回答集程序归约为一族正规程序，使得被归约的程序的回答集与归约得到的程序族中正规程序的回答集是 1-1 对应的。根据定理 4.1.3，只需考虑归约不包含经典否定的析取回答集程序为一族正规程序并保持所有的回答集不变。具体地说，对回答集程序规则 $r=A_0;\cdots;A_k\leftarrow A_{k+1},\cdots,A_m$，not $A_{m+1},\cdots,$not A_n（$0\leqslant k\leqslant m\leqslant n$）和由这种形式的规则组成的回答集程序$\Pi$，令

$$\mathrm{ORFI}=\{A_i\leftarrow A_{k+1},\cdots,A_m,\ \mathrm{not}\ A_{m+1},\cdots,\mathrm{not}\ A_n|0\leqslant i\leqslant k\}$$

其中，A_i（$0\leqslant i\leqslant n$）是原子，ORF 是 or-free 的缩写。

ORF(Π)是没有认知析取的正规程序组成的集族，其中，每一成员Π^*都是如下构造的程序：

- 对每一 $r\in\Pi$，取且只取 ORFI 的一个成员作为Π^*的成员；
- Π^*的成员是且只是 ORFI 的一个成员。

显然，每一Π^*是正规程序。容易证明这样归约使得原来的程序与归约得到的程序族在下述意义下是等价的：

定理 4.1.4 基原子集 S 是析取回答集程序Π的回答集，当且仅当 S 是 ORF(Π)中一个正规程序Π^*的回答集。

例 4.1.9 析取回答集程序$\Pi=\{A;B, A\leftarrow \text{not } B\}$有回答集$\{A\}$。通过上述方式归约得到正规程序族：

$$\text{ORF}(\Pi)=\{\{A, A\leftarrow \text{not } B\}, \{B, A\leftarrow \text{not } B\}\}$$

其中，程序$\{A, A\leftarrow \text{not } B\}$有唯一回答集$\{A\}$，它也是$\Pi$的回答集。

不失一般性，今后主要考虑正规回答集程序。根据定理 4.1.2 和定理 4.1.3，可以将关于正规回答集程序的重要性质通过适当的处理，拓广到任意回答集程序。即便如此，回答集程序考虑包含经典否定$\neg$与否定作为失败的 not 仍然是十分必要的。

通常，一个协调的经典理论将一阶语句集分成三类，即一个语句或是可证的，或是可反驳的（即该语句的否定是可证的），或是不可判定的（既不是可证的也不是可反驳的，它表示经典公理理论中的不完全信息）。但是，逻辑程序的传统演绎语义只对所有前提使用了闭世界假设（CWA）：程序中包含的每一从事实推导不出的基原子被假定为假。因而一个询问的回答为“是”或“否”，以致不能直接处理不完全信息。此外，从过程观点看，它没有给出不成功的询问的赋值方法，只是通过 CWA 隐含地提供了否定信息，这难以应用于逻辑程序。因为一阶逻辑的永真性问题的不可判定性，没有在有穷时间终止的算法确定 A 是否是程序Π的逻辑推论，以致一般使用 CWA 只限于其证明导致有穷失败的 $A\in B_{\Pi}$（否定即有穷失败）。然而，对于不在有穷失败集合中的 A，它的 SLD 消解至少有一无穷分支。因此，除非有判定无穷分支的算法，否则永远不可能证明 A 不是Π的逻辑推论。为此，需要精确化“A 不能被证明”的含义，因此发展出对回答集程序的研究，关键是如何处理缺省否定（即否定作为失败）。

例 4.1.10 管理校车的一条规则：它只能在没有火车开近时通过铁路。若用命题字母 C 表示“通过铁路”，用 t 表示“火车即将到来”，则上述规则形式化为 $C\leftarrow\text{not } t$。

这种形式化（在逻辑程序的缺省表示下或在“否定是证明失败”的表示下）是指“只要没有火车即将到来的证据，校车就可以通过铁路”。这是不能接受的，因为关于火车的信息可能是无用的（如驾驶员的视线可能被挡住）。我们想要的是经典的否定与规则：$C\leftarrow \neg t$，它是指只在有证据表明没有火车即将到来的条件下，校车才能通过铁路。因此，通常需要在程序中同时考虑两种类型的否定。例如，形式化下述情景：一个得到较多信息的动作在同时缺少正面与反面证明时被证明是合理的。设想一个雇工评审委员会在详细考虑申请书前，希望通过验证申请人是否适合此工作（即是否满足对此工作的形式要求）而缩小候选人的范围。当某申请书的信息不完全时，委员会不可能决定该申请人是否适合。此时，委员会将

寄出一封要求更多信息的信。这可用规则表示为

$$\text{require-more-information} \leftarrow \neg\text{eligible}, \text{not eligible}$$

为此，需要使用基本回答集程序规则以区别两种失败：询问不成功的失败与询问的否定成功的失败（更强意义下的失败）。

4.2 正规回答集程序

正规回答集程序是形如 $A\leftarrow B_1,\cdots,B_m, \text{not } C_1,\cdots,\text{not } C_n$ 的规则 r 的集合，其中 A，B_i 和 C_j（$0\leqslant i\leqslant m$，$0\leqslant j\leqslant n$）是基原子。当 m=0 时，r 是无正体的规则；当 n=0 时，r 是经典的确定程序规则。正规程序Π的回答集是基于确定程序的稳定模型用不动点方式定义的，即基原子集 S 是正规程序Π的回答集，当且仅当 S 是Π^S的回答集。

正如确定程序的逻辑解释是经典逻辑的特殊子类，正规程序也有其缺省逻辑解释（称为与该正规程序相应的缺省理论），并且容易证明正规程序的回答集与其相应的缺省理论的扩张是 1-1 对应的，从而正规程序是缺省逻辑的特殊子类。

因为基本回答集程序可以转换为正规程序而不改变其回答集，所以回答集程序也是缺省理论的特殊子类，这也为称 not 为缺省否定提供了一个佐证。

定义 4.2.1　φ是从正规程序规则集到缺省集的映射，使得对任一正规程序规则 r=$A\leftarrow B_0,\cdots,B_m$，not $C_0,\cdots,$not C_n，$\varphi(r)=B_0\wedge\cdots\wedge B_m{:}M\neg C_0,\cdots,M\neg C_n/A$。记$\varphi(r)$为 d_r，其中 A,B_i,C_j（$0\leqslant i\leqslant m$，$0\leqslant j\leqslant n$）是基原子。当 m=0 时，d_r 是无前提的缺省；当 n=0 时，d_r 是一条经典意义下的推理规则。也就是说，如果已经推导出 $B_0\wedge\cdots\wedge B_m$，则可推导出 A。

对正规程序Π，$\varphi(\Pi)=\{d_r|r\in\Pi\}$，记作 D_Π，称$(D_\Pi,\varnothing)$为正规程序Π的缺省表示。于是

$$\varphi^{-1}(d_r)=r$$

$$\varphi^{-1}(D_\Pi)=\Pi，即\varphi^{-1}(B_1\wedge\cdots\wedge B_m{:}M\neg C_1,\cdots,M\neg C_n/A)=A\leftarrow B_1,\cdots,B_m，\text{not } C_1,\cdots,\text{not } C_n$$

$$\varphi^{-1}(D_\Pi)=\{\varphi^{-1}(d_r)|d_r\in D_\Pi\}=\{r|r\in\Pi\}$$

称形如 $d=B_1\wedge\cdots\wedge B_m{:}M\neg C_1\wedge,\cdots,M\neg C_n/A$ 的缺省为基缺省，其中 A,B_i 和 C_j（$0\leqslant i\leqslant m$，$0\leqslant j\leqslant n$）是基原子。

依定义 4.1.2，给定协调基文字集 S，缺省理论$\Delta=(D,\varnothing)$关于 S 的归约是$\Delta^S=(D^S,\varnothing)$，其中，

$$D^S=\{B_1\wedge\cdots\wedge B_m{:}/A\in D|B_1\wedge\cdots\wedge B_m{:}M\neg C_1,\cdots,M\neg C_n/A\in D，\{C_1,\cdots,C_n\}\cap S=\varnothing\}$$

显然，D^S是无检验条件的缺省的集合，即 $\mathrm{Ccs}(D^S)=\varnothing$。

给定正规程序Π和相应的缺省理论$\Delta=(D_\Pi,\varnothing)$，对任一基原子集 S，令 $\mathrm{GD}(S,\Delta)=\{B_1\wedge\cdots\wedge B_m{:}M\neg C_1,\cdots,M\neg C_n/A\in D_\Pi|\{B,\cdots,B_m\}\subseteq S$，$\{C_1,\cdots,C_n\}\cap S=\varnothing\}$。

若 S 是Δ的扩张，则 $\mathrm{GD}(S,\Delta)$是 S 的生成缺省集。于是

$$\Pi=\varphi^{-1}(D_\Pi)$$

$$\mathrm{GR}(S,\Pi)=\varphi^{-1}(\mathrm{GD}(S,\Delta))=\{r\in\Pi\mid \mathrm{Pos}(r)\subseteq S, \mathrm{Neg}(r)\cap S=\varnothing\}$$

若 S 是Π的回答集，则 $\mathrm{GR}(S,\Pi)$是 S 的生成规则集。

约定：对缺省理论$\Delta=(\varnothing,W)$，$\Lambda(\varnothing,\Delta)=\varnothing$且空缺省集$\varnothing$是相容的。以下论述容易被证明：

事实Ⅰ：$D^*\subseteq D_\Pi$是相容的（关于Δ）当且仅当 $\mathrm{Con}(D^*)\cap\{C|\neg C\in\mathrm{Ccs}(D^*)\}=\varnothing$。

事实Ⅱ：对任一$d_r=B_1\wedge\cdots\wedge B_m{:}M\neg C_1,\cdots,M\neg C_n/A\in D_\Pi$，其中 $m\geqslant 0$，$\mathrm{Con}(D^*)\vdash\mathrm{Pre}(d_r)$，当且仅当 $\mathrm{Pre}(d_r)\subseteq\mathrm{Con}(D^*)$。

注意：若 $m=0$，则 $\mathrm{Pre}(d_r)$为⊤且 $\mathrm{Con}(D^*)\vdash\mathrm{Pre}(d_r)$总成立。

事实Ⅲ：对任意 $D^*\subseteq D_\Pi$且 $\mathrm{Ccs}(D^*)=\varnothing$，$D^*$是相容的。

依定理 3.3.1，缺省理论$\Delta^*=(D^*,\varnothing)$有唯一扩张 $E=\mathrm{Th}(\mathrm{Con}(\Lambda(D^*,\Delta)))$，其中，

$$\Lambda(D^*,\Delta)=\cup_{0\leqslant i}D_i^*(\Delta)$$

$$\text{对 } i\geqslant 0,\quad D_0^*(\Delta)=\{{:}/A\in D^*\}$$

$$D_{i+1}^*(\Delta)=\{B_1\wedge\cdots\wedge B_m{:}/A\in D^*|W\cup\mathrm{Con}(D_i^*(\Delta))\vdash B_1\wedge\cdots\wedge B_m\}$$

依定理 2.3.5，确定程序$\varphi^{-1}(D^*)=\{A\leftarrow B_1,\cdots,B_m\in D^*|B_1\wedge\cdots\wedge B_m{:}/A\in D^*\}$有唯一稳定模型$T_{\varphi^{-1}(D^*)}\uparrow\omega$。由此有下述断言：

引理 4.2.1 令Π是确定程序，$(D_\Pi,\varnothing)$是Π的缺省表示。若文字集 S 是Π的稳定模型，则$(D_\Pi,\varnothing)$有唯一扩张 $E=\mathrm{Th}(S)$。反之，若 E 是$(D_\Pi,\varnothing)$的唯一扩张 E，则Π有唯一稳定模型 $S=E\cap\mathbf{GAtom}$。

证明 设 S 是Π的稳定模型，则依定理 2.3.2 和定理 2.3.5，$S=M_\Pi=T_\Pi\uparrow\omega$。显然，Π的缺省表示是$\varphi(\Pi)=(D_\Pi,\varnothing)=\{B_1\wedge\cdots\wedge B_m{:}/A\in D|A\leftarrow B_1,\cdots,B_m\in\Pi\}$。

依事实Ⅲ，$(D_\Pi,\varnothing)$有唯一扩张 $E=\mathrm{Th}(S)$。

设 E 是Π的缺省表示$(D_\Pi,\varnothing)$的唯一扩张，则依定理 3.3.1，$E=\mathrm{Th}(\mathrm{Con}(\Lambda(D_\Pi,\Delta)))$。容易归纳地证明 $\mathrm{Con}(\Lambda(D_\Pi,\Delta))=T_\Pi\uparrow\omega$。因此，Π有唯一稳定模型 $S=E\cap\mathbf{GAtom}$。

引理 4.2.2 令$\Delta=(D,\varnothing)$是缺省理论，其中 D 是基缺省集。基原子集 S 是Δ的扩张，当且仅当 S 是$\Delta^S=(D^S,\varnothing)$的扩张。

证明 S 是$(D,\varnothing)$的扩张，依定理 3.2.1，当且仅当 $\mathrm{GR}(S,\Delta)$是相容的，$\Lambda(\mathrm{GD}(S,\Delta),\Delta)=\mathrm{GD}(S,\Delta)$且对任意 $d\in D\backslash\mathrm{GD}(S,\Delta)$，$\mathrm{Pre}(d)\not\subseteq S$ 或者 $\mathrm{Ccs}(d)\cap S\neq\varnothing$，依

事实Ⅰ，事实Ⅱ和算子Λ的定义，当且仅当$\Lambda((\mathrm{GD}(S,\Delta))^S,\Delta)=(\mathrm{GD}(S,\Delta))^S$且对任意$d\in D^S\backslash\mathrm{GD}(S,\Delta)$，$\mathrm{Pre}(d)\not\subseteq S$或$\mathrm{Ccs}(d)\cap S\neq\varnothing$，依定理 3.2.1，当且仅当$S$是$(D^S,\varnothing)$的扩张。

定理 4.2.1　设Π是正规程序，$(D_\Pi,\varnothing)$是Π的缺省表示。基原子集S是Π的回答集当且仅当$\mathrm{Th}(S)$是$(D_\Pi,\varnothing)$的扩张。

证明　S是Π的回答集，

当且仅当S是Π^S的回答集，依定义 4.1.4；

当且仅当$\mathrm{Th}(S)$是$(D^S,\varnothing)$的扩张，依引理 4.2.1；

当且仅当$\mathrm{Th}(S)$是$(D_\Pi,\varnothing)$的扩张，依引理 4.2.2。

基于上述定理，视正规回答集程序等同于它的缺省解释，则关于缺省逻辑的所有结果（某些可能需要适当修改）可被翻译到回答集程序中。只需注意，对正规程序Π和它的相伴程序Π^{Cmp}（确定程序），若S是Π^{Cmp}的回答集，则$S=\mathrm{Con}(\Lambda(\varphi^{-1}(D_\Pi),\Delta))$，其中$\varphi$如定义 4.2.1 所指。反之，对缺省理论$\Delta=(D,\varnothing)$，若$\mathrm{Con}(\Lambda(D,\Delta))=S$，其中$D$是基缺省集，则$S$是$(D_\Pi)^{\mathrm{Cmp}}$的稳定模型。于是，下面给出正规程序的概念和特征：

定义 4.2.2　令Π是正规程序，$\Pi^*\subseteq\Pi$。

（1）如果$\mathrm{Head}(\Pi^*)\cap\{C|C\in\mathrm{Neg}(\Pi^*)\}=\varnothing$，则$\Pi^*$是相容的；否则，$\Pi^*$是不相容的；

（2）如果Π^*是相容的且$(\Pi^*)^{\mathrm{Cmp}}$的稳定模型$S=\mathrm{Head}(\Pi^*)$，则Π^*是强相容的；

（3）如果Π^*是强相容的且没有Π的强相容子集Π^{**}使得$\Pi^*\subset\Pi^{**}$，则Π^*是极大强相容的。

定理 4.2.2（回答集的特征）　正规程序Π有回答集S当且仅当存在Π的子集Π^*，使得

（1）Π^*是相容的且S是Π^*的相伴程序$(\Pi^*)^{\mathrm{Cmp}}$的回答集；

（2）对任一$r\in\Pi\backslash\Pi^*$，$\mathrm{Pos}(r)\not\subseteq S$或$\Pi^*\cup\{r\}$是不相容的。

如定义 4.2.1 给出的正规程序和缺省理论的转换，我们直接给出正规程序集上的Λ算子的定义：$\Lambda(\Pi)=\cup_{0\leqslant n}\Pi_n$，其中

$$对\ n>0,\ \Pi_0=\{A\leftarrow|A\leftarrow\in\Pi\}$$

$$\Pi_n=\{A\leftarrow B_1,\cdots,B_m,\mathrm{not}\ C_1,\cdots,\mathrm{not}\ C_n\in\Pi|\{B_1,\cdots,B_m\}\subseteq\mathrm{Head}(\Pi_{n-1})\}$$

约定：对空正规程序（没有规则的程序）$\varnothing$，$\Lambda(\varnothing)=\varnothing$，$\mathrm{Head}(\varnothing)=\varnothing$。空正规程序$\varnothing$是相容的。

推论 4.2.1　设Π是的正规程序，$\Lambda(\Pi)$是相容的，则

（1）$\text{Head}(\Lambda(\Pi))$是封闭于$\Lambda(\Pi)$且是$\Lambda(\Pi)$支承的；

（2）$\text{Head}(\Lambda(\Pi))$是$\Lambda(\Pi)^{\text{Cmp}}$的稳定模型；

（3）Π是强相容的，当且仅当$\Pi=\Lambda(\Pi)$。

正规程序回答集的特征可以由如下定理表述。

定理 4.2.2*　正规程序Π有回答集 S 当且仅当存在Π的子集Π^*，使得

（1）Π^*是强相容的且 $S=\text{Head}(\Pi^*)$；

（2）对任一 $r\in\Pi\setminus\Pi^*$，$\text{Pos}(r)\not\subseteq S$ 或$\Pi^*\cup\{r\}$是不相容的。

类似于缺省逻辑，可知定理 4.2.2 和定理 4.2.2*中的Π^*实际上就是 $\text{GR}(S,\Pi)$。

由定理 3.3.1 和定理 4.2.1 可得如下推论。

推论 4.2.2　令Π是正规程序，若$\Lambda(\Pi)$是相容的，则Π有唯一回答集$S=\text{Head}(\Lambda(\Pi))$。特别地，若$\Pi$是相容的，则$\Pi$有唯一回答集 $S=\text{Head}(\Lambda(\Pi))$。

定义 4.2.3　设Π是正规程序，

（1）令$\Pi^*\subseteq\Pi$是强相容的且 $S=\text{Head}(\Pi^*)$，对任一 $r\in\Pi\setminus\Pi^*$，如果 $\text{Pos}(r)\not\subseteq S$ 或$\Pi^*\cup\{r\}$是不相容的，则 r 是关于Π^*弱自相容的。

（2）对任一 $r\in\Pi$，如果 r 是关于Π的任一强相容子集Π^*弱自相容的，则 r 是关于Π弱自相容的。

（3）如果每一 $r\in\Pi$是关于Π弱自相容的，则Π是弱自相容。

显然，自相容的正规程序是弱自相容的，$\varnothing$是任意正规程序的强相容子集，不协调的正规程序不是弱自相容的，其唯一的极大相容子集是空集$\varnothing$。

定理 4.2.2**　正规程序Π有回答集 S，当且仅当存在Π的强相容子集Π^*，使得 S 是Π^*的回答集且对任意 $r\in\Pi\setminus\Pi^*$，r 是关于Π^*弱自相容的。

推论 4.2.3　设基原子集 S 是正规程序Π的回答集，则 $\text{GR}(S,\Pi)$是强相容的且对任一 $r\in\Pi$，r 关于 $\text{GR}(S,\Pi)$是弱自相容的。

定理 4.2.3　弱自相容的正规程序Π有回答集；对Π的任一极大强相容子集Π^*，$\text{Head}(\Pi^*)$是Π的一个回答集。

定义 4.2.4　正规程序Π是半单调的，当且仅当对任意正规程序Π^*和Π^{**}，若$\Pi^*\subseteq\Pi^{**}\subseteq\Pi$，则对$\Pi^*$的每一回答集 S^*总有Π^{**}的回答集 S^{**}，使得 $S^*\subseteq S^{**}$。

定理 4.2.4（弱自相容性的特征）　正规程序Π是弱自相容的，当且仅当它是半单调的。

例 4.2.1　正规程序$\Pi=\{B\leftarrow, A\leftarrow B, \text{not } C\}$是弱自相容的且有唯一回答集$\{B,A\}$，其中 A,B 和 C 是基原子。增加规则 $C\leftarrow A, \text{not } E$ 后得到的程序Π'有两个极大强相容子集$\{B\leftarrow, A\leftarrow B, \text{not } C\}$和$\{B\leftarrow, C\leftarrow A, \text{not } E\}$。但$\Pi'$不是弱自相容的，它没有回答集。

例 4.2.2　正规程序$\Pi=\{A\leftarrow \text{not } B, B\leftarrow \text{not } A\}$不是相容的而是弱自相容的，它有两个回答集$\{A\}$和$\{B\}$。

不失一般性，我们考虑由可数条规则组成的弱自相容正规程序的回答集算法。

定义 4.2.5（向前链接算法）　令Π是弱自相容正规程序，<是自然数集上通常的大小关系，$\Pi^<=\{r_1^<,\cdots,r_n^<,\cdots\}$。令

（1）$S^<_0=\varnothing$；

（2）对$i\geqslant 0$，若有满足下述条件的最小的k：$\text{Pos}(r^<_k)\subseteq S_i^<$且$S_i^<\cap \text{Neg}(r^<_k)=\varnothing$，则$S_{i+1}^<=S_i^<\cup \text{Head}(r^<_k)$；否则，$S_{i+1}^<=S_i^<$。

其中，令$S^<=\cup\{S_i^<|i\geqslant 0\}$。

定理 4.2.5（向前链接算法的可靠性和完备性）　令S是基原子集，Π是弱自相容正规程序。S是Π的回答集，当且仅当S是由向前链接算法得到的。

值得指出的是，一方面，定义 4.1.1 和定义 4.1.2 通过引入部分赋值和归约将稳定模型概念拓广到回答集程序，从而得到回答集的概念（定义 4.1.3）；另一方面，根据定理 4.2.1，正规回答集程序是一类特殊的缺省逻辑，依缺省逻辑语义框架的可靠性与完备性定理 3.6.2 和定理 3.6.3，其回答集可以用相应的语义框架描述。这会产生如下问题：在这两种观点下正规程序的回答集概念是一致的吗？更确切地说，对任一正规程序Π和与之相应的缺省理论$\Delta=(D_\Pi,\varnothing)$，其中

$$D_\Pi=\{B_1\wedge\cdots\wedge B_m:M\neg C_1,\cdots,M\neg C_n/A \mid A\leftarrow B_1,\cdots,B_m, \text{not } C_1,\cdots,\text{not } C_n\in\Pi\}$$

下述两个结论是否等价：

结论Ⅰ：基原子集S是Π的一个回答集，当且仅当S是Π^S的稳定模型（定义 4.1.3）；

结论Ⅱ：基原子集S是Π的一个回答集，当且仅当有$D'\subseteq D_\Pi$和语义框架$(\Phi,\tilde{\Psi})$满足：

（1）$(\Phi,\{\Phi\})\leqslant_{(d_i)}(\Phi,\tilde{\Psi})$且$(d_i)$恰好由$D'$中所有元素构成；

（2）$(\Phi,\tilde{\Psi})$是分布相容的；

（3）对任一$d\in D_\Pi\backslash D'$，$(\Phi,\tilde{\Psi})$关于d是稳定的。其中

$$D'=\{B_1\wedge\cdots\wedge B_m:M\neg C_1,\cdots,M\neg C_n/A|B_1,\cdots,B_m\subseteq S,\ \{C_1,\cdots,C_n\}\cap S=\varnothing$$
$$A\leftarrow B_1,\cdots,B_m,\ \text{not } C_1,\cdots,\text{not } C_n\in\Pi\}\subseteq D_\Pi$$
$$\tilde{\Psi}=\{\text{MOD}(B)|B\in\text{Ccs}(D')\}\cup\{\Phi\}$$

依定理 3.6.2 和定理 3.6.3，因为$\text{MOD}(\varnothing)=\Phi$，故$\Psi=\Phi$。

如果结论Ⅰ和结论Ⅱ是等价的，则依据结论Ⅰ和结论Ⅱ分别给出的正规程序的回答集概念是等价的。在此意义下，定义 4.1.3 是合适的。

此论证容易拓广到4.1节定义的任意回答集程序，为此，我们有下面的定理。

定理4.2.6 给定任一正规程序Π和与之相应的缺省理论$\Delta=(D_\Pi,\varnothing)$，其中$D_\Pi=\{B_1\wedge\cdots\wedge B_m:M\neg C_1,\cdots,M\neg C_n/A|A\leftarrow B_1,\cdots,B_m$，not $C_1,\cdots,$not $C_n\in\Pi\}$，S是Π^S的稳定模型，当且仅当有$D'\subseteq D_\Pi$和语义框架$(\Phi,\tilde{\Psi})$满足

（1）$(\Phi,\{\Phi\})\leqslant_{(d_i)}(\Phi,\tilde{\Psi})$且$(d_i)$恰好由$D'$中所有元素构成；

（2）$(\Phi,\tilde{\Psi})$是分布相容的；

（3）对任意$d\in D_\Pi\backslash D'$，$(\Phi,\tilde{\Psi})$关于d是稳定的。其中

$$D'=\{B_1\wedge\cdots\wedge B_m:M\neg C_1,\cdots,M\neg C_n/A|B_1,\cdots,B_m\subseteq S,\ \{C_1,\cdots,C_n\}\cap S=\varnothing,$$
$$A\leftarrow B_1,\cdots,B_m,\text{not } C_1,\cdots,\text{not } C_n\in\Pi\}\subseteq D_\Pi$$
$$\tilde{\Psi}=\{\text{MOD}(B)|B\in\text{Ccs}(D')\}\cup\{\Phi\}$$

证明 $D'\subseteq D_\Pi$和语义框架$(\Phi,\tilde{\Psi})$满足结论II中条件（1）～（3）当且仅当

（1）$\text{Pre}(d_0)=\varnothing$，对$i>0$，有$\textbf{GAtom}(\text{Pre}(d_i))\subseteq\cup_{j<i}\text{Con}(d_j)$（根据定义3.6.3，$\textbf{GAtom}(F)$表示公式$F$中出现的基原子的集合）；

（2）$(\Phi,\tilde{\Psi})$是分布相容的（显然成立）；

（3）对任意$B_1\wedge\cdots\wedge B_m:M\neg C_1,\cdots,M\neg C_n/A\in D_\Pi\backslash D'$，$\text{MOD}(B_1\wedge\cdots\wedge B_m)\not\subseteq\Psi$或对某一$i:1\leqslant i\leqslant n$，$\text{MOD}(C_i)\notin\hat{\Psi}$（依定义3.6.8），当且仅当$S$是$(D^*)^S=\{A\leftarrow B_1,\cdots,B_m|B_1\wedge\cdots\wedge B_m:M\neg C_1,\cdots,M\neg C_n/A\in D'\}$的稳定模型，即$\text{Cn}((D^*)^S)=T_{(D^*)^S}\uparrow\omega$（依$D'$的定义和定义4.1.2及定理2.3.5）；

（4）对任意$B_1\wedge\cdots\wedge B_m:M\neg C_1,\cdots,M\neg C_n/A\in D_\Pi\backslash D'$，$\{B_1,\cdots,B_m\}\not\subseteq S$或$\{C_1,\cdots,C_n\}\cap S\neq\varnothing$，当且仅当$\Pi^S=(D^*)^S$（依定义4.1.2），且$S$是$\Pi^S$的稳定模型。证毕。

基于上述定理，视正规程序Π为缺省理论$\Delta=(D_\Pi,\varnothing)$，如果定义Π的回答集：$S$是正规程序Π的一个回答集，当且仅当$\text{Th}(S)$是缺省理论$\Delta=(D_\Pi,\varnothing)$的扩张，则定理4.1.1是定理4.2.6的一个直接推论。

4.3 正规程序的推理

通过DEF映射可以将回答集程序转换为不含经典否定的正规程序，根据定理4.1.3，映射DEF在下述意义下保持回答集不变：文字集S是回答集程序Π的回答集，当且仅当DEF(S)是Π^+的回答集。即便如此，正规程序的成员问题（即正规程序是否有回答集）仍然需要处理缺省否定和约束的不协调性。正规程序的回答集是程序的头原子集的子集，而这些头原子只能出现在回答集的生成规则的正

体中，但不能出现在任何生成规则的负体中；否则可能导致程序没有回答集。

例 4.2.1（续） 如果Π'有回答集 S，那么规则“$B\leftarrow$”和规则“$A\leftarrow B$, not C”应该是关于 S 的生成规则且满足$\{B, A\}\subseteq S$。因为规则“$C\leftarrow A$, not E”满足$\{A\}\subseteq\{B,A\}$，$\{E\}\cap\{B,A\}=\varnothing$，故它也应该是关于 S 的生成规则之一，因此其头 C 必须在 S 中。这导致与生成规则“$A\leftarrow B$, not C”相矛盾，因为 $A\leftarrow B$, not C 作为生成规则要求 C 不在 S 中。

回答集程序的成员问题是不可判定的；即使对有穷 Herbrand 域的程序，协调性的检验是可判定的，但其计算复杂性仍然是很高的。对有认知析取和缺省否定的程序，它是Σ_2^p-完全；对没有认知析取但有缺省否定的程序，它是 **NP**-完全的；对既没有认知析取也没有缺省否定的程序，其成员问题的计算复杂性属于 **P** 类。因此，研究保证回答集程序协调性的条件十分重要。

回答集程序的某些头文字出现在一些规则（可能相同）的正体和负体中是导致回答集不存在（或不唯一）和计算复杂性很高的主要原因，有必要引入某些容易检验的充分条件以保证回答集程序的协调性或唯一性。为此，下面引入正规程序的相依图概念并讨论一些特殊类型的正规程序，它们满足容易检验的特定条件使得回答集总存在。

如前所述，若无特别说明，本节中谈及的正规程序Π，总是指 ground_Π，即Π中任一规则 r 都是基规则，包含变元的规则（程序）总是作为其基例的缩写。相应地，文字和原子总是指基文字和基原子。

4.3.1 特殊正规程序

正规程序Π的原子相依图是一个标记正负符号的有向图 $G_\Pi=(V,E)$：顶点集 V 由Π中所有原子组成；对任意两个顶点 A 和 B，若有规则 $r\in\Pi$，使得$\{A\}=\text{Head}(r)$ 且 $B\in\text{Pos}(r)$（相应地，$B\in\text{Neg}(r)$），则有一条从 A 到 B 的正边（相应地，负边）$\langle A,B\rangle$。如果相依图 G_Π中有一条由偶数条（相应地，奇数条）负边组成的路径，则称 B 偶依赖（相应地，奇依赖）于 A，记作 $A\leqslant^+B$（相应地，$A\leqslant^-B$）。如果 $A\leqslant^+B$ 或 $A\leqslant^-B$，则称 B 依赖于 A，记作 $A\leqslant B$。如果 G_Π中有一条从 A 到 B 的非空路径使得组成该路径的所有边都是正边（相应地，负边），则称 B 正依赖于（相应地，负依赖于）A，记作 $A\leqslant_0 B$（相应地，$A\leqslant B$）。如果 $A\leqslant_0 A$（相应地，$A\leqslant A$），即有 $B_1,\cdots,B_n\in V$（$n\geqslant 0$），使得 $A\leqslant_0 B_1\leqslant_0\cdots\leqslant_0 B_n\leqslant_0 A$（相应地，$A\leqslant B_1\leqslant\cdots\leqslant B_n\leqslant A$），则称$\langle A,B_1,\cdots,B_n,A\rangle$ 是 G_Π的一个正环（相应地，负环）。特别地，若 $n=0$，则称 $A\leqslant_0 A$（相应地，$A\leqslant A$）为伪正环（相应地，伪负环）。

显然，相依关系 $A\leqslant^{+}B$，$A\leqslant B$ 和 $A\leqslant_0 B$ 都是传递的，而 $\leqslant^{-}$ 不是传递的。

定义 G_Π 中关系 $\geqslant^{+}$ 为 $B\geqslant^{+}A$，当且仅当 $A\leqslant^{+}B$。如果 G_Π 中没有无穷递减链 $A_0\geqslant^{+}A_1\geqslant^{+}A_2\cdots$，则称相依关系 $\leqslant^{+}$ 是良基的。类似地，定义关系 $\geqslant^{-}$，$\geqslant$ 和 $\geqslant_0$ 及相依关系 $\leqslant^{-}$，$\leqslant$ 和 $\leqslant_0$ 的良基性。如果 G_Π 中关系 $\leqslant_0$ 是良基的，则称 Π 是正序协调。

给定正规程序 Π，若一个映射 λ 对 Π 中每一原子指派一个序数，则称 λ 为 Π 的层次映射。

定义 4.3.1 正规程序 Π 是局部分层的，当且仅当存在 Π 的层次映射 λ，使得若 $r\in\Pi$，则

（1）对任意原子 $A\in\mathrm{Pos}(r)$，$\lambda(A)\leqslant\lambda(\mathrm{Head}(r))$；

（2）对任意原子 $A\in\mathrm{Neg}(r)$，$\lambda(A)<\lambda(\mathrm{Head}(r))$。

称 λ 是局部分层程序 Π 的一个相应的层次映射。此外，若对 Π 中出现的任意谓词 p，$\lambda(p(t_1))=\lambda(p(t_2))$，则称程序 Π 是分层的，其中 t_1 和 t_2 是任意基项。

注意：上述定义中我们视单子 Head(r)等同于一个原子。

从相依图的观点看，定义 4.3.1 表明，正规程序 Π 是局部分层的，当且仅当 G_Π 中至少包含一条负边的相依关系 $\leqslant$ 是良基的。

对于程序 $\Pi_1=\{p(0)\leftarrow \text{not } q(x),\ q(s(x))\leftarrow \text{not } q(x)\}$，其中 s 是后继函数，x 是自然数。若令映射 λ 为 $\lambda(p(0))=\omega$，对任意 $n>0$，$\lambda(q(s^n(0)))=n$，则容易验证 λ 是使该程序为局部分层的层次映射。

显然，分层的正规程序也是局部分层的。反之则不成立，例如，上述程序 Π 是局部分层但不是分层的。

注意：任何确定程序都是局部分层。事实上，对任一确定程序和出现在该程序中的任意原子 A，令 $\lambda(A)=0$，则易知该程序是局部分层。

例 4.1.1（续） 程序 $\{p(a)\leftarrow \text{not } p(a)\}$ 和程序 $\{p(0),\ p(x+2)\leftarrow \text{not } p(x),\ q(x+1)\leftarrow p(x),\text{not } q(x),\ q(x)\leftarrow p(x),\text{not } q(x+1)\}$ 都不是局部分层的，其中 x 是自然数。从后者删除规则 $q(x)\leftarrow p(x),\text{not } q(x+1)$ 后得到子程序 $\{p(0),\ p(x+2)\leftarrow \text{not } p(x),\ q(x+1)\leftarrow p(x),\text{not } q(x)\}$。令 $\lambda(p(x))=\lambda(q(x))=x$，即可知它是局部分层的。

例 4.1.2（续） 令 $\lambda(p(a))=\lambda(p(b))=0$，$\lambda(q(a))=\lambda(q(b))=1$，则 $\{p(a)\leftarrow \text{not } q(a),\ p(b)\leftarrow \text{not } q(b),q(a)\}$ 是局部分层的。

给定集合族 $\{S_\alpha|\alpha<\mu\}$，其中 μ 是一个序数。对每一 $\alpha<\mu$，定义

$$S_{<\alpha}=\cup_{\beta<\alpha}S_\beta$$

令 μ 是一个序数，Π 是一正规程序，λ 是从 Π 的 Herbrand 基 B_Π 到 $\{\alpha|\alpha<\mu\}$ 的映射。对任意 $\alpha{:}\alpha<\mu$，定义

$$B_\alpha=\{A\in B_\Pi \mid \lambda(A)=\alpha\}$$

$$\Pi_\alpha=\{r\in\Pi \mid \lambda(\text{Head}(r))=\alpha\}$$

定理 4.3.1 局部分层的正规程序至多有一个回答集。

证明 设Π是局部分层的正规程序，λ是相应的层次映射。不失一般性，对某一序数μ，假设 $\text{ran}(\lambda)=\{\alpha \mid \alpha<\mu\}$。若$\Pi$有回答集，令 S 是Π的任一回答集。依定义 4.1.3 和定理 2.3.5，S 是Π^S的回答集，当且仅当 S 是Π^S的最小 Herbrand 模型。对任一序数$\alpha<\mu$，令

$$\Pi^S_{<\alpha}=\{r\in\Pi \mid \lambda(\text{Head}(r))<\alpha\}\text{（注意，若}\alpha=0\text{，则 }\Pi^S_{<\alpha}=\varnothing\text{）}$$

记$\Pi^S_{<\alpha}$的最小 Herbrand 模型为H^S_α。因为Π是局部分层的，容易验证：$S=\cup_{\alpha<\mu}H^S_\alpha$。

为证明 S 是Π的唯一回答集，首先证明下述命题：

(P1)设 A 是满足$\lambda(A)<\alpha$的基原子，则 $A\in H^S_\alpha$ 当且仅当 $A\in S$。

证明 “仅当” 因为$\Pi^S_{<\alpha}\subseteq\Pi^S$，故$\Pi^S_{<\alpha}\subseteq S$。因此，对满足$\lambda(A)<\alpha$的基原子 A，若 $A\in H^S_\alpha$，则 $A\in S$。

“当” 设有基原子 A，使得$\lambda(A)<\alpha$且 $A\notin H^S_\alpha$。令 $M=H^S_\alpha\cup\{B\in B_H|\lambda(B)\geqslant\alpha\}$，则 $A\notin M$。因为对每一原子 $B\in\text{Head}(\Pi^S\backslash\Pi^S_{<\alpha})$，$\lambda(B)\geqslant\alpha$，故 M 是$\Pi^S\backslash\Pi^S_{<\alpha}$的模型。依$\Pi$的局部分层性，对每一规则 $r\in\Pi^S_{<\alpha}$，$\max\{\lambda(B)|B\in\text{Pos}(r)\}\leqslant\lambda(\text{Head}(r))<\alpha$。于是，若 $\text{Pos}(r)\subseteq M$，因为对每一原子 $C\in\text{Head}(M\backslash H^S_\alpha)$有$\lambda(C)\geqslant\alpha$，故 $\text{Pos}(r)\subseteq H_\alpha$。由 H^S_α 是$\Pi^S_{<\alpha}$的 Herbrand 模型可导出 M 是Π^S的 Herbrand 模型，再由 S 是Π^S的最小 Herbrand 模型即可导出 $S\subseteq M$。因此，由 $A\notin M$ 导出 $A\notin S$。

综上所述，命题（P1）获证。

其次施归纳法证明：若Π有回答集 S 和 U，则 $S=U$。考虑一序数$\alpha<\mu$，设对每一$\beta<\alpha$，$\Pi^S_\beta=\Pi^U_\beta$。特别地，对序数 0，依Π的局部分层性，显然有$\Pi^S_0=\Pi^U_0=\{r\in\Pi|\lambda(A)=0，\text{Pos}(r)=\varnothing\}\neq\varnothing$。因此，$\Pi^S_{<\alpha}=\Pi^U_{<\alpha}$ 且 $H^S_\alpha=H^U_\alpha$。由(P1)可推导出

$$S\cap(B_\Pi)_{<\beta}=U\cap(B_\Pi)_{<\beta} \tag{4-8}$$

最后，对任一 $r\in\Pi_\beta$，依Π的局部分层性，若 $C\in\text{Neg}(r)$，则$\lambda(C)<\lambda(\text{Head}(r))=\beta$。由此导出 $C\in S$ 当且仅当 $C\in U$。因此，$\Pi^S_\alpha=\Pi^U_\alpha$。于是根据超穷归纳原理，$\Pi^S=\Pi^U$。因为 S 和 U 分别是Π^S和Π^U的最小 Herbrand 模型，故 $S=U$。

综上所述，如果局部分层的正规程序有回答集 S，则 S 是Π的唯一回答集。

注意：有唯一回答集的正规程序不一定是局部分层的。例如，程序$\{A\leftarrow,B\leftarrow,B\leftarrow\text{not } B\}$有唯一回答集$\{A,B\}$，但它不是局部分层的。

为保证回答集存在，下面引入协调性概念。

设Π是正规程序，对任意原子 A，令Π^+_A和Π^-_A分别是满足下述条件的最小原

子集，$A\in\Pi_A^+$ 且对每一规则 $r\in\Pi$：

若 $\mathrm{Head}(r)\in\Pi_A^+$，则 $\mathrm{Pos}(r)\subseteq\Pi_A^+$，$\mathrm{Neg}(r)\subseteq\Pi_A^-$；

若 $\mathrm{Head}(r)\in\Pi_A^-$，则 $\mathrm{Pos}(r)\subseteq\Pi_A^-$，$\mathrm{Neg}(r)\subseteq\Pi_A^+$。

直观上，Π_A^+是关于 A 正依赖于Π的所有原子的集合，而Π_A^-则是关于 A 负依赖于Π的所有原子的集合。因此，Π是有正负之分的程序。

从上述定义易知，对任一原子 A，若 $A\notin\mathrm{Head}(\Pi)$，则$\Pi_A^+=\{A\}$，$\Pi_A^-=\varnothing$。对任一 $A\in\mathrm{Head}(\Pi)$，在相依图 G_Π中的原子要么是孤立点（度数为 0 的顶点），要么组成形如 $A\leqslant A_1\leqslant A_2\leqslant\cdots$ 或 $A\leqslant_0 A_1\leqslant_0 A_2\leqslant_0\cdots$ 的链（这样的链可能是有穷或无穷的，也可能是初始与终止顶点相同的），如程序$\{A\leftarrow A, \mathrm{not}\,A\}$，$\Pi_A^+$和$\Pi_A^-$中分别有链 $A\leqslant^+A$ 和 $A\leqslant^-A$。

定义 4.3.2 给定一正规程序Π，若存在层次映射λ，使得对每一原子 A，当 $B\in\Pi_A^+\cap\Pi_A^-$ 成立时，$\lambda(B)<\lambda(A)$成立，则称Π是序协调的。若Π是序协调的且对任意原子 A，$\Pi_A^+\cap\Pi_A^-=\varnothing$，则称$\Pi$是严格序协调的。如果 G_Π中相依关系$\leqslant_0$是良基的，则称Π是正序协调的。

从相依图的观点看，正规程序Π是序协调的，当且仅当 G_Π中相依关系（$\leqslant^+$和$\leqslant^-$）是良基的。

显然，局部分层的正规程序是序协调的。实际上，设λ是相应于局部分层正规程序Π的任一层次映射，对任意基原子 A 和 B，易知，若 $B\in\Pi_A^+$，则$\lambda(B)\leqslant\lambda(A)$；若 $B\in\Pi_A^-$，则$\lambda(B)<\lambda(A)$。

容易证明，序协调的正规程序是无负环的。因此，对正规程序，有

局部分层程序类$\subseteq$序协调程序类$\subseteq$无负环程序类

例 4.3.1 对以个体符号$\{a, b\}$为论域的程序

$$\Pi_1=\{p(x)\leftarrow\mathrm{not}\,q(x),\ q(x)\leftarrow\mathrm{not}\,p(x),\ r(x)\leftarrow p(x),\ r(x)\leftarrow q(x)\}$$

有

$$\Pi_1{}_{p(x)}^{+}=\{p(x)\},\ \Pi_1{}_{p(x)}^{-}=\{q(x)\}$$

$$\Pi_1{}_{q(x)}^{+}=\{q(x)\},\ \Pi_1{}_{q(x)}^{-}=\{p(x)\}$$

$$\Pi_1{}_{r(x)}^{+}=\{r(x),\ p(x),\ q(x)\},\ \Pi_1{}_{r(x)}^{-}=\varnothing$$

定义层次映射λ为$\lambda(p(x))=\lambda(q(x))=\lambda(r(x))=0$，其中 $x\in\{a, b\}$，易知Π_1是序协调的。

然而，对任意映射λ，若$\lambda(p(a))<\lambda(q(a))$对规则 $p(x)\leftarrow\mathrm{not}q(x)$成立，则它对 $q(x)\leftarrow\mathrm{not}\,p(x)$不真；若$\lambda(q(a))<\lambda(p(a))$对 $q(x)\leftarrow\mathrm{not}\,p(x)$成立，则它对 $p(x)\leftarrow\mathrm{not}\,q(x)$

不真。因此，Π_1 不是局部分层的。Π_1 有回答集$\{p(x),r(x)\}$和$\{q(x),r(x)\}$（$x\in\{a, b\}$）。

类似地可知，程序$\Pi_2=\{A\leftarrow \text{not } B$，$B\leftarrow C$，$B\leftarrow \text{not } A$，$C\leftarrow A\}$不是局部分层。有

$$\Pi_{2A}^{+}=\{A\}，\ \Pi_{2A}^{-}=\{A,B,C\}$$

$$\Pi_{2B}^{+}=\{A,B,C\}，\ \Pi_{2B}^{-}=\{A,C\}$$

$$\Pi_{2C}^{+}=\{A,C\}，\ \Pi_{2C}^{-}=\{B\}$$

因为$A\in\Pi_{2A}^{+}\cap\Pi_{2A}^{-}$，所以$\Pi_2$ 不是序协调的。易知，Π_2 没有回答集。

程序$\Pi_3=\{p(x)\leftarrow p(s(x))$，$p(x)\leftarrow \text{not } p(s(x))\}$（其中 x 是自然数，s 是后继函数）没有负环。从规则 $p(x)\leftarrow p(s(x))$可知，Π_3 既不是序协调也不是正序协调的，从规则 $p(x)\leftarrow \text{not } p(s(x))$可知，$\Pi_3$ 不是局部分层的。程序Π_3 有唯一回答集$\{p(0)\}$。

程序$\Pi_4=\{A\leftarrow B, \text{not } B\}$是序协调的，它有唯一回答集$\varnothing$。

推论 4.3.1　有穷正规程序Π是序协调的，当且仅当对任一基原子 A，$A\notin\Pi_A^{-}$。

证明　若 $A\notin\text{Head}(\Pi)$，则$\Pi_A^{+}=\{A\}$，$\Pi_A^{-}=\varnothing$，推论成立。于是，只需证明：Π是序协调的，当且仅当对任一基原子 $A\in\text{Head}(\Pi)$，$A\notin\Pi_A^{-}$。

“仅当”　设若不然，即对序协调的有穷正规程序Π，有一基原子 $A\in\text{Head}(\Pi)$使得 $A\in\Pi_A^{-}$。因此，有 $r\in\Pi$，使得 $\text{Head}(r)=A$。对所有这样的 r，如果 $\text{Neg}(r)=\varnothing$，则$\Pi_A^{-}=\varnothing$，矛盾。于是有 $r_1\in\Pi$，使得 $\text{Head}(r_1)=A$ 且 $\text{Neg}(r_1)\neq\varnothing$。因此，有 $A_1\in\text{Neg}(r_1)$使得 $A_1\in\Pi_A^{+}$。依Π的序协调性，我们断言 $A_1\neq A$。设若不然，对使得程序Π序协调的层次映射λ，有$\lambda(A)<\lambda(A)$，矛盾。类似地，由 $A_1\in\Pi_A^{+}$，有 $r_2\in\Pi$和 $A_2\in\text{Neg}(r_2)$，使得 $\text{Head}(r_2)=A_2$，$A_2\neq A_1$ 且 $A_2\in\Pi_{A_1}^{+}$。显然，$A_2\neq A$。如此继续此过程，得到 $\text{Head}(\Pi)$中两两不相同的基原子 $A,A_1,A_2,\cdots,A_n,\cdots$。依$\Pi$的有穷性，$A,A_1,A_2,\cdots,A_n,\cdots$ 中必有两个是相同的，矛盾。

“当”　设对任一原子 A，$A\notin\Pi_A^{-}$。因为Π是有穷的，首先，可以给出结论：G_Π没有封闭的$\leqslant$链（即没有负环）。设若不然，即有封闭的$\leqslant$链 $A\leqslant\cdots\leqslant B\leqslant\cdots\leqslant C\leqslant A$，使得$\{A,\cdots,B,\cdots,C\}\subseteq\text{Head}(\Pi)$，则 $A,\cdots,B,\cdots,C$ 中必有某个 X，使得 $X\in\Pi_X^{-}$，矛盾。

其次，令相依图 G_Π的顶点数为 n，定义Π的层次映射λ如下：

对 G_Π中孤立点 A，$\lambda(A)=0$；

对 G_Π中任意极大非封闭的$\leqslant$链 $A_1\leqslant A_2\leqslant\cdots\leqslant A_m(1<m\leqslant n)$，$\lambda(A_1)=n$；对 k:$1<k\leqslant m$，$\lambda(A_k)=n-k$。

一方面，因为 G_Π中任一极大非封闭$\leqslant$链的任一顶点不在其他任何极大非封闭的$\leqslant$链中出现，故 G_Π中任一非孤立点 A 在且仅在 G_Π中一条极大非封闭$\leqslant$链中出现。另一方面，因为Π是有穷的程序，G_Π中极大非封闭$\leqslant$链只有有穷条，且每一

条极大非封闭≤链的顶点数是有穷的，故$\lambda(A)$可由 G_Π中的一条极大非封闭≤链唯一地确定。因此，上述定义是合适的。

从上述论证易知，条件“对任意原子 B，如果 $B\in\Pi_A^+\cap\Pi_A^-$，则$\lambda(B)<\lambda(A)$”自然成立，从而Π是序协调的。

考虑程序$\Pi=\{p(x)\leftarrow \text{not } q(x)，q(s(x))\leftarrow \text{not } q(x)\}$，$x$ 是满足 $0\leqslant x<n$ 的自然数，s 是后继函数。

$$\Pi^+_{p(2k)}=\{p(2k),q(2k-1),q(2k-3),\cdots,q(1)\}$$
$$\Pi^-_{p(2k)}=\{q(2k),q(2k-2),\cdots,q(0)\}$$
$$\Pi^+_{p(2k+1)}=\{p(2k+1),q(2k),q(2k-2),\cdots,q(0)\}$$
$$\Pi^-_{p(2k+1)}=\{q(2k+1),q(2k-1),\cdots,q(1)\}$$
$$\Pi^+_{q(2k)}=\{q(2k),q(2k-2),\cdots,q(0)\}$$
$$\Pi^-_{q(2k)}=\{q(2k-1),q(2k-3),\cdots,q(1)\}$$

其中，$0\leqslant k\leqslant[n/2]$（即 $n/2$ 的整数部分），相依图所有极大链依下述关系确定：

$$\text{对 } 0<x\leqslant n，p(0)\leqslant q(0)$$
$$p(x)\leqslant q(x)\leqslant q(x-1)\leqslant\cdots\leqslant q(1)\leqslant q(0)$$

定义层次映射λ为$\lambda(p(x))=x+1$，$\lambda(q(x))=x$，则该程序是序协调的。

注意：如果 x 是任意自然数，则该程序不是序协调的。

定理 4.3.2 序协调的正规程序有回答集。

证明 可以证明：序协调的正规程序Π的任一极大强相容子集是Π的一个回答集的生成规则集。

设Π^*是Π的任一极大强相容子集，$S=\text{Head}(\Pi^*)$，若有 $r\in\Pi\backslash\Pi^*$，使得 $\text{Pos}(r)\subseteq S$ 且$\Pi^*\cup\{r\}$是相容的，则可得 $\text{Head}(r)\in S$ 的结论。设若不然，令 $A=\text{Head}(r)$，则 $A\notin S$。因为$\text{Pos}(\Pi^*)\subseteq S$ 且$\Pi^*\cup\{r\}$是相容的，故$\text{Neg}(\Pi^*)\cap S=\varnothing$。于是，$\text{Neg}(r)\subseteq\Pi_A^-$，$\text{Pos}(r)\subseteq\Pi_A^+$。依 $A\notin S$ 和Π^*的极大强相容性，则 $A\in\text{Neg}(r)$，故 $A\in\Pi_A^+\cap\Pi_A^-$，与Π的序协调性矛盾。因此，对任意 $r\in\Pi\backslash\Pi^*$，必有 $\text{Pos}(r)\not\subseteq S$ 或$\Pi^*\cup\{r\}$是不相容的，依定理 4.2.2*，S 是Π的回答集且 $\text{GR}(S,\Pi)$是 S 的生成规则集。

因为局部分层的正规程序是序协调的，由定理 4.3.2 可以加强定理 4.3.1，如下：

定理 4.3.1* 局部分层的正规程序有唯一回答集。

定义 4.3.3 设Π是正规程序，若存在Π的一个层次映射λ，使得对每一规则 $r\in\Pi$和每一原子 $A\in\text{Pos}(r)\cup\text{Neg}(r)$，$\lambda(A)<\lambda(\text{Head}(r))$成立，则称Π是无环程序。

从相依图的角度看，无环正规程序Π的相依图 G_Π中没有任何由正边与负边

（可能只由正边或只由负边或同时由正边与负边）组成的非空封闭路径$<A,B_1,\cdots B_n,A>$（$n\geqslant 0$）。

拓广经典的扩展程序的完备概念到有穷正规程序，可以使得有变元出现的无环正规程序的唯一回答集恰好是其完备的唯一 Herbrand 模型，从而可以使用有效的命题求解器计算回答集，这也给出了正规程序的语义性质。如此无环程序询问的回答可以应用基于 PROLOG 编译器的 SLDNF 消解得到。为此，类似于定义 2.3.8 和定义 2.3.9，下面给出谓词和程序完备的定义。

定义 4.3.4　任一有穷的正规回答集程序Π（可能有变元出现）的完备，记作 $\mathrm{Comp}(\Pi)$，是通过下述步骤得到的一阶公式的集合（如果Π中没有等词“=”出现，则将等词“=”增加到Π的符号表中）。

步骤 1：令 $r\in\Pi$，$\mathrm{Head}(r)=A(t_1,\cdots,t_k)$，$\mathrm{Pos}(r)=\{B_1,\cdots,B_m\}$，$\mathrm{Neg}(r)=\{C_1,\cdots,C_n\}$。设 $y_1,\cdots,y_s$ 是出现在谓词 A 中的所有变元，用$\alpha(r)$记公式

$$\exists y_1\cdots\exists y_s(x_1=t_1\wedge\cdots\wedge x_k=t_k\wedge B_1\wedge\cdots\wedge B_m\wedge\neg C_1\wedge\cdots\wedge\neg C_n\rightarrow A(x_1,\cdots,x_k))$$

其中，$x_1,\cdots,x_k$ 是不出现在 r 中的变元。令$\alpha(\Pi)=\{\alpha(r)|r\in\Pi\}$。

步骤 2：对每一谓词 A(包括等词“=”)，若

$$E_1\rightarrow A(x_1,\cdots,x_k)$$

$$\cdots\cdots$$

$$E_j\rightarrow A(x_1,\cdots,x_k)$$

是出现在$\alpha(\Pi)$中以 $A(x_1,\cdots,x_k)$为后件的所有蕴含式，则由下述公式代替：

- 如果 $j\geqslant 1$，则$\forall x_1\cdots\forall x_k A(x_1,\cdots,x_k)\leftrightarrow E_1\vee\cdots\vee E_j$;
- 如果 $j=0$，则$\forall x_1\cdots\forall x_k\neg A(x_1,\cdots,x_k)$。

步骤 3：扩展关于等词“=”的公理如下：

- 对每一函数符号 f，$f(x_1,\cdots,x_n)=f(y_1,\cdots,y_n)\rightarrow x_1=y_1\wedge\cdots\wedge x_n=y_n$;
- 对任意不同的函数符号 f 和 g，$f(x_1,\cdots,x_n)\neq g(y_1,\cdots,y_n)$;
- 对每一变元 x 和有 x 出现但不同于 x 的项 t，$x\neq t$。

所有这些关于等词“=”的公理是全称量词约束的。

对任意 $S\subseteq\mathbf{GAtom}_\Pi$，若 S 满足 $\mathrm{Comp}(\Pi)$，则称 S 是 $\mathrm{Comp}(\Pi)$的模型。

易知，关于等词“=”的上述公理与 2.3.3 节中给出的公理是等价的。直观上，上述“步骤 3”中的公理分别是：①有不同变元出现的同一函数相等，当且仅当这些变元相等；②不同函数对其中出现的任何变元（即使相同）都不相等；③任何变元与有该变元出现的任何函数不相等。因此，每一包含变元的规则的基例式是彼此不同的，所有包含变元的规则的基例式也是彼此不同的。

注意：没有变元出现的有穷正规程序Π，Comp(Π)是由下述步骤得到的命题公式的集合。

步骤 1：对任一 $r\in\Pi$，令 $\text{Head}(r)=A$，$\text{Pos}(r)=\{B_1,\cdots,B_m\}$和 $\text{Neg}(r)=\{C_1,\cdots,C_n\}$，用$\alpha(r)$记公式 $B_1\wedge\cdots\wedge B_m\wedge\neg C_1\wedge\cdots\wedge\neg C_n\rightarrow A$，令$\alpha(\Pi)=\{\alpha(r)|r\in\Pi\}$。

步骤 2：对每一基原子 A，若

$$E_1\rightarrow A,\cdots,E_j\rightarrow A$$

是出现在$\alpha(\Pi)$中以 A 为后件的所有蕴含式，则由下述公式代替：

- 如果 $j\geqslant 1$，$A\leftrightarrow E_1\vee\cdots\vee E_j$;
- 如果 $j=0$，$\neg A$。

例 4.3.2 对于程序$\Pi_1=\{A\leftarrow B,C,\text{not }D,\ A\leftarrow B,\text{not }C,\text{not }D\}$和$\Pi_2=\{A\leftarrow A,\text{not }A\}$，有

- $\text{Comp}(\Pi_1)=\{A\leftrightarrow((B\wedge C\wedge\neg D)\vee(B\wedge\neg C\wedge\neg D)),\ \neg B,\ \neg C,\ \neg D\}$，其模型是$\varnothing$;
- $\text{Comp}(\Pi_2)=\{A\leftrightarrow A\wedge\neg A\}$，其模型是$\varnothing$。

对程序$\Pi_3=\{p(x)\leftarrow\text{not }q(x),\text{not }r(x);\ p(a);\ q(b)\}$，通过适当的简化后得到 $\text{Comp}(\Pi_3)$的等价的一阶公式集，该公式集由下述公式与关于等词的公理组成。

$$\forall x(p(x)\leftrightarrow(\neg q(x)\wedge\neg r(x)\vee x=a))$$

$$\forall x(q(x)\leftrightarrow x=b)$$

$$\forall x(\neg r(x))$$

程序Π_3 的回答集$\{p(a), q(b)\}$正好是 $\text{Comp}(\Pi_3)$的唯一 Herbrand 模型。

定理 4.3.3 给定任一有穷正规程序Π，$S\subseteq B_\Pi$封闭于Π且是Π支承的，当且仅当 S 是 Comp(Π)的 Herbrand 模型。

证明 “仅当” 设 S 是封闭于Π且是Π支承的，依定义 4.3.2，对 Comp(Π)中任一形如

$$\forall x_1\cdots\forall x_k(A(x_1,\cdots,x_k)\leftrightarrow E_1\vee\cdots\vee E_j)\quad(j\geqslant 1)$$

的公式，S 满足该公式。令 v 是由 S（连同解释“=”为相等关系）确定的赋值，对任意 $d_1,\cdots,d_k\in B_\Pi$，若 $v([x_1\mapsto d_1,\cdots,x_k\mapsto d_k])$（记为 v'）满足 $E_1\vee\cdots\vee E_j$，则必有某 $i{:}1\leqslant i\leqslant j$，使得 v' 满足 E_i。设 A'和 E_i'分别是 $A(x_1,\cdots,x_k)$和 E_i 由 $v([x_1\mapsto d_1,\cdots,x_k\mapsto d_k])$的变元指派做置换$\theta=\{[d_1/x_1,\cdots,d_k/x_k]\}$得到的公式，$\alpha^{-1}(A'\leftarrow E_i')$是形如 $A'\leftarrow\text{Pos}'$, not Neg′的Π的规则基例式，则 $\text{Pos}'\subseteq S$，$\text{Neg}'\cap S=\varnothing$。因为 S 封闭于Π，根据定义 4.1.6，$A'\in S$，所以 S 满足 $A'\leftarrow\text{Pos}'$, not Neg′。因此，S 满足 $A\leftarrow E_i$，进而，S 满足 $A\leftarrow E_1\vee\cdots\vee E_j$。

类似地，若 S 满足 A'，因 S 是Π支承的，故有 $A'\leftarrow\text{Pos}'$, not $\text{Neg}'\in\Pi$，使得 $\text{Pos}'\subseteq S$ 且 $\text{Neg}'\cap S=\varnothing$，从而 S 满足 E_i。因此，S 满足 $A\rightarrow E_1'\vee\cdots\vee E_j'$。

对 Comp(Π)中的公式$\forall x_1\cdots\forall x_k\neg A(x_1,\cdots,x_k)$，因为 A 不出现在程序中任何规

则的头中，依 S 是Π支承的，易知 S 满足 $\neg A$。

综上所述，S 是 Comp(Π)的一个 Herbrand 模型。

类似地，可证明条件“当”。

推论 4.3.2　有穷正规程序Π的任一回答集也是 Comp(Π)的一个 Herbrand 模型。

例 4.3.3　程序 $\Pi=\{A,\ B\leftarrow \text{not } C,\ C\leftarrow \text{not } B\}$ 有两个回答集：$\{A, B\}$ 和 $\{A, C\}$，它们也是 $\text{Comp}(\Pi)=\{A\leftrightarrow\top,\ B\leftrightarrow\neg C\}$ 的模型。

然而，推论 4.3.2 的逆不真。

例 4.3.4　程序 $\Pi=\{A\leftarrow B, \text{not } C, B\leftarrow A, \text{not } C\}$ 有唯一回答集∅，而 $\text{Comp}(\Pi)=\{A\leftrightarrow B\wedge\neg C,\ B\leftrightarrow A\wedge\neg C\}$ 有两个模型 $\{A, B\}$ 和∅。

例 4.3.5　$\Pi=\{p(x)\leftarrow \text{not } q(x),\ p(x)\leftarrow \text{not } r(x),\ p(a),\ q(b)\}$ 施行完备转换并化简得到等价的公式集

$$\{\forall x(p(x)\leftrightarrow\neg q(x)\vee\neg r(x)\vee x=a),\ \forall x(q(x)\leftrightarrow x=b),\ \forall x(\neg r(x))\}$$

这些公式和等词公理组成 Comp(Π)。Π的回答集 $\{p(a), p(b), q(b)\}$ 恰好是 Comp(Π)的唯一 Herbrand 模型。

定理 4.3.4　设Π是无环的有穷正规程序，则Π的唯一回答集是其完备 Comp(Π)的唯一 Herbrand 模型。

证明　只需证明：$\Lambda(\Pi)=\cup_{0\leqslant n}\Pi_n$ 是相容的，其中

$$\text{对 } n>0，\Pi_0=\{A\leftarrow|A\leftarrow\in\Pi\}$$

$$\Pi_n=\{A\leftarrow B_1,\cdots,B_m, \text{not } C_1,\cdots,\text{not } C_n\in\Pi)|\{B_1,\cdots,B_m\}\subseteq\text{Head}(\Pi_{n-1})\}$$

设若不然，有 $r\in\Lambda(\Pi)$ 使得 $\text{Neg}(r)\cap\text{Head}(\Lambda(\Pi))\neq\varnothing$。令 k 和 m 是满足 $k\geqslant m\geqslant 0$，$A\in\text{Neg}(\Pi_k)$ 和 $A\in\text{Head}(\Pi_m)$ 的最小自然数。依 $\Lambda(\Pi)=\cup_{0\leqslant n}\Pi_n$ 易知，相依图 $G_{\Lambda(\Pi)}$ 有形如 $<A,B_1,\cdots,B_n,A>$ 的环($n\geqslant 0$)，与“Π是无环的”条件矛盾。

于是，由推论 4.2.2 可知，Π有唯一回答集 Head(Λ(Π))。因此，Head(Λ(Π))封闭于Π且是Π支承的，依定理 4.3.3，Head(Λ(Π))是 Comp(Π)的 Herbrand 模型。

设 S 是 Comp(Π)的 Herbrand 模型，依定理 4.3.3，S 封闭于Π且是Π支承的。只需证明 $S=\text{Head}(\Lambda(\Pi))$，则 S 是 Comp(Π)的唯一 Herbrand 模型。为此，首先证明 $S\subseteq\text{Head}(\Pi)$。因为Π封闭于 S，容易归纳证明：对任意 $n\geqslant 0$，$\text{Head}(\Pi_n)\subseteq S$，因此 $S\subseteq\text{Head}(\Pi)$。其次，证明 $\text{Head}(\Pi)\subseteq S$。设若不然，则有 $A_1\in S\backslash\text{Head}(\Lambda(\Pi))$。因为 S 是Π支承的，故存在 $r_1\in\Pi$，使得 $A_1=\text{Head}(r_1)$，$\text{Pos}(r_1)\subseteq S$ 且有 $A_2\in\text{Pos}(r_1)\backslash\text{Head}(\Lambda(\Pi))$。

类似地，对 $m\geqslant 2$，由于 $A_m\in S$ 和 S 是Π支承的，故存在 $r_{m+1}\in\Pi$，使得 $A_m=\text{Head}(r_m)$，$\text{Pos}(r_m)\subseteq S$ 且有 $A_{m+1}\in\text{Pos}(r_m)\backslash\text{Head}(\Lambda(\Pi))$。

于是，对任意 $m\geqslant 1$ 有 $r_m\in\Pi$，使得 $A_m\in\text{Pos}(r_m)\backslash\text{Head}(\Lambda(\Pi))$。因Π是有穷的，

故必有 i，$j\geqslant 1$，使得 $\mathrm{Head}(r_i)=\mathrm{Head}(r_j)$，与Π是无环的条件矛盾。

定理 4.3.4 非常重要，它允许使用 PROLOG 关于完备语义的 SLDNF 消解可靠性与完备性的许多结果，并且保证这些性质对无环正规程序的回答集语义仍然成立。例如，它与某些关于终止性的结果保证基于 PROLOG 编译器的 SLDNF 消解对于原子询问总终止且产生所欲的回答；对有唯一回答集的程序类，其回答集语义推导的类似逼近可以通过应用良基语义的系统得到。另外，若程序的 Herbrand 域有穷，在很多情形下，直接计算程序的回答集比检测一个原子是否属于程序的一个回答集更为方便。特别地，对无环和分层程序有各种更为有效的自底向上算法实现这样的计算。例如，依此定理，无环正规程序的回答集可以通过计算程序的完备的模型得到。

定义 4.3.5 令Π是一个正规程序。若有Π的层次映射λ，使得对每一 $r\in\Pi$和每一 $A\in\mathrm{Pos}(r)$，$\lambda(\mathrm{Head}(r))>\lambda(A)$，则Π是紧凑的。

从相依图的角度看，正规程序Π是紧凑的，当且仅当 G_Π中相依关系$\leqslant_0$ 是良基的。

显然，紧凑的正规程序是无正环的。然而，无正环的正规程序（即使是有穷的）不一定是紧凑的。

例 4.3.6 程序$\{A\leftarrow B,\ A\leftarrow B, \mathrm{not}\ A\}$是紧凑的但不是无环的，程序$\{A\leftarrow A\}$既不是紧凑也不是无环的。正规程序$\{q(x)\leftarrow q(s(x)), \mathrm{not}\ p(0)\}$，其中 s 是后继函数，x 是任意自然数。该程序无正环但不是紧凑的，因为没有层次映射λ，使得$\lambda(q(x))>\lambda(q(s(x)))$。如果限制变元 x 满足 $x\leqslant n$，其中 n 是自然数，则$\{q(x)\leftarrow q(s(x)), \mathrm{not}\ p(0)x\leqslant n\}$是有穷正规程序。令$\lambda(q(0))=n$，$\lambda(q(x))=n-x$，该程序是紧凑的。

定理 4.3.5 设Π是紧凑的有穷正规程序，则 S 是Π的回答集，当且仅当 S 是 Comp(Π)的模型。

证明 “仅当” 设 S 是 Comp(Π)的模型，依定理 4.3.3，S 封闭于Π且是Π支承的。令

$$\mathrm{GR}(S,\Pi)=\{r\in\Pi \mid \mathrm{Pos}(r)\subseteq S \text{ 且 } \mathrm{Neg}(r)\cap S=\varnothing\}$$

$$\Pi^*=\{r\in\Pi \mid \mathrm{Head}(r)\in S\}$$

对任意 $r\in\Pi^*$，由 $\mathrm{Head}(r)\in S$ 且 S 是Π支承的，故 $\mathrm{Pos}(r)\subseteq S$，$\mathrm{Neg}(r)\cap S=\varnothing$。于是，$r\in\mathrm{GR}(S,\Pi)$，因此$\Pi^*\subseteq\mathrm{GR}(S,\Pi)$。因为 S 封闭于Π，易知 $\mathrm{GR}(S,\Pi)\subseteq\Pi^*$。因此，$\mathrm{GR}(S,\Pi)=\Pi^*$且 $S=\mathrm{Head}(\mathrm{GR}(S,\Pi))$。根据Π的紧凑性，容易证明：$\Lambda(\mathrm{GR}(S,\Pi))=\mathrm{GR}(S,\Pi)$，从而 GR(S,Π)是强相容的，根据推论 4.2.2，GR(S,Π)有唯一回答集 S。由定理 4.2.2* 和 GR(S,Π)的定义，易知 S 是Π的一个回答集。

"当"　设 S 是Π的回答集，则由推论 4.3.2，S 是 Comp(Π)的模型。

从上述证明可以看出，程序紧凑的概念可以弱化为在原子集上紧凑，且上述定理相应的结论仍然成立，即

正规程序Π在原子集 X 上是紧凑的，当且仅当有从 **GAtom** 到序数的层次映射 λ，使得对每一规则 $r\in\Pi$，如果 $\mathrm{Head}(r)\cup\mathrm{Pos}(r)\subseteq X$，则对每一 $A\in\mathrm{Pos}(r)$，$\lambda(\mathrm{Head}(r))>\lambda(A)$。

定理 4.3.5*　设Π是在 $S\subseteq$**GAtom** 上紧凑的有穷正规程序，则 S 是Π的回答集，当且仅当 S 是 Comp(Π)的模型。

任一正规程序可以通过引入无穷多个基原子并用下述方式"被紧凑"。

对每一 $A\in$**GAtom** 和自然数 $n>0$，令 A^n 是一个新的基原子；对任意自然数 $n>0$ 和任一基原子集 S，定义 $S^n=\{A^n \mid A\in S\}$。

直观上，A^n 表示 A 可以用程序的规则"在 n 步内被确立"。令 **GAtom**$^\infty$ 是由 **GAtom** 增加新的基原子 A^n $(n>0)$得到的扩展基原子集。

定义 4.3.6　正规程序Π的紧凑由如下规则组成。

（1）对每一规则 Head←Pos, not Neg∈Π和每一个 $n>0$，程序规则 $\mathrm{Head}^{n+1}\leftarrow \mathrm{Pos}^n$, not Neg 属于Π的紧凑；

（2）对每一 $A\in$**GAtom** 和每一个 $n>0$，程序规则 $A\leftarrow A^n$ 属于Π的紧凑。

例如，程序$\{p\leftarrow p, \text{not } q\}$的紧凑是下述规则组成的集合，其中 $n>0$：

$$p^{n+1}\leftarrow p^n, \text{not } q;\quad p\leftarrow p^n;\quad q\leftarrow q^n$$

对此正规程序Π的紧凑，定义层次映射 λ：$\lambda(A^n)=n(n>0)$，$\lambda(A)=\infty$。显然，Π的紧凑是紧凑的。容易证明下述结论：

定理 4.3.6　**GAtom** 的一个子集是正规程序Π的回答集，当且仅当它可以表示为 $S\cap$**GAtom** 的形式，其中 S 是Π的紧凑的回答集。

推论 4.3.3　若Π'是正规程序Π的紧凑，则 $C_n(\Pi)=C_n(\Pi')\cap\mathbf{GAtom}_{\Pi}$。

定义 4.3.7　称正规程序Π是审慎单调的，如果它满足性质：对任意原子 A 和 B，若 $\Pi\vDash_n A$ 且 $\Pi\vDash_n B$，则 $\Pi\cup\{A\}\vDash_n B$。称Π具有 Cut 性质，如果 A 属于Π的回答集 S，则 S 是 $\Pi\cup\{A\}$的回答集。

定理 4.3.7　设正规程序Π是序协调的，A 是原子。若 A 属于Π的所有回答集，则程序Π和 $\Pi\cup\{A\}$有相同的回答集。

证明　设 S 是Π的任一回答集，则 GR(S,Π)满足定理 4.2.2*的条件（1）和条件（2）。因为 $A\in S$，容易验证，GR(S,$\Pi\cup\{A\}$)=GR(S,Π)$\cup\{A\}$且 GR(S,$\Pi\cup\{A\}$)满足定理 4.2.2*的条件（1）和条件（2），故 S 是 $\Pi\cup\{A\}$的回答集。

设 S 是 $\Pi\cup\{A\}$的任一回答集，则 GR(S,$\Pi\cup\{A\}$)满足定理 4.2.2*的条件（1）和

条件(2)且$A\in S$。设$A\notin \text{Head}(\text{GR}(S,\Pi))$，则$\text{GR}(S\backslash\{A\},\Pi)=\text{GR}(S,\Pi)=\text{GR}(S,\Pi\cup\{A\})\backslash\{A\}$。

因为$\text{GR}(S,\Pi\cup\{A\})$满足定理4.2.2*的条件(1)和条件(2)，容易验证：$\text{GR}(S\backslash\{A\},\Pi)$满足定理4.2.2*的条件（1）和条件（2），故$S\backslash\{A\}$是$\Pi$的回答集，这与已知条件"$A$属于$\Pi$的所有回答集"矛盾。因此，$A\in \text{Head}(\text{GR}(S,\Pi))$，这蕴含$\text{GR}(S,\Pi\cup\{A\})\backslash\{A\}=\text{GR}(S,\Pi)$。类似地，容易验证，$\text{GR}(S,\Pi)$满足定理4.2.2*的条件（1）和条件（2），故$S$是$\Pi$的回答集。

正规程序具有审慎单调性和Cut性质。这两个性质蕴含着累积性，即用正规程序的一个逻辑结论作为一条规则扩展程序，不会改变原来程序的回答集。上述定理表明正规程序具有累积性。

4.3.2 回答集程序的分裂

如果程序Π_1和程序Π_2不是强等价的，则总可以用一个不比程序Π_2复杂的程序Π'证实。通常，取Π'为$\Pi\cup\{H\}$的形式，其中H是选择公式（特别情况下，H是原子）。

定义4.3.8 给定正规程序Π和原子集U，对Π中每一规则$\text{Head}\leftarrow\text{Pos}\cup\text{not Neg}$，如果$\text{Head}\in U$蕴含$\text{Pos}\cup\text{Neg}\subseteq U$，则称$U$分裂程序$\Pi$，$U$是$\Pi$的分裂集。若$U$分裂$\Pi$，则称$\Pi$中其头属于$U$的规则的集合为$\Pi$（关于$U$）的底部，记作$b_U(\Pi)$，称集合$\Pi\backslash b_U(\Pi)$为$\Pi$关于$U$的顶部。

显然，$\text{Head}(\Pi\backslash b_U(\Pi))\subseteq\mathbf{GAtom}_\Pi\backslash U$。

任一正规程序Π是被空集$\varnothing$和$\mathbf{GAtom}_\Pi$分裂的，称这样的分裂为平凡的分裂。例如，程序$\{A\leftarrow B, \text{not } C，B\leftarrow C, \text{not } A，C\leftarrow\}$有唯一的非平凡分裂集$U=\{C\}$，$\Pi$关于$U$的底部为$b_U(\Pi)=\{C\leftarrow\}$，顶部为$\{A\leftarrow B, \text{not } C，B\leftarrow C, \text{not } A\}$。

一个程序的分裂集可以将计算程序的回答集的问题分裂为计算几个同类型较小程序的回答集的问题，这一计算过程包含Π的顶部关于Π的底部的每一回答集的计算。例如，对上述的程序Π的底部做"部分计算"得到唯一回答集$\{C\}$。对顶部做"部分计算"时，因为原子C必然在Π的所有可能回答集中，规则$A\leftarrow B, \text{not } C$不可能用于生成回答集，所以被删去。对规则$B\leftarrow C, \text{not } A$，原子$C$是"无用的"，从而可以简化为$B\leftarrow\text{not } A$。易知，顶部的回答集是$\{B\}$。$\Pi$的回答集是$\{B,C\}$。这样的分裂计算过程可以表示如下。

定义4.3.9 令Π是正规程序，U是原子集，V是U的子集。集合$e_U(\Pi,V)$是由Π通过下述操作得到的程序。

（1）对任意一规则 Head←Pos, not Neg∈Π，若 Pos∩$(U\backslash V)\neq\varnothing$或 Neg∩$U\neq\varnothing$，则删去此规则；

（2）对余下的规则 Head←Pos, not Neg，用 Head←(Pos\\$U$), not (Neg\\$U$)代替。

定义 4.3.10 令Π是正规程序，U 是分裂Π的原子集。原子集对$<S_1,S_2>$如果满足

（1）S_1 是 $b_U(\Pi)$的一个回答集；

（2）S_2 是 $e_U(\Pi\backslash b_U(\Pi)S_1)$的一个回答集。

则称$<S_1,S_2>$是Π关于 U 的一个解。

由推论 4.1.2 易知，对Π关于 U 的任意一解$<S_1,S_2>$，下述关系成立：

$$S_1\subseteq U\cap \mathbf{GAtom}_\Pi,\quad S_2\subseteq \mathbf{GAtom}_\Pi\backslash U$$

特别地，$S_1\cap S_2=\varnothing$。

定理 4.3.8 令 U 是分裂正规程序Π的原子集。原子集 S 是Π的回答集，当且仅当 S 可以表示为 $S_1\cup S_2$ 的形式，其中 S_1 是 $b_U(\Pi)$的一个回答集，S_2 是 $e_U(\Pi\backslash b_U(\Pi),S_1)$的一个回答集。

证明 定理可以等价地陈述为，若原子集 U 分裂正规程序Π，则原子集 S 是Π的一个回答集，当且仅当

（1）$S\cap U$ 是 $b_U(\Pi)^{S\cap U}$的一个回答集；

（2）$S\backslash U$ 是 $e_U(\Pi\backslash b_U(\Pi),S\cap U)^{S\backslash U}$的一个回答集。

一方面，因为这两个归约没有公共原子，故条件（1）和条件（2）可以组合：S 是程序

$$b_U(\Pi)^{S\cap U}\cup e_U(\Pi,b_U(\Pi),S\cap U)^{S,U} \tag{4-9}$$

的一个回答集。另一方面，易知Π^S与

$$b_U(\Pi)^S\cup e_U(\Pi,b_U(\Pi))^S \tag{4-10}$$

相同。容易验证，S 是式（4-9）的回答集，当且仅当 S 是式（4-10）的回答集。因此，定理获证。

例 4.3.7 设程序Π={A, B←A，not C，B←C,not A，C←A,not D}。一方面，令 U={A,D}，则 $b_U(\Pi)$={A}有唯一回答集{A}。另一方面，$e_U(\Pi\backslash b_U(\Pi),V)$={$B$←not C, C}有唯一回答集{C}，其中 V={A}，因此，Π的唯一回答集是{A,C}。

由定理 4.3.8 可推得下述推论。

推论 4.3.4 设原子集 U 分裂正规程序Π且使得至少存在Π关于 U 的一个解，则 S 是Π的一个回答集，当且仅当对Π关于 U 的某个解$<S_1,S_2>$，$S=S_1\cup S_2$。

例 4.3.8 考虑程序Π={C←A，C←B，A←not B，B←not A}和集合 U={A,B}，则 $b_U(\Pi)$由最后两条规则组成，且它有两个回答集{A}和{B}。程序 $e_U(\Pi\backslash b_U(\Pi),\{A\})$只有一条规则 C←，其回答集为{C}。依推论 4.3.4，Π的回答集是{A,C}和{B,C}。

推论 4.3.5 设原子集 U 分裂正规程序Π，对任一原子 A，$A\in C_n(\Pi)$，当且仅当对Π关于 U 的任一解$<S_1,S_2>$，$A\in S_1\cup S_2$。

扩展分裂的概念到分裂序列，可以得到局部分层性和序协调性的简单特征。

给定集序列$<U_\alpha>_{\alpha<\mu}$，其中每一 U_α是集合。若对任意序数α，$\beta<\mu$，当$\alpha<\beta$时，$U_\alpha\subset U_\beta$成立，则称该系列是单调的。若对任一极限序数$\alpha<\mu$，$U_\alpha=\cup_{\eta<\alpha}U_\eta$，则称该系列是连续的。正规程序Π的分裂序列是由Π的分裂集合组成的单调连续序列$<U_\alpha>_{\alpha<\mu}$，使得$\cup_{\alpha<\mu}U_\alpha=\mathbf{GAtom}_\Pi$。

定义 4.3.11 令$<U_\alpha>_{\alpha<\mu}$是Π一个分裂序列，$U=\cup_{\alpha<\mu}U_\alpha$。Π关于 U 的一个解是一个原子集的序列$<S_\alpha>_{\alpha<\mu}$，使得

（1）S_0 是 $b_{U_0}(\Pi)$ 的一个回答集；

（2）对任一使得$\alpha+1<\mu$的序数α，$S_{\alpha+1}$ 是 $e_{U_\alpha}(b_{U_{\alpha+1}}(\Pi)\backslash b_{U_\alpha}(\Pi),\cup_{\nu\leqslant\alpha}S_\nu)$的一个回答集；

（3）对任意极限序数α，$S_\alpha=\varnothing$。

易知，Π关于 U_0 的分裂序列$<U_0,\mathbf{GAtom}_\Pi>$的解恰好是Π关于分裂集 U_0 的解。

推论 4.3.6 正规程序Π关于分裂序列$<U_\alpha>_{\alpha<\mu}$的任意一解$<S_\alpha>_{\alpha<\mu}$的成员是两两不相交的。

证明 因为$b_{U_0}(\Pi)$中每一原子属于 $\mathbf{GAtom}_\Pi\cap U_0$，而$e_{U_\alpha}(b_{U_{\alpha+1}}(\Pi)\backslash b_{U_\alpha}(\Pi),\cup_{\nu\leqslant\alpha}S_\nu)$ $(\alpha+1<\mu)$中的原子属于 $\mathbf{GAtom}_\Pi\cap(U_{\alpha+1}\backslash U_\alpha)$，易知，若$<S_\alpha>_{\alpha<\mu}$是一个解，则根据推论 4.1.2，

$$\text{对}\alpha\geqslant 0，S_0\subset\mathbf{GAtom}_\Pi\cap U_0$$

$$S_{\alpha+1}\subset\mathbf{GAtom}_\Pi\cap(U_{\alpha+1}\backslash U_\alpha)$$

因此，$<S_\alpha>_{\alpha<\mu}$的成员是两两不相交的。

定理 4.3.9 令 $U=<U_\alpha>_{\alpha<\mu}$是正规程序Π的一个分裂序列。原子集 S 是Π的回答集，当且仅当对Π关于 U 的某个解$\langle S_n\rangle_{\alpha<\mu}$，$S=\cup_{\alpha<\mu}S_\alpha$。

证明 根据定理 4.3.8 和定义 4.3.11，施超穷归纳即可证明定理。

例 4.3.9 已知“偶数”程序$\Pi=\{p(0)\}\cup\{p(s(n))\leftarrow\text{not }p(n)|n$ 是自然数$\}$，其中 s 是后继函数。序列$<\{p(0)\},\{p(0),p(1)\},\{p(0),p(1),p(2)\},\cdots>$是程序Π的无穷分裂序列。施归纳法证明易知，Π有如下定义的唯一解：若 n 是偶数，则 $S_n=\{p(s^k(0))|k\leqslant n\}$；否则，$S_n=\varnothing$。

可以拓广推论 4.3.4 和推论 4.3.5 到分裂序列。

应用关于分裂序列的定理 4.3.9，基于程序的语法形式，这样的程序的回答集可能是 $b_{U_0}(\Pi)$ 或

$$e_{U_\alpha}(b_{U_{\alpha+1}}(\Pi)\backslash b_{U_\alpha}(\Pi),\cup_{\nu\leqslant\alpha}S_\nu)\,(\alpha+1<\mu) \tag{4-11}$$

的一个解的成员。

用集合 $rm(\Pi, S)=\{\text{Head}(r)\leftarrow\text{Pos}(r)\backslash S, \text{not}(\text{Neg}(r)\backslash S) \mid r\in\Pi\}$ 表示由Π中每一规则删除其正体（Pos）和负体（Neg）中属于 S 的所有原子后得到的规则。

定义 4.3.12　令 $U=\langle U_\alpha\rangle_{\alpha<\mu}$ 是正规程序Π的一个分裂序列，称

$$b_{U_0}(\Pi),\ rm(b_{U_{\alpha+1}}(\Pi)\backslash b_{U_\alpha}(\Pi), U_\alpha)\qquad (\alpha+1<\mu)$$

为Π的 U-组件。

显然，对任意原子集 S，$e_{U_0}(b_{U_{\alpha+1}}(\Pi)\backslash b_{U_\alpha}(\Pi), S)$ 是 $rm(b_{U_{\alpha+1}}(\Pi)\backslash b_{U_\alpha}(\Pi), U_a)$ 的子集。因此，式（4-11）中的每一程序是Π的一个 U-组件的一个子集。

应用 U-组件可以推出一些特殊类型的正规程序的简单特征。

定理 4.3.10　正规程序Π是局部分层的，当且仅当有Π的一个分裂序列 U，使得Π的所有 U-组件都是确定程序。

证明　“当”　设 $U=\langle U_\alpha\rangle(\alpha<\mu)$ 是Π的一个使得所有 U-组件都是确定程序的分裂序列，定义层次映射λ：对任意 $A\in\mathbf{GAtom}_\Pi$，$\lambda(A)=\min\{\alpha|A\in U_\alpha\}$，容易验证Π是局部分层的。

“仅当”　设Π是局部分层的，λ 是相应的层次映射，$\mu=\min\{\beta|\lambda(A)<\beta$，对任意 $A\in\mathbf{GAtom}_\Pi\}$。对每一 $\alpha<\mu$，定义 $U_\alpha=\{A\in\mathbf{GAtom}_\Pi|\lambda(A)<\alpha\}$。容易验证，$U=\langle U_\alpha\rangle_{\alpha<\mu}$ 是Π的一个分裂序列且Π的所有 U-组件都是确定程序。

定理 4.3.11　正规程序Π是序协调的当且仅当Π有一分裂序列 U，使得所有的 U-组件都是正负之分的。

证明　“当”　设Π有一分裂序列 $U=\langle U_\alpha\rangle_{\alpha<\mu}$，使得所有的 U-组件都有正负之分，定义层次映射 λ，使得对任意 $A\in\mathbf{GAtom}_\Pi$，$\lambda(A)=\min\{\alpha|A\in U_\alpha\}$，则易见Π是序协调的。

“仅当”　设Π是序协调的，λ 是相应的层次映射。将 $\mathbf{GAtom}_\Pi$ 中的原子安排为序列 $\langle A_\alpha\rangle_{\alpha<\mu}$，使得若 $\alpha<\beta$，则 $\lambda(A_\alpha)<\lambda(A_\beta)$。定义Π的分裂序列为 $U_\alpha=\cup_{\alpha<\mu}(\Pi_\alpha^+\cup\Pi_\alpha^-)$。容易证明：对此序列 U，所有的 U-组件都有正负之分。

如定理 2.3.10 所示，确定程序Π的结论集是单调算子 T_Π 的最小不动点且可以通过在空集上迭代算子 T_Π 从下逼近。对正规程序可以定义类似的构造，然而，类似于 T_Π 的单调函数的定义更为复杂，而且此单调函数的最小不动点可能是结论集的一个真子集，以致不能由逼近达到。尽管如此，这个单调函数及其不动点在理论和计算方面仍然是很有意义的。为此，引入程序的良基语义。

对正规程序Π，定义由 $\mathbf{GAtom}_\Pi$ 到 $\mathbf{GAtom}_\Pi$ 的函数 γ_Π，使得

对任意 $X\subseteq\mathbf{GAtom}_\Pi$，$\gamma_\Pi(X)=C_n(\Pi^X)$。

显然，γ_Π是反单调函数，即若$X\subseteq Y$，则$\gamma_\Pi(Y)\subseteq\gamma_\Pi(X)$。进而，${\gamma_\Pi}^2$是单调函数。设其最小不动点和最大不动点分别为$X_0$和$X_1$，则$\gamma_\Pi(X_0)=X_1$，$\gamma_\Pi(X_1)=X_0$，且对$\gamma_\Pi$的任何不动点$X$，$X_0\subseteq X\subseteq X_1$。

设S是正规程序Π的一个回答集S，则$S=C_n(\Pi^X)$，故S是γ_Π的不动点。因此，集合S是正规程序Π的回答集，当且仅当S是γ_Π的一个不动点。

称属于${\gamma_\Pi}^2$的最小不动点的原子是关于Π良基的，不属于${\gamma_\Pi}^2$的最大不动点的原子是关于Π无基的。因此，一个正规程序将 **GAtom** 划分为三部分：良基的、无基的和其他。

定理 4.3.12 正规程序Π的回答集包含所有关于Π良基的原子，但不含关于Π无基的原子。

证明 容易证明，对任一反单调函数T和T^2的最小不动点X_0与最大不动点X_1，$T(X_0)=X_1$，$T(X_1)=X_0$；且对T的任一不动点X，$X_0\subseteq X\subseteq X_1$。

因为Π的回答集是γ_Π的不动点，定理由上述论断获证。

注意：作为上述证明中的论断($X_0\subseteq X\subseteq X_1$)的一个直接推论，若$X$是$T^2$的唯一不动点，则$X$也是$T$的唯一不动点。因此，若$X$是${\gamma_\Pi}^2$的唯一不动点，则它也是$\gamma_\Pi$的唯一不动点。

对于有穷的正规程序Π，其最大不动点与最小不动点可以通过有穷次γ_Π关于Π的迭代得到，即计算集合${\gamma_\Pi}^n(\varnothing)(n=1,2,\cdots)$直到存在$n$，使得${\gamma_\Pi}^n(\varnothing)={\gamma_\Pi}^{n+2}(\varnothing)$，则根据$n$是偶数还是奇数，集合${\gamma_\Pi}^n(\varnothing)$和${\gamma_\Pi}^{n+1}(\varnothing)$中的一个是${\gamma_\Pi}^2$的最小不动点，另一个是${\gamma_\Pi}^2$的最大不动点。

定理 4.3.13 若正规程序中出现的任一原子关于正规程序Π或者是良基的或者是无基的，则所有这些良基原子的集合是Π的唯一回答集。

证明 因为Π中出现的任一原子关于正规程序Π或者是良基的或者是无基的，故${\gamma_\Pi}^2$的最小与最大不动点相等，即${\gamma_\Pi}^2$有唯一不动点S。易知，S也是γ_Π的唯一不动点，且S恰好是Π的所有良基原子的集合。因此，$S=\gamma_\Pi(S)=C_n(\Pi^S)$，故$S$是$\Pi$的回答集。因为$\Pi$的回答集是$\gamma_\Pi$的不动点，所以$S$是$\Pi$的唯一回答集。

例 4.3.10 考虑程序$\Pi=\{A\leftarrow \text{not } B, B\leftarrow \text{not } A, C\leftarrow A, C\leftarrow B\}$有两个回答集$\{A,C\}$和$\{B,C\}$，$\Pi$的结论集是$\{C\}$。易知，$\gamma_\Pi^0(\varnothing)=\varnothing$，$\gamma_\Pi^1(\varnothing)=\{A,B,C\}$，$\gamma_\Pi^2(\varnothing)=\varnothing$。因此，$\varnothing$是$\gamma_\Pi^2$的最小不动点，$\{A,B,C\}$是$\gamma_\Pi^2$的最大不动点，$\Pi$的良基和无基原子集都是空集。作为$\Pi$的结论的原子$C$不是良基的，$\Pi$中出现的所有原子$A,B,C$既不是良基的也不是无基的。

对于程序$\Pi^*=\{A, B\leftarrow A,\text{not } C, B\leftarrow C,\text{not } A\}$，

$$\gamma_{\Pi^*}^0(\varnothing)=\varnothing，\gamma_{\Pi^*}^1(\varnothing)=\{A,B\}，\gamma_{\Pi^*}^2(\varnothing)=\{A,B\}，\cdots$$

因此，A 和 B 是关于Π良基的，C 是关于Π无基的，$\{A,B\}$是Π^*的唯一回答集。

定理 4.3.14 设Π是局部分层的正规程序，则$\gamma_\Pi{}^2$有唯一不动点。

证明 设λ是使得Π局部分层的层次映射，V 和 S 分别是γ_Π^2的最大不动点和最小不动点。如果 $S\neq V$，则 $S\subset V=\gamma_\Pi^2(V)$。因此，存在某一 $A\in V\backslash S$，使得$\lambda(A)=\min\{\lambda(B)|B\in V\backslash S\}$。因为

$$A\in V=\gamma_\Pi^2(V)=\gamma_\Pi(\gamma_\Pi(V))=Cn(\Pi^V)=T_{\Pi^*}\uparrow\omega$$

其中$\Pi^*=\Pi^V$，所以有极小的 n，使得$\{r_1,\cdots,r_n\}\subseteq\Pi$且 $\mathrm{Head}(r_n)=A$，$\mathrm{Pos}(r_1)=\varnothing$，$\mathrm{Pos}(r_m)\subseteq\mathrm{Head}(\{r_1,\cdots,r_{m-1}\})(1<m<n)$，$\mathrm{Neg}(r_m)\cap\gamma_\Pi(V)=\varnothing(1\leqslant m\leqslant n)$。

根据γ_Π的反单调性和 $S\subset V$ 可知，$\gamma_\Pi(V)\subseteq\gamma_\Pi(S)$。由 $A\in V\backslash S$ 和式（4-9）易知，$\mathrm{Pos}(r_n)\subseteq\gamma_\Pi(S)$。所以可得结论，$\mathrm{Neg}(r_n)\cap\gamma_\Pi(S)\neq\varnothing$。事实上，如果 $\mathrm{Neg}(r_n)\cap\gamma_\Pi(S)=\varnothing$，则 $A\in S$，矛盾。因此，有某一 $C\in\mathrm{Neg}(r_n)$，使得 $C\in\gamma_\Pi(S)$且 $C\notin\gamma_\Pi(V)$。类似地，有极小的 i，使得$\{r_1',\cdots,r_i'\}\subseteq\Pi$且 $\mathrm{Head}(r_i')=C$，$\mathrm{Pos}(r_1')=\varnothing$，$\mathrm{Pos}(r_j')\subseteq\mathrm{Head}(\{r_1',\cdots,r_{j-1}'\})\subseteq S(1<j<i)$，$\mathrm{Neg}(r_j')\cap S=\varnothing$（$1\leqslant j\leqslant i$）。

同时，还存在某一 j:$1\leqslant j\leqslant i$，使得 $\mathrm{Neg}(r_j')\cap V\neq\varnothing$。因此，存在 $D\in\mathrm{Neg}(r')$，使得 $D\in V\backslash S$。因为Π是局部分层的，故$\lambda(A)>\lambda(B)>\lambda(C)$，这与 A 的选择矛盾。因此，$S\subset V$ 不成立，从而 $S=V$。

根据定理 4.3.13 和定理 4.3.1 可导出：局部分层的正规程序恰好有唯一回答集。

4.3.3 正规程序的 SLDNF 演算

正规程序的 SLDNF 演算是对确定程序的 SLD 演算的拓广。SLDNF 演算导出对象仍然是$\models G$和$=\!\mid G$，不同的是，目标 G 是规则元素（即可能前置 not 的原子）的有穷集合，并且增加了关于缺省否定“not”的成功与失败规则。正规程序的 SLDNF 演算的公理和推理规则分别如下。

公理：$\models\varnothing$。

推理规则有四条：

(SP) 对某一 $B\in\mathrm{Bodies}(A)$，若$\models G\cup B$，则$\models G\cup\{A\}$；

(FP) 对一切 $B\in\mathrm{Bodies}(A)$，若$=\!\mid G\cup B$，则$=\!\mid G\cup\{A\}$；

(SN) 若$\models G$ 且$=\!\mid A$，则$\models G\cup\{\mathrm{not}\ A\}$；

(FN) 若$\models\{A\}$，则$=\!\mid G\cup\{\mathrm{not}\ A\}$。

其中，对正规程序Π和任一基原子 A，$\mathrm{Bodies}(A)=\{\mathrm{Body}(r)|r\in\Pi,\mathrm{Head}(r)=A\}$，$G$ 是目标。

规则(FP)的前提的基数等于 Bodies(A)的基数（可能为 0 或无穷）。当 Bodies(A)的基数为 0（即 Bodies(A)是空类，B 只出现在Π的规则的体中而不作为Π的任何规则的头出现）时，该规则的前提个数为 0，结论自然成立。

对正规程序Π和有穷规则元素集，如果 $\models G$ 是在对Π的 SLDNF 演算可推导的，则称 G 关于Π成功；如果 $\dashv G$ 是在对Π的 SLDNF 演算可推导的，则称 G 关于Π失败。

定理 4.3.15 对任意正规程序Π，没有目标关于Π同时成功且失败。对任意原子 A，若 A 关于Π成功，则 A 是关于Π良基相关的；若 A 关于Π失败，则 A 是关于Π无基相关的。

证明 首先，对正规程序Π和任一目标 G，施归纳于 $\models G$ 的结构，可以证明：若 $\models G$，则不可能有 $\dashv G$。

基始 设 G 是应用公理 $\models\varnothing$ 导出的，则 $G=\varnothing$。因为只有规则(FP)和规则(FN)可以用于推导 $\dashv\varnothing$，但这两条规则的结论都不可能是∅，故不可能有 $\dashv\varnothing$。

归纳 设 $\models G$，则它只能用规则(SP)或者规则(SN)得到。

情形 1：设 $\models G$ 是用规则(SP)得到的，即对任一 $B\in$Bodies(A)，若 $\models G'\cup B$，则 $\models G'\cup\{A\}$，其中 $G'\cup\{A\}=G$。依归纳假设，$\dashv G'\cup B$ 不可能被推导。如果 $\dashv G$ 是可推导的，则它只能用规则(FP)或规则(FN)得到。

子情形 1：如果 $\dashv G$ 是用规则(FP)得到的，则 $\dashv G'\cup B$ 必须是可推导的，矛盾。

子情形 2：如果 $\dashv G$ 是用规则(FN)得到的，即若 $\models\{A\}$，则 $\dashv G'\cup\{\text{not } A\}$，其中 $G'\cup\{\text{not } A\}=G$。依归纳假设，$\dashv\{A\}$ 是不可推导的，矛盾。

类似地，可以证明 G 是应用规则(SN)得到的“情形 2”。

其次，设 $\gamma_\Pi{}^2$ 的最小不动点和最大不动点分别是 S 和 T。对任一原子集 V，施归纳法于 $\models V$ 和 $\dashv V$ 的结构证明：如果 $\models V$，则 $V\subseteq S$；如果 $\dashv V$，则 $V\cap T=\varnothing$。

基始 显然成立。

归纳 设 $\models V$，则它只能用规则(SP)得到，即对一切 $B\in$Bodies(A)，若 $\models G\cup B$，则 $\models G\cup\{A\}$，其中 $G\cup\{A\}=V$。依归纳假设 $G\cup B\subseteq S$。因为 S 是 γ_Π^2 的最小不动点，$\gamma_\Pi(S)=Cn(\Pi^S)$，故 $A\in S$（若 Bodies(A)=∅，则 $A\leftarrow\in\Pi$，$A\in S$）。因此，$V\subseteq S$。

设 $\dashv V$，则它只能用规则(FP)得到，即对一切 $B\in$Bodies(A)，若 $\dashv G\cup B$，则 $\dashv G\cup\{A\}$，其中 $V=G\cup\{A\}$。依归纳假设，$(G\cup B)\cap T=\varnothing$。因此，对一切 $B\in$Bodies(A)，$B\cap T=\varnothing$。因为 T 是 γ_Π^2 的最大不动点，$\gamma_\Pi(T)=Cn(\Pi^T)$，故 $A\notin T$。

最后，由上述证明了的归纳命题“如果 $\models V$，则 $V\subseteq S$；如果 $\dashv V$，则 $V\cap T=\varnothing$”可得：对任意原子 A，若 A 关于Π成功，则 A 是关于Π良基相关的；若 A 关于Π

失败，则 A 是关于Π无基相关的。

定理 4.3.15 的第二部分是 SLDNF 演算的可靠性，其与定理 4.3.13 的组合表明：若 A 关于Π失败，则 A 既不属于Π的任何回答集，也不是Π的一个结论。定理的第二部分还表明：若 A 既不是良基也不是无基的，则 A 既不成功也不失败。

程序$\Pi=\{C\leftarrow A，C\leftarrow B，A\leftarrow \text{not } D，B\leftarrow \text{not } A\}$的一个 SLDNF 演算导出如下：

(FP)

$\models\varnothing$　　　$\Dashv\{D\}$

(FN) $\overline{\models \text{not } D}$

(SP)

$\models\{A，\text{not } D\}$　　　　$\models\varnothing$

(SP) ________ (SP)

$\models\{C\}$　　　$\models\{A\}$

(FN) ________ (FN)

$\Dashv\{A，\text{not } C\}$　　　　$\Dashv\{C，\text{not } A\}$

(FP)

$\Dashv\{B\}$

这表明$\{B\}$关于Π失败。

例 4.3.10（续）　目标$\{A\},\{B\},\{C\}$对程序$\Pi=\{A\leftarrow \text{not } B, B\leftarrow \text{not } A, C\leftarrow A, C\leftarrow B\}$既不成功也不失败。

对于无环的正规程序，SLDNF 演算是完备的，即有下述定理。

定理 4.3.16　令Π是无环的正规程序。对任意原子 A，若 A 是Π的一个结论，则$\{A\}$关于Π成功；若 A 不是Π的结论，则 A 关于Π失败。

证明　显然，无环的正规程序是局部分层的，根据定理 4.3.1*，Π有唯一回答集 S。因为 S 是正规程序Π的回答集，当且仅当 S 是γ_Π的一个不动点，由Π的回答集的唯一性可知γ_Π有唯一不动点，故γ_Π^2有唯一不动点。于是，Π中出现的任一原子，关于Π要么是良基的，要么是无基的。令 U 和 V 分别是Π中出现的所有良基原子和所有无基原子的集合，则 $\mathbf{GAtom}_\Pi=U\cup V$。由定理 4.3.13，$S=U$。由定理 4.3.15 可以导出，$U$ 恰好是关于Π成功的所有原子的集合，V 恰好是关于Π失败的所有原子的集合，故定理获证。

对于包含变元的正规程序的 SLDNF 演算，需要通过置换处理变元。当程序不包含变元时，（即命题程序）SLDNF 演算基于如下思想：如果程序的一条规则

的头是基文字 L，则此规则“可应用”于 L。然而，对包含变元的程序，“可应用性”的概念是不同的：如果有一条程序规则的头 H 和有变元出现的文字 L 有公共例式，即存在置换θ和δ，使得 $H\theta=L\delta$，则此规则“可应用”于 L。因此，一条有变元出现的规则应用于文字 L 是通过合一此规则的头与 L 实现的。

定义 4.3.13 一个置换θ是可逆的，当且仅当$\theta\circ\theta^{-1}=\theta^{-1}\circ\theta=\varepsilon$，其中，$\varepsilon$是空置换。对每一程序规则 r 和每一有穷变元集 V，可逆置换 $\mathrm{vr}(r,V)$是使得规则 $r\cdot\mathrm{vr}(r,V)$ 不包含 V 中变元的置换，其中 vr 是变元重命名程序。于是导出对象被表示为$\models G:\theta$ 和$\dashv G$，其中 G 是原子（可能包含变元），θ是置换。若$\models G:\theta$可导出，则称 G 关于有计算回答置换$(c.a.s)\theta$的Π成功；若$\dashv G$ 可导出，则称 G 关于有计算回答置换$(c.a.s)\theta$的Π失败。对任意目标 G，$\mathrm{var}(G)$表示 G 中出现的所有变元。

用 $\mathrm{mgu}(L_1,L_2)$记有变元出现的文字 L_1 和 L_2 的最一般合一，$\mathrm{var}(G)$表示目标 G 中出现的所有变元的集合。对任一置换θ和变元集 V，$\theta|V$ 表示θ对 V 的限制，

$$x(\theta|V)=\begin{cases}x\theta, & 若 x\in V\\ x, & x\notin V\end{cases}$$

包含变元的正规程序的 SLDNF 演算的公理和推演规则分别如下。

公理：$\models\varnothing:\varepsilon$。

推理规则：

$$(\mathrm{SP})\quad \frac{\models (G\cup \mathrm{Body}\theta)\sigma:\delta,\ 对\Pi的一条可用于 A 的规则}{\models G\cup\{A\}:\sigma\circ\delta|\mathrm{var}(G\cup\{A\})}$$

其中，$\theta=\mathrm{vr}(\mathrm{Head}\leftarrow\mathrm{Body},\mathrm{var}(G\cup\{A\}))$，$\sigma=\mathrm{mgu}(A,\mathrm{Head}\theta)$

$$(\mathrm{FP})\quad \frac{\dashv (G\cup \mathrm{Body}\theta)\sigma\quad 对\Pi中所有可应用于 A 的规则 \mathrm{Head}\leftarrow\mathrm{Body}}{\dashv G\cup\{A\}}$$

其中，$\theta=\mathrm{vr}(\mathrm{Head}\leftarrow\mathrm{Body},\mathrm{var}(G\cup\{A\}))$，$\sigma=\mathrm{mgu}(A,\mathrm{Head}\theta)$

$$(\mathrm{SN})\quad \frac{\models G:\delta,\ \dashv A,\ 若 A 是基原子}{\models G\cup\{\mathrm{not}\,A\}:\delta}$$

$$(\mathrm{FN})\quad \frac{\models\{A\}:\varepsilon,\ 若 A 是基原子}{\dashv G\cup\{\mathrm{not}\,A\}}$$

注 1：变元重命名置换θ的选择方式是通过重命名使得，由规则 Head←Body 得到的规则 Headθ←Bodyθ不包含与目标 $G\cup\{A\}$相同的变元。

注 2：置换σ使 A 与 Headθ←Bodyθ的头 Headθ合一，这合一确实是可行的，因为它们有共同的例式（Head←Body 可应用于 A 且θ是不变的）且没有公共变元。

注 3：规则(SP)的前提可视为$(G\cup \mathrm{Body}\theta)\sigma\circ\delta$的基例式集的缩写，也写作 $G\sigma\circ\delta\cup \mathrm{Body}\theta\circ\sigma\circ\delta$。(SP)的结论可视为(依$\sigma$的选择)$(G\cup A)\sigma\circ\delta$的基例式集的缩写，也写作 $G\sigma\circ\delta\cup \mathrm{Head}\theta\circ\sigma\circ\delta$。于是，(SP)的自底向上应用等同于用 $\mathrm{Head}\theta\leftarrow\mathrm{Body}\theta$的例式 $\mathrm{Head}\theta\circ\sigma\circ\delta\leftarrow\mathrm{Body}\theta\circ\sigma\circ\delta$的体替换它的头。

注 4：在规则(SP)的结论中，置换$\sigma\circ\delta$是限制在目标 $G\cup\{A\}$中出现的变元上，否则，结论可能不在此演算的导出表达式类中。

注 5：规则(SN)和规则(FN)中的 A 必须是基原子，否则，任何形如$\{\mathrm{not}\ A\}$的目标既不成功也不失败。

例 4.3.11　程序$\Pi=\{p(a,b), q(b), r(y)\leftarrow p(x,y), \mathrm{not}\ q(x)\}$，其中 a 和 b 是个体常元符。

$$
\cfrac{\cfrac{\cfrac{\models\varnothing:\varepsilon \qquad \overset{(\mathrm{FP})}{=\!\!\!|\ q(a)}}{\models \mathrm{not}\ q(a):\varepsilon}\ (\mathrm{SN})}{\models\{p(x_1,x), \mathrm{not}\ q(x_1)\}:\{x/b, x_1/a\}}\ (\mathrm{SP})}{\models r(x):\{x/b\}}\ (\mathrm{SP})
$$

在规则(SP)的第一次应用中，有

$\mathrm{Head}=p(a,b)$，$\mathrm{Body}=\varnothing$，$G=\{\mathrm{not}\ q(x_1)\}$，$A=p(x_1,x)$，$\theta=\varepsilon$，$\sigma=\mathrm{mgu}(p(x_1,x), p(a,b))=\{x/b, x_1/a\}$，$\delta=\varepsilon$，$\sigma\circ\delta|\mathrm{var}(G\cup\{A\})=\{x/b, x_1/a\}|\{x, x_1\}=\{x/b, x_1/a\}$

在规则(SP)的第二次应用中，有

$\mathrm{Head}=r(y)$，$\mathrm{Body}=\{p(x,y)$，$\mathrm{not}\ q(x)\}$，$G=\varnothing$，$A=r(x)$，$\theta=\{x_1/x, x/x_1\}$，$\sigma=\mathrm{mgu}(r(x), r(y))=\{y/x\}$，$\delta=\{x/b, x_1/a\}$，$\sigma\circ\delta|\mathrm{var}(G\cup\{A\})=\{x/b, y/b, x_1/a\}|\{x\}=\{x/b\}$

基于定理 4.3.15 和定义 4.3.13，容易证明下述定理和推论。

定理 4.3.17　对任意包含变元的正规程序Π和目标 G 及任意置换θ，如果 G 关于有计算回答置换θ的Π成功，则 $G\theta$的每一基例式关于 $\mathrm{ground}_H(\Pi)$成功；如果 G 关于Π失败，则 $G\theta$的每一基例式关于 $\mathrm{ground}_H(\Pi)$失败。

推论 4.3.7　对任意包含变元的正规程序Π和目标 G，如果 G 关于有计算回答置换θ的Π成功，则 G 关于Π不失败。

推论 4.3.8　对任意包含变元的正规程序Π和可能包含变元的原子 A 及任一置换θ，如果$\{A\}$关于有计算回答置换θ的Π成功，则 $A\theta$的每个基例式是Π的良基结论；如果$\{A\}$关于Π失败，则 A 的每个基例式是无基的失败。

推论 4.3.8 表明 SLDNF 演算对包含变元的正规程序是可靠的。

例 4.3.11（续）　$\{r(x)\}$关于有计算回答置换$\{x/b\}$成功，故$\{r(b)\}$关于Π的基程序

$$\text{ground}_H(\Pi)=\{p(a,b),\ q(b),\ r(a)\leftarrow p(a,a), \text{not } q(a),\ r(a)\leftarrow p(b,a), \text{not } q(b),$$
$$r(b)\leftarrow p(a,b), \text{not } q(a),\ r(b)\leftarrow p(b,b), \text{not } q(b)\}$$

成功。相应的 SLDNF 演算如下：

$$\text{(SP)}\ \dfrac{\text{(SP)}\ \dfrac{\text{(SN)}\ \dfrac{\vDash \varnothing \qquad\qquad \overset{\text{(FP)}}{\dashv q(a)}}{\vDash \text{not } q(a)}}{\vDash p(a,b), \text{not } q(a)}}{\vDash r(b)}$$

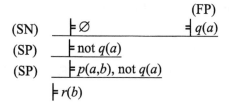

第5章

环公式和嵌套回答集程序

第 4 章介绍了回答集程序的一些计算特征，特别是基于缺省理论的有穷计算特征，考虑到可满足命题求解的重要进展，本章介绍基于嵌套回答集程序、基于完备与环公式思想的计算特征[20, 21]，也包括带变元正规回答集程序的一阶环公式思想[22]。

5.1 环 公 式

回答集程序与经典命题逻辑的关系备受关注，它不仅有助于揭示回答集程序的本质，而且也为用熟知的 SAT 求解器计算回答集提供了依据。对于一些特殊程序，如无环和紧凑的有穷正规程序，通过完备化将它们转换为命题理论，能够保证程序的回答集与其完备的模型 1-1 对应。然而，这一结论（如例 4.3.3），一般并不成立。为此，增加程序的环公式，使得这些环公式与程序的完备的并的模型与该程序的回答集 1-1 对应，从而将计算程序的回答集的问题转换为计算命题公式集的模型。

定义 5.1.1 正规程序Π的正相依图是有向图，记作G_{Π}^{+}：顶点集是$\mathbf{GAtom}_{\Pi}$，对任意顶点 A 和顶点 B，若有规则 $r\in\Pi$，使得$\{A\}=\text{Head}(r)$且 $B\in\text{Pos}(r)$，则有一条从 A 到 B 的弧$<A,B>$。

非形式地说，从顶点 A 到顶点 B 的弧是指 A 正依赖于 B。有向图 G 是强连通的，当且仅当对 G 中任意两个顶点，有一条从其中一个顶点到另一个顶点的有向路径。图 G 的一顶点集 S 是 G 的一个强连通分支，当且仅当对任意 $A, B\in S$，有一条从 A 到 B 的路径，且 S 不是任何这样顶点集的真子集。

定义 5.1.2 给定一有穷的正规程序Π，设 Z 是 $\mathbf{GAtom}_{\Pi}$的非空子集。若对任意 $A, B\in Z$，存在Π的正相依图 G_{Π}^{+} 中一条从 A 到 B 的路径，使得该路径中的所有顶点都属于 Z，则称 Z 是Π的一个正环。有时，也称环中的原子为环原子。正环

$Z=\{A_1,\cdots,A_k\}(k\geqslant 1)$的长度是 k。特别地，若 Z 是单子，即 $Z=\{A\}$，则称 Z 为伪正环，其长度为 1。

无环的正规程序没有正环；反之却不真。例如，程序$\{A\leftarrow \text{not } A\}$没有正环，但不是无环的。根据定理 4.2.2*，任一正规程序Π有唯一回答集∅，当且仅当对任一 $r\in\Pi$，$\text{Pos}(r)\neq\varnothing$。因此，通常只需考虑至少包含一条体非空的规则的程序。

定理 5.1.1 令Π是正规程序，若Π是紧凑的，则Π没有正环。若Π是有穷的，则Π是紧凑的，当且仅当Π没有正环。

证明 设Π有正环 $Z=\{A_1,\cdots,A_k\}(k\geqslant 1)$，则有 $A_i\leftarrow\text{Pos}(r), \text{not Neg}(r)\in\Pi(1\leqslant i\leqslant k)$，使得 $A_{i+1}\in\text{Pos}(r)\,(1\leqslant i\leqslant k-1)$和 $A_1\in\text{Pos}_k$。由于程序Π的紧凑性，因此有层次映射λ，使得$\lambda(A_1)>\lambda(A_2)>\cdots>\lambda(A_k)>\lambda(A_1)$，矛盾。

对定理的第二部分，只需证“当”成立。设$|\Pi|=m$，令

$$\text{对 } n\geqslant 0，S_0=\varnothing$$
$$S_{n+1}=\{\text{Head}(r)|r\in\Pi，\forall A'\in\text{Pos}(r)\ (A'\in\text{Head}(\Pi)\rightarrow A'\in\cup_{i\leqslant n}S_i)\}$$
$$S=\cup_{0\leqslant n\leqslant m}S_n$$

显然，

$$\text{对 } n\geqslant 0，S_1=\{A|A\leftarrow\text{Pos, not Neg}\in\Pi，\text{Pos}\cap\text{Head}(\Pi)=\varnothing\}$$
$$S_n\subseteq S_{n+1}\text{ 且 }S\subseteq\text{Head}(\Pi)$$

由于Π没有正环，故对任意 $n\geqslant 0$，S_n 中不包含任何正环。若有 $A_1\in\text{Head}(\Pi)\setminus S$，根据 S 的定义，则对 $A_1\leftarrow\text{Pos}_1,\text{not Neg}_1\in\Pi$有相应的 $A_2\in\text{Pos}_1\cap(\text{Head}(\Pi)\setminus S)$。类似地，对 $A_2\leftarrow\text{Pos}_2,\text{ not Neg}_2\in\Pi$有相应的 $A_3\in\text{Pos}_2\cap(\text{Head}(\Pi)\setminus S)$，…，如此得到 $\text{Head}(\Pi)\setminus S$ 中序列$<A_1,A_2,A_3,\cdots>$。因为Π是有穷的，必有 i，$j\leqslant m$，使得 $A_i=A_j$ 且$(A_i,\cdots,A_j)$是Π的正环，这与Π没有正环的假设矛盾。因此，$\text{Head}(\Pi)\setminus S=\varnothing$，从而 $S=\text{Head}(\Pi)$。

定义层次映射λ，使得若 $A\in S_{n+1}\setminus S_n$，则$\lambda(A)=n+1$；若 $A\in\text{Pos}(\Pi)\setminus\text{Head}(\Pi)$，则$\lambda(A)=0$。容易验证，λ是合式定义的，即对任意 $A\in\text{Head}(\Pi)\cup\text{Pos}(\Pi)$，有且仅有一个 $n\geqslant 0$，使得$\lambda(A)=n$。

对任意 $r\in\Pi$，有最小的 $n\geqslant 0$，使得 $\text{Head}(r)\in S_{n+1}$，且 $\text{Pos}(r)\cap\text{Head}(\Pi)\subseteq\cup_{i\leqslant n}S_i$，依λ的定义，$\lambda(\text{Head}(r))>\max\{\lambda(A')|A'\in\text{Pos}(r)\}$。因此，Π是紧凑的。

注意：若无穷的正规程序没有正环，它可能不是紧凑的。例如，程序$\{A_{n+1}\leftarrow A_n|n\geqslant 0\}$没有正环，但不是紧凑的。即使定义λ为 **GAtom** 到序数的映射，仍有无正环的程序不是紧凑的，例如，$\{A_{\omega+n+1}\leftarrow A_{\omega+n}\,|\,n\geqslant 0\}$没有正环，但不是紧凑的。

例 5.1.1 程序$\Pi=\{A\leftarrow B，B\leftarrow A，A\leftarrow\text{not } C，C\leftarrow D，D\leftarrow C，C\leftarrow\text{not } A，E\leftarrow E\}$，Π有正环 $Z_1=\{E\}$，$Z_2=\{A,B\}$和 $Z_3=\{C,D\}$。删去规则 $E\leftarrow E$ 得到程序$\Pi'=\{A\leftarrow B，B\leftarrow A，$

$A\leftarrow \text{not } C$，$C\leftarrow D$，$D\leftarrow C$，$C\leftarrow \text{not } A\}$，$G_{\Pi'}$有正环$\{A,B\}$和$\{C,D\}$。再删去$A\leftarrow B$和$C\leftarrow D$得到程序$\Pi''=\{B\leftarrow A$，$A\leftarrow \text{not } C$，$D\leftarrow C$，$C\leftarrow \text{not } A\}$没有正环。这三个程序有相同的回答集$\{A,B\}$和$\{C,D\}$。

例 5.1.1 提示我们，从正规程序Π中删去某些规则（即“破环”）得到紧凑的子程序，且不会改变Π的回答集。于是，基于紧凑性可以得到正规程序回答集的一个等价特征。

引理 5.1.1　对正规程序Π，有$\Pi'\subseteq\Pi$，使得$\Pi'=\Lambda(\Pi')$，$\text{Head}(\Pi')=\text{Head}(\Lambda(\Pi))$且Π′是紧凑的。

证明　若$\Lambda(\Pi)=\varnothing$，则令$\Pi'=\varnothing$，引理显然成立。设$\Lambda(\Pi)=\cup_{0\leqslant n}\Pi_n\neq\varnothing$，其中

$$\text{对 } n>0，\Pi_0=\{\text{Head}(r)\leftarrow \text{not Neg}(r)|r\in\Pi，\text{Pos}(r)=\varnothing\}$$

$$\Pi_n=\{r\in\Pi|\text{Pos}(r)\subseteq\text{Head}(\Pi_{n-1})\}$$

令$\Pi'=\cup_{0\leqslant n}\Pi'_n$，其中

$$\text{对 } n>0，\quad \Pi'_0=\Pi_0$$

$$\Pi'_n=\Pi_n\backslash\{r\in\Pi_n\backslash\Pi'_{n-1}|\text{Head}(r)\in\text{Head}(\Pi_{n-1})\}$$

显然，对任意$n\geqslant0$，$\Pi'_n\subseteq\Pi_n$，$\Pi'\subseteq\Lambda(\Pi)$。施归纳法证明：$\Pi'_n\subseteq\Pi'_{n+1}$，$\text{Head}(\Pi'_n)=\text{Head}(\Pi_n)$。

基始　由$\Pi'_0=\Pi_0$，故$\text{Head}(\Pi_0)=\text{Head}(\Pi'_0)$。因为$\Pi_0\subseteq\Pi_1$，从$\Pi_1$中删除的规则不属于$\Pi'_0$，故$\Pi'_0=\Pi_0\subseteq\Pi'_1$。对任一$r\in\Pi_1\backslash\Pi'_0$，若$\text{Head}(r)\in\text{Head}(\Pi_0)$，则由$\Pi'_0=\Pi_0$可知$\text{Head}(r)\in\text{Head}(\Pi'_0)$。因此，从$\Pi_1$中删除$r$不会减少$\Pi_1$的头原子，即$\text{Head}(\Pi'_1)=\text{Head}(\Pi_1)$。

归纳　因为$\Pi'_n\subseteq\Pi_n\subseteq\Pi_{n+1}$，从$\Pi_{n+1}$中删除的规则不属于$\Pi'_n$，故$\Pi'_n\subseteq\Pi'_{n+1}$。对任一$r\in\Pi_{n+1}\backslash\Pi'_n$，若$\text{Head}(r)\in\text{Head}(\Pi_n)$，依归纳假设$\text{Head}(\Pi'_n)=\text{Head}(\Pi_n)$，则$\text{Head}(r)\in\text{Head}(\Pi'_n)$。因此，从$\Pi_{n+1}$中删除这样的规则不会减少$\Pi_{n+1}$的头原子，即$\text{Head}(\Pi'_{n+1})=\text{Head}(\Pi_{n+1})$。

于是，我们归纳证明了$\text{Head}(\Pi')=\text{Head}(\Lambda(\Pi))$。由此易见

$$\Pi'_n=\{r\in\Pi_n\,|\,\text{Head}(r)\notin\text{Head}(\Pi_{n-1}),\ \text{Pos}(r)\subseteq\text{Head}(\Pi'_{n-1})\}=\Lambda(\Pi')$$

定义层次映射λ：对任意$A\in\text{Head}(\Pi'_0)$，$\lambda(A)=0$；对任意$A\in\text{Head}(\Pi'_n\backslash\Pi'_{n-1})$，$\lambda(A)=n$，则Π′是紧凑的。

推论 5.1.1　令S是正规程序Π的回答集，则有$\Pi'\subseteq\text{GR}(S,\Pi)$，使得$\Pi'=\Lambda(\Pi')$，$S=\text{Head}(\Pi')$且Π′是紧凑的。

证明　依定理 4.2.2*，$\text{GR}(S,\Pi)=\Lambda(\text{GR}(S,\Pi))$且$\text{GR}(S,\Pi)$是相容的。由引理 5.1.1，有$\text{GR}(S,\Pi)$的子集Π′，使得$\Pi'=\Lambda(\Pi')$，$\text{Head}(\Pi')=\text{Head}(\Lambda(\text{GR}(S,\Pi)))=\text{Haed}(\text{GR}(S,\Pi))=S$

且Π'是紧凑的。

定理 5.1.2（**回答集的特征**） 令Π是正规程序，S是Π支承且封闭于Π的原子集。S是Π的一个回答集，当且仅当存在$\Pi'\subseteq\Pi$，使得$\Pi'=\Lambda(\Pi')$，$S=\mathrm{Head}(\Pi')$且Π'是紧凑的。

证明 "仅当" 依推论 5.1.1，它是显然的。

"当" 设存在$\Pi'\subseteq\Pi$，使得$\Pi'=\Lambda(\Pi')$，$S=\mathrm{Head}(\Pi')$且Π'是紧凑的，则对任一$r\in\Pi'$，$\mathrm{Head}(r)\in S$。根据S关于Π的支承性，$\mathrm{Pos}(r)\subseteq S$且$\mathrm{Neg}(r)\cap S=\varnothing$，故$\Pi'$是相容的。由$\Pi'=\Lambda(\Pi')$可知$\Pi'$是强相容的。

根据定义 4.1.4 和定义 4.2.2，$\mathrm{GR}(S,\Pi)$是相容的。因为S是Π支承的，易见，$S\subseteq\mathrm{Head}(\mathrm{GR}(S,\Pi))$。再由$S$封闭于$\Pi$，我们有$\mathrm{Head}(\mathrm{GR}(S,\Pi))\subseteq S$。因此，$S=\mathrm{Head}(\mathrm{GR}(S,\Pi))$。

如前所证，对任一$r\in\Pi'$，$\mathrm{Pos}(r)\subseteq S$且$\mathrm{Neg}(r)\cap S=\varnothing$，因此，$r\in\mathrm{GR}(S,\Pi)$。这表明，$\Pi'\subseteq\mathrm{GR}(S,\Pi)$。

因为$\Lambda(\mathrm{GR}(S,\Pi))\subseteq\mathrm{GR}(S,\Pi)$，可以证明：$\mathrm{GR}(S,\Pi)\subseteq\Lambda(\mathrm{GR}(S,\Pi))$，因此$\mathrm{GR}(S,\Pi)=\Lambda(\mathrm{GR}(S,\Pi))$，即$\mathrm{GR}(S,\Pi)$是强相容的。

由$\Pi'=\Lambda(\Pi')\subseteq\mathrm{GR}(S,\Pi)$和推论 3.2.1 与引理 3.2.2，易知，$\Lambda(\Pi')\subseteq\Lambda(\mathrm{GR}(S,\Pi))$。因此，$S=\mathrm{Head}(\Pi')\subseteq\mathrm{Head}(\Lambda(\mathrm{GR}(S,\Pi)))$。对任意$r\in\mathrm{GR}(S,\Pi)$，因为$\mathrm{Pos}(r)\subseteq S$，$\mathrm{Neg}(r)\cap S=\varnothing$，根据算子$\Lambda$的定义，有$r\in\Lambda(\mathrm{GR}(S,\Pi))$。因此，$\mathrm{GR}(S,\Pi)\subseteq\Lambda(\mathrm{GR}(S,\Pi))$。

对任意$r\in\Pi\setminus\mathrm{GR}(S,\Pi)$，易知，$\mathrm{Pos}(r)\not\subseteq S$或$\mathrm{Neg}(r)\cap S\neq\varnothing$，即$r$关于$\mathrm{GR}(S,\Pi)$是弱自不相容的。依定理 4.2.2*，$S$是$\Pi$的回答集。

对于任一正规程序Π，若Π有伪正环，即Π中有形如

$$A\leftarrow A, B_1,\cdots,B_m, \mathrm{not}\ C_1,\cdots,\mathrm{not}\ C_n$$

的规则（$m, n\geqslant 0$），则称从Π中删去这种形式的规则后得到的程序Π'为Π的无伪正环化程序。于是，容易证明下述论断成立：

推论 5.1.2 正规程序Π和它的无伪环化程序Π'有完全相同的回答集或者都没有回答集。

给定有穷正规程序Π和它的一个正环Z，可以将Π中以Z的元素为头的规则划分为两类：一类由那些产生正环Z中一条弧的规则组成，另一类则由那些体中没有正环Z的元素的规则组成，即

$$R^+(\Pi,Z)=\{r\in\Pi|\mathrm{Head}(r)\in Z，\text{存在 } A\in\mathrm{Pos}(r)\cap Z\}$$

$$R^-(\Pi,Z)=\{r\in\Pi|\mathrm{Head}(r)\in Z，\mathrm{Pos}(r)\cap Z=\varnothing\}$$

通常，当不致混淆时，写作$R^+(Z)$和$R^-(Z)$。

例 5.1.1（续） 对程序Π的正环，$Z_1=\{E\}$，$Z_2=\{A,B\}$和$Z_3=\{C,D\}$，

$$R^+(Z_1)=\{E\leftarrow E\}，R^-(Z_1)=\varnothing$$
$$R^+(Z_2)=\{A\leftarrow B，B\leftarrow A\}，R^-(Z_2)=\{A\leftarrow \text{not } C\}$$
$$R^+(Z_3)=\{C\leftarrow D，D\leftarrow C\}，R^-(Z_3)=\{C\leftarrow \text{not } A\}$$

Π'的正环 Z_2 和正环 Z_3 的两类规则分别与Π相应的正环的两类规则相同。Π和Π'有相同的两个回答集$\{A, B\}$和$\{C, D\}$，它们的生成规则集分别是

$$\text{GR}(\{A,B\},\Pi)=\{A\leftarrow B，B\leftarrow A，A\leftarrow \text{not } C\}$$
$$\text{GR}(\{C,D\},\Pi)=\{C\leftarrow D，D\leftarrow C，C\leftarrow \text{not } A\}$$

显然，规则 $A\leftarrow B$ 和规则 $C\leftarrow D$ 分别对于上述两个生成规则集是冗余的，删除它们后得到的程序是紧凑的且分别与Π和Π'有相同的回答集。

给定正规程序Π和非空原子集 X，令 S=Head($A(\Pi)$)。若 $X\subseteq S$，则称 X 是基于Π的；若 $X\cap S=\varnothing$，则称 X 不是基于Π的。依定理 5.1.2，对程序Π和它的一个模型 X，若 X 包含一个不是基于Π的子集，则 X 不是Π的回答集。因为 X 是 GR(X,Π)支承的，故它的每一个不是基于Π的子集中必有一个正环。对于程序Π和Π的任一正环 Z，易知，$R^+(\Pi,Z)$有唯一的回答集$\varnothing$。因此，如果正环 Z 中的原子不是由 $R^-(\Pi,Z)$中规则导出的，则它不可能在程序的任何回答集中。基于此，下面引入环公式的概念。

定义 5.1.3　设Π是有穷正规程序，$Z=\{A_1,\cdots,A_n\}$是Π的正环。令 $R^-(\Pi,Z)$由Π中下述形式的规则组成

$$A_1\leftarrow E_{1,1},\cdots,A_1\leftarrow E_{1,k1}$$
$$\cdots\cdots$$
$$A_n\leftarrow E_{n,1},\cdots,A_n\leftarrow E_{n,kn}$$

则与 Z 相伴的（关于Π）环公式，记作 LF(Z,Π)（当前后文不致混淆时，也记作 LF(Z)）是

$$\vee_{A\in Z} A\to(E'_{1,1}\vee\cdots E'_{1,k1}\vee\cdots E'_{n,1}\vee\cdots\vee E'_{n,kn}) \tag{5-1}$$

其中，$E'_{i,j}$ 是用“$\wedge$”和“$\neg$”分别替换 $E_{i,j}$ 中的“,”和“not”得到的公式（$1\leqslant i\leqslant n$，$j\in\{k1,\cdots,kn\}$）。对 i:$1\leqslant i\leqslant n$，公式 $E_{i,1}'\vee\cdots\vee E_{i,ki}'$，记作 Es($A_i$,$Z$,$\Pi$)，称为原子 A_i 关于环 $Z=\{A_1,\cdots,A_n\}$的外部支承。

令 LF(Π)是与Π的环相伴的所有环公式的集合。

注意： 我们约定$\wedge\varnothing$（公式的空合取）是$\top$，$\vee\varnothing$（公式的空析取）是$\bot$。

例 5.1.1（续）　注意 $R^-(Z_1)=\varnothing$，

$$\text{LF}(Z_1,\Pi)=\top$$
$$\text{LF}(Z_2)=\{C\to(\neg A\wedge\neg B)\}$$

$$LF(Z_3)=\{A\to(\neg C\wedge\neg D)\}$$

$Comp(\Pi)=\{A\leftrightarrow\neg C\vee B, B\leftrightarrow A, C\leftrightarrow\neg A\vee D, D\leftrightarrow C, E\leftrightarrow E\}$有六个模型：$\{A,B\}$，$\{C,D\}$，$\{A,B,E\}$，$\{C,D,E\}$，$\{A,B,C,D\}$和$\{A,B,C,D,E\}$。

如果将两个环公式增加到 Comp(Π)中，则得到的公式集的模型是剔除上述最后四个模型后余下的两个模型，它恰好是Π的回答集。对Π的无环化程序Π′，可以给出类似的讨论。

可以证明，上述事实对所有有穷正规程序为真。因此，可以用正规程序的环公式和它的完备表征回答集。

定理 5.1.3 令Π是有穷正规程序，Comp(Π)和 LF(Π)分别是它的完备和环公式集。任一原子集 S 是Π的回答集，当且仅当 S 是 $Comp(\Pi)\cup LF(\Pi)$的模型。

证明 “仅当” 设 S 是Π的回答集，依推论 4.3.2，S 是 Comp(Π)的模型。对Π的任一正环 Z，若 S 满足$\vee_{A\in Z}A$，则存在 $A^*\in Z$，使得 $A^*\in S$。因为 S=Head(GR(S,Π))，故 S 是 GR(S,Π)支承的。依定理 5.1.2，存在$\Pi'\subseteq\Pi$，使得$\Pi'=\Lambda(\Pi')$，S=Head(Π′)且Π′是紧凑的。因此，S 是Π′支承的。由 $A^*\in S$，存在 $r\in\Pi'$，使得 Head(r)=A^*且 S 满足 r。由Π′的紧凑性易知，$r\in R^-(\Pi,Z)$。于是，S 满足 LF(Z)。由于 Z 是Π的任一正环，故 S 是 LF 的模型。

“当” 令$\Pi^0=\{r\in\Pi|Head(r)\in S, Pos(r)\subseteq S, Neg(r)\cap S=\varnothing\}$，则易知$\Pi^0\subseteq GR(S,\Pi)$。对任意 $r\in R(S,\Pi)$，有 $Pos(r)\subseteq S$ 且 $Neg(r)\cap S=\varnothing$。因为 S 是 Comp(Π)的模型，依定理 4.3.3，S 封闭于Π，所以 $Head(r)\in S$，从而 $r\in\Pi^0$。于是，$GR(S,\Pi)\subseteq\Pi^0$。因此，$\Pi^0=GR(S,\Pi)$且 $Head(\Pi^0)=S$。

情形 1：若Π^0没有正环，则Π^0是紧凑的。依Π^0的定义，Π是在 S 上紧凑的。因为 S 是 Comp(Π)的模型，依定理 4.3.5*，S 是Π的回答集。

情形 2：若Π有正环，构造$\Pi^m(m\geqslant1)$如下：

（1）若Π^m没有正环，则$\Pi^m=\Pi^{m-1}$；

（2）若Π^m有正环，令

$Z^m=\{A_i|1\leqslant i\leqslant n\}$是$\Pi^m$的一个极大正环（依集合包含关系）

$R^+(Z^m,\Pi^m)=\{r_i\in\Pi^m|Head(r_1)=A_1,\cdots,Head(r_k)=A_n,\ 1\leqslant i\leqslant k\leqslant n\}$

则 Z^m 也是Π的环。

因为 $Head(r_1)\in S$ 且 S 是 LF(Z^m,Π)的模型，故必有 j:$1\leqslant j\leqslant n$ 和 $r\in R^-(Z^m,\Pi)$，使得 Head(r)=A_j 且 S 是 $Pos(r)'\wedge Neg(r)'$的模型，其中，Pos(r)′和 Neg(r)′是用“∧”和“¬”分别替换 Pos(r)和 Neg(r)的“,”和“not”得到的公式。根据 $R^-(Z^m,\Pi)$的定义，$Pos(r)\cap Z^m=\varnothing$，故 $r\notin R^+(Z^m,\Pi^m)$，称此 r 是用于从Π^m构造Π^{m+1}的规则。令

Π^{m+1} 是从 Π^m 中删除所有满足 Head(r)=A_j 的规则 $r\in\{r_1,\cdots,r_n\}$ 得到的程序。

因为有穷程序Π只有有穷多个正环，对每一 $m\geqslant 1$，$\Pi^m\subseteq\Pi^{m-1}$，故必存在某个 $n\geqslant 0$，使得 $\Pi^{n+1}=\Pi^n$，因此这一构造过程终止。令 $\Pi^n=\cap_{0\leqslant m\leqslant n}\Pi^m$，$S^n$=Head($\Pi^n$)。显然，$\Pi^n$ 没有正环。

首先，归纳地证明，对任意 $m:0\leqslant m\leqslant n$，若 Π^m 有一个正环，则用于从 Π^m 构造 Π^{m+1} 的规则 r 在 Π^{m+1} 中，即它没有从 Π^m 中被删除。

基始　显然，r 在 Π^0 中。

归纳　对某一 $j<m$，设 $r\in\Pi^j$ 是用于从 Π^j 构造 Π^{j+1} 的规则，可以证明 $r\in\Pi^{j+1}$。设若不然，则存在 Π^j 的极大正环 Z，使得 $r\in R^+(Z,\Pi^j)$。令 Head(r)=A_k，Z' 是 Π^m 的用于构造 Π^{m+1} 的极大正环，则易知 $A_k\in Z\cap Z'$。因为 $\Pi^{m+1}\subseteq\Pi^m$，故 $Z\cup Z'$ 也是 Π^j 的环，根据 Z 的极大性，则 $Z'\subseteq Z$。因为 r 是构造 Π^{j+1} 时从 Π^j 中被删除的，故 $R^+(Z,\Pi^j)$ 中以 A_k 为头的所有规则也被删除。于是，$R^+(Z',\Pi^m)$ 没有以 A_k 为头的规则，这与构造 Π^{m+1} 时规则 r 的选择矛盾。

其次，证明：对每一 $A\in S$，有 Π^n 的头为 A 的规则，从而 S 是 Π^n 支承的。为此，施归纳于 m（$0\leqslant m\leqslant n$）证明，对任意 $A\in S$，Π^m 有头为 A 的规则。

基始　对任意 $A\in S$，因为 S 是 Comp(Π)的模型，依定理 4.3.3，S 是Π支承的，故存在 $r\in\Pi$，使得 Head(r)=$\{A\}$ 且 Pos(r)$\subseteq S$，Neg(r)$\cap S=\varnothing$。依 Π^0 的定义，$r\in\Pi^0$。

归纳　对 $m<n$，设对任意 $A\in S$，Π^m 存在头为 A 的规则。若 Π^m 没有正环，则 $\Pi^{m+1}=\Pi^m$，故 Π^{m+1} 存在头为 A 的规则。若 Π^m 有正环，因为 Π^{m+1} 是从 Π^m 中删除以 A_k 为头的某些规则得到的，其中 A_k 是用于构造 Π^{m+1} 时选择的规则的头，故对任意不同于 A_k 的 $A\in S$。依归纳假设，Π^m 存在头为 A 的规则，且依 Π^{m+1} 的构造，此规则也在 Π^{m+1} 中。如前所证，用于从 Π^m 构造 Π^{m+1} 的头为 A_k 的规则 r 在 Π^{m+1} 中没有从 Π^m 中被删除，故 $r\in\Pi^{m+1}$。于是，对任意 $A\in S$，Π^{m+1} 存在头为 A 的规则。因此，对任意 m：$0\leqslant m\leqslant n$，$S\subseteq$Head(Π^m)。

最后，施归纳法证明：对 m（$0\leqslant m\leqslant n$），S 封闭于 Π^m。

基始　如前所证，Π^0=GR(S,Π)且 Head(Π^0)=S。因此，S 封闭于 Π^0。

归纳　对 $m<n$，设 S 封闭于 Π^m。因为对任意一从 Π^m 中删除的规则 r，仍存在以 Head(r)为头的规则（即用从 Π^m 构造 Π^{m+1} 的以 Head(r)为头的规则）在 Π^m 中，故 Head(Π^{m+1})=Head(Π^m)。根据归纳假设和 $\Pi^{m+1}\subseteq\Pi^m$，易知 S 封闭于 Π^{m+1}。

综上所述，S 封闭于 Π^n 且是 Π^n 支承的。根据定理 4.3.3，S 是 Comp(Π^n)的模型。因为 Π^n 是有穷的且没有正环，从而是紧凑的。由定理 4.3.5，S 是 Π^n 的回答集。

依 Π^0 和 Π^m（$m\geqslant 1$）的定义易知，对任意 $r\in R(S,\Pi^n)$，Pos(r)$\subseteq S$ 且 Neg(r)$\cap S=\varnothing$。

因为 S 是 Comp(Π^n)的模型，依定理 4.3.3，S 封闭于Π^n，故 Head(r)$\in S$，$r\in\Pi^n$。这表明，GR(S,Π^n)$\subseteq\Pi^n$。因此，Π^n=GR(S,Π^n)且 Head(Π^n)=S。因为 S 是Π^n 的回答集，依定理 4.2.2*，Λ(GR(S,Π^n))=GR(S,Π^n)。于是，$\Pi^n=\Lambda(\Pi^n)$。

因为 S 是 Comp(Π^n)的模型，依定理 4.3.3，S 是Π支承的且封闭于Π。由前已证$\Pi^n\subseteq\Pi$，Π^n 是紧凑的，$\Pi^n=\Lambda(\Pi^n)$，S=Head(Π^n)，依定理 5.1.2，S 是Π的回答集。

例 4.3.2（续）　程序Π_1 没有正环，回答集与其完备的模型同为$\varnothing$。程序Π_2 有一正环$\{A\}$，$R^-(\Pi_2,\{A\})=\varnothing$，故 LF=$\varnothing$，$\Pi_2$ 的回答集与 Comp(Π_2)的模型同为$\varnothing$。

为了用 SAT 求解器计算有穷正规程序Π的回答集，关键是计算环公式。但是，一个程序可能有指数多个环公式。例如，求一个图的 Hamilton 圈的程序（有约束）：

r_1：hc(V_1,V_2)←arc(V_1,V_2),not otherroute(V_1,V_2)

r_2：otherroute (V_1,V_2)←arc(V_1,V_2),arc(V_1,V_4),hc(V_1,V_4),$V_2\neq V_4$

r_3：otherroute (V_1,V_2)←arc(V_1,V_2),arc(V_4,V_2),hc(V_4,V_2),$V_1\neq V_4$

r_4：reached(V_2)←arc(V_1,V_2),hc(V_1,V_2),reached(V_1),not initialnode(V_1)

r_5：reached(V_2)←arc(V_1,V_2),hc(V_1,V_2),reached(V_1),initialnode(V_1),initialnode(O)

r_6：←vertex(V),not reached(V)

其中，hc, arc, otherroute, reached, initialnode 和 vertex 分别表示 Hamilton 圈，弧，其他路径，可到达，初始结点和顶点。这些谓词的含义如下：

- hc(x,y)：顶点 x 到 y 有 Hamilton 圈；
- arc(x,y)：顶点 x 到 y 有弧；
- otherroute(x,y)：顶点 x 到 y 存在其他路径；
- reached(x)：顶点 x 可到达；
- initialnode(x)：顶点 x 是初始顶点；
- vertex(x)：x 是顶点。

对于完全图，规则 r_4 在完全例式后将对每一顶点集（n-完全图有 2^n 个顶点集）产生一个环。

注意到，如果原子集 M 是 Comp(Π)的模型但不是Π的回答集，依定理 5.1.3，必有Π的环使得其环公式不被 M 满足。下面的结果表明，这样的环公式可以在多项式时间找到。

令 $M^-=M\backslash C_n(\Pi^M)$，其中 M 是 Comp(Π)的模型，Π^M 是Π关于 M 的归约，$C_n(\Pi^M)$ 是确定程序Π^M 的结论集。令 G_Π^+ 是Π的原子正相依图，即 G_Π^+ 的顶点集由Π中所有原子组成，对任意两个顶点 A 和 B，若有规则 $r\in\Pi$，使得$\{A\}$=Head(r)且 $B\in$Pos(r)，则有一条从 A 到 B 的正边$\langle A,B\rangle$。

引理 5.1.2 若 M 是 Comp(Π)的一个模型，则 $C_n(\Pi^M)\subseteq M$。

证明 依定理 2.3.10，$C_n(\Pi^M)=T_{\Pi^M}\uparrow\omega=\cup_{n\geq 0}T_{\Pi^M}\uparrow n$。只需施归纳于 $n\geq 0$，证明 $T_{\Pi^M}\uparrow n\subseteq M$。

基始 $n=0$，显然成立。

归纳 设 $T_{\Pi^M}\uparrow n\subseteq M$。对任意 $A\in T_{\Pi^M}\uparrow(n+1)$，存在 $A\leftarrow \text{Pos}\in\Pi^M$，使得 $\text{Pos}\subseteq T_{\Pi^M}\uparrow n$。根据归纳假设 $\text{Pos}\subseteq M$。因为Π^M是Π关于 M 的归约，故有 $A\leftarrow\text{Pos},\text{not Neg}\in\Pi$，使得 $\text{Neg}\cap M=\varnothing$。于是，$M$ 满足 Pos 和 Neg。由于 M 是 Comp(Π)的模型，故 $A\in M$。因此，$T_{\Pi^M}\uparrow(n+1)\subseteq M$。

引理 5.1.3 对任一 $A\in M^-$，必存在Π^M中关于 A 的规则 $A\leftarrow\text{Pos}$，使得 Pos 包含某一 $B\in M^-$。进而，对Π^M中任意一关于 A 的这样的规则，其体必包含 M^-中的一个原子。

证明 由 $A\in M^-$，故 $A\in M$。因为 M 是 Comp(Π)的模型，则存在Π中规则 $A\leftarrow\text{Pos},\text{not Neg}$，使得 $\text{Pos}\subseteq M$ 且 $\text{Neg}\cap M=\varnothing$。于是，$A\leftarrow\text{Pos}\in\Pi^M$。如果 $\text{Pos}\subseteq C_n(\Pi^M)$，则 $A\in C_n(\Pi^M)$，这与 $A\in M^-$矛盾。因此，必有 Pos 中一个原子在 M^-中。

定理 5.1.4 设Π是有穷正规程序，则至少存在Π的一个正环 L，使得 $L\subseteq M^-$。进而，对任意 $A\in M^-$，必有一个正环 $Z\subseteq M^-$，使得对某一 $B\in Z$，存在 G_Π^+ 中从 A 到 B 的一条（有向）路径。

证明 令 $A\in M^-$，根据引理 5.1.3 和 G_Π^+ 的构造，必存在 $B\in M^-$，使得 $\langle A,B\rangle$ 是 G_Π中的弧。因为 A 是任一顶点，G_Π^+ 的顶点数是有穷的，致使 G_Π^+ 中的一个正环，存在从 A 可达的强连通分支。

定义 5.1.4 令Π是有穷正规程序，G_Π^+ 是它的正相依图，M 是 Comp(Π)的一个模型。对Π的正环 Z，若 $Z\subseteq M^-$且 Z 在 M^-中是极大的，即不存在其他正环 $Z'\subseteq M^-$，使得 $Z'\subset Z$，则 Z 是关于 M 极大的。

也就是说，Z 是 M^-导出的 G_Π^+ 的子图的强连通分支。对关于 M 极大的正环 Z，若不存在另一关于 M 极大的正环 Z'，使得对某个 $A\in Z$ 和某个 $B\in Z'$，有一条从 A 到 B 的路径，且该路径上的所有顶点都在 M^-中，则称 Z 是Π关于 M 的一个终结正环。

定理 5.1.5 设Π是有穷正规程序。若原子集 M 是 Comp(Π)的模型但不是Π的回答集，则存在程序Π的关于 M 的终结正环。因此，M 不满足Π关于 M 的任何终结正环的环公式。

证明 根据引理 5.1.2，M^-存在正环。由 M^-的有穷性，则必存在一个关于 M 极大的正环。假设没有Π关于 M 的终结正环，又因为 G_Π^+ 是有穷的，则必有两个

以上关于 M 极大的正环，且在 G_{Π}^{+} 的 M^{-}导出子图中有一条从关于 M 极大的任一正环到另一关于 M 极大的正环的路径。这蕴含所有关于 M 极大的正环的并也是关于 M 极大的正环，从而与有两个以上关于 M 极大的正环的事实矛盾。因此，必存在关于 M 的终结正环。

令 Z^*是Π关于 M 的一个终结正环，它的环公式是如下形式的公式：

$$(\neg G_1\wedge\cdots\wedge\neg G_n)\rightarrow(\neg A_1\wedge\cdots\wedge\neg A_k)$$

其中，A_i（$1\leqslant i\leqslant k$）是 Z^*中的原子，G_j（$1\leqslant j\leqslant n$）是 $R^{-}(Z^*,\Pi)$中规则的体。因为 $Z^*\subseteq M^{-}\subseteq M$，欲证 M 不满足 Z^*的环公式，只需证明，对任意 $A\in Z^*$和任意一规则 $A\leftarrow G\in R^{-}(Z^*,\Pi)$，$M\vDash\neg G'$，其中 G'是用“$\wedge$”和“$\neg$”分别替换 G 中的“,”和“not”得到的公式。假设 $M\vDash G'$，则 $A\leftarrow G^{+}\in\Pi^{M}$，其中 G^{+}是 $A\leftarrow G$ 的正体。

情形 1：G^{+}不包含 M^{-}中任何原子，则 $G^{+}\subseteq C_n(\Pi^{M})$，因此 $A\in C_n(\Pi^{M})$，与假设 $A\in M^{-}$矛盾。

情形 2：G^{+}包含一个原子 $B\in M^{-}$，根据定理 5.1.4，必有Π的一个正环。因此，存在关于 M 的极大正环 Z'，使得 Z'中有一条从 B 到 Z'中任何原子的路径，这蕴含：也存在一条从 A 到 Z'中任何原子的路径。因为 $A\leftarrow G$ 不在 $R^{+}(Z^*,\Pi)$中，B 不在 Z^*中，则 B 必不同于 A。这与 L^*是关于 M 终结且极大的正环的假设矛盾。

基于此定理，为确定 Comp(Π)的模型 M 不是程序的回答集，只需找出关于 M 的一个终结正环，而这一终结正环是 G_{Π}^{+} 的 M^{-}导出子图的强连通分支。因为强连通分支和它们的相依链可以在 $O(n+e)$时间找出，其中 n 是图的顶点数，e 是图的边数，故关于 M 的终结正环可以在 $O(m+k)$时间找到，其中 m 是 M^{-}的基数，k 是 G_{Π}^{+} 的 M^{-}导出子图的边数。通常，相对于Π中原子的个数，M^{-}中原子的个数是很小的。一旦识别出一个正环，计算相应的环公式耗费的时间与计算程序的完备耗费的时间相近。

5.2 嵌套回答集程序

5.2.1 嵌套回答集程序的语法和语义

扩展回答集程序为最一般的形式，即嵌套回答集程序，其语言由文字（如经典一阶语言定义）和一元联结词 not 与二元联结词“,”（合取）和“;”（认知析取）组成。文字是 $p(x_1,\cdots,x_n)$或$\neg p(x_1,\cdots,x_n)$的表达式；初等公式是文字和零元联结词$\top$（真）和$\bot$（假）；公式由初等公式用一元联结词 not 和二元联结词“,”和“;”递归

地定义，即

- 文字是（初等）公式；
- ⊤和⊥是（初等）公式；
- 若 A 是公式和 B 是公式，则(A,B)是公式；
- 若 A 是公式和 B 是公式，则$(A;B)$是公式；
- 若 A 是公式，则(not A)是公式。

类似于经典逻辑，也可以使用省略括号的规则。

为与经典逻辑的公式区别，称这样的公式为嵌套公式（当不致混淆时，仍称为公式）。嵌套回答集程序规则（简称嵌套规则）是形如 $F\leftarrow G$ 的表达式，其中 F 和 G 是公式，分别称为规则的头和体，也记作 Head←Body。嵌套回答集程序（简称嵌套程序）是嵌套规则的集合；称嵌套程序Π的子集为Π的子嵌套程序。视单子Π={Head←Body}与 Head←Body 等同。类似地，可定义基嵌套公式、基嵌套规则和基嵌套程序，包含变元的文字及嵌套公式。嵌套规则和嵌套程序是相应的基例式的缩写。本节中，若无特别说明，文字（或原子），嵌套规则和嵌套程序总是指基文字（或基原子）、基嵌套规则和基嵌套程序。

称嵌套程序Π是有穷的，当且仅当$|\Pi|$是有穷的，即Π是由有穷条嵌套规则组成的程序。

对任意公式 F,G 和 H，表达式"$F\to G;H$"表示"公式(F,G);not (F,H)"。若公式 F 在一个公式或规则中出现之前面的符号是¬，则称此出现是奇异的；否则，此出现是正则的。显然，F 在规则或公式中的出现是奇异的，当且仅当 F 是原子。例如，公式 not A, not $\neg A$ 中 A 的第一个出现是正则的，而第二个出现是奇异的。这一区别非常重要，因为用一公式 G 替换 F 在公式中的正则出现得到的仍是公式，但是替换 F 在公式中的奇异出现得到的可能不是公式。例如，用公式(B,C)替换 not A, not $\neg A$ 中 A 的第一个出现得到公式 not(B,C), not$\neg A$；但是，替换 A 的第二个出现得到的 not$\neg(B,C)$不是公式。

记形如 $F\leftarrow\top$的规则为 $F\leftarrow$且称其为（嵌套）事实上，我们将它等同于公式 F。称形如$\bot\leftarrow G$ 的规则为约束并记作$\leftarrow G$。

对任一公式 F、规则 r 和程序Π，分别记它们中出现的所有文字的集合为 $\mathbf{GLit}_F$，$\mathbf{GLit}_r$ 和 $\mathbf{GLit}_\Pi$。类似地，$\mathbf{GAtom}_F$、$\mathbf{GAtom}_r$ 和 $\mathbf{GAtom}_\Pi$分别表示公式 F、规则 r 和程序Π中出现的所有基原子集。

任意一嵌套公式、嵌套规则和嵌套程序，如果没有缺省否定 not 出现，则分别称其为基本公式、基本嵌套规则和基本嵌套程序。它们分别对应经典的公式（视嵌套公式中出现的联结词“,”和“;”分别为“∧”和“∨”)，有析取头的基本程序规则和由有析取头的基本程序规则组成的程序。

为给出嵌套程序语义，需要扩展归约的概念以定义嵌套程序的回答集。首先递归定义协调文字集和嵌套公式的可满足关系$\models_n$（下标 n 表示$\models_n$是非单调的可满足关系，以区别于经典的可满足关系）如下：

对任意一协调文字集 S 和公式 F，称 S 满足 F(或 S 是 F 的模型)，记作 $S\models_n F$，

- 对文字 L，若 $L\in S$，则 $S\models_n L$;
- $\models_n \top$;
- $\not\models_n \bot$;
- 若 $S\models_n F$ 且 $S\models_n G$，则 $S\models_n (F,G)$;
- 若 $S\models_n F$ 或 $S\models_n G$，则 $S\models_n (F;G)$;
- 若 $S\not\models_n F$，则 $S\models_n \text{not } F$。

任意一公式 F，若存在协调文字集 S，使得 $S\models_n F$，则称 F 是可满足的（或 S 满足 F)，并称 S 是 F 的一个模型。记 F 的所有极小模型（依集合包含关系）的集合为 SM(F)。

对任意公式 F 和 G，称 F 是 G 的推论，记作 $F\models_n G$，当且仅当对任一协调文字集 S，若 $S\models_n F$，则 $S\models_n G$。

显然，对于经典公式 F 和协调文字集 S，存在 $S\models_n F$ 当且仅当 $S\models F$，其中，$\models$ 是经典的逻辑结论关系。

类似于定义 4.1.6，对任一嵌套规则 r=Head←Body 和任一协调文字集 S，称 S 满足规则 r（或者 S 是 r 的模型，或者 S 封闭于 r)，记作 $S\models_n r$，当且仅当若 S 满足 Body 则 S 满足 Head。对任一嵌套程序Π和任一协调文字集 $S\subseteq \mathbf{GLit}_\Pi$，如果 S 满足Π中每一规则，则称 S 满足Π(或者 S 是Π的模型或者 S 封闭于Π)，记作 $S\models_n \Pi$。

定义 5.2.1 令 S 是协调文字集，F 是公式，F 关于 S 的归约，记作 F^S，递归地定义为

- 对初等公式 F，$F^S=F$;
- $(F,G)^S=F^S,G^S$;
- $(F;G)^S=F^S;G^S$;
- 若 $S\models_n F$，则$(\text{not } F)^S=\bot$；若 $S\not\models_n F$，则$(\text{not } F)^S=\top$。

任意一嵌套规则 r=Head←Body 关于协调文字集 S 的归约，是 $\text{Head}^S\leftarrow\text{Body}^S$，记作 r^S。任一嵌套程序Π关于 S 的归约，是集合$\{r^S \mid r\in\Pi\}$，记作Π^S。

推论 5.2.1 对任意公式 F 和协调文字集 S，$S\models_n F$，当且仅当 $S\models F^S$。

称公式 F 和 G 等价，记作 $F\Leftrightarrow G$，当且仅当 $F\vDash_n G$ 且 $G\vDash_n F$。等价地，当且仅当对任意协调文字集 X 和 Y，$X\vDash_n F^Y$ 当且仅当 $X\vDash_n G^Y$。

定义 5.2.2　令Π是嵌套回答集程序，S 是协调文字集。如果 S 是满足Π^S的极小协调文字集，则 S 是Π的回答集。存在回答集的程序是协调的，特别地，存在回答集的一条规则（视为单子）是协调的。

例 5.2.1　给定程序$\Pi_1=\{A; \text{not } A\leftarrow\top\}$和协调文字集 S。若 $A\in S$，则$\Pi_1{}^S=\{A\leftarrow\top\}$有极小模型$\{A\}$；若 $A\notin S$，则$\Pi_1{}^S=\{\top\leftarrow\top\}$有极小模型$\varnothing$（因为 $A;\bot\Leftrightarrow A$，$A;\top\Leftrightarrow\top$）。故程序$\Pi_1$ 有两个回答集$\{A\}$和$\varnothing$。

程序$\Pi_2=\{A\leftarrow\text{not not } A\}$，若 $A\in S$，则$\Pi_2{}^S=\{A\leftarrow\top\}$。若 $A\notin S$，则$\Pi_2{}^S=\{A\leftarrow\bot\}$。程序$\Pi_2$ 有两个回答集$\varnothing$和$\{A\}$。比较程序$\{A\leftarrow A\}$和$\{A\leftarrow\text{not } A\}$，前者有唯一回答集$\varnothing$，而后者没有回答集。

例 5.2.1 表明对于嵌套程序，回答集不满足极小性，即一个回答集可能是另一个回答集的真子集。

例 5.2.2　对于程序$\Pi_3=\{\neg A\leftarrow\text{not not } A\}$，若 $A\in S$，则$\Pi_3{}^S=\{\neg A\leftarrow\top\}$。$\varnothing$是$\Pi_3{}^S$的最小模型，故任何包含 A 的协调文字集 S 不是Π_3 的回答集。若 $A\notin S$，则$\Pi_3{}^S=\{\neg A\leftarrow\bot\}$，$\varnothing$是$\Pi_3{}^S$的最小模型，从而也是$\Pi_3$ 的回答集。于是，程序Π_3 有唯一回答集$\varnothing$。

对于程序$\Pi_4=\{A\leftarrow\text{not not } B\}$和任意协调文字集 S，若 $B\in S$，则$\Pi_4{}^S=\{A\leftarrow\top\}$有极小模型$\{A\}\neq S$。若 $B\notin S$，则$\Pi_4{}^S=\{A\leftarrow\bot\}$有极小模型$\varnothing$。因此，$\Pi_4$ 有唯一回答集$\varnothing$。

定义 5.2.3　令Π_1 和Π_2 是任意嵌套程序，X 和 Y 是任意协调文字集。如果 X 封闭于$\Pi_1{}^Y$ 当且仅当 X 封闭于$\Pi_2{}^Y$，则Π_1 和Π_2 等价。

显然，两个等价的公式关于同一个文字集的归约有相同的回答集。因此，任意两个等价的程序有相同的回答集。因此，若Π_1 和Π_2 等价，则对任意程序Π，$\Pi_1\cup\Pi$ 与$\Pi_2\cup\Pi$等价。

引理 5.2.1　令 F，G 和 H 是公式，H'是用 G 替换 F 在 H 中的某些正则出现得到的公式。若 $F\Leftrightarrow G$，则 $H\Leftrightarrow H'$。

证明　施归纳于公式的结构。

基始　注意 F 在 H 中的正则出现是 H，引理自然成立。

归纳　设 $H=H_1,H_2$。若 $H=F$ 且 $H'=G$，断言显然成立。否则，$H'=H_1',H_2'$。依归纳假设，$H_1\Leftrightarrow H_1'$且 $H_2\Leftrightarrow H_2'$。因此，对任意协调文字集 X 和 Y，

$X\vDash_n H^Y$，当且仅当 $X\vDash_n (H_1,H_2)^Y$；

当且仅当 $X\vDash_n (H_1)^Y,(H_2)^Y$；

当且仅当 $X\vDash_n H_1{}^Y$ 和 $X\vDash_n H_2{}^Y$；

当且仅当 $X\vDash_n(H_1')^Y$ 和 $X\vDash_n(H_2')^Y$；

当且仅当 $X\vDash_n(H_1')^Y,(H_2')^Y$；

当且仅当 $X\vDash_n(H_1',H_2')^Y$；

当且仅当 $X\vDash_n(H')^Y$。

类似地，可以证明 $H=H_1;H_2$ 时引理同样成立。

设 $H=\text{not } H_1$。若 $H=F$ 且 $H'=G$，引理显然成立。否则，$H'=\text{not } H_1'$。依归纳假设，$H_1\Leftrightarrow H_1'$。因此，对任意协调文字集 X 和 Y，

$X\vDash_n H^Y$，当且仅当 $X\vDash_n(\text{not } H_1)^Y$；

当且仅当 $(\text{not } H_1)^Y=\top$；

当且仅当 $Y\nvDash_n {H_1}^Y$；

当且仅当 $Y\nvDash_n(H_1')^Y$；

当且仅当 $(\text{not } H_1')^Y=\top$；

当且仅当 $X\vDash_n(\text{not } H_1')^Y$；

当且仅当 $X\vDash_n(H_1')^Y$。

引理 5.2.2 令Π是嵌套程序，F 和 G 是等价公式。任何由Π通过用 G 替换Π中 F 的正则出现得到的程序与Π等价。

证明 设Π′是通过用 G 替换Π中 F 的正则出现得到的任一程序，协调文字集 X 封闭于$(\Pi')^Y$，其中，Y 是协调文字集。对Π中任一规则 $F\leftarrow G$ 及其在Π′中的对应规则 $F'\leftarrow G'$，若 $X\vDash_n(G')^Y$，则 $X\vDash_n(F')^Y$。依引理 5.2.1，$F\Leftrightarrow F'$ 且 $G\Leftrightarrow G'$。因此，若 $X\vDash_n G^Y$，则 $X\vDash_n F^Y$，这蕴含 X 封闭于Π^Y。类似地可以证明，若 X 封闭于Π^Y，则 X 封闭于$(\Pi')^Y$。于是，引理获证。

引理 5.2.3 对任意公式 F, G 和 H，有

（1）$F,G\Leftrightarrow G,F$ 且 $F;G\Leftrightarrow G;F$；

（2）$(F,G),H\Leftrightarrow F,(G,H)$且$(F;G);H\Leftrightarrow F;(G;H)$；

（3）$(F,(G;H))\Leftrightarrow(F,G);(F,H)$且 $F;(G,H)\Leftrightarrow(F;G),(F;H)$；

（4）$\text{not }(F,G)\Leftrightarrow\text{not } F;\text{ not } G$ 且 $\text{not}(F;G)\Leftrightarrow\text{not } F,\text{ not } G$；

（5）$\text{not not not } F\Leftrightarrow\text{not } F$；

（6）$F,\top\Leftrightarrow F$ 且 $F;\top\Leftrightarrow\top$；

（7）$F,\bot\Leftrightarrow\bot$且 $F;\bot\Leftrightarrow F$；

（8）若 A 是原子，则 $A,\neg A\Leftrightarrow\bot$且 $\text{not } A;\text{ not }\neg A\Leftrightarrow\top$；

（9）$\text{not }\top\Leftrightarrow\bot$且 $\text{not}\bot\Leftrightarrow\top$。

证明 只需证明（4）和（5），其余的容易验证。对于（4），有

$X\vDash_n \text{not } (F,G)^Y$，当且仅当 $(\text{not } (F,G)^Y)=\top$；

当且仅当 $Y\nvDash_n(F,G)^Y$；

当且仅当 $Y\nvDash_n F^Y$ 或 $Y\nvDash_n G^Y$；

当且仅当 $(\text{not } F)^Y=\top$ 或 $(\text{not } G)^Y=\top$；

当且仅当 $X\vDash_n (\text{not } F)^Y$ 或 $X\vDash_n(\text{not } G)^Y$；

当且仅当 $X\vDash_n(\text{not } F)^Y; (\text{not } G)^Y$；

当且仅当 $X\vDash_n(\text{not } F; \text{not } G)^Y$。

类似地，对于（5），有

$X\vDash_n (\text{not not not } F)^Y$，当且仅当 $(\text{not not not } F)^Y=\top$；

当且仅当 $Y\nvDash_n(\text{not not } F)^Y$；

当且仅当 $(\text{not not } F)^Y=\bot$；

当且仅当 $Y\vDash_n(\text{not } F)^Y$；

当且仅当 $(\text{not } F)^Y=\top$；

当且仅当 $X\vDash_n(\text{not } F)^Y$。

定义 5.2.4　形如

$$L_1;\cdots;L_k, \text{not } L_{k+1},\cdots,\text{not } L_m,\cdots,\text{not not } L_{m+1},\cdots,\text{not not } L_n(0\leqslant k\leqslant m\leqslant n)$$

的公式是简单合取式；形如

$$L_1;\cdots;L_k; \text{not } L_{k+1};\cdots;\text{not } L_m ; \text{not not } L_{m+1};\cdots;\text{not not } L_n(0\leqslant k\leqslant m\leqslant n)$$

的公式是简单析取式，其中 $L_i(1\leqslant i\leqslant n)$是文字。

约定：当 n=0 时，$F_1,\cdots,F_n$ 为$\top$；而 $F_1;\cdots;F_n$ 为$\bot$，其中 $F_i(1\leqslant i\leqslant n)$是公式。

由引理 5.2.2 和引理 5.2.3 可得下面的推论。

推论 5.2.2　若公式 F 等价于一个简单合取式，则 not F 等价于一个简单析取式；若 F 等价于一个简单析取式，则 not F 等价于一个简单合取式。

施归纳于公式的结构容易证明下面的结果，它表明任一公式可以转换为等价的析取范式（相应地，合取范式）。

引理 5.2.4　任一公式等价于

（1）一个形如 $F_1;\cdots;F_n(n\geqslant 1)$的公式（析取范式），其中每个 $F_i(1\leqslant i\leqslant n)$是一简单合取式；

（2）一个形如 $F_1,\cdots,F_n(n\geqslant 1)$的公式（合取范式），其中每个 $F_i(1\leqslant i\leqslant n)$是一简单析取式。

引理 5.2.5　设 F, G 和 H 是公式。

（1）$F,G\leftarrow H$ 等价于$\{F\leftarrow H，G\leftarrow H\}$；

（2）$F\leftarrow G;H$ 等价于 $F\leftarrow G$ 或 $F\leftarrow H$；

（3）$F\leftarrow G$, not not H 等价于 F; not $H\leftarrow G$；

（4）F; not not $G\leftarrow H$ 等价于 $F\leftarrow H$, not G。

证明 令 X 和 Y 是协调文字集。

（1）由封闭和可满足的定义立得：X 封闭于 $F^Y,G^Y\leftarrow H^Y$，当且仅当 X 同时封闭于 $F^Y\leftarrow H^Y$ 和 $G^Y\leftarrow H^Y$。

（2）类似于（1）易知。

（3）若$(\text{not } H)^Y=\top$，则$(\text{not not } H)^Y=\bot$；若$(\text{not } H)^Y=\bot$，则$(\text{not not } H)^Y=\top$。故有 $X\models_n F^Y\leftarrow G^Y,(\text{not not } H)^Y$，当且仅当 $X\models_n F^Y;(\text{not } H)^Y\leftarrow G^Y$。

（4）类似于（3）可得。

由引理 5.2.2、推论 5.2.2 和引理 5.2.5 可得下面的定理。

定理 5.2.1 任一嵌套程序规则可以等价地转换为形如

$L_1;\cdots,L_i\leftarrow L_{i+1},\cdots,L_k,\text{ not } L_{k+1},\cdots,\text{not } L_m,\text{ not not } L_{m+1},\cdots,\text{not not } L_n(0\leqslant i\leqslant k\leqslant m\leqslant n)$

的规则。任一嵌套程序可以等价地转换为如上形式的规则的集合。

类似地，可以将任一意嵌套程序规则等价地转换为如下形式的规则：

$L_1;\cdots;L_i;\text{ not } L_{i+1};\cdots;\text{not } L_k\leftarrow L_{k+1},\cdots,L_m,\text{ not } L_{m+1},\cdots,\text{not } L_n(0\leqslant i\leqslant k\leqslant m\leqslant n)$

通常，将合取公式 $L_1\wedge\cdots\wedge L_k$ 等同于文字集$\{L_1,\cdots,L_k\}$。

约定：形如 not $L_1,\cdots,$not L_m 和 not not $L_1,\cdots,$not not L_m 的公式分别被记为 not F 和 not not F，其中 $F=\{L_1,\cdots,L_m\}$。于是任一嵌套程序规则可以表示为下述形式：

$$C\leftarrow B,\text{ not } F_1,\text{ not not } F_2$$

其中集合 B, F_1 和 F_2 中至少有一个不是空集，或

$$C;\text{ not } L_1;\cdots;\text{not } L_k\leftarrow B,\text{ not } F$$

的嵌套规则，其中 C 是有穷个文字的析取，B 是有穷个文字的合取，F_1, F_2 和 F 是文字的集合，$k\geqslant 0$（当 $k=0$ 时，集合 B 和集合 F 中至少有一个不是空集）。

如果 C 是空析取，则分别记它们为

$$\leftarrow B,\text{ not } F_1,\text{ not not } F_2$$

和

$$\text{not } L_1;\cdots;\text{not } L_k\leftarrow B,\text{ not } F$$

并称它们为嵌套约束。

设Π是嵌套程序，令

$$\Pi_C=\{\leftarrow B,\text{ not } F_1,\text{ not not } F_2\mid C\leftarrow B,\text{ not } F_1,\text{ not not } F_2\in\Pi\text{且 } C\text{ 空析取}\}\text{或}$$
$$\{\leftarrow B,\text{ not } F\mid C;\text{ not } L_1;\cdots;\text{not } L_k\leftarrow B,\text{ not } F\in\Pi\text{且 } C\text{ 空析取}\}$$

易知，协调文字集 S 是Π的回答集，当且仅当 S 是$\Pi\backslash\Pi_C$的回答集且 S 满足Π_C。

不失一般性，此后如无特别说明，嵌套规则和程序总是分别指不包含嵌套约束的规则和程序，即只由 C 非空的形如 $C\leftarrow B$, not F_1, not not F_2 的规则组成的程序。

5.2.2　嵌套回答集程序的计算特征

对任一嵌套程序Π，令

$$\text{Head}(\Pi)=\{C|C\leftarrow B, \text{not } F\in\Pi\}=\{C|C\leftarrow B, \text{not } F_1, \text{not not } F_2\in\Pi\}$$

$$\text{Pos}(\Pi)=\{B|C\leftarrow B, \text{not } F\in\Pi\}=\{B|C\leftarrow B, \text{not } F_1, \text{not not } F_2\in\Pi\}$$

$$\text{Neg}(\Pi)=\{F|C\leftarrow B, \text{not } F\in\Pi\}=\{<F_1,F_2>|C\leftarrow B, \text{not } F_1, \text{not not } F_2\in\Pi\}$$

其中，C 是有穷个文字的析取，B 是有穷个文字的合取，F_1 和 F_2 是文字的有穷集合。嵌套规则 $C\leftarrow B$, not F 也可写作 $C\leftarrow B$, not F_1, not not F_2。

对任一公式 F，令 $\mathbf{GLit}_F$ 是出现在 F 中的所有基文字的集合，当不致混淆时，总省略下标 F。关于嵌套程序回答集的定义 5.2.2 可以等价地陈述为

协调文字集 S 是嵌套程序Π的回答集当且仅当 S 是满足Π^S的极小集合，其中$\Pi^S=\{C\leftarrow B\in\Pi|\ C\leftarrow B, \text{not } F\in\Pi, S\vDash_n F\}$。

显然，若 S 是嵌套程序Π的回答集，则 $S\in\text{SM}(\text{Head}(\Pi^S))$，其中 $\text{SM}(\text{Head}(\Pi^S))$ 是 $\text{Head}(\Pi^S)$的所有极小模型的集合。

类似于正规程序Π，可以定义嵌套程序的Λ算子和程序的相容性概念，它们分别刻画可应用规则 $C\leftarrow B,F$ 的正体 B 和负体 F 需要满足的条件。

定义 5.2.5　令Π是嵌套程序，Λ是如下定义的由程序到程序的算子。

对 $n=0$，如果 $\text{SM}(\text{Head}(\{C\leftarrow B, \text{not } F\in\Pi|B=\varnothing\}))=\varnothing$，则 $S_0=\varnothing$，$\Pi(S_0)=\varnothing$；否则，$\Pi(S_0)=\{C\leftarrow B, \text{not } F\in\Pi|B=\varnothing\}$。

对某个 $S_0\in\text{SM}(\text{Head}(\{C\leftarrow B, \text{not } F\in\Pi|B=\varnothing\}))$和 $n>0$，若 $\text{SM}(\text{Head}(\{C\leftarrow B, \text{not } F\in\Pi|B\subseteq S_{n-1}\}))=\varnothing$或没有协调文字集 T，使得

$$S_{n-1}\subseteq T\in\text{SM}(\text{Head}(\{C\leftarrow B, \text{not } F\in\Pi|B\subseteq S_{n-1}\}))$$

则 $S_n=S_{n-1}$ 且$\Pi(S_n)=\Pi(S_{n-1})$；否则，对某个 $S_n\in\text{SM}(\text{Head}(\{C\leftarrow B, \text{not } F\in\Pi|B\subseteq S_{n-1}\}))$，有$\Pi(S_n)=\{C\leftarrow B, \text{not } F\in\Pi|B\subseteq S_{n-1}\}$，令 $S=\cup_{0\leqslant n}S_n$，则

$$\Pi(S)=\cup_{0\leqslant n}\Pi(S_n)$$

$$\Lambda(\Pi)=\{(\Pi(S),S)|\text{对所有可能的 } S=\cup_{0\leqslant n}S_n \text{ 和} \Pi(S)=\cup_{0\leqslant n}\Pi(S_n)\}$$

通常，将$(\Pi',S)\in\Lambda(\Pi)$表示为$\Pi'=\Pi(S)$且$(\Pi(S),S)\in\Lambda(\Pi)$。显然，如果$\Pi$中每一规则的头都是一个文字（即不包含认知析取的规则），则$\Lambda(\Pi)$是单子，$\Lambda(\Pi)=\{(\Pi(S),S)\}$且 $S=\text{Head}(\Pi(S))$。

约定：对空嵌套程序$\varnothing$，$\Lambda(\varnothing)=\{(\varnothing,\varnothing)\}$，$\mathrm{SM}(\mathrm{Head}(\varnothing))=\{\varnothing\}$。

例 5.2.3 考虑下面的程序，其中 p,q,r,s,t 是原子。

（1）$\Pi_1=\{p;q，q;r\}$。我们有

$$\mathrm{SM}(\mathrm{Head}(\{C\leftarrow B, \text{not } F\in\Pi_1 | B=\varnothing\}))=\{\{p,r\}，\{q\}\}$$

$$(\Pi_1,\{p,r\})=(\Pi_1,\{q\})=\{p;q，q;r\}=\{\Pi_1\}$$

$$\Lambda(\Pi_1)=\{(\Pi_1,\{p,r\}), (\Pi_1,\{q\})\}=\{\Pi_1\}$$

（2）$\Pi_2=\{p;q，r\leftarrow p, \text{not } q，t\leftarrow q, \text{not } s,$

$s\leftarrow t, \text{not } p, \text{not not } q，\neg s\leftarrow t, \text{not } p, \text{not not } q\}$。

我们有

$$(\Pi_2(\{p,r\}), \{p,r\})=\{p;q，r\leftarrow p ,\text{not } q\}$$

$$(\Pi_2(\{q,t\}), \{q,t\})=\{p;q，t\leftarrow q,\text{not } s\}$$

$$\Lambda(\Pi_2)=\{(\Pi_2(\{p,r\}),\{p,r\})，(\Pi_2(\{q,t\}),\{q,t\})\}$$

易知，算子Λ是单调的，即如果$\Pi'\subseteq\Pi$，则对每一$(\Pi'(S'),S')\in\Lambda(\Pi')$，存在协调文字集 S，使得 $S'\subseteq S$，$\Pi'(S')\subseteq\Pi(S)$且$(\Pi(S),S)\in\Lambda(\Pi)$。

定理 5.2.2 令Π是嵌套程序。对任一$(\Pi(S),S)\in\Lambda(\Pi)$，若 $L\in S$，则有一规则 $C\leftarrow B, \text{not } F\in\Pi(S)$，使得 $S\cap\mathbf{GLit}_C=\{L\}$。

证明 首先，对任一$(\Pi(S),S)\in\Lambda(\Pi)$，易知

$\Pi(S)=\{C\leftarrow B, \text{not } F\in\Pi | B\subseteq S$ 且 $\mathbf{GLit}_C\cap S\neq\varnothing\}\subseteq\Pi$，$S\in\mathrm{SM}(\mathrm{Head}(\Pi(S)))$

因为 S 是 $\mathrm{Head}(\Pi(S))$的极小模型，故有 $C\leftarrow B,F\in\Pi(S)$，使得 $L\in S\cap\mathbf{GLit}_C$。

假设结论不成立，即对任何满足 $L\in S\cap\mathbf{GLit}_C$ 的规则 $C\leftarrow B,F\in\Pi(S)$，$\{L\}$是 $S\cap\mathbf{GLit}_C$ 的真子集。令 $P=\{C\leftarrow B, \text{not } F\in\Pi(S)\backslash L\in S\cap\mathbf{GLit}_C\}$，则对任何在 P 或$\Pi(S)\backslash P$ 中的规则 $C\leftarrow B, \text{not } F$，有 $S\backslash\{L\}\vDash_n C$。因为 $S\in\mathrm{SM}(\mathrm{Head}(\Pi(S)))$，这蕴含 $S\backslash\{L\}\subseteq S$，矛盾。

上面的证明过程给出计算 $\mathrm{SM}(\mathrm{Head}(\Pi(S)))$的成员 S 的简便方法。令 Q 是子句集，Q 的一个极小模型 S 可以按如下步骤得到。

步骤 1：选择 Q 中出现次数最多的一个文字 L，令 $S_1=\{L\}$。记删去 Q 中所有包含 L 的子句后得到的集合为 Q_1。

步骤 2：若 $Q_1\neq\varnothing$，则选择 Q_1 中出现次数最多且不是 L 的补的文字 L_1，令 $S_2=S_1\cup\{L\}$；若没有这样的文字 L_1，则令 $S_2=S_1$。

重复此过程直到对某一 i，$S_i=\varnothing$或 $S_{i+1}=S_i$。

引理 5.2.6 设$(\Pi,S)\in\Lambda(\Pi)$，$r=C\leftarrow B, \text{not } F$ 是任一嵌套规则。若 $\mathrm{Head}(\Pi\cup\{r\})$存在一极小模型 T，使得 $S\subseteq T$，则$(\Pi\cup\{r\},T)\in\Lambda(\Pi\cup\{r\})$。因此，有$(\Pi\cup\{r\},T)\in\Lambda(\Pi$

$\cup\{r\}$)，当且仅当 $B\subseteq S$。

证明　(1) 因为$(\Pi,S)\in\Lambda(\Pi)$，$S\in\mathrm{SM}(\mathrm{Head}(\Pi))$，$T$ 是 $\mathrm{Head}(\Pi\cup\{r\})$的极小模型且 $S\subseteq T$，故 $S=T$ 或有某一 $L\in\mathbf{GLit}_C\backslash S$，使得 $T=S\cup\{L\}$。因此，易知$(\Pi\cup\{r\},T)\in\Lambda(\Pi\cup\{r\})$。

(2) 令$\Pi'=\Pi\cup\{r\}$，根据$(\Pi,S)\in\Lambda(\Pi)$，设 $S=\cup_{0\leqslant n}S_n$，$T=S\cup\{L\}$。

"当"　设 $B\subseteq S$。

情形 1：若 $B=F=\varnothing$，依定义 5.2.5，令$\Pi'(T_0)=\Pi(S_0)\cup\{r\}$，则 $T_0=S_0$ 或 $T_0=S_0\cup\{L\}$，其中 $T_0\subseteq T$，$T_0\in\mathrm{SM}(\mathrm{Head}(\Pi(S_0)\cup\{r\}))$。

对 $n>0$，令$\Pi'(T_n)=\{C\leftarrow B, \mathrm{not}\ F\in\Pi'|B\subseteq T_{n-1}\}$，其中，

$$T_n\subseteq \mathrm{T}\ 且\ T_n\in\mathrm{SM}(\mathrm{Head}(\{C\leftarrow B, \mathrm{not}\ F\in\Pi'|B\subseteq T_{n-1}\}))$$

因为 $T\in\mathrm{SM}(\mathrm{Head}(\Pi'))$且 $S\subseteq T$，容易证明：对任意 $n\geqslant 0$，有

$T_n\in\mathrm{SM}(\mathrm{Head}(\Pi(S_n)\cup\{r\})$，$\Pi'(T_n))=\Pi(S_n)\cup\{r\}$，且 $T_n=S_n$ 或 $T_n=S_n\cup\{L\}$

因此，$T=\cup_{0\leqslant n}T_n\in\mathrm{SM}(\mathrm{Head}(\Pi\cup\{r\}))$。故$(\Pi\cup\{r\},T)\in\Lambda(\Pi\cup\{r\})$。

情形 2：若 $B\cup F\neq\varnothing$，因为 $B\subseteq S$，令 n 是满足 $B\subseteq S_n$ 的最小自然数，则$\Pi'(T_n)=\Pi(S_n)$，$T_n=S_n$，对任意 $m>n$，$\Pi'(T_m)=\Pi(S_m)\cup\{r\}$且 $T_m=S_m$ 或 $T_m=S_m\cup\{L\}$。因此，$(\Pi\cup\{r\},T)\in\Lambda(\Pi\cup\{r\})$。

"仅当"　对任意一规则 $r=C\leftarrow B, \mathrm{not}\ F$，若$\Pi'(T)=\Pi\cup\{r\}$，因为 $T=\cup_{0\leqslant n}T_n\in\mathrm{SM}(\mathrm{Head}(\Pi'))$，则存在最小自然数 n，使得 $r\in\Pi'(T_n)$。若 $n=0$，则 $B=\varnothing\subseteq S$；否则，$\Pi'(T_{n-1})=\Pi(S_{n-1})$，$T_{n-1}=S_{n-1}$ 且 $B\subseteq S_{n-1}\subseteq S$。

定义 5.2.6　令Π是嵌套程序，S 是协调文字集，$\mathrm{GR}(S,\Pi)=\{C\leftarrow B, \mathrm{not}\ F\in\Pi|S\vDash_n(B, \mathrm{not}\ F)\}$。若 S 是Π的回答集，则称 $\mathrm{GR}(S,\Pi)$是 S 的（关于Π）生成规则集。

例 5.2.3（续）

- $\mathrm{GR}(\{p,r\},\Pi_1)=\mathrm{GR}(\{q\},\Pi_1)=\Pi_1$，$\Pi_1$ 是回答集$\{p,r\}$和$\{q\}$的（关于Π_1）生成规则集。
- $\mathrm{GR}(\{p,r\},\Pi_2)=\{p;q$，$r\leftarrow p, \mathrm{not}\ q\}$，$\{p, r\}$是$\Pi_2$的回答集，$\mathrm{GR}(\{p,r\},\Pi_2)$是$\{p,r\}$的（关于$\Pi_2$）生成规则集。
- $\mathrm{GR}(\{q,t\},\Pi_2)=\{p;q, t\leftarrow q, \mathrm{not}\ s, s\leftarrow t, \mathrm{not}\ p, \mathrm{not\ not}\ q, \neg s\leftarrow t, \mathrm{not}\ p, \mathrm{not\ not}\ q\}$，但$\{q,t\}$不是$\Pi_2$ 的回答集（因为 $\mathrm{Head}(\mathrm{GR}(\{q,t\},\Pi_2))=\{p,r,s,\neg s\}$不协调），故 $\mathrm{GR}(\{q,t\},\Pi_2)$不是生成规则集。

注意：由没有 not 出现的规则组成的嵌套程序是经典程序的扩展（称为扩展的经典程序规则），即形如 $C\leftarrow B$ 的表达式，其中 C 是有穷个文字的析取，B 是有穷个文字的合取。根据定义 5.2.5，对扩展的经典程序，算子Λ是如下定义的由程序

到程序组成的集合的算子，其中对任一规则 $C\leftarrow B$，公式 C'和 B'是用“∨”与“∧”分别替换 C 和 B 中每一个“;”与“,”的出现得到的经典公式。对任一经典公式集 F，SM(F)是 F 的所有极小模型的集合（这里经典公式集 F 的极小模型是满足 $S\models F$ 的极小协调文字集）。于是，扩展的经典程序的算子Λ特化为

对 n=0，如果 $\mathrm{SM}(\{C'|C\leftarrow B\in\Pi, B=\varnothing\})=\varnothing$，则 $S_0=\varnothing$，$\Pi(S_0)=\varnothing$；否则，对某个 $S_0\in\mathrm{SM}(\{C'|C\leftarrow B\in\Pi, B=\varnothing\})$，$\Pi(S_0)=\{C\leftarrow B\in\Pi|B=\varnothing\}$。

对 n>0，如果没有协调文字集 T 使得 $S_{n-1}\subseteq T\in\mathrm{SM}(\{C'|C\leftarrow B\in\Pi,B\subseteq S_{n-1}\})$，则 $S_n=S_{n-1}$ 且$\Pi(S_n)=\Pi(S_{n-1})$；否则，对某个 $S_n\in\mathrm{SM}(\{C'|C\leftarrow B\in\Pi,B\subseteq S_{n-1}\})$，有

$$\Pi(S_n)=\{C\leftarrow B\in\Pi|B\subseteq S_{n-1}\}$$

$$S=\cup_{0\leqslant n}S_n$$

$$\Pi(S)=\cup_{0\leqslant n}\Pi(S_n)$$

$$\Lambda(\Pi)=\{(\Pi(S),S)|\text{对所有可能的 }S=\cup_{0\leqslant n}S_n，\Pi(S)=\cup_{0\leqslant n}\Pi(S_n)\}$$

特别地，当扩展的经典程序退化为基本程序时，$\Lambda(\Pi)$是以$(\Pi(S),S)$为元素的单子且 $S=T_\Pi\uparrow\omega$。对空基本程序$\varnothing$，$\Lambda(\varnothing)=\{(\varnothing,\varnothing)\}$。

推论 5.2.3 设Π是扩展的经典程序，若$(\Pi(S),S)\in\Lambda(\Pi)$，则$\Pi(S)=\{C\leftarrow B\in\Pi|B\subseteq S\}$是$\Pi$的回答集 S 的生成规则集。

证明 设归纳易证：对任意 $n\geqslant0$，$\Pi(S_n)\subseteq\{C\leftarrow B\in\Pi|B\subseteq S\}$，故$\Pi(S)\subseteq\{C\leftarrow B\in\Pi|B\subseteq S\}$。对任一满足 $B\subseteq S=\cup_{0\leqslant n}S_n$ 的 $C\leftarrow B\in\Pi$，因为 B 是有穷文字集，故存在一个最小的 $n\geqslant1$，使得 $B\subseteq S_{n-1}$。因此，$C\leftarrow B\in\Pi(S_n)$。于是，

$$\{C\leftarrow B\in\Pi|B\subseteq S\}\subseteq\Pi(S_n)\subseteq\Pi(S)$$

所以$\Pi(S)=\{C\leftarrow B\in\Pi|B\subseteq S\}$。依$\Lambda$的定义，$S\in\mathrm{SM}(\{C'|C\leftarrow B\in\Pi(S)\})$，即 S 是$\Pi(S)$的一个极小模型，其中 C'是用“∨”替换 C 中的“;”得到的公式。因为$\Pi(S)=\{C\leftarrow B\in\Pi|B\subseteq S\}$，故 S 也是Π的一个极小模型。由于$\Pi^S=\Pi$，依定义 5.2.2 和定义 5.2.6，则 S 是Π的一个回答集且$\Pi(S)$是 S 的生成规则集。

定理 5.2.3 对扩展的经典程序Π，协调文字集 S 是Π的一个回答集当且仅当$(\Pi(S),S)\in\Lambda(\Pi)$且$\Pi(S)=\{C\leftarrow B\in\Pi|B\subseteq S\}$。

证明 由推论 5.2.3 只需证明“仅当”部分。

“仅当” 设 S 是Π的回答集，因为$\Pi^S=\Pi$，根据定义 5.2.2 和定义 5.2.6，S 是Π的极小模型且 $\mathrm{GR}(S,\Pi)=\{C\leftarrow B\in\Pi|B\subseteq S\}$，故有 $S_0\in\mathrm{SM}(\{C'|C\leftarrow B\in\Pi,B=\varnothing\})$，使得 $S_0\subseteq S$ 且$\{C\leftarrow B\in\Pi|B=\varnothing\}\subseteq\mathrm{GR}(S,\Pi)$，即$\Pi(S_0)\subseteq\mathrm{GR}(S,\Pi)$，其中 C'是用“∨”替换 C 中“;”得到的公式。

一方面，容易归纳地证明，对任意 $n\geqslant0$，存在某个 $S_n\in\mathrm{SM}(\{C'|C\leftarrow B\in\Pi,B\subseteq S_{n-1}\})$，

使得 $S_n \subseteq S$ 且 $\Pi(S_n) \subseteq \mathrm{GR}(S,\Pi)$。这表明，$\cup_{0\leqslant n} S_n \subseteq S$ 且 $\Pi(S)=\cup_{0\leqslant n}\Pi(S_n)\subseteq \mathrm{GR}(S,\Pi)$。依推论 5.2.3，$\cup_{0\leqslant n} S_n$ 是Π的一个极小模型。

另一方面，由 S 是Π的回答集可知 $S\in \mathrm{SM}(\mathrm{Head}(\mathrm{GR}(S,\Pi)))$，故 S 也是Π的一个极小模型。因此，$S=\cup_{0\leqslant n} S_n$ 且 $\Pi(S)=\mathrm{GR}(S,\Pi)=\{C\leftarrow B\in\Pi | B\subseteq S\}$。

注意：∅是基本程序Π回答集，当且仅当 $\Lambda(\Pi)=\{(\varnothing,\varnothing)\}$，当且仅当对任一 $C\leftarrow B\in\Pi$，$B\neq\varnothing$。

定义 5.2.7　令Π是嵌套程序，S 是协调文字集。若 $S=\varnothing$ 或对Π中每一规则 $C\leftarrow B,F$ 都有 $S\vDash_n F$，则Π是 S-相容。若Π是 S-相容的，且 $(\Pi,S)\in\Lambda(\Pi)$（即 $\Pi(S)=\{\Pi\}$），则Π是强 S-相容的。特别地，空程序∅对任何协调文字集 S 是强 S-相容的。

例 5.2.4　程序 $\Pi=\{p\leftarrow,\ q\leftarrow \text{not } s,\ r\leftarrow p, t, \text{not } q,\ t\leftarrow s, r\}$ 不是 Head(Π)-相容的，而 $(\Pi,\{p,q\})$ 是强 $\{p,q\}$-相容的。

定义 5.2.8　令Π是嵌套程序，S 是协调文字集。对每一规则 $C\leftarrow B, \text{not } F\in\Pi$，若 $S\vDash_n(B, \text{not } F)$ 蕴含有 $L\in \mathbf{GLit}_C\cap S$，则称 S 封闭于Π。对任一 $L\in S$，若有规则 $C\leftarrow B, \text{not } F\in\Pi$，使得 $\mathbf{GLit}_C\cap S=\{L\}$ 且 $S\vDash_n(B, \text{not } F)$，则称 S 是Π支承的。

容易证明：对任意公式 F，协调文字集 S 和嵌套程序Π，有

- $S\vDash_n F$，当且仅当 $S\vDash_n F^S$；
- S 封闭于Π，当且仅当 S 封闭于 Π^S；
- S 是Π支承的，当且仅当 S 是 Π^S 支承的。

由此可以导出相容性和封闭性与支承性的关系如下：

推论 5.2.4　令Π是嵌套程序。若 $(\Pi(S),S)\in\Lambda(\Pi)$，则 S 封闭于Π且是Π支承的。

证明　根据定理 5.2.2，S 是 $\Pi(S)$ 支承的。易知对任意一 $C\leftarrow B, \text{not } F\in\Pi$，若 $S\vDash_n(B, \text{not } F)$，则 $S\vDash_n B$。因为 $(\Pi(S),S)\in\Lambda(\Pi)$，故 $C\leftarrow B, \text{not } F\in\Pi(S)$。因此，$S\vDash_n C$，这表明 S 封闭于Π。

引理 5.2.7　设 S 是嵌套程序Π的一个回答集，则

（1）$\mathrm{GR}(S,\Pi)$ 是强 S-相容的；

（2）S 封闭于Π且是Π支承的。

证明　因为 S 是Π的回答集，故 S 是 Π^S 的回答集。根据定理 5.2.3，$(\mathrm{GR}(S,\Pi^S),S)\in\Lambda(\Pi^S)$。对任意 $r=C\leftarrow B,F\in\Pi$，$C\leftarrow B\in\Pi^S$ 当且仅当 $S\vDash_n F$。因此，$(\mathrm{GR}(S,\Pi))^S=\mathrm{GR}(S,\Pi^S)$ 且 $(\mathrm{GR}(S,\Pi),S)\in\Lambda(\mathrm{GR}(S,\Pi))$。

根据定义 5.2.6，$\mathrm{GR}(S,\Pi)$ 是强 S-相容的。根据推论 5.2.4，S 封闭于 $\mathrm{GR}(S,\Pi)$ 且是 $\mathrm{GR}(S,\Pi)$ 支承的，故 S 是Π支承的。由定义 5.2.6，S 是封闭于Π的。

定理 5.2.4（回答集的特征）　令Π是嵌套程序，Π有回答集，当且仅当存在

$\Pi'\subseteq\Pi$，使得

（1）对某一协调文字集 S，$(\Pi',S)\in\Lambda(\Pi')$（即存在$(\Pi'(S),S)\in\Lambda(\Pi')$使得$\Pi'=\Pi'(S)$）；

（2）Π'是 S-相容的；

（3）对任一规则 $C\leftarrow B,F\in\Pi\backslash\Pi'$，$S\not\models_n B, F$。

证明 “仅当” 依推论 5.2.14，令$\Pi'=GR(S,\Pi)$，即获证。

“当” 因为$(\Pi',S)\in\Lambda(\Pi')$且Π'是 S-相容的，故

$$\Pi'\subseteq\{C\leftarrow B,F\in\Pi' | S\models_n(B,F)\}$$

根据推论 5.2.4，S 封闭于Π'，故$\{C\leftarrow B,F\in\Pi'|S\models_n(B,F)\}\subseteq\Pi'$。因此，$\Pi'=\{C\leftarrow B,F\in\Pi'|S\models_n(B,F)\}$。因此，$(\Pi')^S=\{C\leftarrow B|C\leftarrow B,F\in\Pi，S\models_n(B,F)\}=\{C\leftarrow B\in\Pi^S|S\models B\}$。

对任意一规则 $r=C\leftarrow B,F\in\Pi-\Pi'$，依本定理的条件（3），$S\not\models_n B,F$。若 $S\not\models_n F$，则 $C\leftarrow B\notin\Pi^S$；若 $S\not\models_n B$，则 $C\leftarrow B\notin\Pi^S(S)$。因此，$(\Pi')S\in\Lambda(\Pi^S)$。由定理 5.2.3，$S$ 是Π^S的回答集，因此 S 是Π的回答集。

例 5.2.1（续） 依引理 5.2.5，$\Pi_1=\{A; \text{not } A\leftarrow\top\}$等价于$\Pi_2=\{A\leftarrow\top, \text{not not } A\}$，故只需考虑$\Pi_2$。因为$\varnothing\subseteq\Pi_2$，$\varnothing$是强相容的，$\varnothing\not\models_n \text{not not } A$，故$\varnothing$是$\Pi_2$的一个回答集。由$\Lambda(\Pi_2)=\{(\Pi_2,\{A\})\}$且$\Pi_2$是$\{A\}$-相容的，则$\{A\}$也是$\Pi_2$的一个回答集。

由回答集的特征定理可以得到回答集和推理问题的算法。给定一个嵌套程序，审慎推理（SR）是判定一个文字是否属于该程序的所有回答集；冒险推理（CR）是判定一个文字是否属于该程序的一个回答集。下面算法中函数 SM，LAMBDA，GA 分别计算程序Π的 Head 的极小模型，$\Lambda(\Pi)$和回答集的生成规则集，$CR(L,\Pi)$和$SR(L,\Pi)$分别处理冒险推理与审慎推理问题。

```
FUNCTION SM(Π)
IF SM({C|C←∈Π})=∅ then RETURN (∅,∅)
result:={C←|C←∈Π}
S:=S0 for some S0∈SM(Head(result))
REPEAT
    new:=∅
    T={C|C←B,F∈Π,S⊨B}
    IF SM(Head(T))=∅ or there is no V∈SM(Head(T)) such that S⊆V
    then RETURN (result, S)
    new:=new∪(T\result)
    result:=result∪T
    S:=V for some V∈SM(Head(result))
UNTIL new=∅
```

```
RETURN (result, S)
END

FUNCTION LAMBDA (Π)
BEGIN
IF SM({C|C←F∈Π})=∅  then RETURN (∅,∅)
result:={C←F|C←F∈Π}
S:=S0 for some S0∈SM(Head(result))
REPEAT
   new:=∅
   T={C| C←B,F∈Π | S⊨B}
   IF SM(Head(T))=∅ or there is no V∈SM(Head(T)) such that S⊆V
   then RETURN (result,S)
   new:=new∪(T\result)
   result:=result∪T
   S:=V for some V∈SM(Head(result))
UNTIL new=∅
RETURN (result, S)
END

BOOLEAN  FUNCTION GR(Π,Π',S)
BEGIN
IF (Π',S)∉LAMBDA(Π') then RETURN (false)
FOR each C←B,F∈Π'  DO
   IF S⊭n(B,F) then RETURN (false)
FOR each C←B, F∈Π−Π'  DO
   IF S⊨(B,F) then RETURN (false)
RETURN (true)
END

BOOLEAN FUNCTION CR(L,Π)
BEGIN
FOR ehch Π'⊆Π DO
   IF GR(Π,Π',S) and L∈S then RETURN (true)
RETURN (false)

BOOLEAN FUNCTION SR(L, Π)
BEGIN
```

```
FOR each Π'⊆Π DO
    IF GR(Π,Π',S) and L∉S then RETURN (false)
RETURN (true)
END
```

5.2.3 嵌套程序的紧凑性

由推论 5.2.4，若 S 是Π的一个回答集，则 S 封闭于Π且是Π支承的。然而，其逆不真。典型的例子是，程序$\Pi=\{A\leftarrow A\}$有唯一回答集∅，$\{A\}$是Π支承且封闭于Π的，但它不是Π的回答集。排除这样的程序的一种方式是引入基于层次映射的紧凑性作为一个语法条件。

一个层次映射λ是从文字集到自然数集(任意拓广到序数组成的类)部分函数。

定义 5.2.9 对嵌套程序Π和文字集 S，Π在 S 上是紧凑的，当且仅当有层次映射λ满足：对任意 $C\leftarrow B,F\in\Pi$，有

- 若 $L\in\mathbf{GLit}_C\cap S$，则$\lambda(L)>\max\{\lambda(K)|K\in B\cap S\}$；
- 若Π在 $\mathbf{GLit}_\Pi$上是紧凑的，且对每一 $C\leftarrow B,F\in\Pi$和任意 $L\in\mathbf{GLit}_C$，$\lambda(L)>\max\{\lambda(K)|\ K\in B\}$，

则称Π是紧凑的。

通常，对任一文字集 B，记 $\max(\lambda(B))=\max\{\lambda(K)|K\in B\}$。

引理 5.2.8 令Π是嵌套程序，S 是协调的文字集。若$\Pi((S),S)\in\Lambda(\Pi)$，则存在$\Pi'\subseteq\Pi(S)$，使得$(\Pi',S)\in\Lambda(\Pi')$且Π′是在 S 上紧凑的。

证明 不失一般性，设 $\mathrm{SM}(\{C|C\leftarrow B,F\in\Pi|B=\varnothing\})\neq\varnothing$。否则，$\Lambda(\Pi)=\{\varnothing\}$，令$\Pi'=\varnothing$即可。设 $S=\cup_{0\leqslant n}S_n$，$\Pi(S)=\cup_{0\leqslant n}\Pi(S_n)$，其中，

$$S_0\in\mathrm{SM}(\{C|C\leftarrow B,F\in\Pi|\ B=\varnothing\})$$

$$S_n\in\mathrm{SM}(\{C\leftarrow B,F\in\Pi|B\subseteq S_{n-1}\})$$

$$\Pi(S_n)=\{C\leftarrow B\in\Pi|B\subseteq S_{n-1}\}$$

定义Π′如下：

$$对\ n>0，\Pi'_0=\{C\leftarrow B,F\in\Pi(S_0)|B=\varnothing\}$$

$$\Pi'_n=\{C\leftarrow B,F\in\Pi(S_n)|\mathbf{GLit}_C\cap S_{n-1}=\varnothing\}$$

$$\Pi'=\cup_{0\leqslant n}\Pi'_n$$

显然，$\Pi'_n\subseteq\Pi(S_n)$，$\Pi'\subseteq\Pi(S)$。

施归纳法容易证明：对 $n\geqslant0$，$S_n\in\mathrm{SM}(\{C|C\leftarrow B,F\in\Pi'_n\})$，因此$(\Pi',S)\in\Lambda(\Pi')$。

基始　由$\Pi'_0=\Pi(S_0)$，显然，$S_0\in\mathrm{SM}(\{C|C\leftarrow B,F\in\Pi'_0\})$。

归纳　设 $S_n\in\mathrm{SM}(\{C|C\leftarrow B,F\in\Pi'_n\})$。若 $\Pi'_{n+1}=\Pi(S_{n+1})$，归纳成立。故只需考虑 $\Pi'_{n+1}\neq\Pi(S_{n+1})$ 的情形。

对任意一 $C\leftarrow B,F\in\Pi(S_{n+1})\backslash\Pi'_{n+1}$，存在某一 $L^*\in\mathbf{GLit}_C\cap S_n$，故 $L^*\in S_n$。于是，由 S_{n+1} 的极小性可知 $S_{n+1}\in\mathrm{SM}(\{C|C\leftarrow B,F\in\Pi'_{n+1}\})$。

定义层次映射λ如下：

对任意 $L\in S$，若 $L\in\mathbf{GLit}_{\mathrm{Head}(\Pi'_0)}$，则 $\lambda(L)=0$；

对任一 $n\geqslant 1$，若 $L\in\mathbf{GLit}_{\mathrm{Head}(\Pi_n\backslash\Pi'_{n-1})}$，则 $\lambda(L)=n$。

易知，Π'是在 S 上紧凑的。

注意：$(\Pi,S)\in\Lambda(\Pi)$一般不是紧凑的。例如，程序$\Pi=\{p;q\leftarrow q,\ q\leftarrow p,\ p\leftarrow \mathrm{not}\ r\}$，尽管$\Lambda(\Pi)=\{\Pi\}$，但$\Pi$不是紧凑的，事实上对于$\Pi$的回答集来说，规则 $p;q\leftarrow q$ 是冗余的。上述结果表明，嵌套程序可以通过删除冗余的规则而被紧凑并保持施行Λ的结果不变。

基于上述结果容易导出回答集特征的基于紧凑性的变种。

定理 5.2.4*　令Π是嵌套程序，S 是协调文字集。S 是Π的回答集，当且仅当存在$\Pi'\subseteq\Pi$，使得

（1）$(\Pi',S)\in\Lambda(\Pi')$；

（2）Π'是 S-相容且在 S 上紧凑的；

（3）对任意一规则 $C\leftarrow B,F\in\Pi\backslash\Pi'$, $B\cap\mathbf{GLit}_C\subseteq S$ 或 $S\nvDash_n B,F$。

证明　“当”　令 $\Pi''=\{C\leftarrow B,F\in\Pi|S\vDash_n(B,F)\}$。由$(\Pi',S)\in\Lambda(\Pi')$和$\Pi'$的 S-相容性，根据推论 5.2.3，有$\Pi'\subseteq\Pi''$。对任意 $r=C\leftarrow B,F\in\Pi''\backslash\Pi'$，因为 $S\vDash_n B,F$，根据引理 5.2.6，则$(\Pi\cup\{r\},T)\in\Lambda(\Pi\cup\{r\})$，其中 $T\in\mathrm{SM}(S\cup\{C\})$。因为 $S\vDash_n(B,F)$，由“条件（3）”，$S\vDash C$。于是，$T=S$ 且$(\Pi'\cup\{r\},S)\in\Lambda(\Pi'\cup\{r\})$。因此，$(\Pi'',S)\in\Lambda(\Pi'')$。显然，$\Pi''$是强 S-相容的且对任意 $r=C\leftarrow B,F\in\Pi\backslash\Pi''$，$S\nvDash_n(B,F)$。根据定理 5.2.4，$S$ 是Π的一个回答集。

“仅当”　根据定理 5.2.4，存在 $\Pi''\subseteq\Pi$，使得 Π'' 是强 S-相容的且对每一 $C\leftarrow B,F\in\Pi\backslash\Pi''$，$S\nvDash_n(B,F)$。由引理 5.2.8，存在$\Pi'\subseteq\Pi''$，使得$(\Pi',S)\in\Lambda(\Pi')$且$\Pi'$是在 S 上紧凑的。因为$\Pi'\subseteq\Pi''$ 且 Π'' 是 S-相容的，故Π'是 S-相容的。于是，对任一 $r=C\leftarrow B,F\in\Pi\backslash\Pi'$，若 $r\in\Pi''\backslash\Pi'$，则由引理 5.2.8 的证明易知 $B\cap\mathbf{GLit}_C\subseteq S$。若 $r\in\Pi\backslash\Pi''$，则 $S\nvDash_n(B,F)$。

引理 5.2.9　令Π是嵌套程序，S 是Π支承且封闭于Π的协调文字集。若存在 $\Pi'\subseteq\mathrm{GR}(S,\Pi)$，使得 $S\in\mathrm{SM}(\mathrm{Head}(\Pi'))$且$\Pi'$是在 S 上紧凑的，则Π'和 $\mathrm{GR}(S,\Pi)$都是强 S-相容的。

证明 若S=∅，则引理显然成立。设$S\neq\emptyset$，因为$\mathrm{GR}(S,\Pi)=\{C\leftarrow B,F\in\Pi|S\models_n(B,F)\}$，$S$是Π支承且封闭于Π的，故$S$是$\mathrm{GR}(S,\Pi)$支承且封闭于$\mathrm{GR}(S,\Pi)$的。

由$S\in\mathrm{SM}(\mathrm{Head}(\Pi'))$和$\Pi'\subseteq\mathrm{GR}(S,\Pi)$，则$S\in\mathrm{SM}(\mathrm{Head}(\mathrm{GR}(S,\Pi)))$且$S$是Π′支承和封闭于Π′的。根据Π′在$S$上的紧凑性，存在层次映射$\lambda$，使得

对每一规则$C\leftarrow B,F\in\Pi'$和每一$L\in S\cap\mathbf{GLit}_C$，$\lambda(L)>\max\{\lambda(B)\}$。

因为S是Π′支承的且Π′是紧凑的，对满足$\lambda(L)=0$的$L\in S$，则有$C\leftarrow B,F\in\Pi'$，使得$\mathbf{GLit}_C\cap S=\{L\}$且$B=\emptyset$。

因此，$\{C\leftarrow B,F\in\Pi'|B=\emptyset\}\neq\emptyset$。对任意$r\in\{C\leftarrow B,F\in\Pi'|B=\emptyset\}$，因为$S\models_n(B,F)$和$S$封闭于Π′，故$S\models_n\mathrm{Head}(r)$。由$S\in\mathrm{SM}(\mathrm{Head}(\Pi'))$可知，存在$X_0\in\mathrm{SM}(\mathrm{Head}(\{C\leftarrow B,F\in\Pi'|B=\emptyset\}))$，使得$X_0\subseteq S$。

不失一般性，设$\lambda(S)=\{m|m\geqslant 0\}$。定义$X=\cup_{0\leqslant n}X_n$和$\Pi'(X)=\cup_{0\leqslant n}\Pi'(X_n)$如下：

$$X_0\in\mathrm{SM}(\mathrm{Head}(\{C\leftarrow B,F\in\Pi'|B=\emptyset\}))\text{且}X_0\subseteq S$$

$$\Pi'(X_0)=\{C\leftarrow B,F\in\Pi'|B=\emptyset\}$$

$$\text{对}n>0，X_n\in\mathrm{SM}(\mathrm{Head}(\{C\leftarrow B,F\in\Pi'|B\subseteq X_{n-1}\}))\text{且}X_{n-1}\subseteq X_n\subseteq S$$

$$\Pi'(X_n)=\{C\leftarrow B,F\in\Pi'|B\subseteq X_{n-1}\}$$

容易验证，对任意$n\geqslant 1$，$X_{n-1}\subseteq X_n\subseteq S$。因此，$X\subseteq S$且$(\Pi'(X),X)\in\Lambda(\Pi')$。

首先归纳地证明，对任意$n\geqslant 0$，若$C\leftarrow B,F\in\Pi'$满足$\max\{\lambda(B)\}\leqslant n$，则$C\leftarrow B,F\in\Pi'(X_{n+2})$。这蕴含$\Pi'=\Pi'(X)$，因此，$(\Pi',X)\in\Lambda(\Pi')$。

基始 易知$\{C\leftarrow B,F\in\Pi'|B=\emptyset\}\subseteq\Pi'(X_1)$。对任意满足$\max\{\lambda(B)\}=0$的规则$C\leftarrow B,F\in\Pi'$，因为$\Pi'\subseteq\mathrm{GR}(S,\Pi)$，故$B\neq\emptyset$且$B\subseteq S$。由$S$关于Π′的支承性和Π′的紧凑性，对任一满足$\lambda(L)=0$的$L\in B$，存在$C_L'\leftarrow B_L',F_L'\in\Pi'$，使得$B_L'=\emptyset$且$\mathbf{GLit}_{C'}\cap S=\{L\}$。因为$\{C\leftarrow B,F\in\Pi'|B=\emptyset\}\subseteq\Pi'(X_1)$，所以$C_L'\leftarrow B_L',F_L'\in\Pi'(X_1)$。

由$X_0\subseteq X$和$L\in X$及$X_1\in\mathrm{SM}(\mathrm{Head}(\{C\leftarrow B,F\in\Pi'|B\subseteq X_0\}))$，有$L\in X_1$。于是，$B\subseteq S_1$且$C\leftarrow B,F\in\Pi'(X_2)$。

归纳 设$C\leftarrow B,F\in\Pi'$满足$\max\{\lambda(B)\}=n>0$。因为$\Pi'\subseteq\mathrm{GR}(S,\Pi)$，故$B\neq\emptyset$且$B\subseteq S$。由$S$关于Π′的支承性和Π′的紧凑性，对任一满足$\lambda(L)=n$的$L\in B$，有$C_L'\leftarrow B_L',F_L'\in\Pi'$，使得$\mathbf{GLit}_{C'}\cap S=\{L\}$且$\max\{\lambda(B_L')\}\leqslant n-1$。

依归纳假设，$C'_L\leftarrow B'_L,F'_L\in\Pi'(X_{n+1})$。因为$X_{n+1}\subseteq X$，$L\in X$及$X_{n+1}\in\mathrm{SM}(\mathrm{Head}(\{C\leftarrow B,F\in\Pi'|B\subseteq X_n\}))$，所以$L\in X_{n+1}$。因此$B\subseteq X_{n+1}$且$C\leftarrow B,F\in\Pi'(X_{n+2})$。

其次，证明$S\subseteq X$。因为S是Π′支承的，故对任意$L\in S$，有$C\leftarrow B,F\in\Pi'$，使得$\mathbf{GLit}_C\cap S=\{L\}$且$S\models_n(B,F)$。设$\lambda(L)=n<k$，则$\max\{\lambda(B)\}\leqslant k-1$。依前面关于“归纳”步的证明，$C\leftarrow B,F\in\Pi'(X_{k+1})$。因为$X_{k+1}\subseteq X$且$L\in S$，故有$M\in\mathrm{SM}(\mathrm{Head}(\Pi'(X_{k+1})))$，

使得 $L\in M$。这表明 $L\in X$，因此 $S\subseteq X$。

显然，$X\subseteq S$，因此 $X=S$。易知，Π'是 S-相容的，故Π'是强 S-相容的。

最后证明，$\mathrm{GR}(S,\Pi)$是强 S-相容的。为此，只需证明$(\mathrm{GR}(S,\Pi),S)\in\Lambda(\mathrm{GR}(S,\Pi))$。事实上，对任意 $r=C\leftarrow B,F\in\mathrm{GR}(S,\Pi)\setminus\Pi'$，因为 $S\models_n B$，故有$(\Pi'\cup\{r\},S)\in\Lambda(\Pi'\cup\{r\})$。因此，由引理 5.2.6 可知$(\mathrm{GR}(S,\Pi),S)\in\Lambda(\mathrm{GR}(S,\Pi))$。

由引理 5.2.9，可得到回答集特征另一等价表示。

定理 5.2.4**　令Π是嵌套程序，S 是Π支承且封闭于Π的协调文字集。S 是Π的一个回答集，当且仅当存在$\Pi'\subseteq\mathrm{GR}(S,\Pi)$，使得 $S\in\mathrm{SM}(\mathrm{Head}(\Pi'))$且$\Pi'$是在 S 上紧凑的。

证明　条件“仅当”依定义 5.2.6 和定理 5.2.4 是显然的。

条件“当”可由定理 5.2.4 和引理 5.2.9 导出。

5.2.4　嵌套公式的完备和环公式

为定义嵌套公式的完备，我们限于考虑没有经典否定$\neg$出现的公式、规则、程序和约束，分别称它们为正（嵌套）公式、正（嵌套）规则、正（嵌套）程序和正约束。

设 F 是正公式，令 F^{CL} 是用“$\wedge$”，“$\vee$”和“$\neg$”分别替换 F 中出现的“,”，“;”和“not”得到的经典公式。即

- 若 F 是原子，则 $F^{\mathrm{CL}}=F$；
- 若 $F=G,H$，则$(G,H)^{\mathrm{CL}}=G^{\mathrm{CL}}\wedge H^{\mathrm{CL}}$；
- 若 $F=(G;H)$，则$(G;H)^{\mathrm{CL}}=G^{\mathrm{CL}}\vee H^{\mathrm{CL}}$；
- 若 $F=\mathrm{not}\ G$，则$(\mathrm{not}\ G)^{\mathrm{CL}}=\neg(G^{\mathrm{CL}})$。

对任意一正规则 $r=C\leftarrow B,F$ 和正程序Π，定义 $r^{\mathrm{CL}}=B^{\mathrm{CL}}\wedge F^{\mathrm{CL}}\to C^{\mathrm{CL}}$，$\Pi^{\mathrm{CL}}=\{r^{\mathrm{CL}}|r\in\Pi\}$。

特别地，$(C\leftarrow)^{\mathrm{CL}}=C^{\mathrm{CL}}$。对正约束$\leftarrow B,F$，$(\leftarrow B,F)^{\mathrm{CL}}=B^{\mathrm{CL}}\wedge F^{\mathrm{CL}}\to\bot$，或者等价地，$\neg(B^{\mathrm{CL}}\wedge F^{\mathrm{CL}})$。

以下内容，总是只考虑不包含正约束的正嵌套程序。容易验证所有的结论对于包含正约束的正嵌套程序仍然成立。

定义 5.2.10　给定有穷正嵌套程序Π，其完备是

$$\Pi^{\mathrm{CL}}\cup\{p\to\bigvee\nolimits_{p\in\mathbf{GAtom}_C}(B^{\mathrm{CL}}\wedge F^{\mathrm{CL}}\wedge(\bigwedge\nolimits_{q\in\mathbf{GAtom}_C\setminus\{p\}}\neg q))\,|\,C\leftarrow B,F\in\Pi\}\quad(5\text{-}2)$$

记作 $\mathrm{Comp}(\Pi)$，其中，若 B 或 F 为空，则相应的 B^{CL} 或 F^{CL} 为$\top$；若 $B^{\mathrm{CL}}\wedge F^{\mathrm{CL}}\wedge(\wedge_{p'\in C\setminus\{a\}}\neg p')$为空，则其析取为$\bot$。

例 5.2.4（续）　$\mathrm{Comp}(\Pi)=\{p$，$\neg s\to q$，$p\wedge t\wedge\neg q\to r$，$s\wedge r\to t$，$p\to\top$，$q\to\neg s$，

$r\to p\wedge t\wedge\neg q$，$t\to s\wedge r$，$\neg s\}$。易知，Comp(Π)逻辑等价于$\{p$，$q\leftrightarrow\neg s$，$r\leftrightarrow p\wedge t\wedge\neg q$，$t\leftrightarrow s\wedge r$，$\neg s\}$。Π的回答集和 Comp(Π)的模型都是$\{p,q\}$。

例 5.2.5 程序$\Pi=\{(p;r)\leftarrow q, q\leftarrow p, p\leftarrow \text{not } r, r\leftarrow r\}$有唯一回答集$\{p, q\}$。然而

$$\text{Comp}(\Pi)=\{q\to p\vee r, p\to q, \neg r\to p, r\to r, q\to p, (p\to(q\wedge\neg r))\vee(r\to(q\wedge\neg p))\}$$

有模型$\{p, q\}$和$\{r\}$。

定理 5.2.5 对任一有穷正程序Π，原子集 S 封闭于Π且是Π支承的，当且仅当 S 是 Comp(Π)的模型。

证明 “当” 对任一 $C\leftarrow B,F\in\Pi$，若 $S\vDash n\ B,F$，则 $S\vDash B^{CL}\wedge F^{CL}$。因为 S 是 Π^{CL} 的模型，故 $S\vDash C$。因此，S 封闭于Π。对任意一 $p\in S$，有

$$S\vDash\{p\to\bigvee_{p\in\mathbf{GAtom}_C}(B^{CL}\wedge F^{CL}\wedge(\bigwedge_{p'\in\mathbf{GAtom}_{C\setminus\{p\}}}\neg p'))\mid C\leftarrow B,F\in\Pi\}$$

故存在 $C'\leftarrow B',F'\in\Pi$，使得 $p\in\mathbf{GAtom}_{C'}$，$S\vDash B'^{CL}\wedge F'^{CL}$，且对 $p'\in\mathbf{GAtom}_{C'}\setminus\{p\}$，$S\vDash\neg p'$，故 $\mathbf{GAtom}_{C'}\cap S=\{p\}$。因此，$S$ 是Π支承的。

“仅当” 对任一 $r=C\leftarrow B,F\in\Pi$，若 $S\vDash B^{CL}\wedge F^{CL}$，则 $S\vDash_n B,F$。因为 S 封闭于Π，故 $S\vDash C$。因此 S 是Π^{CL} 的模型。对任一 $p\in S$，由 S 是Π支承的，有 $C\leftarrow B,F\in\Pi$使得 $\mathbf{GAtom}_C\cap S=\{p\}$且 $S\vDash_n B,F$。于是，$S\vDash B^{CL}\wedge F^{CL}\wedge(\bigwedge_{p'\in\mathbf{GAtom}_{C\setminus\{p\}}}\neg p')$。

若 $p\in\mathbf{GAtom}_C\setminus S$，则 $S\vDash\neg p$，即 S 是 $p\to\bot$ 的模型，故对任一 $p\in\mathbf{GAtom}$，

$$S\vDash\{p\to\bigvee_{p\in\mathbf{GAtom}_C}(B^{CL}\wedge F^{CL}\wedge(\bigwedge_{p'\in\mathbf{GAtom}_{C\setminus\{p\}}}\neg p'))\mid C\leftarrow B,F\in\Pi\}$$

这表明 S 是 Comp(Π)的模型。

引理 5.2.10 对任意有穷正嵌套程序Π和任意原子集 S，若 S 是Π的回答集，则 S 是 Comp(Π)的模型。

证明 由推论 5.2.4 和定理 5.2.5 直接得证。

给定正嵌套程序Π和非空原子集 X，设原子集 S 满足$(\Pi(S),S)\in\Lambda(\Pi)$。若 $X\subseteq S$，则称 X 关于 S 是基于Π的；若 $X\cap S=\varnothing$，则称 X 关于 S 是无基于Π的。根据定理 5.2.4*，对程序Π和它的一个模型 X，X 包含一个无基于Π的子集（即对任意一$(\text{GR}(X,\Pi),S)\in\Lambda(\text{GR}(X,\Pi))$，$S\neq X$），则 X 不是Π的回答集。因为 X 是 GR(X,Π)支承的，故它的每一无基于Π的子句包含一个“环”。

定义 5.2.11 正嵌套程序Π的正相依图 G_Π是如下的有向图：顶点集是 $\mathbf{GAtom}_\Pi$，给定任一规则 $C\leftarrow B,F\in\Pi$，对任一 $p\in\mathbf{GAtom}_C$和任一 $p'\in\mathbf{GAtom}_B$，有从 p 到 p'的一条弧，G_Π中没有多于一条同样的弧。称非空原子集 Z 是 G_Π中的一个正环，当且仅当对任意 p，$p'\in Z$，有 G_Π中从 p 到 p'的路径且路径上的所有顶点都属于 Z。对有穷程序Π，G_Π中的正环 $Z=\{p_1,\cdots,p_k\}(k\geqslant 1)$称 k 是 Z 的长度。特别

地，若 Z 是单子，即 $Z=\{p\}$，称 Z 为伪环，其长度为 1。

正嵌套程序的正环与紧凑性密切相关。

引理 5.2.11　令Π是正程序，$S\in \mathrm{SM}(\mathrm{Head}(\Pi))$。若Π在 S 上是紧凑的，则 G_Π 中没有正环 $Z\subseteq S$。若Π是有穷的，则Π在 S 上是紧凑的，当且仅 G_Π 中没有正环 $Z\subseteq S$。

证明　设 G_Π 中有正环 $Z=\{p_1,\cdots,p_k,\cdots\}\subseteq S(k\geqslant 1)$，因为 $S\in \mathrm{SM}(\mathrm{Head}(\Pi))$，故对任意一 $p\in S$，存在某规则 $C\leftarrow B,F\in\Pi$，使得 $p\in \mathbf{GAtom}_C\cap S$。设 $C_k\leftarrow B_k,F_k\in\Pi(1\leqslant k)$，$C'\leftarrow B',F'\in\Pi$，$p_1\in \mathbf{GAtom}_{C_1\cap B'}$，$p_k\in \mathbf{GAtom}_{C_k\cap B_{k-1}}(2\leqslant k)$。由Π的紧凑性，存在层次映射λ，使得 $\lambda(p_1)>\lambda(p_2)>\cdots>\lambda(p_k)>\cdots>\lambda(p_1)$，矛盾。

对定理的第二部分，只需证“当”成立。设 $|\Pi|=m$，令

$$S_0=\varnothing$$

$$\text{对 } n\geqslant 0,\ S_{n+1}=\{p\in \mathbf{GAtom}_C\cap S\mid C\leftarrow B,F\in\Pi,$$

$$\forall p'\in B\ (p'\in(\mathbf{GAtom}_{\mathrm{Head}(\Pi)}\cap S)\rightarrow p'\in\cup_{i\leqslant n}S_i)\}$$

$$S'=\cup_{0\leqslant n\leqslant m}S_n$$

显然，$S_1=\{C\leftarrow B,F\in\Pi\mid(B\cap S)=\varnothing\}\neq\varnothing$，对 $n\geqslant 0$，$S_n\subseteq S_{n+1}$ 且 $S'\subseteq S$。若有 $p_1\notin S\backslash S'$，因为 G_Π 中没有任何正环 $Z\subseteq S$，故对任意 $n\geqslant 0$，S_n 中没有任何正环 $Z\subseteq S$。根据 S_n 的定义，对 $p_1\leftarrow B_1,F_1\in\Pi$ 有相应的 $p_2\in B_1\cap(S\backslash S')$；对 $p_2\leftarrow B_2,F_2\in\Pi$ 有相应的 $p_3\in B_2\cap(S\backslash S')$；…。如此不断进行此过程可得到 $S\backslash S'$ 中无穷序列 $<p_1,p_2,p_3,\cdots>$。因为 $|S|\leqslant|\Pi|=m$，故必有 $i,j\leqslant m$，使得 $p_i=p_j$ 且 $(p_i,\cdots,p_j)$ 是 G_Π 中由 S 中元素组成的正环，这与 G_Π 中没有正环 $Z\subseteq S$ 的假设矛盾。因此，$S=S'$。

定义层次映射λ，使得若 $p\in S_{n+1}\backslash S_n$，则 $\lambda(p)=n+1$；若 $p\in \mathrm{Pos}(\Pi)\backslash S$，则 $\lambda(A)=0$。容易验证，对任意 $p\in(\mathbf{GAtom}_{\mathrm{Head}(\Pi)}\cap S)\cup \mathrm{Pos}(\Pi)$，有唯一的 $n\geqslant 0$，使得 $\lambda(p)=n$，故λ是合式定义的。

对任一 $r\in\Pi$，存在最小的 $n\geqslant 0$，使得

$$\mathbf{GAtom}_{\mathrm{Head}(r)}\cap S\subseteq S_{n+1}$$

$$\mathrm{Pos}(r)\cap(\mathbf{GAtom}_{\mathrm{Head}(r)}\cap S)=\varnothing$$

$$(\mathrm{Pos}(r)\cap S)\subseteq\cup_{i\leqslant n}S_i$$

因此，若 $p\in \mathbf{GAtom}_{\mathrm{Head}(r)}\cap S$，则 $\lambda(p)>\max\{\lambda(p')|p'\in \mathrm{Pos}(r)\}$。所以，Π是紧凑的。

引理 5.2.12　可以等价地陈述如下：

有穷正程序Π在原子集 S 上是紧凑的当且仅当由 S 导出的 G_Π 的正相依子图中没有正环。

定理 5.2.6　设有穷正嵌套程序Π是在原子集 S 紧凑的，则 S 是Π的回答集当且仅当 S 是 $\mathrm{Comp}(\Pi)$ 的模型。

证明 不失一般性，设 $S\neq\varnothing$，因为当 $S=\varnothing$时，容易验证定理为真。

“仅当” 由定理 5.2.5 直接导出。

“当” 由Π在 S 上的紧凑性，$\mathrm{GR}(S,\Pi)=\{C\leftarrow B,F\in\Pi \mid S\models_n B,F\}$也是在 S 上紧凑的。因为 S 是 Comp(Π)的模型，根据定理 5.2.5，S 封闭于Π且是Π支承的，从而 S 也封闭于 GR(S,Π)且是 GR(S,Π)支承的。

欲证 S 是Π的回答集，根据定理 5.2.4**，只需证明 $S\in\mathrm{SM}(\mathrm{Head}(\Pi'))$。假设存在 S 的真子集 S^*是 Head(Π′)的极小模型，则存在 $p\in S\backslash S^*$。因为 S 是

$$\{p\rightarrow\bigvee_{p\in\mathbf{GAtom}_C}(B^{\mathrm{CL}}\wedge F^{\mathrm{CL}}\wedge(\bigwedge_{p'\in\mathbf{GAtom}_{C\backslash\{p\}}}\neg p'))\mid C\leftarrow B,F\in\Pi\}$$

的模型，则存在 $C\leftarrow B,F\in\Pi'$，使得 $p\in\mathbf{GAtom}_C$，$S\models_n p$，$S\models_n B^{\mathrm{CL}}\wedge F^{\mathrm{CL}}$ 且对 $p'\in\mathbf{GAtom}_C\backslash\{p\}$，$S\models_n\neg p'$。因为 $p\in S$ 和 S 是Π支承的，所以存在 $C'\leftarrow B',F'\in\Pi$使得 $S\cap\mathbf{GAtom}_{C'}=\{p\}$且 $S\models_n B',F'$。因此，$\{p\}$是 Head(C')的极小模型。这与 $S^*\cap\mathbf{GAtom}_{\mathrm{Head}(C')}\in\mathrm{SM}(\mathrm{Head}(C'))$矛盾，故 $S\in\mathrm{SM}(\mathrm{Head}(\Pi))$。

类似于正规程序，给定有穷正程序Π和它的一个正环 Z，可以将Π中以包含 Z 中的元素为头的规则划分为两类：一类由那些产生正环 Z 中一条弧的规则组成，另一类包含体在环外的规则（等价地，这类规则不能产生一条连接 Z 中顶点的弧），即

$$R^+(\Pi,Z)=\{r\in\Pi|\mathbf{GAtom}_{\mathrm{Head}(r)}\cap Z\neq\varnothing,\ \text{存在 } p\in\mathrm{Pos}(r)\cap Z\}$$

$$R^-(\Pi,Z)=\{r\in\Pi|\mathbf{GAtom}_{\mathrm{Head}(r)}\cap Z\neq\varnothing,\ \mathrm{Pos}(r)\cap Z=\varnothing\}$$

通常，当不致混淆时，写作 $R^+(Z)$和 $R^-(Z)$。

定义 5.2.12 令Π是嵌套程序，Z 是Π中的环。与 Z 相伴（关于Π）的环公式是

$$\bigvee_{p\in Z}\ p\rightarrow(\bigvee_{C\leftarrow B,F\in\Pi}B^{\mathrm{CL}}\wedge F^{\mathrm{CL}}\wedge(\bigwedge_{p'\in\mathbf{GAtom}_{C\backslash Z}}\neg p'))$$

记作 LF(Z,Π)（当不致混淆时，记作 LF(Z)），其中，$\mathbf{GAtom}_C\cap Z\neq\varnothing$且 $B\cap Z=\varnothing$，即 $C\leftarrow B,F\in R^-(\Pi,Z)$。

令 LF 是与Π中每一环相伴的环公式的集合。

注意：我们约定∧∅（公式的空合取）是T，而∨∅（公式的空析取）是⊥。

定理 5.2.7 令Π是有穷正嵌套程序，S 是原子集，LF 是与Π中每一环相伴的环公式集。S 是Π的回答集，当且仅当 S 是 Comp(Π)∪LF 的一个模型。

证明 不失一般性，设 $S\neq\varnothing$。否则，容易验证定理成立。

“仅当” 根据定理 5.2.5，S 是 Comp(Π)的一个模型。因此，只需证明 S 满足 LF。对任一与环 Z 相伴（关于Π）的环公式 LF(Z)，只需证明 S 满足$\bigvee_{p\in Z}p$。因为有 $p^*\in Z$，使得 $p^*\in S$，由定理 5.2.1 和引理 5.2.7，存在 $C'\leftarrow B',F'\in\mathrm{GR}(S,\Pi)$，使得 $S\cap\mathbf{GAtom}_{C'}=\{p^*\}$。故对 $p'\in\mathbf{GAtom}_C\backslash Z$，存在 $S\backslash\{p^*\}\models\neg p'$。因为 $C'\leftarrow B',F'\in\mathrm{GR}(S,\Pi)$，

则 $S\vDash_n(B',F')$。因此，$S\vDash B'^{CL}\wedge F'^{CL}$。所以，$S$ 满足

$$\bigvee_{C\leftarrow B,F\in\Pi}B^{CL}\wedge F^{CL}\wedge(\bigwedge_{p'\in \mathbf{GAtom}_{C\setminus Z}}\neg p')$$

由此可见，S 是 LF 的模型。

"当"　因为 S 是 Comp(Π)的模型，依定理 5.2.5，S 是Π支承的。故对任意一 $p\in S$，存在 $C\leftarrow B,F\in\Pi$，使得 $S\cap\mathbf{GAtom}_C=\{p\}$且 $S\vDash_n B,F$。令

$$\Pi^0=\{C\leftarrow B,F\in\Pi|\mathbf{GAtom}_C\cap S\text{ 是单子，}S\vDash_n B,F\}$$

类似于对引理 5.2.11 中条件"当"的证明易知，S 封闭Π^0且是Π^0支承的，$\Pi^0\subseteq$ GR(S,Π)，$S\in$SM(Head(Π^0))。

情形 1：若Π^0中没有正环 $Z\subseteq S$，依引理 5.2.10，Π^0在 S 上是紧凑的。依定理 5.2.4**，S 是Π的回答集。

情形 2：若Π中有包含于 S 的正环，构造Π^m（$m\geqslant 1$）如下：

若Π^m有中没有包含于 S 的正环，则$\Pi^{m+1}=\Pi^m$；

若Π^m中有包含于 S 的正环，令 $Z^m=\{p_i|\ 1\leqslant i\leqslant n\}\subseteq S$ 是Π^m中 S 极大的正环（依集合包含关系）。因为 S 是Π支承的，则对任意 $p\in S$，存在 $C\leftarrow B$，$F\in\Pi$，使得 $S\cap\mathbf{GAtom}_C=\{p\}$且 $S\vDash_n B,F$。令

$R^+(Z^m,\Pi^m)=\{r_i\in\Pi^m|\ \mathbf{GAtom}_{\text{Head}(r_1)}\cap S=\{p_1\},\cdots,\mathbf{GAtom}_{\text{Head}(r_k)}\cap S=\{p_k\},\ 1\leqslant i\leqslant k\leqslant n\}$

则 Z^m 也是Π的环。$\mathbf{GAtom}_{\text{Head}(r_k)}\cap S=\{p_1\}$且 S 是 LF(Z^m,Π)的模型，故必有 j：$1\leqslant j\leqslant n$ 和某一规则 $r\in R^-(Z^m,\Pi)$，使得$\mathbf{GAtom}_{\text{Head}(r_k)}=\{p_j\}$且 S 是 Pos(r)′∧Neg(r)′的模型，其中，Pos(r)′和 Neg(r)′是用"∧"和"¬"分别替换 Pos(r)和 Neg(r)的","和"not"得到的公式。依 $R^-(Z^m,\Pi)$的定义，Pos(r)∩Z^m=∅，故 $r\notin\{r_1,\cdots,r_n\}$，称这样的规则 r 是用于从Π^m构造Π^{m+1}的规则。令Π^{m+1}是从Π^m中删除所有满足$\mathbf{GAtom}_{\text{Head}(r_k)}\cap S=\{p_j\}$的规则 $r\in\{r_1,\cdots,r_n\}$得到的程序。

因为有穷程序Π只有有穷多个包含于 S 的正环，所以对每一 $m\geqslant 1,\Pi^m\subseteq\Pi^0$，这一构造过程必有某个 $n\geqslant 0$，使得$\Pi^{n+1}=\Pi^n$。令$\Pi^n=\cup_{0\leqslant m\leqslant n}\Pi^m$，$S^n$=Head($\Pi^n$)。显然，$\Pi^n$中没有包含于 S 的正环。

因为有穷程序Π只有有穷多个包含于 S 的正环，所以对每一 $m\geqslant 1$，$\Pi^m\subseteq\Pi^0$，这一构造过程必有某个 $n\geqslant 0$，使得$\Pi^{n+1}=\Pi^n$。令$\Pi^n=\cup_{0\leqslant m\leqslant n}\Pi^m$，$S^n$=Head($\Pi^n$)。显然，$\Pi^n$中没有包含于 S 的正环。

首先，归纳地证明，对任意 m：$0\leqslant m\leqslant n$，若Π^m中有一个包含于 S 的正环，则用于从Π^m构造Π^{m+1}的满足 $\mathbf{GAtom}_{\text{Head}(r)}=\{p_j\}$的规则 r 在Π^{m+1}中，即它没有从Π^m中被删除。

基始　根据 r 的定义，r 在Π^0中。

归纳　设对某个 $j<m$，$r\in\Pi^j$ 是用于从 Π^j 构造 Π^{j+1} 的规则，证明 $r\in\Pi^{j+1}$。设若不然，则存在 Π^j 中包含于 S 的极大正环 Z，使得 $r\in R^+(Z,\Pi^j)$。设 $\mathbf{GAtom}_{\mathrm{Head}(r)}\cap S=\{p_k\}$，$Z'$ 是 Π^m 中用于构造 Π^{m+1} 的极大环，则 $p_k\in Z\cup Z'$。因为 $\Pi^m\subseteq\Pi^j$，故 $Z\cup Z'$ 也是 Π^j 中的正环。依 Z 的极大性，$Z'\subseteq Z$。因为 r 是构造 Π^{j+1} 时从 Π^j 中被删除的，所以 $R^+(Z,\Pi^j)$ 中以 p_k 为头的所有规则也被删除。因此，$R^+(Z',\Pi^m)$ 中没有满足 $\mathbf{GAtom}_{\mathrm{Head}(r)}\cap S=\{p_k\}$ 的规则 r，这与构造 Π^{m+1} 时规则 r 的选择矛盾。

其次，归纳地证明：对每一 $p\in S$，Π^m（$0\leqslant m\leqslant n$）中的规则 r，使得 $\mathbf{GAtom}_{\mathrm{Head}(r)}\cap S=\{p\}$，而 S 是 Π^n 支承的。

基始　如前所证，因为 S 是 $\mathrm{Comp}(\Pi)$ 的模型，依 Π^0 的定义可知，S 是 Π^0 支承的。

归纳　设 S 是 Π^m 支承的，Π^m 中没有包含于 S 的正环，$\Pi^{m+1}=\Pi^m$，Π^{m+1} 是 Π 支承的。设 Π^m 中有包含于 S 的正环，因为 Π^{m+1} 是从 Π^m 中删除某些满足 $\mathbf{GAtom}_{\mathrm{Head}(r)}\cap S=\{p_j\}$ 的规则 r 得到的，因此对任意不同于 p_j 的 $p\in S$，依归纳假设，Π^m 中有一规则使得 $\mathbf{GAtom}_{\mathrm{Head}(r)}\cap S=\{p\}$。由 Π^{m+1} 的构造易知，此规则也在 Π^{m+1} 中。如前所证，用于从 Π^m 构造 Π^{m+1} 的满足 $\mathbf{GAtom}_{\mathrm{Head}(r)}\cap S=\{p_j\}$ 的规则 r 在 Π^{m+1} 中没有从 Π^m 中被删除，故 $r\in\Pi^{m+1}$。

至此，我们证明了，任一 $m:0\leqslant m\leqslant n$，$S\in\mathrm{SM}(\mathrm{Head}(\Pi^m))$。所以 $S\in\mathrm{SM}(\mathrm{Head}(\Pi^n))$，即 S 是 Π^n 支承的。

最后，施归纳法证明：对 $m:0\leqslant m\leqslant n$，$S$ 封闭于 Π^m。

基始　如前所证，$\Pi^0=\mathrm{GR}(S,\Pi)$ 且 $\mathrm{Head}(\Pi^0)=S$。因此，S 封闭于 Π^0。

归纳　对 $m<n$，设 S 封闭于 Π^m。因为对任一从 Π^m 中删除的满足 $\mathbf{GAtom}_{\mathrm{Head}(r)}\cap S=\{p_j\}$ 的规则 r，存在用于从 Π^m 构造 Π^{m+1} 的规则 r，使得 p 不同于 p_j 且 $p\in\mathrm{Head}(r)$，如前所证，r 仍然在 Π^m 中，故 $\mathrm{Head}(\Pi^{m+1})=\mathrm{Head}(\Pi^m)$。依归纳假设和 $\Pi^{m+1}\subseteq\Pi^m$，因为 S 封闭于 Π^m，所以，S 封闭于 Π^{m+1}。

上述证明表明 S 封闭于 Π^n 且是 Π^n 支承的。根据定理 5.2.5，S 是 $\mathrm{Comp}(\Pi^n)$ 的模型。因为 Π^n 是有穷的且没有正环，故它是紧凑的。由定理 5.2.6，S 是 Π^n 的回答集。

依 Π^0 和 Π^m（$m\geqslant 1$）的定义易知，对任意 $r\in\mathrm{GR}(S,\Pi^n)$，$\mathrm{Pos}(r)\subseteq S$ 且 $\mathrm{Neg}(r)\cap S=\varnothing$。因为 S 是 $\mathrm{Comp}(\Pi^n)$ 的模型，根据定理 5.2.5，S 封闭于 Π^n，故 $S\in\mathrm{SM}(\mathrm{Head}(r))$ 且 $r\in\Pi^n$。这表明 $\mathrm{GR}(S,\Pi^n)\subseteq\Pi^n$。因此，$\Pi^n=\mathrm{GR}(S,\Pi^n)$ 且 $S\in\mathrm{SM}(\mathrm{Head}(\Pi^n))$。因为 S 是 Π^n 的回答集，根据定理 5.2.3（证明的“仅当”部分），$\mathrm{GR}(S,\Pi^n)=(\mathrm{GR}(S,\Pi^n),S)\in\Lambda(\mathrm{GR}(S,\Pi^n))$。因此，$(\Pi^n,S)\in\Lambda(\Pi^n)$。

因为 S 是 $\mathrm{Comp}(\Pi^n)$ 的模型，根据定理 5.2.5，S 是 Π 支承的且封闭于 Π。

综上所述，$\Pi^n\subseteq\Pi$，Π^n 是紧凑的，$(\Pi^n,S)\in\Lambda(\Pi^n)$ 且 $S\in\mathrm{SM}(\mathrm{Head}(\Pi^n))$。

根据定理 5.2.4**，S 是Π的回答集。

例 5.2.6　程序Π由下述规则组成

$$p;q$$
$$q\leftarrow not\ s$$
$$r\leftarrow p,t,\ not\ q$$
$$t\leftarrow r,s$$

容易验证，$\{q\}$是Π的唯一回答集。Π的完备 Comp(Π)是下述公式的集合：

$$p\vee q$$
$$\neg s\rightarrow q$$
$$p\wedge t\wedge\neg q\rightarrow r$$
$$r\wedge s\rightarrow t$$
$$p\rightarrow\neg q$$
$$q\rightarrow\neg p$$
$$r\rightarrow p\wedge t\wedge\neg q$$
$$t\rightarrow r\wedge s$$
$$s\rightarrow\bot$$

Π的唯一正环是$\{t,r\}$，相应的 LF 由下述公式组成 $t\vee r\rightarrow\bot$。显然，Comp(Π)∪LF 有唯一模型$\{q\}$，它也是Π的唯一回答集。

5.3　包含变元的正规逻辑程序一阶环公式

一般来说，解决实际问题的逻辑程序规则包含两部分：一部分用于描述问题，这部分通常包含变元符号；另一部分用于描述问题的实例，即具体的例式，这部分通常以事实形式给出。例如，4.3 节中求有向图 Hamilton 圈的程序给出了该问题的描述，而一个具体的有向图则用关于顶点和弧的事实来表示。

例 5.3.1　一个有向图 G 可以表示为

- vertex(1 ⋯ 4)：表示一个有向图的编号为 1 到 4 的四个顶点；
- arc(1,2)，arc(2,3)，arc(3,4)，arc(4,1)，arc(3,2)，arc(4,3)：表示这些顶点之间的弧。

不在规则头部出现的谓词称为外部关系，否则称为内部关系。例如，vertex 和 arc 在前面的 Hamilton 圈程序中都是外部关系。

在 5.1 节中，程序的正环及其对应的正环公式，都是定义在实例化后的程序上。对于例 5.3.1 的 Hamilton 程序的环，首先要用其问题实例部分提到的常元以实例化出现在描述问题的规则中的变元。于是，上面的图 G 产生三个正环

$$\{\text{reached}(1),\ \text{reached}(2)\}$$
$$\{\text{reached}(3),\ \text{reached}(4)\}$$
$$\{\text{reached}(1),\ \text{reached}(2),\ \text{reached}(3),\ \text{reached}(4)\}$$

显然对于不同的图可能产生不同的正环。

由于程序的实例化可能会引起程序规模的指数空间增长，这成为计算回答集的一个瓶颈。注意到，2.3.2 节中有穷扩展程序的 Clark 完备化是直接定义在包含变元的程序上的，若能类似于基正规程序的环公式思想，对包含变元的回答集程序引入类似于 Clark 完备化的“一阶完备化”理论和相应的“一阶环公式”以描述程序的回答集，则可以利用一阶自动定理证明器来计算其模型（即回答集），从而避免程序的实例化瓶颈。然而，对一个由有穷条包含变元的规则组成的正规程序，即使其完备是有穷的一阶公式集，因为它可能有无穷多个逻辑不等价的环公式，这致使它的一阶正环公式集可能是无穷的。因此，重要的问题：确定这样的程序是否只有有穷个逻辑不等价的一阶正环公式。值得庆幸的是，确实有算法解决这一问题。这些想法导致了回答集程序一阶环与环公式及一阶回答集等思想的形成与发展。

若无特别声明，出现在本节的正规程序总是指包含变元但不包含真函数符号（非零元函数符号）且可能包含等词符号的有穷条正规程序规则组成的程序，通过引入这样的程序的一阶完备和一阶环与环公式的概念，导出由这些概念描述程序的一阶回答集（即可能包含变元的一阶语句集）的重要结果。类似的思想可以拓广到嵌套程序。

设 E 是回答集程序规则（或回答集程序）或一阶公式（或一阶公式集），$\text{var}(E)$ 和 $\text{Const}(E)$分别表示 E 中出现的变元符号和常元符号集。为了简便，这里用小写粗体表示向量，如 $\boldsymbol{x}$ 表示向量$<x_1,\cdots,x_n>$；两个相同长度的有穷长向量 $\boldsymbol{s}$ 和 $\boldsymbol{t}$ 相等，记为 $\boldsymbol{s}=\boldsymbol{t}$，表示它们的对应分量分别相等，即 $s_1=t_1,\cdots,s_n=t_n$。

令φ是一阶语句，D 是有穷常元集。φ在 D 上的实例化，记为$\varphi|D$，是按照如下递归定义生成的公式：

- 若φ不含任何量词，则$\varphi|D$ 是分别代替 $d=d$ 为$\top$，$d_1=d_2$ 为$\bot$的结果，其中 d, d_1 和 d_2 是 D 中的常元且 d_1 不同于 d_2（唯一命名假设）；
- $\exists x\varphi|D=(\bigvee_{d\in D}\varphi[d/x])|D$，其中$\varphi[d/x]$是用 d 替换φ中所有 x 的自由出现得到

的结果；

- $(\varphi_1 \vee \varphi_2)|D = \varphi_1|D \vee \varphi_2|D$；
- $(\neg\varphi)|D = \neg(\varphi|D)$。

其他联结词，比如$\wedge$和$\forall$，通常作为缩写，即$\varphi_1 \wedge \varphi_2$和$\forall x\varphi$分别是$\neg(\neg\varphi_1 \vee \neg\varphi_2)$和$\neg\exists\neg\varphi$的缩写。

一阶闭理论（即一阶语句集）T在D上的实例化是T中的语句在D上的实例化的集合，记为$T|D$。

给定一变量集V和一常量集D，V到D的映射称为V在D上的变元赋值（或变元指派）。令r是一规则，θ是一变元指派，则$r\theta$是用θ中变元的值代替r中的对应变元而得到结果。

我们用EQ表示等词的一阶闭理论（包含描述自反、对称和传递的一阶公式）。

若Π是正规逻辑程序，$\Pi|D$表示程序$\{r\theta | r\in\Pi，\theta$是$\mathrm{var}(r)$到$D$的变元指派$\}$。

例如，给定$D=\{a,b\}$，$\forall x(p(x)\leftrightarrow x=a)$在$D$上的实例化逻辑等价于$p(a)\wedge\neg p(b)$。对于正规程序$\Pi=\{p(a)\leftarrow q(x,y)\}$，$\Pi|D$是

$$\{p(a)\leftarrow q(a,a),\ p(a)\leftarrow q(a,b),\ p(a)\leftarrow q(b,a),\ p(a)\leftarrow q(b,b)\}$$

定义 5.3.1　令Π是正规程序，$r=p(\boldsymbol{t})\leftarrow \mathrm{Body}\in\Pi$，其中$\boldsymbol{t}=\langle t_1,\cdots,t_n\rangle$，$t_1,\cdots,t_n$是项。$r$的标准化是规则$p(\boldsymbol{x})\leftarrow \boldsymbol{t}=\boldsymbol{x}\cup\mathrm{Body}$，其中$\boldsymbol{x}=\langle x_1,\cdots,x_n\rangle$且$x_1,\cdots,x_n$是两两互不相同且不在$r$中出现的变元。$\Pi$的标准化是$\Pi$中所有规则标准化后的结果。称出现在规则$r$中但不出现在$\mathrm{Head}(r)$中的变元为局部变元。

以上讨论的程序总是有穷的，通过重命名，可以使得Π的每条标准化后的规则头中的变元至多出现$x_1,\cdots,x_n$且它们都不在Π中出现。以下总假设程序都是标准化的。

通过程序的标准化，程序的一阶完备化可定义如下。

定义 5.3.2　令Π是正规程序，p是Π中出现的谓词。p关于Π的完备，记为$\mathrm{COMP}(p,\Pi)$，是如下公式：

$$\forall\boldsymbol{x}\left(p(\boldsymbol{x})\leftrightarrow\bigvee_{1\leqslant i\leqslant k}\exists\boldsymbol{y}_i\overrightarrow{\mathrm{Body}_i}\right)\tag{5-3}$$

其中，

- $p(\boldsymbol{x})\leftarrow\mathrm{Body}_1,\cdots,p(\boldsymbol{x})\leftarrow\mathrm{Body}_k$是$\Pi$的标准化结果的规则头中出现谓词$p$的所有规则；
- $\overrightarrow{\mathrm{Body}_i}$是$\mathrm{Body}_i$中所有元素的合取式，并且其中的“not”用“$\neg$”替换；
- $\boldsymbol{y}_i$是规则$p(\boldsymbol{x})\leftarrow\mathrm{Body}_i$中的所有局部变元$y_1,\cdots,y_m$组成的向量$\langle y_1,\cdots,y_m\rangle$。

特别地，若 p 不出现在 Head(Π)中，则 Comp(p,Π)是$\forall x \neg p(\boldsymbol{x})$。

程序Π的完备化，记为 Comp(Π)，是Π中所有谓词完备化公式的集合，即

$$\text{Comp}(\Pi)=\{\text{Comp}(p,\Pi) \mid p \text{ 是}\Pi\text{中出现的谓词}\}$$

注意：这里 Comp(Π)并没有包含等词公理。

定义 5.3.3 令Π是正规程序，Π的（一阶）正相依图，记为 G^+_Π，是有向无穷图，其顶点集是（一阶）原子集$\{p(t_1,\cdots,t_n) \mid p$ 是Π中出现的谓词符号，$t_i(1 \leqslant i \leqslant n)$是个体变元符号或是在Π中出现的个体常元符号$\}$，记作 V^+_Π。对任意顶点 A 和顶点 B，$\langle A,B\rangle$是 G^+_Π的一条弧当且仅当存在 $r\in\Pi$和置换θ，使得$\{A\}=\text{Head}(r)\theta$且 $B\in\text{Pos}(r)\theta$且 G^+_Π中没有多于一条同样的弧。

定义 5.3.4 令Π是正规程序，G^+_Π是Π的正相依图。称有穷非空顶点集 $L\subseteq V^+_\Pi$为Π的一阶正环，当且仅当对任意 $A,B\in L$，有且仅有Π的正相依图 G^+_Π中一条从 A 到 B 的路径，使得该路径中的所有顶点都属于 L。有时，也称正环中的原子为环原子。

例 5.3.2 令$\Pi=\{p(x)\leftarrow p(x)\}$，则 $\text{Comp}(\Pi)=\{\forall x(p(x)\leftrightarrow p(x))\}=\{\top\}$。Π的正相依图 G^+_Π的顶点集是$\{p(\xi) \mid \xi$ 是一变元符号$\}$，所有弧的集合是$\{\langle p(\xi),p(\xi)\rangle \mid \xi$ 是一变元$\}$。

定义 5.3.5 令Π是正规程序，L 是Π的一阶正环，$p(\boldsymbol{t})\in L$。原子 $p(\boldsymbol{t})$关于 L 和Π的外部支承，是如下公式：

$$\bigvee_{1\leqslant i\leqslant n} \exists \boldsymbol{y}_i \left(\overrightarrow{\text{Body}_i}\theta \wedge \bigwedge_{q(\boldsymbol{u})\in \text{Pos}_i\theta \ \& \ q(\boldsymbol{v})\in L} (\boldsymbol{u}\neq \boldsymbol{v}) \right) \quad (5\text{-}4)$$

记为 ES($p(\boldsymbol{t})$,L,Π)，其中，

- $p(\boldsymbol{x})\leftarrow \text{Body}_1,\cdots,p(\boldsymbol{x})\leftarrow \text{Body}_n$ 是Π的标准化结果的规则头中出现谓词 p 的所有规则；
- $\overrightarrow{\text{Body}_i}$ 是 Body_i 中所有元素的合取式，且其中的“not”用“¬”替换；
- y_i 是规则 $p(\boldsymbol{x})\leftarrow \text{Body}_i$ 中的局部变元，通过变元重命名假设 $y_i\cap \text{var}(L)=\varnothing$，其中 var($L$)表示 L 中出现的所有变元的集合；
- θ是置换$\{t_1/x_1,\cdots,t_k/x_k\}$，其中 $\boldsymbol{x}=(x_1,\cdots,x_k)$，$\boldsymbol{t}=(t_1,\cdots,t_k)$；
- $\boldsymbol{u}\neq\boldsymbol{v}$ 表示$\neg(\boldsymbol{u}=\boldsymbol{v})$。

定义 5.3.6 令Π是正规程序，L 是关于Π的一阶正环。L 关于Π的一阶正环公式是如下公式：

$$\forall \boldsymbol{x}\left(\left(\bigvee_{p\in L} p\right)\rightarrow\left(\bigvee_{p\in L}\text{ES}(p,L,\Pi)\right)\right) \quad (5\text{-}5)$$

记为 LF(L,Π)，其中 $\boldsymbol{x}$ 是 L 出现的所有变元组成的向量。

例 5.3.2（续）　考虑正规程序Π的一阶正环 $L=\{p(z)\}$，假设其中规则 $p(x)\leftarrow p(x)$ 的标准化为 $p(y)\leftarrow x=y,p(x)$。$p(z)$关于 L 的外部支承公式为

$$\mathrm{ES}(p(z),L,\Pi)=\exists x(z=x\wedge x\neq z\wedge p(x))\ \boxminus\ \perp$$

故其环公式 $\mathrm{LF}(L,\Pi)=\forall z\neg p(z)$。

例 5.3.3　考虑程序$\Pi=\{p(x)\leftarrow p(y)\}$。易知，$L_k=\{p(x_1),\cdots,p(x_k)\}$是该程序的一阶正环，其中 k 是大于或等于 1 的自然数。对每一 $p(x_i)$, $\mathrm{ES}(p(x_i),L_k,\Pi)$逻辑等价于如下公式：

$$\exists y\, p(y)\wedge\bigwedge\nolimits_{1\leqslant i\leqslant k}x_i\neq y$$

$\mathrm{LF}(L_k,\Pi)$逻辑等价于如下公式：

$$\forall x_1\cdots x_k\left(p(x_1)\vee\cdots\vee p(x_k)\rightarrow\exists y(p(y)\wedge(y\neq x_1)\cdots\wedge(y\neq x_k))\right)$$

定理 5.3.1　令Π是正规程序，F 是关于Π的外部关系的基事实集，D 是Π和 F 中出现的所有常元集，$F(\Pi|D)$是$\Pi|D$ 的所有一阶正环公式集。基事实集 M 是$(\Pi|D)\cup F$ 的回答集当且仅当 M 是 $\mathrm{Comp}(\Pi\cup F)\cup\mathrm{LF}(\Pi|D)$的命题模型（在命题逻辑意义下，即基原子被视为命题逻辑的原子）。

该定理的证明比较烦琐，但是其思想比较直观，即用一个等价程序Π_{eq}证明：

- $\mathrm{LF}(\Pi_{\mathrm{eq}})|D=\mathrm{LF}(\Pi)|D$，且$\Pi_{\mathrm{eq}}\cup F$ 的回答集与$\Pi\cup F$ 回答集一一对应；
- $(\mathrm{Comp}(\Pi_{\mathrm{eq}}\cup F)\cup\mathrm{LF}(\Pi_{\mathrm{eq}}))|D$ 的模型与$\Pi_{\mathrm{eq}}\cup F$ 的回答集一一对应。

其中，eq 是一个不在Π中出现的二元谓词，Π_{eq}是用 $\mathrm{eq}(s,t)$替换其中的 $s=t$ 得到的。因为 $s\neq t$ 是 $\mathrm{not}(s=t)$的缩写，所以 $s\neq t$ 用 not eq(s, t)替换。

注意：eq 不出现在Π_{eq}的任何规则的头部，故$\Pi_{\mathrm{eq}}|D\cup\mathrm{EQ}|D$ 与$\Pi|D\cup\mathrm{EQ}|D$ 有相同的回答集。于是有如下断言：

引理 5.3.1　令Π是一正规逻辑程序，D 是包含 Const(Π)的有穷常元集。$M\subseteq\mathbf{GAtom}_{(\Pi|D)}$是$\Pi|D$ 的回答集，当且仅当 $M\cup\mathrm{EQ}|D$ 是$\Pi_{\mathrm{eq}}|D\cup\mathrm{EQ}|D$ 的回答集，其中，Const(Π)是出现在Π中的所有常元的集合，$\mathrm{EQ}|D=\{\mathrm{eq}(d,d)|d\in D\}$。

证明　因为 Head(Π)中不含有 eq 谓词符号，故$\Pi_{\mathrm{eq}}|D\cup\mathrm{EQ}|D$ 与$\Pi|D\cup\mathrm{EQ}|D$ 等价（有相同的回答集）。

上述证论表明$\Pi|D$ 和$\Pi_{\mathrm{eq}}\cup\mathrm{EQ}|D$ 是等价的，但后者在没有失去Π的任何环的意义下是比前者更为有效的使Π基于 D 的方式。例如，$\{p(x),p(y)\}$是程序$\Pi=\{p(x)\leftarrow p(y),x\neq x\}$的一个一阶正环。但是对任意集合 D，$\Pi|D=\varnothing$，故其没有一阶正环。然而，$\Pi_{\mathrm{eq}}|D$ 和Π有完全相同的一阶正环。下面的命题表明这对有穷正规程序确实成立。

引理 5.3.2　令Π是一正规逻辑程序，D 是包含 Const(Π)的有穷常元集。若 GL 是

$\Pi_{eq}|D$ 的环，则Π有一阶正环 L，使得 $GL=L\theta$，其中 θ 是变元集 var(L)到 D 的变元指派。反之，若 L 是Π的一阶正环且 θ 是变元集 var(L)到 D 的变元指派，则 $L\theta$ 是 $\Pi_{eq}|D$ 的一阶正环。

证明 首先，若令 A, B 是 $\Pi_{eq}|D$ 中不涉及 eq 的两个原子，$d_1,\cdots,d_n$ 是在 A, B 中出现但不在 Const(Π)中出现的常元，A', B'是用 d_i 分别替换 A, B 中出现的 x_i 得到的原子。可以证明 $<A,B>$ 是 $\Pi_{eq}|D$ 的相依图中的弧，当且仅当 $<A',B'>$ 是Π的相依图中的弧。

$<A,B>$ 是 $\Pi_{eq}|D$ 的相依图中的弧，当且仅当 $A\leftarrow B$，Body $\in\Pi_{eq}|D$；

当且仅当存在 $\alpha\leftarrow\beta$，Body∈Π且有一个变元集到 D 的变元指派 θ，使得 $A=\alpha\theta$ 且 $B=\beta\theta$；

当且仅当存在 $\alpha\leftarrow\beta$，Body∈Π且有一个置换 θ'，使得 $A'=\alpha\theta'$ 且 $B'=\beta\theta'$，其中 θ' 是将 θ 中的 d_i 替换为 x_i 得到的；

当且仅当 $<A', B'>$ 是Π的相依图中的弧。

其次，因为 $GL=\{A_1,\cdots,A_n\}$ 是 $\Pi_{eq}|D$ 的一阶正环，则其相依图有一路径 $<A_1,\cdots,A_n,A_{n+1}>(A_{n+1}=A_1)$。注意，对每一 $i:1\leqslant i\leqslant n$，$A_i$ 不涉及 eq 且 $<A_i,A_{i+1}>$ 是 $\Pi_{eq}|D$ 的相依图中的弧，故对 $i:1\leqslant i\leqslant n$，$<<A_i',A_{i+1}'>$ 是Π的相依图中的弧。因此，$L=\{A_1',\cdots,A_n'\}$ 是Π的环且 $GL=L\theta$，$\theta=\theta_1\circ\cdots\circ\theta_n$，其中 $\theta_i(i=1,\cdots,n)$ 是使得 $<A_i,A_{i+1}>=<A'_i,A'_{i+1}>$ 的置换。

同理可证，若 $L=\{A_1',\cdots,A_n'\}$ 是Π的环，θ 是变元集 var(L)到 D 的变元指派，则 $L\theta$ 是 $\Pi_{eq}|D$ 的环。只需注意，依假设 Const(Π)⊆D，故每一 $A_i'\theta(1\leqslant i\leqslant n)$ 是Π的相依图中的顶点。

下面的断言表明，定义 5.1.3 关于基例化正规逻辑程序的外部支承和环公式及程序的完备的定义是分别与定义 5.3.5 和定义 5.3.6 关于一阶正环的外部支承和一阶环公式及一阶完备的定义等价。

引理 5.3.3 令Π是一正规逻辑程序，L 是 Π_{eq} 的一阶正环，D 是满足 Const(Π)⊆D 的有穷常元集，则对任意 $A=p(\boldsymbol{t})\in L$ 和任何从 var(L)到 D 的变元指派 θ，有

$$\mathrm{Es}(A\theta,L\theta,\Pi_{eq}|D)\models\!\dashv \mathrm{ES}(A,L,\Pi_{eq})\theta|D$$

证明 不失一般性，假设Π只有一条以谓词 p 为头的规则 $r:p(\boldsymbol{x})\leftarrow$Body，其中 $\boldsymbol{x}$ 不包含 L 中的变元，且 L 中的变元都不在Π中出现。显然，有

$$\mathrm{ES}(A\theta,L\theta,\Pi_{eq}|D)\models\!\dashv \bigvee\nolimits_{\delta:x\delta=t\theta,\ \mathrm{Body}_{eq}\delta\cap L\theta=\varnothing}\overrightarrow{\mathrm{Body}_{eq}}\delta$$

其中，δ 是 r 中出现的变元的集合到 D 的变元指派。同时，因为

$$
\begin{aligned}
&\mathrm{ES}(A,L,\Pi_{\mathrm{eq}})\theta|D\\
&=\exists \boldsymbol{y}\left(\overrightarrow{\mathrm{Body}_{\mathrm{eq}}}\theta'\wedge\left(\bigwedge_{q(\boldsymbol{u})\in\mathrm{Body}_{\mathrm{eq}},q(\boldsymbol{v})\in L}(\boldsymbol{u}\neq\boldsymbol{v})\right)\right)\theta\,|D\\
&=\exists \boldsymbol{y}\left(\overrightarrow{\mathrm{Body}_{\mathrm{eq}}}\theta'\theta\wedge\left(\bigwedge_{q(\boldsymbol{u})\in\mathrm{Body}_{\mathrm{eq}},q(\boldsymbol{v})\in L}(\boldsymbol{u}\theta\neq\boldsymbol{v}\theta)\right)\right)|D\\
&\ \ \models\!\!\mid \bigvee\nolimits_{\delta'}\exists \boldsymbol{y}\left(\overrightarrow{\mathrm{Body}_{\mathrm{eq}}}\theta'\theta\delta'\wedge\left(\bigwedge_{q(\boldsymbol{u})\in\mathrm{Body}_{\mathrm{eq}},\ q(\boldsymbol{v})\in L}(\boldsymbol{u}\theta\delta'\neq\boldsymbol{v}\theta)\right)\right)\\
&\ \ \models\!\!\mid \bigvee_{\delta:\boldsymbol{x}\delta=\boldsymbol{t}\theta,\ \mathrm{Body}_{\mathrm{eq}}\cap L\theta=\varnothing}\left(\overrightarrow{\mathrm{Body}_{\mathrm{eq}}}\delta\right)\\
&=\mathrm{ES}(A\theta,L\theta,\Pi_{\mathrm{eq}}|D)
\end{aligned}
$$

其中，

- $\boldsymbol{y}$ 是在 Body 而不在 $\boldsymbol{x}$ 中出现的变元；
- θ'是使得 $\boldsymbol{t}=\boldsymbol{x}\theta'$的置换；
- δ'是 $\boldsymbol{y}$ 中的变元到 D 的变元指派。

引理 5.3.4　令Π是一正规逻辑程序，D 是包含 Const(Π)的有穷常元集，则 LF(Π_{eq})$|D$ 与 LF($\Pi_{\mathrm{eq}}|D$)等价，其中，LF(Z)表示正规程序 Z 的所有环公式的集合。

证明　对任意Π_{eq} 的环 L，LF(L,Π_{eq})$|D$ 逻辑等价于如下语句构成的理论：

$$\left(\left(\bigvee_{p\in L}p\right)\to\left(\bigvee_{A\in L}\mathrm{ES}(A,L,\Pi_{\mathrm{eq}})\right)\right)\sigma\,|\,D$$

其中，σ 是从 var(L)到 D 的变元指派。

易知，该公式逻辑等价于

$$\left(\bigvee_{p\in L\sigma}p\right)\to\left(\bigvee_{A\in L}\mathrm{ES}(A,L,\Pi_{\mathrm{eq}})\sigma\,|\,D\right)$$

由引理 5.3.3，它也逻辑等价于

$$\left(\bigvee_{p\in L\sigma}p\right)\to\left(\bigvee_{A\in L}\mathrm{ES}(A\sigma,L\sigma,\Pi_{\mathrm{eq}}\,|\,D)\right)$$

最后得到的公式就是 LF($L\sigma$, $\Pi_{\mathrm{eq}}|D$)，故由引理 5.3.2，LF(Π_{eq})$|D$ 与 LF($\Pi_{\mathrm{eq}}|D$)逻辑等价。

引理 5.3.5　令Π是一正规逻辑程序，D 是包含 Const(Π)的有穷常元集，则对于Π中的任意谓词符号 p，Comp(p,Π_{eq})$|D$ 与{Comp($p(x)\sigma$,$\Pi_{\mathrm{eq}}|D$)$|\sigma$ 是变元 x 到 D 的变元指派}逻辑等价。

证明　不失一般性，设Π只有一条以谓词 p 为头的规则 r:$p(x)\leftarrow$Body，则

$$\mathrm{Comp}(p,\Pi_{\mathrm{eq}}) \models\!\models \forall \boldsymbol{x}(p(\boldsymbol{x}) \leftrightarrow \exists \boldsymbol{y}\mathrm{Body}_{\mathrm{eq}})$$

故 $\mathrm{Comp}(p,\Pi_{\mathrm{eq}})|D$ 是对所有从 $\boldsymbol{x}$ 到 D 的变元指派 σ 的如下公式的合取：

$$p(\boldsymbol{x})\sigma \leftrightarrow (\exists \boldsymbol{y}\mathrm{Body}_{\mathrm{eq}}\sigma \mid D)$$

它逻辑等价于

$$p(\boldsymbol{x})\sigma \leftrightarrow \left(\bigvee_{\tau} \mathrm{Body}_{\mathrm{eq}}\sigma\tau\right)$$

其中，τ是从 y 到 D 的变元指派，此公式即 $\mathrm{Comp}(p(\boldsymbol{x})\sigma, \Pi_{\mathrm{eq}}|D)$。

下面证明定理 5.3.1。

令 $\mathrm{IU}(D)=\{\mathrm{eq}(d,d)|d\in D\} \cup \{\neg\mathrm{eq}(d,d')|d, d'$是 D 中不同的常量$\}$，则有

M 是$(\Pi|D)\cup F$ 的回答集，当且仅当 M 是$(\Pi\cup F)|D$ 的回答集；

当且仅当 $M\cup \mathrm{EQ}|D$ 是$(\Pi_{\mathrm{eq}}\cup F)|D\cup \mathrm{EQ}|D$ 的回答集（引理 5.3.1）；

当且仅当 $M\cup \mathrm{EQ}|D$ 是 $\mathrm{Comp}((\Pi_{\mathrm{eq}}\cup F)|D\cup \mathrm{EQ}|D)\cup \mathrm{LF}((\Pi_{\mathrm{eq}}\cup F)|D\cup \mathrm{EQ}|D)$的命题模型（定理 5.1.3）；

当且仅当 $M\cup \mathrm{EQ}|D$ 是 $\mathrm{Comp}_1((\Pi\cup F)_{\mathrm{eq}}|D)\cup \mathrm{LF}(\Pi_{\mathrm{eq}}|D\cup F\cup \mathrm{EQ}|D)\cup \mathrm{IU}(D)$的命题模型，这里 $\mathrm{IU}(D)$逻辑等价于 $\mathrm{Comp}(\mathrm{eq},\Pi_{\mathrm{eq}}|D\cup F\cup \mathrm{EQ}|D)$，$\mathrm{Comp}_1((\Pi\cup F)_{\mathrm{eq}}|D)$是$(\Pi\cup F)_{\mathrm{eq}}|D$ 的不包含 eq 谓词的完备化公式集；

当且仅当 $M\cup \mathrm{EQ}|D$ 是 $\mathrm{Comp}_1((\Pi\cup F)_{\mathrm{eq}}|D)\cup \mathrm{LF}(\Pi_{\mathrm{eq}}|D)\cup \mathrm{IU}(D)$的命题模型；

当且仅当 $M\cup \mathrm{EQ}|D$ 是 $\mathrm{Comp}_1((\Pi\cup F)_{\mathrm{eq}})|D\cup \mathrm{LF}(\Pi_{\mathrm{eq}})|D\cup \mathrm{IU}(D)$的命题模型（引理 5.3.4 和引理 5.3.5），其中，$\mathrm{Comp}_1((\Pi\cup F)_{\mathrm{eq}})$是$\Pi\cup F$ 的非 eq 谓词的完备化公式集；

当且仅当 $M\cup \mathrm{EQ}|D$ 是 $\mathrm{Comp}_1((\Pi\cup F)_{\mathrm{eq}})\cup \{\forall xy(\mathrm{eq}(x,y)\leftrightarrow x=y)\}\cup \mathrm{LF}(\Pi_{\mathrm{eq}})|D$ 的命题模型（$\{(\forall xy(\mathrm{eq}(x,y)\leftrightarrow x=y))\}|D$ 逻辑等价于 $\mathrm{IU}(D)$）；

当且仅当 $M\cup \mathrm{EQ}|D$ 是$(\mathrm{Comp}(\Pi\cup F)\cup \{\forall xy(\mathrm{eq}(x,y)\leftrightarrow x=y)\}\cup \mathrm{LF}(\Pi))|D$ 的命题模型（$\mathrm{Comp}(p,\Pi)$与 $\mathrm{Comp}(p,\Pi_{\mathrm{eq}})$在条件$\forall xy(\mathrm{eq}(x,y)\leftrightarrow x=y)$下逻辑等价，且 $\mathrm{LF}(L,\Pi)$与 $\mathrm{LF}(L,\Pi_{\mathrm{eq}})$在条件$\forall xy(\mathrm{eq}(x,y)\leftrightarrow x=y)$下也逻辑等价，其中 p 是一谓词符号，L 是Π的一阶正环）；

当且仅当$M\cup \mathrm{EQ}|D$是$\mathrm{Comp}(\Pi\cup F)|D\cup \mathrm{LF}(\Pi)|D\cup \{\forall xy(\mathrm{eq}(x,y)\leftrightarrow x=y)\}|D$的命题模型；

当且仅当 $M\cup \mathrm{EQ}|D$ 是$(\mathrm{Comp}(\Pi\cup F)\cup \mathrm{LF}(\Pi))|D\cup \mathrm{IU}(D)$的命题模型；

当且仅当M是$(\mathrm{Comp}(\Pi\cup F)\cup \mathrm{LF}(\Pi))|D$的命题模型($M$, Π和 F 不包含谓词 eq)。

注意: 如果正规逻辑程序Π包含这样的一阶正环 L，其中的某些原子包含变元，则这个程序可能包含无穷多的环。因为容易证明，将 L 中的变元替换为新的变元

仍然是Π的环且这些环所对应的环公式是逻辑等价的，因此，有必要探讨这些环与对应环公式之间的某种等价关系。

定义 5.3.7　令 L_1, L_2 是二原子集，如果存在替换 θ 使得 $L_1\theta=L_2$，则称 L_1 包孕 L_2。如果它们相互包孕对方，则称它们等价。

例如，$\{p(x)\}$ 与 $\{p(y)\}$ 是等价的，$\{p(x_1),p(x_2)\}$ 包孕 $\{p(x)\}$，反之则不然。

下面的推论是显然的。

推论 5.3.1　令Π是正规程序，L_1 和 L_2 是Π的等价的一阶正环，则 $\mathrm{LF}(L_1,\Pi) \models\!\mid \mathrm{LF}(L_2,\Pi)$。

引理 5.3.6　令Π是正规程序，L_1 是Π的一阶正环，L_2 是原子集且满足 $\mathrm{Const}(L_2)\subseteq\mathrm{Const}(\Pi)$。若 L_1 包孕 L_2，则 L_2 也是Π的一阶正环，且 $\mathrm{LF}(L_1,\Pi) \models\!\mid \mathrm{LF}(L_2,\Pi)$。

证明　令 θ 是 $\mathrm{var}(L_1)$上的置换使得 $L_1\theta=L_2$。由于 L_1 是Π的一阶正环，则存在 $L_1=\{A_1,\cdots,A_n\}$ 且 L_1 是 G_Π 的正环。显然，$\{A_1\theta,\cdots,A_n\theta\}$ 也是 G_Π 的正环，故 $L_1\theta$ 是Π的一阶正环。

令 $\mathrm{LF}(L_1,\Pi)=\forall \boldsymbol{x}\Phi(\boldsymbol{x})$，其中 $\boldsymbol{x}$ 是 L_1 中出现的变元组成的向量，且

$$\Phi(\boldsymbol{x})=\left[\left(\bigvee_{p\in L_1} p\right)\to\left(\bigvee_{A\in L_1} S(A,L_1,\Pi)\right)\right]$$

由于 $L_2=L_1\theta$，故 $\mathrm{LF}(L_2,\Pi)$是如下公式：

$$\left(\bigvee_{p\in L_1\theta} p\right)\to\left(\bigvee_{A\in L_1\theta} \mathrm{ES}(A\theta,L_1\theta,\Pi)\right)$$

对于 $p(\boldsymbol{t})\in L_1$，显然有 $\mathrm{ES}(p(\boldsymbol{t}),L_1,\Pi)\theta\equiv\mathrm{ES}(p(\boldsymbol{t}),L_1\theta,\Pi)\theta$，即

$$\bigvee_{1\leqslant i\leqslant k}\left(\exists \boldsymbol{y}_i\left[\mathrm{Body}_i\delta_1\wedge\bigwedge_{q(\boldsymbol{u})\in\mathrm{Body}_i\delta_1,q(\boldsymbol{v})\in L_1}(\boldsymbol{u}\neq\boldsymbol{v})\right]\theta\right)$$
$$\equiv\bigvee_{1\leqslant i\leqslant k}\exists \boldsymbol{y}_i\left[\mathrm{Body}_i\delta_2\wedge\bigwedge_{q(\boldsymbol{u})\in\mathrm{Body}_i\delta_2,q(\boldsymbol{v})\in L_1\theta}(\boldsymbol{u}\neq\boldsymbol{v})\right],$$

其中，

- $\delta_2=\delta_1\theta$；
- $p(x)\leftarrow\mathrm{Body}_1,\cdots,p(x)\leftarrow\mathrm{Body}_k$ 是正规化的程序Π中的规则；
- 对于所有的$1\leqslant i\leqslant k$，$\boldsymbol{y}_i$是规则 $p(x)\leftarrow\mathrm{Body}_i$ 中的局部变元，且通过变元重命名，我们可以假定 $\boldsymbol{y}_i$ 中的变元都不在 L_2 中出现；所以 $\mathrm{LF}(L_2,\Pi)=\forall\boldsymbol{x}\Phi(\boldsymbol{x})\theta\equiv\mathrm{LF}(L_1,\Pi)\theta$。

令Π是正规程序，Δ是Π的一阶正环集合的子集。称Δ（关于Π）是完备的当且仅当对Π的任意环 L，都有 $S\in\Delta$，使得 S 包孕 L。

例如，对例 5.3.2 的程序Π，一阶正环集$\{\{p(x)\}\}$关于Π是完备的。

定理 5.3.2 令Π是正规程序，$D=\{c_1,c_2\}\cup \mathrm{Const}(\Pi)$，其中 c_1 和 c_2 是不同的不在Π中出现的常元。则下面的命题是等价的：

（1）Π有有穷完备的一阶正环集合；

（2）存在自然数 N，使得对任何Π的环 L，$|\mathrm{var}(L)|\leqslant N$；

（3）对Π的任意环 L 和 $A_1, A_2\in L$，$\mathrm{var}(A_1)=\mathrm{var}(A_2)$；

（4）对$\Pi_{\mathrm{eq}}|D$ 上的任意环 L，不存在原子 $A,B\in L$，使得 $c_1\in \mathrm{Const}(A)\backslash\mathrm{Const}(B)$或者 $c_2\in \mathrm{Const}(B)\backslash\mathrm{Const}(A)$；

（5）对$\Pi_{\mathrm{eq}}|D$ 的任何极大（包含关系下）环 L，不存在原子 $A,B\in L$，使得 $c_1\in \mathrm{Const}(A)\backslash\mathrm{Const}(B)$或 $c_2\in \mathrm{Const}(B)\backslash\mathrm{Const}(A)$。

以上命题中的Π_{eq} 是将Π中的 $t_1=t_2$ 重命名为 $\mathrm{eq}(t_1,t_2)$而得到的程序，其中 eq 是一个新的二元谓词符号。因此Π_{eq} 中不再出现等词，从而$\Pi_{\mathrm{eq}}|D$ 保留所有因为处理等词而删掉的规则。

证明 （1）⇐（2）：令$\varDelta$是Π的所有一阶正环的集合，其中每个环包含的变元都在$\{x_1,\cdots,x_N\}$中。易知，$\varDelta$是有穷的。对于Π的任一环 L，总存在 $L'=L\theta$，其中 θ 是对属于 $\mathrm{var}(L')$而不属于$\{x_1,\cdots,x_N\}$的变元用$\{x_1,\cdots,x_N\}\backslash\mathrm{var}(L')$中的变元替换而得到的置换。因为$|\mathrm{var}(L)|\leqslant N$，易知，该置换存在且 $L'\in\varDelta$。所以，$\varDelta$是Π的有穷完备的一阶正环集合。

（2）⇐（3）：由于Π是有穷的，故Π仅出现有穷多个谓词符号。令 $N=\max\{n|$存在Π中出现的谓词 p，使得 p 是 n 元谓词$\}$。对于Π的任意环 L 和 $A_1,A_2\in L$，根据命题（3），$\mathrm{var}(A_1)=\mathrm{var}(A_2)$。因此，$|\mathrm{var}(L)|\leqslant N$。

（3）⇐（4）：假设存在Π的环 L 和 $A_1, A_2\in L$ 满足 $\mathrm{var}(A_1)\neq\mathrm{var}(A_2)$。不失一般性，令

$$x\in \mathrm{var}(A_1)\backslash\mathrm{var}(A_2)$$

$$\theta=\{x/c_1\}\cup\{x'/c_2|x'\in \mathrm{var}(L)\backslash\{x\}\}$$

显然，$L'=L\theta$是$\Pi_{\mathrm{eq}}|D$ 的一阶正环且 $c_1\in \mathrm{Const}(A_1)\backslash\mathrm{Const}(A_2)$，这与命题（4）的前提矛盾。

（4）⇐（1）：令 $\varDelta=\{L_1,\cdots,L_n\}$ 是Π的有穷完备的一阶正环集合，$N=\max\{|\mathrm{var}(L_1)|,\cdots,|\mathrm{var}(L_n)|\}$。易知，对于Π的任意一阶正环 L，存在 $L^*\in\varDelta$满足：L^*包含 L 且$|\mathrm{var}(L)|\leqslant|\mathrm{var}(L^*)|\leqslant N$。

设 $L=\{A_1,\cdots,A_m\}$是$\Pi_{\mathrm{eq}}|D$ 的一阶正环且 $c_1\in \mathrm{Const}(A_1)\backslash\mathrm{Const}(A_2)$，则 $L_1,\cdots,L_{N+1}$也是$\Pi_{\mathrm{eq}}|D$ 的一阶正环，其中 L_i（$1\leqslant i\leqslant n$）是将 L 中的 c_1 替换为一个新的变元符

号 y_i 而得到。显然 $L_1,\cdots,L_{N+1}$ 都包含 A_2。由引理 5.3.2 的证明可知，$L_1\cup\cdots\cup L_{N+1}$ 也是 $\Pi_{eq}|D$ 的一阶正环且 $|\mathrm{var}(L_1\cup\cdots\cup L_{N+1})|>N$。

重复此过程，可以构造出任意长度的一阶正环，这与 Δ 有有穷完备的一阶正环集合矛盾。

类似地，若 $c_2\in\mathrm{Const}(A_2)\backslash\mathrm{Const}(A_1)$，则同样导出与 Δ 有有穷完备的一阶正环集合矛盾的结论。因此，"（4）$\Leftarrow$（1）"成立。

（4）$\Leftrightarrow$（5）显然成立。这是因为 $\Pi_{eq}|D$ 是有穷的，故对此程序任意一阶正环，有一个极大的一阶正环包含它。

定理 5.3.2 表明，一个正规程序是否有有穷的环完备集是可判定的，即只需要检查 $\Pi_{eq}|D$（这是一个基程序）是否存在一个环（只有有穷多个），它包含两个原子，其中一个原子中包含 c_1 而另一个原子不包含 c_1，或者其中一个原子包含 c_2 而另一个原子不包含 c_2。

例 5.3.4　对于程序 $\Pi=\{p(x)\leftarrow q(x), q(y)\leftarrow p(y), p(x)\leftarrow r(x), q(y)\leftarrow \mathrm{not}\ s(y)\}$，其一阶正环公式集是形如 $\{p(\xi),q(\xi)\}$ 的原子对的集合，其中，ξ 是变元。为计算 $p(x)$ 的外部支承，首先在某个新变元（如 z）上标准化所有关于 p 的规则：

$$p(z)\leftarrow z=x,q(x)$$
$$p(z)\leftarrow z=x,r(x)$$

因为 x 在上述规则中是局部变元且它出现在环中，我们用另一变元（如 x_1）替换它：

$$p(z)\leftarrow z=x_1,q(x_1)$$
$$p(z)\leftarrow z=x_1,r(x_1)$$

于是，$p(x)$ 的外部支承公式是

$$\exists x_1(x=x_1\wedge q(x_1)\wedge x\neq x_1)\vee\exists x_1(x=x_1\wedge r(x))$$

它逻辑等价于 $r(x)$。

类似地，$q(x)$ 的外部支承公式逻辑等价于 $\neg s(x)$。一阶正环 $\{p(x),q(x)\}$ 的环公式逻辑等价于 $\forall x(p(x)\vee q(x)\rightarrow(r(x)\vee\neg s(x)))$。

容易看出，Π 中所有一阶正环的环公式逻辑等价于上述一阶语句。

第 6 章

回答集程序归纳学习和遗忘理论

第 5 章介绍了基于（嵌套回答集程序）完备与环公式思想的计算特征，也包括带变元正规回答集程序的一阶环公式思想。本章将讨论析取回答集程序基于状态变换的归纳学习方法[23]及嵌套回答集程序的知识遗忘理论[24]。

6.1 基于状态变换的逻辑程序归纳学习

归纳学习是从相关背景知识和大量实例（或观察）中推出普遍性原则，从中进行学习的过程，是知识发现的重要手段。通常情况下，观察的实例包括正例和负例，归纳学习的任务是在假设空间中找到（满足指定约束）的假设 H，使得：

- 背景知识 B 与假设 H 不矛盾，即 $B\cup H$ 协调；
- 每个正例 e^+都是 $B\cup H$ 的逻辑推论，即 $B\cup H\vdash e^+$；
- 每个负例 e^+都不是 $B\cup H$ 的逻辑推论。

本节介绍析取逻辑程序在支撑语义下的归纳学习框架，其中的背景知识是逻辑程序、观察是状态变换对(S,T)。该类学习框架已被应用在学习描述基因调控的布尔网络模型中。

注意：规则 r_1 包孕 r_2 当且仅当存在一个置换θ，使得 $r_1\theta\subseteq r_2$，即 $\mathrm{Head}(r_1\theta)=\mathrm{Head}(r_2)$且 $\mathrm{Body}(r_1\theta)\subseteq\mathrm{Body}(r_2)$，记为 $r_1\leqslant r_2$，也称 r_1 是 r_2 的一般化（r_2 是 r_1 的特殊化）。若 $r_1\leqslant r_2$，但 r_2 不是 r_1 的一般化，则称 r_1 真包孕 r_2，记为 $r_1<r_2$。

为了简便，以下仅考虑命题情形，该语言的有穷命题原子集合记为 $\boldsymbol{A}$，则上面的规则包孕无须考虑置换（或仅仅是恒等置换）；并且我们假设析取逻辑程序规则头中不含经典否定符号、规则中不含缺省否定 not，也不包含互补的文字。注意：文字 l 的补 $\overline{l}$ 定义为 $\overline{p}=\neg p,\overline{\neg p}=p$；规则头中的“;”用“$\vee$”，规则体中的“,”用“$\wedge$”。

为了方便，给定规则 r，简记 Head(r)为 Hd(r)，Body(r)为 Bd(r)，$\mathrm{Bd}^+(r)=\boldsymbol{A}\cap\mathrm{Bd}(r)$，

$\mathrm{Bd}^-(r)=\{p\in \boldsymbol{A}|\neg p\in \mathrm{Bd}(r)\}$，这些简写记号也适用于程序。

6.1.1　支承类语义

一个状态 S 是一命题解释（原子符号集合）：在 S 中的原子被赋值为真，不在 S 中的原子被赋值为假。令 P 是一逻辑程序，I 是解释，记 $\mathrm{App}(P,I)=\{r\in P|I\vDash \mathrm{Bd}(r)\}$。

定义 6.1.1　设 P 是一个析取逻辑程序。直接（极小）后继运算符 $T_P^d:2^A\to 2^{2^A}$ 定义如下：对于 $I\subseteq \mathbf{A}$，有

$T_P^d(I)=\{S\,|\,S$ 是 $\mathrm{Hd}(\mathrm{App}(P,I))$的极小命中集$\}$；

$T_P^d(I)$ 中的元素被称为 I 在 P 下的后继状态。P 的一个状态变换是二元组，$<I,J>$ 表示状态 J 是状态 I 在 P 下的后继。

特别地，在 $\mathrm{App}(P,I)$为空集时 $\mathrm{Hd}(\mathrm{App}(P,I))$也是空集，空集的唯一极小命中集是 $\varnothing$。对于任何解释 I，显然有 $T_P^d(I)\neq\varnothing$。

注意：当 P 是正规程序时，$T_P^d(I)=\{\{q\in \mathrm{Hd}(r)|\ r\in \mathrm{App}(P,I)\}\}$。在这种情形下，$T_P^d$ 算子与以下意义的正规逻辑程序的 T_P 算子一致：

$$T_P^d(I)=\{T_P(I)\}$$

因此，T_P^d 是 T_P 的推广。在不引起混淆的前提下，当 P 是正规程序时，将 T_P^d 等同于 T_P。以下命题表明，逻辑程序的支承模型可以用直接后果运算符来表征。

定理 6.1.1　设 P 是逻辑程序且 $I\subseteq A$，I 是 P 的一个支承模型，当且仅当 $I\in T_P^d(I)$。

证明　“当”　$I\in T_P^d(I)$。

⇒　I 是 $\mathrm{Hd}(\mathrm{App}(P,I))$的极小模型；

⇒　I 是 $\mathrm{Hd}(\mathrm{App}(P,I))$的极小命中集；

⇒　I 是 P 的一个支承模型。

“仅当”　I 是 P 的支承模型。

⇒　$I\vDash P$ 且对于任何 $p\in I$，$\exists r\in \mathrm{App}(P,I)$ 使得 $\mathrm{Hd}(r)\cap I=\{p\}$；

⇒　$I\vDash P$ 且 I 是 $\mathrm{Hd}(\mathrm{App}(P,I))$的极小命中集；

⇒　I 是 $\mathrm{Hd}(\mathrm{App}(P,I))$的极小模型；

⇒　$I\in T_P^d(I)$。

为析取逻辑程序，下面给出支承类语义的定义。

定义 6.1.2　非空的解释集 S 是逻辑程序 P 的一个支承类，当且仅当它是极小的（在集合包含下），使得

$$S=\{s\in T_P^d(I)|I\in S\}\tag{6-1}$$

对于任意 $s\in S$，如果 $|T_P^d(s)=1|$，则称 P 的支承类 S 是简单的。如果 $|S|=1$，则 P 的简单支承类 S 是点支承表。P 的点支承类的元素称为 P 的严格支承模型。

注意：逻辑程序支承类的任何子集都不是这个逻辑程序的支承类，正规逻辑程序的支承模型始终是严格支承模型。析取逻辑程序支承类的概念是正规逻辑程序支承类概念的一般化。

例 6.1.1 考虑逻辑程序：$P=\{p\vee q\leftarrow r,\ r\leftarrow p\wedge\neg q\}$。

容易验证，P 的两个支承模型是 $\varnothing$ 和 $\{p, r\}$。P 的唯一稳定模型是 $\varnothing$。P 的唯一支承类是 $\{\varnothing\}$，同时也是简单和点支承类。因此，$\varnothing$ 是 P 的唯一严格支承模型。

虽然稳定模型都是支承模型，但它们可能不是严格支承模型。例如，令 $P=\{p\vee q\leftarrow\neg q\}$ 且 $I=\{p\}$。P 关于 I 的 GL-规约 $P^I=\{p\vee q\}$，I 是 P^I 的最小模型。因此，I 是 P 的稳定模型。但请注意 $\mathrm{Hd}(\mathrm{App}(P,I))=\{p\vee q\}$ 和 $T_P^d(\{p\})=\{\{p\},\{q\}\}$。因此，$\{p\}$ 不是 P 的严格支承模型。

6.1.2 析取基消解和组合消解

本节将介绍两种程序变换的方法，一种称为析取基消解，另一种是组合消解，前者扩展了正规逻辑程序的基消解的概念。

定义 6.1.3（析取基消解） 令 r 和 r' 是两条规则。规则 r 关于 r' 在文字 l 上可析取消解，如果：

（1）$l\in\mathrm{Bd}(r)$ 且 $\bar{l}\in\mathrm{Bd}(r')$；

（2）$\mathrm{Bd}(r')-\{\bar{l}\}\subseteq\mathrm{Bd}(r)-\{l\}$；

（3）$\mathrm{Hd}(r')\subseteq\mathrm{Hd}(r)$。

规则 r 关于 r' 在文字 l 上的析取基消解（记为 $\mathrm{gr}(r,r')$）是规则 $\mathrm{Hd}(r)\leftarrow\mathrm{Bd}(r)-\{l\}$。特别地，如果条件（2）加强为

$$\mathrm{Bd}(r')-\{\bar{l}\}=\mathrm{Bd}(r)-\{l\}$$

则规则 r 关于 r' 在文字 l 上是析取平凡消解。

例如，对于以下两条规则：

$$r_1: p\vee q\leftarrow p\wedge q\wedge\neg s,\quad r_2: q\leftarrow q\wedge s$$

规则 r_1 关于 r_2 在文字 $\neg s$ 上是可析取基消解的且 $\mathrm{gr}(r_1,r_2)$ 是规则 $p\vee q\leftarrow p\wedge q$。

以下命题表明，析取基消解以 $T_P^d(I)=T_{P'}^d(I)$ 对每个 $I\subseteq\boldsymbol{A}$ 都成立，其中，P' 通过添加析取基消解规则至 P 中而得到的。

定理 6.1.2 令 P 是一个包含两条析取规则 r 和 r' 的基析取逻辑程序，使得 r 关于 r' 在文字 l 上是可析取基消解的并且 $Q=P\cup\{\mathrm{gr}(r,r')\}$，则对每个 $I\subseteq\boldsymbol{A}$ 等价

式 $\mathrm{Hd}(\mathrm{App}(P,I)) \equiv \mathrm{Hd}(\mathrm{App}(Q,I))$ 成立。

证明　令 $r^* = gr(r,r')$ 且 $Q=P\cup\{r^*\}$。已知 $P\subseteq Q$ 且 $\mathrm{App}(P,I)\subseteq \mathrm{App}(Q,I)$。假设 $\mathrm{App}(Q,I)=\mathrm{App}(P,I)\cup\{r^*\}$。显然，$I\vDash \mathrm{Bd}(r^*)$ 成立。下面讨论两种情况：

（1）$I\vDash l$: 有 $I\vDash \mathrm{Bd}(r^*)\cup\{l\}$

$\Rightarrow$ 由于 $\mathrm{Bd}(r^*)=\mathrm{Bd}(r)-\{l\}$，$I\vDash \mathrm{Bd}(r)$

$\Rightarrow r\in \mathrm{App}(P,I)$

$\Rightarrow \mathrm{Hd}(r)=\mathrm{Hd}(\mathrm{App}(P,I))$

$\Rightarrow$ 由 $\mathrm{Hd}(r)=\mathrm{Hd}(r^*)$，$\mathrm{Hd}(r^*)\in \mathrm{Hd}(\mathrm{App}(P,I))$

$\Rightarrow \mathrm{Hd}(\mathrm{App}(P,I))=\mathrm{Hd}(\mathrm{App}(Q,I))$

$\Rightarrow \mathrm{Hd}(\mathrm{App}(P,I))\equiv \mathrm{Hd}(\mathrm{App}(Q,I))$。

（2）$I\vDash \bar{l}$: 有 $I\vDash \mathrm{Bd}(r^*)\cup\{\bar{l}\}$

$\Rightarrow I\vDash \mathrm{Bd}(r')$，因为 $\mathrm{Bd}(r')-\{l\}\subseteq \mathrm{Bd}(r^*)$

$\Rightarrow \mathrm{Hd}(r)\in \mathrm{Hd}(\mathrm{App}(P,I)), \mathrm{Hd}(r)\in \mathrm{Hd}(\mathrm{App}(Q,I))$

$\Rightarrow \mathrm{Hd}(\mathrm{App}(P,I))\equiv \mathrm{Hd}(\mathrm{App}(Q,I))$ 因为 $\mathrm{Hd}(r')\subseteq \mathrm{Hd}(r^*)$。

引理 6.1.1　令 r, r' 为两条规则，使得 $\mathrm{Bd}^+(r)\cap \mathrm{Bd}^-(r)=\mathrm{Bd}^+(r')\cap \mathrm{Bd}^-(r')=\varnothing$ 及 l 是一个文字。如果 r 关于 r' 在 l 上是可析取基消解的，则 $(\mathrm{Bd}^+(r)\cap \mathrm{Bd}^-(r'))\cup(\mathrm{Bd}^-(r)\cap \mathrm{Bd}^+(r'))=\{l\}$。

证明　根据定义 6.1.3 的条件（1），有 $l\in \mathrm{Bd}(r)$ 且 $\bar{l}\in \mathrm{Bd}(r')$。这意味着 $\{l\}\subseteq(\mathrm{Bd}^+(r)\cap \mathrm{Bd}^-(r'))\cup(\mathrm{Bd}^-(r)\cap \mathrm{Bd}^+(r'))$。假设有另一个文字 l' 是 $(\mathrm{Bd}^+(r)\cap \mathrm{Bd}^-(r'))\cup(\mathrm{Bd}^-(r)\cap \mathrm{Bd}^+(r'))$ 的成员。如果 l' 是 $\mathrm{Bd}^+(r)\cap \mathrm{Bd}^-(r')$ 的成员，由于 $\mathrm{Bd}^+(r)\cap \mathrm{Bd}^-(r)=\varnothing$，考虑以下两种情形：

（1）$l'\notin \mathrm{Bd}^-(r)$，即 $\overline{l'}\notin \mathrm{Bd}(r)$（因为 $l'\in \mathrm{Bd}^+(r)$）；

（2）$l'\in \mathrm{Bd}^-(r)$，即 $\overline{l'}\in \mathrm{Bd}(r)$。

因为 $l\neq l'$，所以 $\mathrm{Bd}(r')=\{\bar{l}\}\subsetneq \mathrm{Bd}(r)$。这与定义 6.1.3 条件（2）矛盾。另一种情况可类似证明。

以下定理表明，删除被包孕规则对析取基消解没有影响。

定理 6.1.3　令 r,r',r'' 为析取规则，使得 $r<r'$ 且 r' 关于 r'' 在文字 l 上可析取基消解，则当 r 关于 r'' 在文字 l 上可析取基消解时有 $r\leqslant gr(r',r'')$ 或 $gr(r,r'')\leqslant gr(r',r'')$ 成立。

证明　根据 $r<r'$，有 $\mathrm{Hd}(r)\subseteq \mathrm{Hd}(r')$ 和 $\mathrm{Bd}(r)\subseteq \mathrm{Bd}(r')$，并且 $\mathrm{Hd}(r)\subset \mathrm{Hd}(r')$ 和 $\mathrm{Bd}(r)\subset \mathrm{Bd}(r')$ 中的至少一个成立。消解式 $\mathrm{gr}(r',r'')$ 是规则 $\mathrm{Hd}(r')\leftarrow \mathrm{Bd}(r')-\{l\}$。

如果 r 关于 r'' 在 l 上是可析取基消解的，则消解式 $\mathrm{gr}(r,r'')$ 是规则 $\mathrm{Hd}(r)\leftarrow$

$\mathrm{Bd}(r)-\{l\}$。显然，$\mathrm{Hd}(\mathrm{gr}(r,r''))\subseteq \mathrm{Hd}(\mathrm{gr}(r',r''))$ 且 $\mathrm{Bd}(\mathrm{gr}(r,r''))\subseteq \mathrm{Bd}(\mathrm{gr}(r',r''))$，从而 $\mathrm{gr}(r,r'')\leqslant \mathrm{gr}(r',r'')$ 成立。

r 关于 r'' 在 l 上不能析取基消解的情况下，显然 $l\notin \mathrm{Bd}(r)$ 成立。根据假设 $\mathrm{Bd}^+(r)\cap \mathrm{Bd}^-(r)=\varnothing$ 和引理 6.1.1，关于 r'' 在任何文字 l' 上不是可析取基消解。否则，有 $\overline{l'}\in \mathrm{Bd}(r'')$ 和 $l'\in \mathrm{Bd}(r)$，也就是说 $l'\in \mathrm{Bd}(r')$。故 $l'=l$。因此，由于 $l\notin \mathrm{Bd}(r)$，有 $\mathrm{Bd}(r)\subseteq \mathrm{Bd}(r')-\{l\}$。所以，$r\leqslant \mathrm{gr}(r',r'')$。

对于任何规则 r，如果 $\mathrm{Bd}^+(r)\cap \mathrm{Bd}^-(r)\neq\varnothing$，则没有满足 $\mathrm{Bd}(r)$的解释。因此，每个解释都平凡地满足规则 r。也就是说，从析取逻辑程序 P 中删除这些规则对运算符 T_P^d 没有任何影响，即对任意解释 I，等式 $T_P^d(I)=T_{P'}^d(I)$ 成立，其中 P'是通过从 P 中删除 $\mathrm{Bd}^+(r)\cap \mathrm{Bd}^-(r)\neq\varnothing$ 的那些规则 r 而得。在以下章节中，如无特殊说明，将假设对任何规则 r，$\mathrm{Bd}^+(r)\cap \mathrm{Bd}^-(r)=\varnothing$ 成立。

定义 6.1.4（组合消解） 令 $r_1,\cdots,r_k$ 和 r 是以下规则

$$r_1:\mathrm{Hd}(r_1)\leftarrow \mathrm{Bd}^+\cup\neg(\mathrm{Bd}^-\cup\{b_1\})$$

$$\cdots\cdots$$

$$r_k:\mathrm{Hd}(r_k)\leftarrow \mathrm{Bd}^+\cup\neg(\mathrm{Bd}^-\cup\{b_k\})$$

$$r:\mathrm{Hd}(r)\leftarrow \mathrm{Bd}^+\cup\{b_i\mid 1\leqslant i\leqslant k\}\cup\neg\mathrm{Bd}^{-\prime}$$

使得

$$\mathrm{Bd}^-\cap\{b_i\mid 1\leqslant i\leqslant k\}=\varnothing\text{，且对所有 } i(1\leqslant i\leqslant k)\text{，}\mathrm{Hd}(r_i)\subseteq \mathrm{Hd}(r)$$

规则 $r,r_1,\cdots,r_k$ 的组合消解 $\mathrm{cr}(r,r_1,\cdots,r_k)$ 是规则

$$r^*:\mathrm{Hd}(r)\leftarrow \mathrm{Bd}^+\cup\neg(\mathrm{Bd}^-\cup \mathrm{Bd}^{-\prime})$$

在这种情况下，称规则 $r,r_1,\cdots,r_k$ 可组合消解。

例 6.1.2 对于以下三条规则：

$$r_1:p\leftarrow\neg a_1\wedge\neg b_1\wedge\neg b_2$$

$$r_2:q\leftarrow\neg a_2\wedge\neg b_1\wedge\neg b_2$$

$$r:p\vee q\leftarrow a_1\wedge a_2\wedge\neg b_3$$

不难验证，$\mathrm{cr}(r,r_1,r_2)$ 是规则 $p\vee q\leftarrow\neg b_1\wedge\neg b_2\wedge\neg b_3$。因为以上三条规则中的任意两条规则不满足析取基消解的条件，所以 $\mathrm{cr}(r,r_1,r_2)$ 无法用三条规则做析取基消解而得。此外，这三条规则都没有包孕 $\mathrm{cr}(r,r_1,r_2)$。对于规则 $r_1':p\leftarrow\neg a_1$，显然 $r_1'<r_1$。由于 r_1' 包孕 r_1，因此可删除 r_1。由于 r,r_1',r_2 不满足组合消解的条件，$\mathrm{cr}(r,r_1',r_2)$ 是没有定义的。此外，r,r_1' 或 r_2 都不包孕 $\mathrm{cr}(r,r_1,r_2)$。考虑规则 $r':p\leftarrow a_1\wedge a_2\wedge\neg b_3$。显然，$r'<r$ 且 $\mathrm{Bd}(r')=\mathrm{Bd}(r)$。然而，$r',r_1,r_2$ 不满足组合消解的条件。

例 6.1.2 表明从逻辑程序中删除被包孕的规则可能会影响组合消解，即使它被具有相同规则体的规则包孕。

以下定理表明，与析取基消解类似，组合消解同样不影响 T_P^d 算子。

定理 6.1.4　令 P 是一个包含规则，形如定义 6.1.4 中 $r, r_1, \cdots, r_k$ 规则的逻辑程序，使得 $r, r_1, \cdots, r_k$ 可组合消解，并且 $Q = P \cup \{\mathrm{cr}(r, r_1, \cdots, r_k)\}$。对任意的 $I \subseteq \boldsymbol{A}$，$\mathrm{Hd}(\mathrm{App}(P, I)) \equiv \mathrm{Hd}(\mathrm{App}(Q, I))$ 成立。

证明　一方面，对任何 $I \subseteq \boldsymbol{A}$ 有 $\mathrm{Hd}(\mathrm{App}(P, I)) \subseteq \mathrm{Hd}(\mathrm{App}(Q, I))$。因此 $\mathrm{Hd}(\mathrm{App}(P, I)) \vDash \mathrm{Hd}(\mathrm{App}(Q, I))$ 成立。

另一方面，令 $r' = \mathrm{cr}(r, r_1, \cdots, r_k)$。假设 M 是 $\mathrm{Hd}(\mathrm{App}(P,I))$的模型，但不是 $\mathrm{Hd}(\mathrm{App}(Q,I))$的模型。于是存在 $\mathrm{Hd}(r') \in \mathrm{Hd}(\mathrm{App}(Q, I))$，使得 M 不满足 $\mathrm{Hd}(r')$且 M 满足 $\mathrm{Bd}(r')$，即 $M \vDash \mathrm{Bd}^+ \cup \neg(\mathrm{Bd}^- \cup \mathrm{Bd}^{-\prime})$。注意，$\mathrm{Hd}(r')=\mathrm{Hd}(r)$。

考虑以下两种情况：

（1）$\{b_1, \cdots, b_k\} - M = \varnothing$，则 $\{b_1, \cdots, b_k\} \subseteq M$，于是 M 满足 $\mathrm{Bd}(r)$。显然 $\mathrm{Hd}(r) \in \mathrm{Hd}(\mathrm{App}(P, I))$。因此，$M$ 满足 $\mathrm{Hd}(r)$，矛盾。

（2）$\{b_1, \cdots, b_k\} - M \neq \varnothing$，则存在 $i(1 \leqslant i \leqslant k)$，$b_i \notin M$。于是 $M \vDash \neg b_i$。则 $M \vDash \mathrm{Bd}(r_i)$。因此，$\mathrm{Hd}(r_i) \in \mathrm{Hd}(\mathrm{App}(P, I))$ 且 $M \vDash \mathrm{Hd}(r_i)$。因为 $\mathrm{Hd}(r_i) \subseteq \mathrm{Hd}(r)$，所以 M 满足 $\mathrm{Hd}(r)$，矛盾。

因此，对任何 $I \subseteq \boldsymbol{A}$，$\mathrm{Hd}(\mathrm{App}(P, I)) \equiv \mathrm{Hd}(\mathrm{App}(Q, I))$。

6.1.3　归纳的学习任务与算法

本节的背景理论是一个逻辑程序，一个例子（或观察）是一个状态转换，即一个元组$<I, J>$且 I, $J \subseteq \boldsymbol{A}$。令 E 是观察实例集，记 $E^i=\{I|<I, J>\in E\}$，$E^o=\{J|<I, J>\in E\}$及 $E(I)=\{J|<I, J>\in E\}$。当 $E^i=2^{\boldsymbol{A}}$时称观察 E 是完全的。

定义 6.1.5　基于状态转换的归纳学习任务是给定背景理论 B 和实例集 E，找出一个假设（逻辑程序）H，使得对于每个实例$<I, J>\in E$，$J \in T^d_{B\cup H}(I)$。

上述归纳学习任务记为 ILT(B,E)。归纳学习任务中的假设$<I, J>\in E$ 被称为 ILT(B,E)的一个解。为了达到学习 H 的目的，给出的实例需要被限制。例如，令 $E=\{<\varnothing, \varnothing>, <\varnothing, \{p\}>\}$且$B=\varnothing$。没有逻辑程序$<I, J>\in E$满足 $\{\varnothing, \{p\}\} \subseteq T_P^d(\varnothing)$。因为$\varnothing$和$\{p\}$在集合包含下可比较，所以不能同时成为极小集。

另外，E 中的实例必须遵循背景理论 B，即对于每条规则 $r\in B$，如果 $I \vDash \mathrm{Bd}(r)$，则 $\mathrm{Hd}(r) \cap J \neq \varnothing$。例如，令 $B = \{p \vee q \leftarrow \neg r\}$ 且 $E=\{<\varnothing, \varnothing>\}$。可以验证 ILT($B,E$)没有解。因为 $p \vee q \in \mathrm{Hd}(\mathrm{App}(B \cup H, \varnothing))$，这说明对每个$<I, J>\in E$，存在 $\mathrm{Hd}(r) \cap J=\varnothing$。为此，下面给出连贯性和一致性的概念。

如果一个状态转换集合 E 中每个$<I, J>$和$<I, J'>$，J 和 J' 在集合包含下是无法比较的，即 J 和 J' 在集合包含下都是极小的，则称 E 是连贯的。如果对于每个$<I, J>\in E$，对于 P 中的每个规则 r，当 $I\vDash \mathrm{Bd}(r)$ 时，表明 $J\vDash \mathrm{Hd}(r)$ 成立，则称 E 关于逻辑程序 P 是一致的。

例 6.1.3 令 $B_1=\varnothing, E_1=\{<\varnothing,\{p\}>,<\varnothing,\{q\}>\}$ 且 $\boldsymbol{A}=\{p, q\}$。显然，E_1 是连贯的并且它关于 B_1 是协调的。易知，$H_1=\{p\vee q\leftarrow\}$ 是 ILT(B_1,E_1)的解。另一个解是 $H_1'=\{p\vee q\leftarrow\neg p\wedge\neg q\}$，其规则不如 H_1 中的规则更具有一般性。

令 $B_2=\{p\leftarrow\neg q\}, E_2=\{<\{p\},\{p\}>,<\{q\},\{q\}>\}$，且 $\boldsymbol{A}=\{p, q\}$。易验证 $H_2=\{p\leftarrow p\wedge\neg q, q\leftarrow q\wedge\neg p\}$ 和 $H_2'=\{q\leftarrow q\wedge\neg p\}$ 是 ILT(B_2,E_2)的两个解。

算法 LFDT (E, B)用于计算归纳学习任务的解。首先，令 $q\in\boldsymbol{A}$ 且 $I\subseteq\boldsymbol{A}$，用 r_q^I 表示规则 $q\leftarrow I\cup\neg\bar{I}$，表示 q 属于 I 的某一后继状态。LFDT (E, B)首先对 E 中的实例$<I, J_1>,\cdots,<I, J_m>$，构建以下规则：

$$H_i\leftarrow I\cup\neg\bar{I}\qquad(i\geqslant 1)\tag{6-2}$$

使得 H_i 是 $J_1,\cdots,J_m$ 的极小命中集；然后调用 AddRule 函数通过删除被包孕的规则、进行析取基消解及组合消解来简化学习到的逻辑程序。LFDT (E, B)算法如图 6-1 所示。

```
输入：状态变换集 E，背景理论 B，且 E 关于 B 连贯
输出：逻辑程序 P
P←∅; P_old←∅;
foreach 〈I, J〉 ∈E do
    Q←{ r_q^I | q∈J};
    E←E\{ 〈I, J〉 };
    foreach 〈I′,J′〉 ∈E   with I′=I do
        E←E\{ 〈I′,J′〉 };
        foreach   p∈J′ and   r∈Q do
            Q←Q ∪ {Hd(r) ∪ {p}←Bd(r)}
        end
        foreach    r∈Q   do
            if ∃r′∈Q s.t. r′≠r and Hd(r′)⊆Hd(r) then Q←Q\{r};
        end
    end
    foreach r∈Q do AddRule(r, B, P, P_old);
end
```

图 6-1 LFDT (E, B)算法

以下实例说明了算法 LFDT 和 AddRule 的工作过程。

例 6.1.4 令 $B=\varnothing$ 和 E 是以下一组状态转换：

$$\begin{cases} <\varnothing,\{r\}>,<\varnothing,\{q\}>,<\{q\},\varnothing>,<\{q\},\{p,r\}>,<\{q\},\{p,q\}> \\ <\{r\},\{r\}>,<\{r\},\{q\}>,<\{p,q\},\{p\}>,<\{q,r\},\{p,r\}> \\ <\{q,r\},\{p,q\}>,<\{p,r\},\{p\}>,<\{p,r\},\{q\}>,<\{p,q,r\},\{p\}> \end{cases}$$

不难验证，ILT(B,E)产生如下逻辑程序：

$$P=\{q\vee r\leftarrow\neg p,\ p\vee q\leftarrow p\wedge r,\ p\leftarrow q\}$$

且对每个 $<I,J>\in E$，$T_P^d(I)=\{J\mid<I,J>\in E\}$ 成立。

AddRule 算法可能会为相同规则的不同执行序列生成不同的结果。AddRule (r, P, B, P_{old})算法如图 6-2 所示。

```
输入：规则 r，三个逻辑程序 P,B 及 P_old
1    P_old←P_old∪{r};
2    if ∃r′∈P∪B s.t. r′≼r then return;
3    foreach r′∈P do
4        if r < r′then P←P\{r′};
5    end
6    P←P∪{r};
7    foreach r′∈P_old do
8        if ∃r_1,···,r_k∈P_old，使得 r_i≠r′(1≤i≤k) and r,r′,r_1,···,r_k 可组合消解 then
9            AddRule(cr(r, r_1,···,r_k), P, B, P_old);
10       end
11   end
12   foreach  r′∈P do
13       if r 关于 r′可析取消解 then
14           AddRule(gr(r, r′), P, B ,P_old);
15       else if r′ 关于 r 可析取消解 then
16           AddRule(gr(r′,r), P, B, P_old);
17       end
18   end
19   return;
```

图 6-2　AddRule (r, P, B, P_{old})算法

现在考虑算法 LFDT 的完备性和可靠性。形式地，令 P 是逻辑程序，E 是关于背景理论 B 一致的状态转换集。如果对于任何 $I\in E^i$，存在 $\{J\mid<I,J>\in E\}\subseteq T_{B\cup P}^d(I)$，则称程序 P 对于 E 关于 B 完备；如果对任何 $I\in E^i$，存在 $T_{B\cup P}^d(I)\subseteq\{J\mid<I,J>\in E\}$，则称 P 对于 E 是可靠的。

直观地说，完备性表明 E 中的所有观察（状态转换）都被逻辑程序 P 和 B（在直接后继运算符下）“覆盖”，而可靠性保证了关于 P 和 B 的所有状态转换（在直接后果运算符）与 E 中的观察结果无差别。一个学习算法对 E 关于 B 是完备的（可靠），如果它的输出程序对 E 关于 B 是完备的（可靠）。下面根据完备性和可靠性说明 LFDT 算法的正确性。

定理 6.1.5 算法 LFDT 是完备和可靠的，即如果 E 是连贯的并且 E 关于 B 是一致的，LFDT 算法输出的程序 P 对于 E，关于 B 是完备和可靠的。

证明 首先，证明算法 LFDT 的第 11 行使得 $T_Q^d(I)=\{J \mid <I,J>\in E\}$。注意到执行完 foreach 循环（第 6～12 行）后，Q 中的每条规则形如

$$b_1 \vee \cdots \vee b_k \leftarrow \wedge(I \cup \neg \bar{I}) \tag{6-3}$$

其中，$b_i \in J_i$ $(1 \leqslant i \leqslant k)$，即对每个 i，$|\mathrm{Hd}(r) \cap J_i| \geqslant 1$。因此 J_i 是 Hd(App(Q,I))的一个模型。

下面对 k 归纳证明如下等式成立：

$$\bigvee_{1 \leqslant i \leqslant k} \left(\wedge J_i\right) \equiv \bigwedge_{r \in Q_k} \mathrm{Hd}(r)$$

其中，Q_k 是逻辑程序 Q 每执行完 foreach 循环（第 6～12 行）时的程序。

基始　当 k=1 时，等式显然成立的。

归纳　假设当 k=s(s≥1)时成立。

$$\begin{aligned}
&\bigvee_{1 \leqslant i \leqslant s+1} \left(\wedge J_i\right) \\
&\equiv \left(\bigvee_{1 \leqslant i \leqslant s} \left(\wedge J_i\right)\right) \vee \left(\wedge J_{s+1}\right) \\
&\equiv \left(\bigwedge_{r \in Q_s} \mathrm{Hd}(r)\right) \vee \left(\wedge J_{s+1}\right) \\
&\equiv \bigwedge_{r \in Q_s} \left(\bigwedge_{p \in J_{s+1}} \mathrm{Hd}(r) \vee p\right) \\
&\equiv \bigwedge_{r \in Q_{s+1}} \left(\mathrm{Hd}(r)\right)
\end{aligned}$$

这表明 Hd(App(Q,I))和 $\vee_{J \in E(I)} J$ 的模型与极小模型相同，且每个极小模型必定是 $E(I)$中的一个。

因此 $T_Q^d(I)=E(I)$ 成立。由于 B 关于 E 是一致的，$T_{B \cup Q}^d(I)=T_Q^d(I)$，则 Hd(App($Q$,$I$))的模型是 Hd(App($B$,$I$))的模型，也是 Hd(App($B \cup Q$,$I$))的模型。

其次，析取基消解、包孕规约和组合消解都保留了模型和极小模型的等价性（定理 6.1.2 及定理 6.1.4）。因此执行完 foreach 循环（第 13 行），Hd(App(P,I))的极小模型也是 Hd(App(Q,I))的极小模型。

因此，对每个 $I \in E^i, T_P^d(I) = E(I)$，该算法是完备和可靠的。

定理 6.1.6　给定归纳学习任务 ILT(B,E)，其中 B 是背景理论，E 是一组观察。任务 ILT(B,E)存在解，当且仅当 E 是连贯并且 E 关于 B 是一致的。

定理 6.1.6 表明，归纳学习任务 ILT(B,E)存在解的充要条件。

证明　“当”　根据定理 6.1.5，当 E 是连贯且关于 B 是一致的，算法 LFDT(B,E)的输出是 ILT(B,E)的一个解。

“仅当”　假设归纳学习任务 ILT(B,E)有一个解 H，且 E 是不连贯或关于 B 不一致的。在 E 不连贯的情形下，E 中存在两个状态转换 $<I,J>$ 和 $<I, J'>$，使得 $J \subset J'$。说明 $\{J,J'\} \subseteq T_{B \cup H}^d(I)$，因为 H 是 ILT(B,E)的一个解。这是不可能的，因为 $T_{B \cup H}^d(I)$ 由 Hd(App($B \cup H$,I))的极小模型构成。另一种情形下，E 关于 B 不一致但 E 是连贯的，则 E 中存在状态转换 $<I,J>$，使得对 B 中的某条规则 r，J 不满足 Hd(r)且 I 满足 Bd(r)。显然这条规则 r 是 App(B,I)的成员。注意，因为 H 是 ILT(B,E)的一个解，$J \in T_{B \cup H}^d(I)$，即 J 是 Hd(App($B \cup H$,I))的一个极小模型，所以 J 满足 Hd(r)，矛盾。

6.2　回答集程序知识遗忘

人类知识是在不断演进的，从知识演化的角度看，在演化的知识库中抛弃/隐藏无关或过失的信息（或从知识库中抽取有用的相关信息）是知识库管理能力的重要特征。自从林方真和 Reiter 于 1994 年提出一阶逻辑遗忘概念以来①，知识遗忘概念在经典逻辑和非经典逻辑、（多智能体）模态逻辑、非单调逻辑等系统中都有深入研究。本节主要介绍回答集程序（基于稳定模型的命题逻辑）知识遗忘基本思想和主要结果。

如 6.1 节所述，假设命题逻辑语言的有穷命题符号集为 $\boldsymbol{A}$，并用 SM(ϕ)表示公式 ϕ 的所有稳定模型的集合。

6.2.1　命题逻辑的 HT 语义

基于回答集语义的命题语言的强等价可以使用如下的 ht-解释来描述。一个 ht-解释是一元组 $<H,T>$，其中 $H \subseteq T \subseteq \boldsymbol{A}$。说明：大合取（⋀）、小合取（∧）[大

① 在命题逻辑情形的遗忘等价于乔治・布尔的布尔代数中的命题变量删除。

析取（$\bigvee$）、小析取（$\vee$）] 符号作用在公式上表示逻辑联结词合取（或析取），作用在公式集合上表示集合中元素的合取（或析取）。

定义 6.2.1 ht-解释与公式的可满足性关系（ht-模型）归纳定义如下：

- $<H,T>\nvDash\bot$；
- 若 $p\in H$，则 $<H,T>\vDash p$；
- 若 $<H,T>\vDash\varphi_1$ 且 $<H,T>\vDash\varphi_2$，则 $<H,T>\vDash\varphi_1\wedge\varphi_2$；
- 若 $<H,T>\vDash\varphi_1$ 或 $<H,T>\vDash\varphi_2$，则 $<H,T>\vDash\varphi_1\vee\varphi_2$；
- 若 $T\vDash\varphi_1\rightarrow\varphi_2$，且 $<H,T>\vDash\varphi_1$ 蕴含 $<H,T>\vDash\varphi_2$，则 $<H,T>\vDash\varphi_1\rightarrow\varphi_2$。

用 $\mathrm{Mod_{ht}}(\phi)$ 表示 ϕ 的所有 ht-模型的集合。公式 ψ 是公式 ϕ 的 ht-逻辑推论，记为 $\phi\vDash_{\mathrm{ht}}\psi$，当且仅当对任何 ht-解释 $<H,T>$ 都有 $<H,T>\vDash_{\mathrm{ht}}\phi$ 蕴含 $<H,T>\vDash_{\mathrm{ht}}\psi$；公式 ϕ 与 ψ 是 ht-等价，记为 $\phi\equiv_{\mathrm{ht}}\psi$。当且仅当 $\phi\vDash_{\mathrm{ht}}\psi$ 且 $\psi\vDash_{\mathrm{ht}}\phi$。易知，$\langle\{p\},\{p\}\rangle$ 并不是 $p\rightarrow q$ 的 ht-模型，但它是 $p\rightarrow p$ 的 ht-模型。ht-解释 $<T,T>$ 是公式 ϕ 的均衡，当且仅当 $<T,T>\vDash_{\mathrm{ht}}\phi$，若进一步对任何 $H\subset$T, $<H,T>$ 不满足 ϕ，此时称 T 是公式 ϕ 的回答集（或稳定模型）。

类似命题逻辑中模型与公式的一一对应关系，即解释 I 对应公式：

$$\lambda_I=\wedge(I\cup\neg\bar{I})\tag{6-4}$$

其中 $\neg\bar{I}=\{\neg p|p\in\bar{I}\}$。显然在此语言（具有固定的命题符号集）中，$\lambda_I$ 的唯一模型是 I，对任意解释 M，M 满足 $\neg\lambda_I$，当且仅当 $M=I$。

每个 ht-解释 $<H,T>$ 也与如下公式对应：

$$\lambda_{H,T}=\wedge(H\cup\neg\overline{T})\rightarrow\vee((T-H)\cup\neg(T-H))\tag{6-5}$$

即 $\lambda_{H,T}$ 的唯一反 ht-模型是 $<H,T>$，即 ht-解释 $<X,Y>$ 不满足 $\lambda_{H,T}$，且 Y 满足 $\lambda_{H,T}$，当且仅当 X=H 且 Y=T。

引理 6.2.1 令 $<X,Y>$ 和 $<H,T>$ 是 ht-解释，则 $<X,Y>$ 不满足 $\lambda_{H,T}$，且 Y 满足 $\lambda_{H,T}$，当且仅当 X=H 且 Y=T。

证明 $<X,Y>$ 不满足 $\lambda_{H,T}$ 且 Y 满足 $\lambda_{H,T}$

当且仅当 $<X,Y>\nvDash_{\mathrm{ht}}\lambda_{H,T}$；

当且仅当 $Y\vDash\wedge(H\cup\neg(A-T))\rightarrow\vee((T-H)\cup\neg(T-H))$，且

$<X,Y>\vDash_{\mathrm{ht}}\wedge(H\cup\neg(A-T))$ 及 $<X,Y>\nvDash_{\mathrm{ht}}\vee((T-H)\cup\neg(T-H))$

当且仅当（$H\subseteq Y$ 且 $(A-T)\cap Y\neq\varnothing$）蕴含（$Y\cap(T-H)\neq\varnothing$ 或 $(T-H)-Y\neq\varnothing$），且 $H\subseteq X$，$(A-T)\cap Y=\varnothing$，$X\cap(T-H)=\varnothing$，$(T-H)\subseteq Y$；

当且仅当 $H\subseteq X$，$Y\subseteq T$，$X\cap(T-H)=\varnothing$，$(T-H)\subseteq Y$；

当且仅当 H=X 且 Y=T（因为 $H\subseteq T$，$X\subseteq Y$）。

引理 6.2.2 令 $<X,Y>$ 是 ht-解释且 ϕ 是公式，则 $<X,Y>\vDash_{\mathrm{ht}}\phi$，当且仅当 $X\vDash\phi^Y$。

引理 6.2.2 表明，ht-等价与前面强等价是一致的。

证明 对公式 ϕ 的结构施归纳。

基始 当 $\phi=\perp$时显然成立；当 $\phi=p$（原子公式）时，有

$$<X,Y>\vDash_{\rm ht}p$$

当且仅当 $X\vDash p$；

当且仅当 $X\vDash p^Y$(因为 $X\subseteq Y$)。

归纳 $\phi=\psi_1\wedge\psi_2$时，有

$$<X,Y>\vDash_{\rm ht}\psi_1\wedge\psi_2$$

当且仅当 $\langle X,Y\rangle\vDash_{\rm ht}\psi_1$ 且 $\langle X,Y\rangle\vDash_{\rm ht}\psi_2$；

当且仅当 $X\vDash\psi_1{}^Y$ 且 $X\vDash\psi_2{}^Y$（归纳假设）；

当且仅当 $X\vDash(\psi_1\wedge\psi_2)^Y$（因为$(\psi_1\wedge\psi_2)^Y=\psi_1{}^Y\wedge\psi_2{}^Y$）。

其他情形类似可证。

定理 6.2.1 公式 ϕ 与 ψ 强等价，当且仅当它们有相同的 ht-模型。

证明 ϕ 与 ψ 强等价

当且仅当，对任何原子集 T，$\phi^T\equiv\psi^T$（定理 2.2.3）；

当且仅当，对任何原子集 T，对任意原子集 $H\subseteq T$，$H\vDash\phi^T$，当且仅当 $H\vDash\psi^T$（ϕ^T 和 ψ^T 中都仅出现 T 中的原子）；

当且仅当，对任何原 ht-解释 $\langle H,T\rangle$，$\langle H,T\rangle\vDash_{\rm ht}\phi$，当且仅当 $\langle H,T\rangle\vDash_{\rm ht}\psi^T$（引理 6.2.2）

当且仅当，ϕ 与 ψ 有相同的 ht-模型。

定理 6.2.2 任何公式均 ht-等价如下形式（一般规则）的合取：

$$\wedge\left(B\cup\neg C\right)\to\vee\left(E\cup\neg D\right)\tag{6-6}$$

其中，B,C,D,E 是 $\boldsymbol{A}$ 的子集。

证明 令 ϕ 是公式，$S=\{<H,T>|\ <H,T>\nvDash_{\rm ht}\phi\}$。显然 S 是唯一的（注意这里 $H,T\subseteq\boldsymbol{A}$，$\boldsymbol{A}$ 是有穷的），令 $\lambda_S=\{\lambda_{H,T}|<H,T>\in S\}$，则

对任何 ht-解释$<X,Y>$,$<X,Y>\nvDash_{\rm ht}\phi$

当且仅当$<X,Y>\in S$；

当且仅当存在$<H,T>\in S$，使得$<X,Y>\nvDash_{\rm ht}\lambda_{H,T}$；

当且仅当$<X,Y>\nvDash_{\rm ht}\lambda_S$。

所以$<X,Y>\vDash_{\rm ht}\phi$，当且仅当$<X,Y>\vDash_{\rm ht}\lambda_S$，即 ϕ 与 λ_S 强等价。

在经典的逻辑程序设计中，$\wedge(B\cup\neg C)\to\vee(E\cup\neg D)$通常被写成规则形式：

$$e_1\vee\cdots\vee e_s\vee\text{not }d_1\vee\cdots\vee\text{not }d_t\ \leftarrow\ b_1,\cdots,b_m,\text{not }c_1,\cdots,\text{not }c_n$$

其中，$E=\{e_1,\cdots,e_s\}$，$D=\{d_1\vee\cdots\vee d_t\}$，$B=\{b_1,\cdots,b_m\}$,$C=\{c_1,\cdots,c_n\}$。由如上形式规

则组成的逻辑程序称为一般逻辑程序。若 $D=\varnothing$，则是析取规则；若 $C=D=\varnothing$，则是正规则；若 $D=\varnothing$且$|E|\leqslant 1$，则是正规规则；若 $C=D=\varnothing$且$|E|\leqslant 1$，则是 Horn 规则。析取（正规、正、Horn）逻辑程序是仅由析取（正规、正、Horn）规则组成的逻辑程序[①]。

定理 6.2.3 若 ϕ 是正逻辑程序的，则$<X,Y>\vDash_{ht}\phi$，当且仅当 $X\vDash\phi$ 且 $Y\vDash\phi$。

证明 不失一般性，令 $\phi=\wedge B\to\vee C$。

$$X\vDash\wedge B\to\vee C \text{ 且 } Y\vDash\wedge B\to\vee C$$

当且仅当 $X\vDash\wedge B$ 蕴含 $X\vDash\vee C$，且 $Y\vDash\wedge B\to\vee C$；

当且仅当$<X,Y>\vDash_{ht}\wedge B$ 蕴含$<X,Y>\vDash_{ht}\vee C$，且 $Y\vDash\wedge B\to\vee C$；

当且仅当$<X,Y>\vDash_{ht}\wedge B\to\vee C$。

该定理表明，正逻辑程序之间的强等价与命题公式（在经典命题逻辑下）的等价一致，即

推论 6.2.1 正逻辑程序Π_1与Π_2强等价，当且仅当它们在命题逻辑中等价，即$\Pi_1\equiv_{ht}\Pi_2$当且仅当$\Pi_1\equiv\Pi_2$。

证明 “当” 由$\Pi_1\equiv\Pi_2$

$\Rightarrow$对任何解释 I，$I\vDash\Pi_1$，当且仅当 $I\vDash\Pi_2$；

$\Rightarrow$对任何解释 X，$Y(X\subseteq Y)$，$X\vDash\Pi_1$ 且 $Y\vDash\Pi_1$，当且仅当($X\vDash\Pi_2$ 且 $Y\vDash\Pi_2$)；

$\Rightarrow$对任何解释 X，$Y(X\subseteq Y)$, $<X,Y>\vDash_{ht}\Pi_1$，当且仅当$<X,Y>\vDash_{ht}\Pi_2$ 蕴含$\Pi_1\equiv_{ht}\Pi_2$。

“仅当” 由$\Pi_1\equiv_{ht}\Pi_2$

$\Rightarrow$对任何 ht-解释$<X,X>$，$<X,X>\vDash_{ht}\Pi_1$，当且仅当$<X,X>\vDash_{ht}\Pi_2$；

$\Rightarrow$对任何 ht-解释$<X,X>$，$X\vDash\Pi_1$，当且仅当 $X\vDash\Pi_2$（定理 6.2.3）；

$\Rightarrow\Pi_1\equiv\Pi_2$。

定理 6.2.4 令 Γ 是 ht-解释的集，则存在逻辑程序 ϕ，使得

（1）$\mathrm{Mod}_{ht}(\phi)=\Gamma$，当且仅当$<X,Y>\in\Gamma$ 蕴含$<Y,Y>\in\Gamma$；

（2）$\mathrm{Mod}_{ht}(\phi)=\Gamma$ 且 ϕ 是析取逻辑程序，当且仅当$<X,Y>\in\Gamma$, $Y\subseteq Z$，且$<Z,Z>\in\Gamma$ 蕴含$<X,Z>\in\Gamma$；

（3）$\mathrm{Mod}_{ht}(\phi)=\Gamma$ 且 ϕ 是正逻辑程序，当且仅当$<X,Y>\in\Gamma$，当且仅当$<X,X>\in\Gamma$ 且$<Y,Y>\in\Gamma$；

（4）$\mathrm{Mod}_{ht}(\phi)=\Gamma$ 且 ϕ 是正规逻辑程序，当且仅当 ϕ 是析取逻辑程序，而且$<X,Y>$, $<Z,Y>\in\Gamma$ 蕴含$<X\cap Z,Y>\in\Gamma$。

---

① 析取逻辑程序可以通过展开（unfolding）和转移（shifting）的方法翻译成等价的正规逻辑程序（有相同的回答集），但是展开通常导致指数空间增长。

（5）$\mathrm{Mod}_{\mathrm{ht}}(\phi)=\Gamma$，且 ϕ 是 Horn 逻辑程序，当且仅当 ϕ 是正逻辑程序，而且 $<X,Y>$，$<H,T>\in\Gamma$ 蕴含 $<X\cap H,Y\cap T>\in\Gamma$。

证明　（1）“仅当”　$<X,Y>\vDash_{\mathrm{ht}}\phi$ 蕴含 $<Y,Y>\vDash_{\mathrm{ht}}\phi$，显然 $<Y,Y>\in\Gamma$。

“当”　令 $\phi=\wedge\{\lambda_{\mathrm{H,T}}|<H,T>$ 是 ht-解释且 $<H,T>\notin\Gamma\}$。

显然，ht-解释 $<X,Y>\nvDash\phi$

当且仅当存在 ht-解释 $<H,T>\notin\Gamma$ 且 $<X,Y>\nvDash_{\mathrm{ht}}\lambda_{\mathrm{H,T}}$；

当且仅当存在 ht-解释 $<H,T>\notin\Gamma$ 且 $H=X$，$T=Y$（引理 6.2.1）；

当且仅当 $<X,Y>\notin\Gamma$。

（2）“仅当”　ϕ 是析取逻辑程序，则对任何 ht-解释 $<X,Y>$，有

$$<X,Y>\vDash_{\mathrm{ht}}\phi,\ Y\subseteq Z,\ \langle Z,Z\rangle\vDash_{\mathrm{ht}}\phi$$

$\Rightarrow X\vDash\phi^Y, Z\vDash\phi^Z$ 且 $Y\vDash\phi^Y$（由（1））

$\Rightarrow X\vDash\phi^Z$（$\phi$ 中的公式形如 $\wedge(B\cup\neg C)\to\vee E$，可验证

$$X\vDash[\wedge(B\cup\neg C)\to\vee E]^Y \text{ 蕴含 } X\vDash[\wedge(B\cup\neg C)\to\vee E]^Z\text{）}$$

$\Rightarrow <X,Z>\vDash_{\mathrm{ht}}\phi$。

“当”　构造逻辑程序 ψ 如下。

对任何 $<X,Y>\notin\Gamma$ 且 $<Y,Y>\in\Gamma$，$\xi_{\mathrm{X,Y}}=\wedge(X\cup\neg(\boldsymbol{A}-Y))\to\vee(Y-X)\in\psi$；

对任何 $<Y,Y>\notin\Gamma$，$\lambda_{Y,Y}=\wedge(Y\cup\neg(\boldsymbol{A}-Y))\to\bot\in\psi$。

现证明：

$$<X,Y>\vDash_{\mathrm{ht}}\psi \text{ 则 } <X,Y>\in\Gamma$$

假设 $<X,Y>\notin\Gamma$。若 $<Y,Y>\in\Gamma$，则 $\xi_{\mathrm{X,Y}}\in\psi$，易见 $<X,Y>\nvDash_{\mathrm{ht}}\xi_{X,Y}$。所以 $<X,Y>\nvDash_{\mathrm{ht}}\psi$，矛盾。若 $<Y,Y>\notin\Gamma$，则 $\lambda_{Y,Y}\in\psi$，易见 $<X,Y>\nvDash_{\mathrm{ht}}\lambda_{Y,Y}$。所以 $<X,Y>\nvDash_{\mathrm{ht}}\psi$，矛盾。

所以 $<X,Y>\in\Gamma$。

$<X,Y>\in\Gamma$，则 $<X,Y>\vDash_{\mathrm{ht}}\psi$。

注意：$<X,Y>\in\Gamma$ 蕴含 $<Y,Y>\in\Gamma$，假设 $<X,Y>\nvDash_{\mathrm{ht}}\psi$。假设存在 $\lambda_{\mathrm{T,T}}\in\psi$，使得 $<X,Y>\nvDash_{\mathrm{ht}}\lambda_{Y,Y}$ 则 $Y\nvDash\wedge(T\cup\neg(\boldsymbol{A}-T))\to\bot$，必然有 $Y=T$，由 ψ 的构造有 $<Y,Y>\notin\Gamma$，矛盾。

假设存在 $\xi_{H,T}\in\psi$，使得 $<X,Y>\nvDash_{\mathrm{ht}}\xi_{H,T}$。若 $Y\nvDash\xi_{H,T}$，则有 $Y\vDash\wedge(H\cup\neg(\boldsymbol{A}-T))$ 且 $Y\nvDash\vee(T-H)$。这蕴含 $H\subseteq Y,Y\cap(\boldsymbol{A}-T)=\varnothing$ 且 $Y\cap(T-H)=\varnothing$，即 $H\subseteq Y\subseteq T$ 且 $Y\cap(T-H)$，即 $H=Y=T$。由 ψ 的构造可知 $<Y,Y>\notin\Gamma$，矛盾，所以 $Y\vDash\xi_{H,T}$。若 $<X,Y>\vDash_{\mathrm{ht}}\wedge(H\cup\neg(\boldsymbol{A}-T))$ 且 $\langle X,Y\rangle\nvDash_{\mathrm{ht}}\vee(T-H)$，则 $H\subseteq X,Y\cap(\boldsymbol{A}-T)=\varnothing$ 且 $X\cap(T-H)=\varnothing$，且由 $Y\vDash\xi_{H,T}$ 有 $Y\cap(T-H)\neq\varnothing$，即 $H\subseteq X\subseteq Y\subseteq T$，$X\cap(T-H)=\varnothing$ 且 $Y\cap(T-H)=\varnothing$，即 $H=X=Y=T$，易见 $Y\cap(T-H)=\varnothing$，矛盾。所以不存在 $\xi_{H,T}\in\psi$，使得 $<X,Y>\nvDash_{\mathrm{ht}}\xi_{H,T}$。

（3）“仅当”　对 ϕ 中的任何规则 $\wedge H \to \vee T$，有

$$<X,Y> \vDash_{ht} \wedge H \to \vee T$$

$\Rightarrow <X,Y> \vDash_{ht} \wedge H$ 蕴含 $<X,Y> \vDash_{ht} \vee T$;

$\Rightarrow X \vDash \wedge H$ 蕴含 $X \vDash \vee T$;

$\Rightarrow <X,X> \vDash_{ht} \wedge H \to \vee T$;

$\Rightarrow <X,X> \vDash_{ht} \varphi$ 且 $<Y,Y> \vDash_{ht} \varphi$。

$$<X,X> \vDash_{ht} \wedge H \to \vee T,\ <Y,Y> \vDash_{ht} \wedge H \to \vee T \text{ 且 } X \subseteq Y$$

$\Rightarrow X \vDash \wedge H \to \vee T$，$Y \vDash \wedge H \to \vee T$，$<X,X> \vDash_{ht} \wedge H$ 蕴含 $<X,X> \vDash_{ht} \vee T$，$<Y,Y> \vDash_{ht} \wedge H$ 蕴含 $<Y,Y> \vDash_{ht} \vee T$ 且 $X \subseteq Y$;

$\Rightarrow Y \vDash \wedge H \to \vee T$，$<X,Y> \vDash_{ht} \wedge H$ 蕴含 $<X,X> \vDash_{ht} \wedge H$，$<X,X> \vDash_{ht} \vee T$ 蕴含 $<X,Y> \vDash_{ht} \vee T$，且 $X \subseteq Y$;

$\Rightarrow <X,Y> \vDash_{ht} \wedge H \to \vee T$;

$\Rightarrow <X,Y> \vDash_{ht} \varphi$。

证明结论（3）中的条件“当”：令 $\psi = \{\wedge X \to \vee(\boldsymbol{A}-X) \mid <X,X> \notin \Gamma\}$。现证明：$<X,Y> \vDash_{ht} \psi$，则 $<X,Y> \in \Gamma$。

由 $<X,Y> \vDash_{ht} \psi$，显然有 $<Y,Y> \vDash_{ht} \psi$。假设 $<X,Y> \notin \Gamma$。则 $<X,X> \notin \Gamma$ 或 $<Y,Y> \notin \Gamma$。若 $<Y,Y> \notin \Gamma$ 则 $\wedge Y \to \vee(\boldsymbol{A}-Y) \in \psi$ 且 $<Y,Y> \nvDash_{ht} \wedge Y \to \vee(\boldsymbol{A}-Y)$，矛盾；若 $<X,X> \notin \Gamma$ 则 $\wedge X \to \vee(\boldsymbol{A}-X) \in \psi$，易见 $<X,X> \nvDash_{ht} \wedge X \to \vee(\boldsymbol{A}-X)$，即 $<X,Y> \nvDash_{ht} \wedge X \to \vee(\boldsymbol{A}-X)$，则 $<X,Y> \nvDash_{ht} \psi$，矛盾。

所以 $<X,Y> \in \Gamma$。

$<X,Y> \in \Gamma$，则 $<X,Y> \vDash_{ht} \psi$。

$<X,Y> \in \Gamma$ 蕴含 $<X,X> \in \Gamma$ 且 $<Y,Y> \in \Gamma$。假设 $<X,Y> \nvDash_{ht} \psi$，则存在 $\wedge H \to \vee(\boldsymbol{A}-H) \in \psi$，使得 $<X,Y> \nvDash_{ht} \wedge H \to \vee(\boldsymbol{A}-H)$，即 $Y \nvDash \wedge H \to \vee(\boldsymbol{A}-H)$，或者 $<X,Y> \vDash_{ht} \wedge H$，但 $<X,Y> \nvDash_{ht} \vee(\boldsymbol{A}-H)$。由 $Y \nvDash \wedge H \to \vee(\boldsymbol{A}-H)$ 可得 $Y=H$，由 ψ 的构造知 $<Y,Y> \notin \Gamma$，矛盾；由 $<X,Y> \vDash_{ht} \wedge H$ 但 $<X,Y> \nvDash_{ht} \vee(\boldsymbol{A}-H)$，可得 $X=H$，同理，得 $<X,X> \notin \Gamma$，矛盾。

所以 $<X,Y> \vDash_{ht} \psi$。

（4）“仅当”　对 φ 中的任何规则 $\wedge(H \cup \neg(\boldsymbol{A}-T)) \to \mu$（$\mu$ 是原子或 $\perp$），有

$$<X,Y> \vDash_{ht} \wedge(H \cup \neg(\boldsymbol{A}-T)) \to \mu \text{ 且 } <Z,Y> \vDash_{ht} \wedge(H \cup \neg(\boldsymbol{A}-T)) \to \mu$$

$\Rightarrow Y \vDash \wedge(H \cup \neg(\boldsymbol{A}-T)) \to \mu$，$<X,Y> \vDash_{ht} \wedge(H \cup \neg(\boldsymbol{A}-T))$ 蕴含 $<X,Y> \vDash_{ht} \wedge(H \cup \neg(\boldsymbol{A}-T))$ 且 $<Z,Y> \vDash_{ht} \wedge(H \cup \neg(\boldsymbol{A}-T))$ 蕴含 $<Z,Y> \vDash_{ht} \wedge(H \cup \neg(\boldsymbol{A}-T))$;

$\Rightarrow Y \vDash \wedge(H \cup \neg(\boldsymbol{A}-T)) \to \mu$，$<X \cap Z,Y> \vDash_{ht} \wedge(H \cup \neg(\boldsymbol{A}-T))$ 蕴含 $<X \cap Z,Y> \vDash_{ht} \wedge(H \cup \neg(\boldsymbol{A}-T))$;

$\Rightarrow <X\cap Z,Y>\models_{ht}\wedge(H\cup\neg(\boldsymbol{A}-T))\to\mu$。

所以$<X,Y>\models_{ht}\phi$且$<Z,Y>\models_{ht}\phi$蕴含$<X\cap Z,Y>\models_{ht}\varphi$。

条件“当”这部分的证明比较烦琐，请参考文献[25]。

（5）“仅当”　对 ϕ 中的任何规则 $\wedge H\to\mu$（μ 是原子或$\perp$），有

$$<X,Y>\models_{ht}\wedge H\to\mu \text{ 且 } <U,V>\models_{ht}\wedge H\to\mu$$

$\Rightarrow Y\models\wedge H\to\mu$，$<X,Y>\models_{ht}\wedge H$ 蕴含$<X,Y>\models_{ht}\mu$，$V\models\wedge H\to\mu$，$<U,V>\models_{ht}\wedge H$ 蕴含$<U,V>\models_{ht}\mu$；

$\Rightarrow Y\cap V\models\wedge H\to\mu$ 且$<U\cap X,Y\cap V>\models_{ht}\wedge H$ 蕴含$<U\cap X,Y\cap V>\models_{ht}\mu$；

$\Rightarrow <U\cap X,Y\cap V>\models_{ht}\wedge H\to\mu$。

证明条件“当”：由 Γ 构造 $\boldsymbol{Z}=\{X|<X,Y>\in\Gamma\}$。

首先，证明 $\boldsymbol{Z}$ 具有交封闭性质，即对任何 $H,T\in\boldsymbol{Z}$，$H\cap T\in\boldsymbol{Z}$。

$$H,T\in\boldsymbol{Z}$$

$\Rightarrow$存在 X，Y，使得$<H,X>\in\Gamma$且$<T,Y>\in\Gamma$；

$\Rightarrow <H\cap T,X\cap Y>\in\Gamma$（前提）；

$\Rightarrow H\cap T\in\boldsymbol{Z}$。

所以，存在一个 Horn 逻辑程序 ψ，使得 $\mathrm{Mod}(\psi)=\boldsymbol{Z}$。

其次，证明 $\mathrm{Mod}_{ht}(\psi)$满足（5）的性质。

$$<H,T>\models_{ht}\psi \text{ 且 } <X,Y>\models_{ht}\psi$$

$\Rightarrow H\models\psi,T\models\psi,X\models\psi$ 且 $Y\models\psi$（定理 6.2.3）；

$\Rightarrow H\cap X\models\psi$ 且 $Y\cap T\models\psi$(ψ 是 Horn 的)；

$\Rightarrow <H\cap X，Y\cap T>\models_{ht}\psi$。

6.2.2　回答集程序遗忘

遗忘的一个目的是去掉与给定原子符号相关的知识，或抽取所有与要遗忘的符号不相关的知识。遗忘的结果应该与被遗忘的原子符号不相关，即可以不用被遗忘的原子符号来表示。形式地，一个公式 ϕ 与原子集 V 是无关的，记为 $\mathrm{IR}_{ht}(\phi,V)$，当且仅当存在与 ϕ 强等价的公式 ψ，使得 $\mathrm{var}(\psi)\cap V=\varnothing$。

在经典命题逻辑中，遗忘算子 F：$\boldsymbol{L}\times 2^{\boldsymbol{A}}\to\boldsymbol{L}$ 被定义为

$$F(\phi,\varnothing)=\phi$$

$$F(\phi,\{p\})=\phi[p/\perp]\vee\phi[p/\top]$$

$$F(\phi,V\cup\{p\})=F(F(\phi,\{p\}),V)$$

其中 $\boldsymbol{L}$ 是命题公式集，$\phi[p/\perp]$表示用$\perp$替换 ϕ 中命题符号 p 的所有出现得到的结

果。例如，$F(p\wedge q, \{p\})=(p\wedge q)[p/\bot]\vee(p\wedge q)[p/\top]=\bot\wedge q\vee\top\wedge q\equiv q$。

上述遗忘的句法定义有对应的语义定义，即公式 ψ 是公式 ϕ 遗忘 $V\subseteq \boldsymbol{A}$ 的结果，当且仅当对任何 ψ 的模型 I，ϕ 有模型 M 使得 $M-V=I-V$。

令 V、X、Y 是原子集，若 $Y-V=X-V$，则称 Y 与 X 是 V-相似（或 V-互模拟）的，记为 $X\leftrightarrow_V Y$。直观上表示解释 X 和 Y 仅仅在 V 中原子上存在不同，而对不在 V 中的原子解释都是一致的。类似地，若两个 ht-解释 $\langle H,T\rangle$ 与 $\langle X,Y\rangle$ 满足 $H\leftrightarrow_V X$ 且 $T\leftrightarrow_V Y$，则称它们是 V-相似（或 V-互模拟）的，记为 $\langle H,T\rangle \leftrightarrow_V \langle X,Y\rangle$。显然 V-相似关系是等价关系。

定义 6.2.2 公式 ψ 是公式 ϕ 知识遗忘 $V\subseteq \boldsymbol{A}$ 的结果，当且仅当对 ψ 的任何 ht-模型 $<H,T>$ 存在 $<X,Y>\vDash_{ht}\phi$，使得 $<H,T>\leftrightarrow_V<X,Y>$。

例如，考虑公式 $\phi=(p\rightarrow q)\wedge(q\rightarrow p)\wedge(\neg p\rightarrow\bot)\wedge(\neg q\rightarrow\bot)$ 并假设 $\boldsymbol{A}=\{p,q\}$。不难验证，$\mathrm{Mod}_{ht}(\phi)=\{<\varnothing, \{p, q\}>,<\{p, q\}, \{p, q\}>\}$。注意到 $\psi=\neg\neg q$ 的所有 ht-模型的集合是 $\{<\varnothing, \{p, q\}>,<\varnothing, \{q\}>,<\{q\}, \{q\}>,<\{p, q\}, \{p, q\}>\}$，显然对应任何 ψ 的 ht-模型 $<H,T>$，都存在 ϕ 的 ht-模型 $<X,Y>$，使得 $<H,T>\leftrightarrow_{\{p\}}<X,Y>$，故 ψ 是 ϕ 知识遗忘 $\{p\}$ 的结果。

定理 6.2.5 总存在公式 ψ 是公式 ϕ 知识遗忘 $V\subseteq \boldsymbol{A}$ 的结果。

定理 6.2.5 表明，任何公式的遗忘结果都是存在的。

证明 令 $\Gamma=\{\langle H,T\rangle \mid H\subseteq T\subseteq \boldsymbol{A}$，存在 $<X,Y>\in\mathrm{Mod}_{ht}(\phi)$，使得 $<H,T>\leftrightarrow_V<X,Y>\}$。对任何 $<H,T>\in\Gamma$，因为存在 $<X,Y>\in\mathrm{Mod}_{ht}(\phi)$，使得 $<H,T>\leftrightarrow_V<X,Y>$，则 $T\leftrightarrow_V Y$，且 $<Y,Y>\in\mathrm{Mod}_{ht}(\phi)$，故 $<T,T>\in\Gamma$，由定理 6.2.4 下面的结论（1），存在公式 ψ，使得 $\mathrm{Mod}_{ht}(\psi)=\Gamma$，显然 ψ 是公式 ϕ 知识遗忘 V 的结果。

因为在逻辑程序强等价意义下，遗忘结果是唯一的，记 $F_{ht}(\phi,V)$ 为公式 ϕ 知识遗忘 V 的结果。下面的结果是容易被证明的。

推论 6.2.2 令 ψ,ϕ 是公式 V,V_1,V_2 是原子集，则

（1）$F_{ht}(F_{ht}(\phi,V_1),V_2)\equiv_{ht}F_{ht}(\phi,V_1\cup V_2)$；

（2）若 $\psi\equiv_{ht}\phi$，则 $F_{ht}(\psi,V)\equiv_{ht}F_{ht}(\phi,V)$；

（3）$\mathrm{IR}_{ht}(\phi,V)$；

（4）ϕ 有 ht-模型，当且仅当 $F_{ht}(\phi,V)$ 有 ht-模型；

（5）$\phi\vDash_{ht}F_{ht}(\phi,V)$。

命题 6.2.1 令 ψ,ϕ 是公式 V 是原子集，则有

（1）若 $\psi\vDash_{ht}\phi$，则 $F_{ht}(\psi,V)\vDash_{ht}F_{ht}(\phi,V)$；

（2）$F_{ht}(\phi\vee\psi,V)\equiv_{ht}F_{ht}(\phi,V)\vee F_{ht}(\psi,V)$；

（3）$F_{ht}(\phi\wedge\psi,V)\vDash_{ht}F_{ht}(\phi,V)\wedge F_{ht}(\psi,V)$；

（4）若 $IR_{ht}(\psi,V)$，则 $F_{ht}(\phi\wedge\psi,V)\equiv_{ht}F_{ht}(\phi,V)\wedge\psi$。

证明　（1）$<X,Y>\vDash_{ht}F_{ht}(\psi,V)$

$\Rightarrow$ 存在$<H,T>\vDash_{ht}\psi$，使得$<H,T>\leftrightarrow_V<X,Y>$；

$\Rightarrow <H,T>\vDash_{ht}\phi$，使得$<H,T>\leftrightarrow_V<X,Y>$；

$\Rightarrow <X,Y>\vDash_{ht}F_{ht}(\phi,V)$。

（2）$<X,Y>\vDash_{ht}F_{ht}(\phi\vee\psi,V)$

当且仅当存在$<H,T>\vDash_{ht}\phi\vee\psi$，使得$<H,T>\leftrightarrow_V<X,Y>$；

当且仅当存在 ht-解释$<H,T>$，使得$<H,T>\vDash_{ht}\phi$ 或$<H,T>\vDash_{ht}\psi$，且$<H,T>\leftrightarrow_V<X,Y>$；

当且仅当 $<X,Y>\vDash_{ht}F_{ht}(\phi,V)$ 或 $<X,Y>\vDash_{ht}F_{ht}(\psi,V)$，其中 $<H,T>\leftrightarrow_V<X,Y>$ 且 $<H,T>\vDash_{ht}\phi$ 或$<H,T>\vDash_{ht}\psi$；

当且仅当$<X,Y>\vDash_{ht}F_{ht}(\phi,V)\vee F_{ht}(\psi,V)$。

（3）与（2）的证明类似。

（4）$<H,T>\vDash_{ht}F_{ht}(\phi\wedge\psi,V)$

当且仅当存在 ht-解释$<X,Y>$，使得$<X,Y>\vDash_{ht}\phi\wedge\psi$ 且$<H,T>\leftrightarrow_V<X,Y>$；

当且仅当存在 ht-解释$<X,Y>$，使得$<X,Y>\vDash_{ht}\phi$，$<X,Y>\vDash_{ht}\psi$ 且$<H,T>\leftrightarrow_V<X,Y>$；

当且仅当$<H,T>\vDash_{ht}F_{ht}(\phi,V)$且$<H,T>\vDash_{ht}\psi$（因为 $IR_{ht}(\psi,V)$）；

当且仅当$<H,T>\vDash_{ht}F_{ht}(\phi,V)\wedge\psi$。

例 6.2.1　考虑正规逻辑程序$\Pi=\{\neg p\rightarrow q,\neg q\rightarrow p,p\wedge q\rightarrow\bot\}$，即$\Pi$包含三条正规规则：$q\leftarrow \mathrm{not}\,p$，$p\leftarrow \mathrm{not}\,q$，$\leftarrow p,q$。

不难验证，$Mod_{ht}(\Pi)=\{<\{p\},\{p\}>,\ <\{q\},\{q\}>\}$，然而 $Mod_{ht}(F_{ht}(\Pi,\{p\}))=\{<\{p\},\{p\}>,<\{q\},\{q\}>,<\{\},\{\}>,<\{\},\{p\}>,<\{q\},\{p,q\}>,<\{p,q\},\{p,q\}>\}$，其对应的公式为 $q\vee\neg q$。由于 $Mod_{ht}(F_{ht}(\Pi,\{p\}))$不满足定理 6.2.4 结论（2）中的性质：“$<X,Y>\in Mod_{ht}(F_{ht}(\Pi,\{p\}))$, $Y\subseteq Z$ 且$<Z,Z>\in Mod_{ht}(F_{ht}(\Pi,\{p\}))$蕴含$<X,Z>\in Mod_{ht}(F_{ht}(\Pi,\{p\}))$”。

例如，$<\{\},\{\}>\in Mod_{ht}(F_{ht}(\Pi,\{p\}))$且$<\{p,q\},\{p,q\}>\in Mod_{ht}(F_{ht}(\Pi,\{p\}))$，但是$<\{\},\{p,q\}>\notin Mod_{ht}(F_{ht}(\Pi,\{p\}))$，所以 $F_{ht}(\Pi,\{p\})$不是析取逻辑程序可表达的，当然也不是正规逻辑程序可表达的。

命题 6.2.2　令 ψ,ϕ 是公式，$V\subseteq \boldsymbol{A}$ 且 $IR_{ht}(\phi,V)$，则 $\psi\vDash_{ht}\phi$，当且仅当 $F_{ht}(\psi,V)\vDash_{ht}\phi$。

证明　$\psi\vDash_{ht}\phi$

当且仅当对 ψ 的任何 ht-模型$<X,Y>$，$<X,Y>\vDash_{ht}\phi$；

当且仅当对 ψ 的任何 ht-模型$<X,Y>$及满足$<H,T>\leftrightarrow_V<X,Y>$任何 ht-解释$<H,T>$，

$\langle H,T\rangle\vDash_{ht}\phi$（因为 $IR_{ht}(\phi,V)$）；

当且仅当对任何 ht-解释$\langle H,T\rangle$，$\langle H,T\rangle\vDash_{ht}F_{ht}(\psi,V)$蕴含$\langle H,T\rangle\vDash_{ht}\phi$；

当且仅当 $F_{ht}(\psi,V)\vDash_{ht}\phi$。

6.2.3 知识遗忘公设

类似于基于公设的信念修正与更新，下面从遗忘算子期望的基本性质出发，探讨遗忘理论。

令 $\boldsymbol{C},\boldsymbol{D}$ 是 $\boldsymbol{L}$ 的子集，$V\subseteq\boldsymbol{A}$，回答集程序的（不完全）遗忘算子[①]f: $\boldsymbol{C}\times2^{\boldsymbol{A}}\to\boldsymbol{D}$ 公设包括[②]：

存在性(E)：$f(\phi,V)$应该是 $\boldsymbol{D}$ 可表达的，即 $f(\phi,V)\in\boldsymbol{D}$。

无关性(IR)：$f(\phi,V)$应该与 V 无关，即 $f(\phi,V)$可以不包含 V 中的任何命题符号。

弱化(W)：ϕ 逻辑蕴含[③]$f(\phi,V)$，即 $\phi\vDash_{ht}f(\phi,V)$。

正保留(PP)：若 $\phi\vDash_{ht}\xi$ 且 $IR(\xi,V)$，则 $f(\phi,V)\vDash_{ht}\xi$。

负保留(NP)：若 $\phi\nvDash_{ht}\xi$ 且 $IR(\xi,V)$，则 $f(\phi,V)\nvDash_{ht}\xi$。

强等价(SE)：若 $\phi\equiv_{ht}\xi$，则 $f(\phi,V)\equiv_{ht}f(\xi,V)$。

结论保留(CP)：$SM(f(\phi,V))=\{M-V|M\in SM(\phi)\}$。

其中，ϕ,ξ 是分别属于 $\boldsymbol{C},\boldsymbol{D}$ 类的逻辑程序。例如，Horn、正规、析取等类；V 是原子集。

定理 6.2.6（表示定理） 令 ψ,ϕ 公式是公式，$V\subseteq\boldsymbol{A}$。下面的结论是等价的：

（1）$\psi\equiv_{ht}F_{ht}(\phi,V)$。

（2）$\psi\equiv_{ht}\{\xi|\phi\vDash_{ht}\xi$ 且 $IR_{ht}(\xi,V)\}$。

（3）F_{ht} 满足公设(W)、(PP)、(NP)和(IR)，即 $\psi\equiv_{ht}f(\phi,V)$其中 f 满足公设(W)、(PP)、(NP)和(IR)。

证明 由命题 6.2.2，结论（1）与结论（2）等价；由推论 6.2.2 和命题 6.2.1，结论（2）显然蕴含结论（1）。故只需证明结论（3）蕴含结论（2），即“若 $f(\phi,V)$ 满足公设(W)、(PP)、(NP)和(IR)，则 $f(\phi,V)\equiv_{ht}\{\xi|\phi\vDash_{ht}\xi$ 且 $IR_{ht}(\xi,V)\}$”。由(PP)可得 $f(\phi,V)\vDash_{ht}\{\xi|\phi\vDash_{ht}\xi$ 且 $IR_{ht}(\xi,V)\}$；由(W)和(IR)，有 $\phi\vDash_{ht}f(\phi,V)$且 $IR_{ht}(\phi,V)$，所以$\{\xi|\phi\vDash_{ht}\xi$ 且 $IR_{ht}(\xi,V)\}\vDash_{ht}f(\phi,V)$，否则必然存在公式 ξ 满足 $IR_{ht}(\xi,V)$，$f(\phi,V)\vDash_{ht}\xi$，但是$\{\xi|\phi\vDash_{ht}\xi$ 且 $IR_{ht}(\xi,V)\}\nvDash_{ht}\xi$，由(W)有 $\phi\vDash_{ht}f(\phi,V)$，故 $\phi\vDash_{ht}\xi$，矛盾。

① 请注意，这里的算子 f 不一定是处处有定义函数，或者是不完全函数。

② 在基于回答集语义的逻辑程序遗忘研究中还存在其他一些公设。

③ 逻辑蕴含定义与具体的逻辑语言有关。

下面的例题将表明逻辑程序的知识遗忘算子 F_{ht} 并不满足(CP)。

例 6.2.2　令$\Pi=\{\neg p\to q,\neg q\to p,p\to r,q\to r\}$。可以验证 $F_{ht}(\Pi,\{F\})\equiv_{ht}\{\neg p\to r, p\to r\}$。$\Pi$的回答集有$\{p,r\}$和$\{q,r\}$，而 $F_{ht}(\Pi,\{q\})$的回答集只有$\{r\}$。

下面的例题将进一步表明，不存在满足上述所有七个公设的遗忘算子。

例 6.2.3　考虑公式(假设 $\boldsymbol{A}=\{p,q\}$) $\phi=(p\vee\neg p\vee q\vee\neg q)\wedge(p\to q\vee\neg q)\wedge(q\to p\vee\neg p)$。容易验证，$\phi$ 有两个回答集$\{p,q\}$和$\varnothing$。假设有一个遗忘算子 f 满足(CP)，则 $f(\phi,\{p\})$应该也有两个回答集$\{q\}$和$\varnothing$，这要求$\langle\varnothing,\{q\}\rangle\not\models_{ht}f(\phi,\{p\})$(否则$\{q\}$不可能是$f(\phi,\{p\})$的回答集)。然而$<\varnothing,\{q\}>\models_{ht}\phi$，所以若 f 要满足(W)，则必然要求$<\varnothing,\{q\}>\models_{ht}f(\phi,\{p\})$，矛盾。

定义 6.2.3　公式 ψ 是公式 ϕ sm-遗忘 $V\subseteq\boldsymbol{A}$ 的结果，当且仅当 $\mathrm{Mod}_{ht}(\psi)$是 $\mathrm{Mod}_{ht}(F_{ht}(\phi,V))$极大子集且 $\mathrm{SM}(\psi)=\{M-V|\ M\in\mathrm{SM}(\phi)\}$，其中 $\mathrm{SM}(\phi)$表示 ϕ 所有回答集的集合。

对例 6.2.3 的公式 ϕ，有

$$\mathrm{Mod}_{ht}(\phi)=\boldsymbol{A}^{ht}-\{<\varnothing,\{p,q\}>,<\{q\},\{p,q\}>,<\{p\},\{p,q\}>\}$$

$$\mathrm{Mod}_{ht}(F_{ht}(\phi,\{p\}))=\boldsymbol{A}^{ht}(\text{因为}<\varnothing,\{q\}>\text{和}<\{q\},\{q\}>\text{属于 }\mathrm{Mod}_{ht}(\phi))$$

使得 $\mathrm{SM}(\psi)=\{\{q\},\varnothing\}$的 $\mathrm{Mod}_{ht}(\psi)$的极大$\{q\}^{ht}$子集是$\{<\varnothing,\varnothing>,<\{q\},\{q\}>\}$，即 $\psi\equiv_{ht}(q\vee\neg q)$。

其中，$\boldsymbol{A}^{ht}$ 是 $\boldsymbol{A}$ 上所有 ht-解释的集合。

以下定理将表明，sm-遗忘的结果也总是可表达的，而且在强等价下也是唯一的，以下记 $F_{sm}(\phi,V)$为 sm-遗忘 $V\subseteq\boldsymbol{A}$ 的结果。

定理 6.2.7　令 ϕ 是公式，$V\subseteq\boldsymbol{A}$，存在公式使得 ψ 是 ϕsm-遗忘 V 的结果，而且若公式ψ' 也是 ϕ sm-遗忘 V 的结果，则 $\psi\equiv_{ht}\psi'$。

证明　令

$$\boldsymbol{G}=\{<X,Y>|X\subset Y\text{ 且 }Y\in\{M\text{-}V|M\in\mathrm{SM}(\phi)\}\}$$

$$\boldsymbol{H}=\{<Y,Y>|Y\in\mathrm{SM}(F_{ht}(\phi,V))\setminus\{M\text{-}V|M\in\mathrm{SM}(\phi)\}\}$$

$$\boldsymbol{N}=\mathrm{Mod}_{ht}(F_{ht}(\phi,V))\setminus(\boldsymbol{G}\cup\boldsymbol{H})$$

首先证明，对任何 $X\subset Y$ 和$<X,Y>\in\boldsymbol{N}$，都有$<Y,Y>\in\boldsymbol{N}$。

$<X,Y>\in\boldsymbol{N}$

$\Rightarrow<X,Y>\in\mathrm{Mod}_{ht}(F_{ht}(\phi,V))\setminus(\boldsymbol{G}\cup\boldsymbol{H})$;

$\Rightarrow<X,Y>\in\mathrm{Mod}_{ht}(F_{ht}(\phi,V))$，且$<X,Y>\notin(\boldsymbol{G}\cup\boldsymbol{H})$;

$\Rightarrow<X,Y>\in\mathrm{Mod}_{ht}(F_{ht}(\phi,V))$，且$<X,Y>\notin\boldsymbol{G}$（因为 $X\subset Y$);

$\Rightarrow <Y, Y> \in \mathrm{Mod}_{ht}(F_{ht}(\phi, V))$，且 $Y \notin \mathrm{SM}(F_{ht}(\phi, V))$（因为 $<X, Y> \vDash_{ht} F_{ht}(\phi, V)$ 且 $X \subset Y$）；

$\Rightarrow <Y, Y> \in \mathrm{Mod}_{ht}(F_{ht}(\phi, V))$ 且 $<Y, Y> \notin (\boldsymbol{G} \cup \boldsymbol{H})$；

$\Rightarrow <Y, Y> \in \mathrm{Mod}_{ht}(F_{ht}(\phi, V)) \setminus (\boldsymbol{G} \cup \boldsymbol{H})$。

令公式 ψ 满足 $\mathrm{Mod}_{ht}(\psi)=\boldsymbol{N}$，显然 $\mathrm{SM}(\psi)=\{M-V \mid M \in \mathrm{SM}(\phi)\}$。

假设存在可用公式 ψ' 表达的 ht-解释集 $\boldsymbol{S}$（即 $\mathrm{Mod}_{ht}(\psi')=\boldsymbol{S}$）满足 $\mathrm{SM}(\psi')=\{M-V|M \in \mathrm{SM}(\phi)\}$，且存在 $<X, Y> \in \boldsymbol{S} \setminus \boldsymbol{N}$，即 $<X, Y> \in \boldsymbol{G} \cup \boldsymbol{H}$。

考虑如下两种情形：

$<X, Y> \in \boldsymbol{G}$，则 $X \subset Y$，$Y \in \{M-V|M \in \mathrm{SM}(\phi)\}$，显然 $Y \notin \mathrm{SM}(\psi')$，即 $\mathrm{SM}(\psi') \neq \{M-V| M \notin \mathrm{SM}(\phi)\}$，矛盾。

$<X, Y> \in \boldsymbol{H}$，则 $X=Y$，即 $\langle Y, Y \rangle \in \boldsymbol{H}$，则有 $Y \in \mathrm{SM}(F_{ht}(\phi, V))$ 且 $Y \notin \{M-V|M \in \mathrm{SM}(\phi)\}$。注意到

$Y \in \mathrm{SM}(F_{ht}(\phi, V))$

$\Rightarrow Y \cap V=\varnothing$，$<Y, Y> \vDash_{ht} F_{ht}(\phi, V)$ 且对任何 $Y' \subset Y$，$<Y', Y> \nvDash_{ht} F_{ht}(\phi, V)$；

$\Rightarrow$ 任何 $Y' \subset Y$，$<Y', Y> \notin \boldsymbol{S}$；

$\Rightarrow Y \in \mathrm{SM}(\psi')$。

同样地，因为 $Y \notin \{M-V|M \in \mathrm{SM}(\phi)\}$，有 $\mathrm{SM}(\psi') \neq \{M-V| M \in \mathrm{SM}(\phi)\}$。

下面的推论由上面的定理和 F_{ht} 的表示定理（定理 6.2.6）可得。

推论 6.2.3（表示定理） F_{sm} 满足(E)、(IR)、(SE)、(CP)和(PP)。

对于例 6.2.2，令 $\Pi=\{\neg p \to q, \neg q \to p, p \to r, q \to r\}$。不难验证 $F_{sm}(\Pi,\{q\}) \equiv_{ht} \{p \vee \neg p; r\}$。该程序显然不能用析取逻辑程序表示，故正规逻辑程序的 sm-遗忘也不能保证用析取（正规）逻辑程序来表示。

命题 6.2.3 若Π是 Horn 逻辑程序且 $V \subseteq \boldsymbol{A}$，则 $F_{sm}(\Pi,V) \equiv_{ht} F_{ht}(\Pi,V)$。

证明 按照定理 6.2.7 的证明构造 $\boldsymbol{G},\boldsymbol{H},\boldsymbol{N}$。

首先证明 $\boldsymbol{H}=\varnothing$。假设存在 $\langle Y, Y \rangle \in \boldsymbol{H}$。则

$\Rightarrow Y \in \mathrm{SM}(F_{ht}(\Pi, V)) \setminus \{M-V|M \in \mathrm{SM}(\Pi)\}$；

$\Rightarrow Y$ 是 $F_{ht}(\Pi, V)$的最小模型，$Y \neq M-V$，其中 M 是Π的最小模型；

$\Rightarrow$ 存在 $<Z, Z> \vDash_{ht} \Pi$ 且 $Z \leftrightarrow_V Y$，$V \cap Y=\varnothing$，$Y \neq M-V$；

$\Rightarrow Z-V = Y$，$M \subset Z$，$Y \neq M-V$；

$\Rightarrow M-V \subset Y$，且 $M-V$ 是 $F_{ht}(\Pi, V)$的模型，矛盾。

其次证明 $\boldsymbol{G} \cap \boldsymbol{N}=\varnothing$。假设存在 $<X, Y> \in \boldsymbol{G} \cap \boldsymbol{N}$。

$\Rightarrow <X, Y> \in \boldsymbol{G} \cap \boldsymbol{N}$

$\Rightarrow <X, Y> \models_{ht} F_{ht}(\Pi, V)$，$X \subset Y$ 且 $Y \in \{M-V | M \in \mathrm{SM}(\Pi)\}$；

$\Rightarrow X \subset Y$ 且 Y 是 $F_{ht}(\Pi, V)$的极小模型（回答集），矛盾。

关于回答集程序的遗忘理论研究及其进展，以及其他一些遗忘公设和不可能性结果，可参考最近的综述论文[26]。

第7章

缺省逻辑的变种

虽然 Reiter 的缺省逻辑十分直观和自然，但仍存在不足之处。主要问题：

（1）扩张的存在性是没有保证的；

（2）一个缺省是否被使用，取决于其检验条件是否各自独立（分布式地）被满足，而不是整体（联合地）被满足（即不满足预设），以致推导出不直观的结论；

（3）扩张不满足累积性，即先前非单调地导出的结论不能作为引理在推理过程中使用；

（4）分情形推理不被允许。

例 7.0.1 经验表明，首先，人们是不会相信一个惯于开玩笑的人，除非他们不认识那个人，用缺省规则表示为

$$\text{Joker}(x): M(\neg\text{Belives}(y,x)\wedge\text{Knows}(y,x))/\neg\text{Belives}(y,x) \tag{7-1}$$

其次，人们会自然遵从一位专家的忠告，除非他怀疑这个专家说的话，用缺省规则表示为

$$\text{Professional}(x): M(\text{Belives}(y,x)\wedge\text{Obeys}(y,x))/\text{Obeys}(y,x) \tag{7-2}$$

假设你从一位惯于开玩笑的专业工匠 Lee 得到某种奇怪的劝告，这可表示为

$$\text{Joker(Lee)}\wedge\text{Professional(Lee)}$$

试问，你会相信这个专业工匠吗？

注意：这里重要的是你没有发现此工匠的话是认真的还是开玩笑的任何线索（特别地，没有关于此工匠开玩笑的证据）。直观上，你可以“在遵从工匠的建议”和“不相信他”之间做一个选择。根据 Reiter 关于缺省理论扩张的定义，此缺省理论只有一个扩张，它包含¬Belives(you, Lee)而不包含 Obeys(you, Lee)。如果你依规则选择遵从工匠 Lee 的建议，其隐含的条件是“你相信他”。依规则，你应该不相信他。对这种两难问题，Lukaszewicz（卢卡舍维奇）通过修正扩张的定义而得到解决的途径。在 Lukaszewicz 的意义下，除上述扩张（应用第一个缺省得到的）外，还有另一个扩张是只应用第二个缺省得到的，它包含 obeys(you, Lee)。

然而，根据 Reiter 的方式，第一个缺省的检验将阻止你不相信这位工匠，从而该缺省不能用。

例 7.0.2（断臂问题）　已知缺省理论Δ=(D,W)，其中

$$D=\{:M(\text{Usable}(x)\wedge\neg\text{Broken}(x))/\text{Usable}(x)\}$$

$$W=\{\text{Broken(Left-arm)}\vee\text{Broken(Right-arm)}\}$$

该缺省理论恰有一扩张，它同时包含 Usable(Left-arm)与 Usable(Right-arm)。然而，已知至少有一只手臂骨折，这显然矛盾。其原因在于 Reiter 的扩张定义中并不要求所用的缺省的检验彼此协调且与所相信的都协调，即不是整体（或联合）协调或不满足预设。

例 7.0.3　缺省理论$\Delta=(\{:Mp/p，p\vee q:M\neg p/\neg p\}，\varnothing)$有唯一扩张 Th($\{p\}$)，这个扩张显然包含 $p\vee q$。将 $p\vee q$ 添加到前提集 W 中，得到

$$\Delta'=(\{:Mp/p，p\vee q:M\neg p/\neg p\}，p\vee q)$$

Δ'有两个扩张：Th($\{p\}$)与 Th($\{\neg p,q\}$)。这表明，尽管 $p\vee q$ 是Δ的“定理”，但它不能作为“引理”使用，因为这会导致新的扩张产生，从而导出新的“定理”（比如$\neg p$ 与 q）。因此，Reiter 的扩张定义不满足累积性。直观上，累积性是指，将某个前提集的一个定理增加到这些前提中不会改变所导出的公式集，形式地写作

$$\text{若 } W|\!\sim y\text{，则 } W|\!\sim x \text{ 当且仅当 } W\cup\{y\}|\!\sim x$$

其中，$|\!\sim$是任意推理关系。

例 7.0.4　Δ=(D,W)，其中

$$D=\{\text{Pet}:M\,\text{Dog/Dog}，\text{Sings}:M\,\text{Bird/Bird}\}$$

$$W=\{\text{Dog}\vee\text{Bird}\to\text{Pet}，\text{Dog}\to\neg\text{Bird}, \text{Sings}\}$$

易知Δ有唯一扩张 Th($W\cup$ {Bird})且它包含 Pet。这里，缺省 Pet: M Dog/Dog 在Δ中未被应用，这是因为，基于 Bird 已经被导出（应用缺省 Sings: M Bird/Bird，条件是相信 Bird），从而导出 Pet（依 Dog$\vee$Bird$\to$Pet）。如果应用 Pet: M Dog/Dog，则应该相信 Dog，依 Dog$\to\neg$Bird，则导出$\neg$Bird。这当然是与相信 Dog 不协调的。但是，将 Pet 添加到 W 中产生一个新的缺省理论Δ'，将导致Δ'有唯一扩张包含 Dog 但不包含 Bird。这是因为，增加 Pet 到 W 中后，“相信 Bird”这一隐含的信息就失去了。此时，Pet 为真是独立信息，从而缺省 Pet: M Dog/Dog 可应用。因此，依 Dog$\to\neg$Bird 导出$\neg$Bird。这使得缺省 Sings: M Bird/Bird 不能应用，因此 Bird 不在Δ'的扩张中。这表明扩张不满足累积性，因为已经导出的结论 Pet 不能作为引理使用。否则，将导致先前可由Δ导出的“定理”Bird 不能由Δ'导出。

例 7.0.5　考虑缺省理论Δ={Emu: M runs/runs, Ostrich: M runs/runs}，W={Emu$\vee$

Ostrich}。

它有唯一扩张 Th({Emu∨Ostrich})，但直观上应该得到 runs 这一结论。这表明，Reiter 的扩张不能处理分情形推理。

针对上述 Reiter 的缺省逻辑的种种弊病，人们从不同的角度提出了缺省逻辑的变种，这些变种中包括研究者所希望的但在 Reiter 的理论下不具有的特性。本章讨论其中几个主要的变种，包括 Lukaszewicz 缺省逻辑[27]、断言缺省逻辑（assertion default logic，ADL）、累积缺省逻辑[28]及准缺省逻辑[29]等，并在“可计算扩张特征”观点下给出它们的扩张的“有穷特征”及相应的推理问题的算法。为区别于这些变种，称 Reiter 的缺省逻辑、缺省理论与扩张分别为 DL、DL 理论和 DL 扩张。

7.1 Lukaszewicz 的修正扩张

Lukaszewicz 通过修正缺省可应用的概念以保证任意缺省理论都有扩张[27]。直观上，将那些自身的检验与结论相冲突，或者其结论与已应用过的缺省的检验相冲突的缺省排除在外。他使用两个算子代替 Reiter 的一个算子定义扩张，其中一个算子用来保持被应用缺省的结论的踪迹，另一个用来保持其检验的踪迹，它们相互无关，都是二元算子。Lukaszewicz 的缺省逻辑和扩张分别记作 L-DL 和 L 扩张。不失一般性，在本节中考虑的一阶语句集或者缺省集都是可数的。

定义 7.1.1 设(S,T)与(S',T')是两个语句集对子。缺省 $d=A{:}MB_1,\cdots,MB_n/C$ 关于(S,T)可用于(S',T')，记作 $d\nabla_{(S,T)}(S',T')$，当且仅当，若 $A\in S'$，且没有 $B\in T\cup\{B_1,\cdots,B_n\}$，使得 $S\cup\{C\}\vdash\neg B$，则 $C\in S$ 且$\{B_1,\cdots,B_n\}\subseteq T'$。

定义 7.1.2 给定一缺省理论$\Delta=(D,W)$。若 T 与 S 是语句集，$\Xi_1(S,T)$与$\Xi_2(S,T)$是满足下述条件的最小集合：

（1）$W\subseteq\Xi_1(S,T)$；

（2）$\mathrm{Th}(\Xi_1(S,T))=\Xi_1(S,T)$；

（3）若 $d\in D$ 则 $d\nabla_{(S,T)}(\Xi_1(S,T), \Xi_2(S,T))$。

定义 7.1.3 令$\Delta=(D,W)$是缺省理论，语句集 S 是Δ的修正扩张（L 扩张），当且仅当存在一语句集 T（称为 S 的检验集），使得$(S,T)=(\Xi_1(S,T), \Xi_2(S,T))$，即当且仅当$(S,T)$是算子 $d\nabla$的不动点。

注意：Ξ_1与Ξ_2分别对应于信念与这些信念的检验，我们也称 S 是Δ的以 T 为检验集的扩张。

与 Reiter 的扩张类似，下面给出修正扩张的准归纳特征。

定理 7.1.1　令 S 与 T 是语句集，$\Delta=(D,W)$是缺省理论。如下定义两个语句序列$<S_0,\cdots,S_m,\cdots>$和$<T_0,\cdots,T_m,\cdots>$：$S_0\subseteq S_2\subseteq\cdots$ 和 $T_0\subseteq T_1\subseteq\cdots$，其中

（1）$S_0=W$，$T_0=\varnothing$；

（2）$S_{i+1}=\mathrm{Th}(S)\cup\{C|A{:}MB_1,\cdots,MB_n/C\in D$，$A\in S_i$，且不存在 $F\in\{B_1,\cdots,B_n\}$，使得 $S\cup\{C\}\vdash\neg F$；

（3）$T_{i+1}=T_i\cup\{B|A{:}MB_1,\cdots,MB_n/C\in D$，$A\in S_i$，$B\in\{B_1,\cdots,B_n\}$且不存在 $F\in\{B_1,\cdots,B_n\}$使得 $S\cup\{C\}\vdash\neg F$。

则 S 是Δ的以 T 为检验集的 L 扩张，当且仅当 $S=\cup_{0\leqslant i}S_i$ 和 $T=\cup_{0\leqslant i}T_i$。

此定理的证明可利用下述两个引理。

引理 7.1.1　$\Xi_1(S,T)\subseteq\cup_{0\leqslant i}S_i$，$\Xi_2(S,T)\subseteq\cup_{0\leqslant i}T_i$。

证明　类似于引理 3.1.1 易证。

引理 7.1.2　$\Xi_1(S,T)=\cup_{0\leqslant i}S_i$，$\Xi_2(S,T)=\cup_{0\leqslant i}T_i$。

证明　施归纳法易证，对任意 $i\geqslant 0$，$S_i\subseteq\Xi_1(S,T)$和 $T_i\subseteq\Xi_2(S,T)$成立。

定义 7.1.4　令$\Delta=(D,W)$是缺省理论，S 是Δ的以 T 为检验集的 L 扩张。S 的生成缺省集，记作 $\mathrm{GDL}(S,\Delta)$，是$\{A{:}MB_1,\cdots,MB_n/C\in D|\ A\in S$，$\{B_1,\cdots,B_n\}\subseteq T\}$。

推论 7.1.1　$S=\mathrm{Th}(\mathrm{Con}(\mathrm{GDL}(S,\Delta)))$，$T=\mathrm{Ccs}(\mathrm{GDL}(S,\Delta))$。

缺省理论$\Delta=(D,W)$的算子Λ，（极大）相容集和（极大）强相容集的概念与定义 3.2.1 和定义 3.2.2 相同。关于它们的性质在做适当的修改后，对于Δ的修正扩张仍然成立。特别地，我们有下述结果：

引理 7.1.3　令$\Delta=(D,W)$是缺省理论，S 是Δ的以 T 为检验集的 L 扩张，则$\Lambda(\mathrm{GDL}(S,\Delta),\Delta)=\mathrm{GDL}(S,\Delta)$且 $\mathrm{GDL}(S,\Delta)$是（关于Δ）相容的。

引理 7.1.4　令$\Delta=(D,W)$是缺省理论，S 是Δ的以 T 为检验集的 L 扩张，则 $\mathrm{GDL}(S,\Delta)$是Δ的一个极大强相容缺省集。

引理 7.1.5　令$\Delta=(D,W)$是缺省理论。若 $D'\subseteq D$ 是Δ的极大强相容缺省集，则 D'是Δ的一个 L 扩张的生成缺省集，即 $\mathrm{Th}(\mathrm{Con}(D'))$是$\Delta$的以 $\mathrm{Ccs}(D')$为检验集的 L 扩张。

类似于定理 3.2.1，容易证明下述定理（推论）。

定理 7.1.2（L 扩张的有穷特征）　令$\Delta=(D,W)$是缺省理论。Δ有 L 扩张，当且仅当存在 D 的子集 D'，使得 D'是极大强相容的。

推论 7.1.2　缺省理论$\Delta=(D,W)$有不协调 L 扩张，当且仅当 W 不协调。

类似于定理 3.1.3 和定理 3.3.4，容易证明 L 扩张的极小性和半单调性。

定理 7.1.3（L 扩张的极小性） 令$\Delta=(D,W)$是缺省理论。若 S 与 S'分别是Δ的以 T 与 T' 为检验集的 L 扩张，且 $S\subseteq S'$，$T\subseteq T'$，则 $S=S'$，$T=T'$。

证明 由生成缺省集的极大性和 $\mathrm{GDL}(S,\Delta)\subseteq \mathrm{GDL}(S',\Delta)$即可得证。

定理 7.1.4（半单调性） 令$\Delta=(D,W)$与$\Delta'=(D',W')$是缺省理论，且 $D\subseteq D'$，则对Δ的任意 L 扩张 S（其检验集为 T），有Δ'的 L 扩张 S'（其检验为T'），使得 $S\subseteq S'$ 且 $T\subseteq T'$。

证明 由定理 7.1.2 可证得。

一个缺省理论不一定有 Reiter 意义下的扩张，但一定有 L 扩张。

定理 7.1.5 每个缺省理论至少有一个 L 扩张。

证明 依推论 3.2.5 和定理 7.1.2 易证。

定理 7.1.6 令$\Delta=(D,W)$是缺省理论，Δ的 Reiter 意义下的任一扩张也是Δ的一个 L 扩张。

证明 令 E 是Δ的 Reiter 意义下的扩张，$\mathrm{GD}(E,\Delta)$是相应的生成缺省集。由定理 3.2.1，易见 $\mathrm{GD}(E,\Delta)$是Δ的一个极大强相容集，故 E 是Δ的 L 扩张。

注意：定理 7.1.6 的逆不真。考虑$\Delta=(\{:M\neg A/A\},\varnothing)$有唯一 L 扩张 $\mathrm{Th}(\varnothing)$，但没有 Reiter 意义下的扩张。

类似于 Reiter 意义下的扩张，下面可以给出计算缺省理论的所有 L 扩张与相应推理任务的算法。特别地，可以得到命题缺省理论的一个证明论。

定义 7.1.5 令 S 是任一语句集，D 是任意一缺省集，称缺省 $d=A:MB_1,\cdots,MB_n/C$ 关于 D 是 d 可应用的，记作 S-$\mathrm{Appl}(d, D)$，当且仅当

（1）$S\vdash A$；

（2）不存在 $F\in \mathrm{Ccs}(D)\cup\{B_1,\cdots,B_n\}$，使得 $S\cup\{C\}\vdash\neg F$。

定义 7.1.6 令 S 是任意语句集，称缺省序列$\langle d_i\rangle_{0\leqslant i}$是 S-可应用的，当且仅当$\langle d_i\rangle_{0\leqslant i}$是空序列，或者

（1）S-$\mathrm{Appl}(d_0,\varnothing)$；

（2）对任意 $i>0$，$(S\cup \mathrm{Con}(D_i))$-$\mathrm{Appl}(d_i, D_i)$成立，其中，$D_i=\{d_0,\cdots,d_{i-1}\}$。

定义 7.1.7 令 S 是任意语句集，称缺省集 D 是 S-可应用的，当且仅当存在 D 的所有缺省构成的一个序列$\langle d_i\rangle_{0\leqslant i}$，使得$\langle d_i\rangle_{0\leqslant i}$是 S-可应用的。

定义 7.1.8 令 D 与 D'是缺省集且 $D'\subseteq D$，S 是语句集，称 D'关于 D 是 S-极大可应用的，当且仅当

（1）D'是 S-可应用的；

（2）对任意 $D''\subseteq D$，若 D'' 是 S-可应用的且 $D'\subseteq D''$，则 $D''=D'$。

引理 7.1.6　对于缺省理论Δ=(D,W)，$D'\subseteq D$ 关于 D 是 W-极大可用的，当且仅当 D'是Δ的极大强相容集。

证明　证明条件“仅当”：依定义 7.1.5 与定义 7.1.6，若 D'为空集，则$\Lambda(D',\Delta)=D'$。显然，D'是Δ的极大强相容集。若 $D'\neq\varnothing$，设$<d_i>_{0\leqslant i}$是 D'的所有元素构成的 W-极大可应用序列。依定义 7.1.5～定义 7.1.8，归纳地证明，对任意 $i>0$，$\{d_0,\cdots,d_{i-1}\}\subseteq(D')_{i-1}$，从而$\{d_i|i\geqslant 0\}=\Lambda(D',\Delta)$。因此，$\Lambda(D',\Delta)=D'$。

若 D'不相容，则有某 $k\geqslant 0$ 和某集合 $B\in \mathrm{Ccs}(\{d_k\})$，使得 $W\cup \mathrm{Con}(D')\vdash\neg B$。依一阶逻辑的紧性定理，存在某 $j\geqslant 0$，使得$\{d_0,\cdots,d_j\}\subseteq D'$且 $W\cup \mathrm{Con}(\{d_0,\cdots,d_j\})\vdash\neg B$。

令 $p=\max(j, k)$，则容易看出 $W\cup \mathrm{Con}(\{d_0,\cdots,d_p\})\vdash\neg B$ 且 d_p 关于 $W\cup \mathrm{Con}(\{d_0,\cdots,d_{p-1}\})$是不可应用的，矛盾。

类似地，由$<d_i>_{0\leqslant i}$的极大可应用性知，D'是Δ的极大强相容集。

证明条件“当”：构造$<d_i>_{0\leqslant i}$如下。

若 $D'=\varnothing$，则$<d_i>$为空序列。此时易知，$<d_i>_{0\leqslant i}$关于 D 是 W-极大可应用的。

若 $D'\neq\varnothing$，因为 D'是极大强相容的，依定义 3.2.1，$D'=\Lambda(D',\Delta)=\cup_{0\leqslant n}(D)_i$。令$(D)_i=\{d^{i0},\cdots,d^{in},\cdots\}$，用对角线方法构造$<d_i>_{0\leqslant i}$如下。

$$d_0=d^{00},\ d_1=d^{11},\ d_2=d^{22},\ \cdots$$

由 D'的极大强相容性，容易证明$<d_i>_{0\leqslant i}$是关于 D 的 W-极大可应用序列。

定义 7.1.9　令Δ=(D,W)是缺省理论，A 是一语句。D 中某些缺省构成的有穷序列$<d_0,\cdots,d_n>$是 A 关于Δ的一缺省证明，当且仅当

（1）$<d_0,\cdots,d_n>$是 W-可应用的；

（2）$W\cup \mathrm{Con}(\{d_0,\cdots,d_n\})\vdash A$。

定理 7.1.7　令Δ=(D,W)是缺省理论。若 D 的某子集 D'关于 D 是 W-极大可应用的，则 $\mathrm{Th}(W\cup \mathrm{Con}(D'))$是$\Delta$的 L 扩张（以 $\mathrm{Ccs}(D')$为检验集）。反之，若 S 是Δ的以 T 为检验集的 L 扩张，则有 D 的子集 D'，使得

（1）$S=\mathrm{Th}(W\cup \mathrm{Con}(D'))$；

（2）$T=\mathrm{Ccs}(D')$；

（3）D'关于Δ是 W-极大可应用的。

证明　由定理 7.1.2 与定理 7.1.6 即可得证。

定理 7.1.8　语句 A 是缺省理论Δ=(D,W)的某个 L 扩张的一个成员当且仅当 A 有关于Δ的缺省证明。

证明　证明条件“当”：由定义 7.1.7，设$<d_0,\cdots,d_n>$是 A 关于Δ的缺省证明，则它关于 D 是 W-极大可应用的。由定理 7.1.7 与定理 7.1.4 易知，A 是缺省理论

$\Delta=(D,W)$的某个 L 扩张的一个成员。

证明条件“仅当”：直接从定理 7.1.7 导出。

7.2 断言缺省理论

在 7.1 节中，定义修正扩张使用了两个算子，其中一个用来保持所有应用过的缺省的检验的踪迹，它也是修正扩张的全体信念的依据。这一方面启示我们引入一种新的逻辑，在这种逻辑中，代替一阶公式定义一种更复杂的结构——断言，它包含用来导出信念的所有缺省的检验与结论。例如，在例 7.0.4 中区分对 Pet 的两种信念：信念 Pet 是因为 Bird 是协调的（因而被相信）；信念 Pet 是独立地相信 Pet。另一方面，因为协调性条件是新逻辑中所谓断言的一部分，从而容易处理多重不协调检验。称这样的缺省理论为断言缺省理论，其相应的缺省逻辑为断言缺省逻辑（ADL）。

定义 7.2.1 令 $P, r_0,\cdots,r_n$ 是一阶公式，称$<P:\{r_0,\cdots,r_n\}>$为一断言，$\{r_0,\cdots,r_n\}$为此断言的支承。

断言$<P:\{r_0,\cdots,r_n\}>$也记作$<P:J>$，其中 $J=\{r_0,\cdots,r_n\}$。

直观上，断言由一个一阶公式 P 与相信这公式的理由$\{r_0,\cdots,r_n\}$组成。即 P 是可相信的，因为 $r_0\wedge\cdots\wedge r_n$ 是与 P 和其他被相信的公式的检验条件相协调的。

定义 7.2.2 令 W 是断言集，称

- $\text{Form}(W)=\{P|<P:\{r_0,\cdots,r_n\}>\in W\}$为 W 的断言公式；
- $\text{Supp}(W)=\{r|<P:\{r_0,\cdots,r_n\}>\in W，r\in\{r_0,\cdots,r_n\}\}$为 W 的支承。

定义 7.2.3 一断言缺省理论（ADT）是对子(D,W)，其中 D 是 Reiter 意义下的缺省集，W 是断言集。

下面将一阶缺省逻辑相容关系拓广到断言中。

定义 7.2.4 令 S 是一断言集，$\text{Th}_S(S)$（S 的支承定理集）是满足下述条件的最小集合：

（1）$S\subseteq\text{Th}_S(S)$；

（2）若$<P_1,J_1>,\cdots,<P_k,J_k>\in\text{Th}_S(S)$，且 $P_1,\cdots,P_k\vdash q$，则$<q:J_1\cup\cdots\cup J_k>\in\text{Th}_S(S)$；

（3）$<\top:\varnothing>\in\text{Th}_S(W)$。

其中，$\vdash$代表经典的一阶可导出性。

显然 Th_S 是单调的和累积的，且对任一断言集 S，$\text{Th}_S(\text{Th}_S(S))=\text{Th}_S(S)$。

7.2.1 累积缺省逻辑

用类似于 L 扩张的方式定义断言缺省理论的累积缺省逻辑（CDL）扩张，不同的是，代替对每一被使用的缺省作各自独立（或分布）的协调性检验，对所有被使用的缺省的整体（或联合）做协调性检验。因而 CDL 扩张满足预设（即联合协调性），并且保证了扩张的存在性，半单调性及累积性，称这种逻辑为累积缺省逻辑。

为简便，本节总假定缺省是具单一检验的，即形如 $A{:}MB/C$ 的。事实上，由满足预设的要求易知，缺省 $A{:}MB_1,\cdots,MB_n/C$ 的可应用性与 $\{A{:}MB_i/C|1\leqslant i\leqslant n\}$ 的可应用性是等价的。

定义 7.2.5 断言缺省理论(D,W)的扩张（CDL 扩张）是算子Γ的一个不动点，当给定断言集 S 时，此算子确定一个最小的断言集 S'，使得

（1）$W\subseteq S'$；

（2）S'是演绎封闭的，即 $\mathrm{Th}_S(S')=S'$；

（3）若 $A{:}MB/C\in D$，$<A{:}\{r_0,\cdots,r_k\}>\in S'$，且$\{B,C\}\cup\mathrm{Form}(S)\cup\mathrm{Supp}(S)$协调，则 $<A{:}\{r_0,\cdots,r_k,B,C\}>\in S'$。

例 7.0.2（续） 设 Broken(Left-arm)∨Broken(Right-arm)是不需任何理由而被相信的（即具空支承的信念），则得到一个断言缺省理论$\Delta=(D,W)$，其中，

$$D=\{{:}M\mathrm{Usable}(x)\wedge\neg\mathrm{Broken}(x)/\mathrm{Usable}(x)\}$$

$$W=\{<\mathrm{Broken(Left\text{-}arm)}\vee\mathrm{Broken(Right\text{-}arm)}{:}\varnothing>\}$$

它有两个 CDL 扩张，一个包含<Usable(Left-arm):{Usable(Left-arm)∧¬Broken(Left-arm)}>；另一个包含<Usable(Right-arm):{Usable(Right-arm)∧¬Broken(Right-arm)}>。

定义 7.2.6 断言缺省理论(D,W)是良基的，当且仅当 $\mathrm{Form}(W)\cup\mathrm{Supp}(W)$协调。

下述引理是显然的。

引理 7.2.1 令$\Delta=(D,W)$是良基的 ADT，E 是Δ的 CDL 扩张，则 $\mathrm{Form}(W)\cup\mathrm{Supp}(W)$协调。

引理 7.2.2 令$\Delta=(D,W)$是良基的，E 是Δ的包含$<P{:}J>$的 CDL 扩张，则$\Delta'=(D,W\cup\{<P{:}J>\})$是良基的。

用类似于定理 3.1.2 的方式容易导出 CDL 扩张的准归纳特征。

定理 7.2.1 E 是断言缺省理论$\Delta=(D,W)$的 CDL 扩张当且仅当 $E=\cup_{0\leqslant i}E_i$，其中

- $E_0=W$；

- 对 $i\geqslant 0$，$E_{i+1}=\mathrm{Th}_S(E_i)\cup\{<C:\{r_0,\cdots,r_k,B,C\}>|A:MB/C\in D, <A:\{r_0,\cdots,r_k\}>\in E_i$，且 $\{B,C\}\cup \mathrm{Form}(E)\cup \mathrm{Supp}(E)$ 协调}。

证明（梗概） 定义算子 $\theta(S,\Delta)=\cup_{0\leqslant i}S_i$，其中

- $S_0=W$；
- $i\geqslant 0$，$S_{i+1}=\mathrm{Th}_S(S_i)\cup\{<C:\{r_0,\cdots,r_k, B,C\}> \mid A:MB/C\in D, <A:\{r_0,\cdots,r_k\}>\in S_i$，且 $\{B,C\}\cup \mathrm{Form}(S)\cup \mathrm{Supp}(S)$ 协调}；
- $\mathrm{GD}(\theta(S,\Delta),\Delta)=\{A:MB/C\in D \mid A\in \mathrm{Form}(\theta(S,\Delta))$，$\{B,C\}\cup \mathrm{Form}(S)\cup \mathrm{Supp}(S)$ 协调}。

易知，θ是反单调算子，即若 $S'\subseteq S$，则 $\theta(S,\Delta)\subseteq\theta(S',\Delta)$，且

（1）$\mathrm{GD}(\theta(S,\Delta),\Delta)\subseteq \mathrm{GD}(\theta(S',\Delta),\Delta)$；

（2）$\theta(S,\Delta)=\mathrm{Th}_S(W\cup\{<C:\{r_0,\cdots,r_k,B,C\}>\}|A:MB/C\in \mathrm{GD}(\theta(S,\Delta),\Delta),<A:\{r_0,\cdots,r_k\}>\in \theta(S,\Delta))$。

显然，$E=\cup_{0\leqslant i}E_i$ 当且仅当 $\theta(E,\Delta)=E$。于是，只需证明对任意断言集 S，$\Gamma(S)=\theta(S,\Delta)$。

施归纳法易证，对一切 $i\geqslant 0$，$S_i\subseteq\Gamma(S)$，因此 $\theta(S,\Delta)\subseteq\Gamma(S)$。根据 $\Gamma(S)$ 的极小性，$\Gamma(S)\subseteq\theta(S,\Delta)$。因此，$\Gamma(S)=\theta(S,\Delta)$，定理获证。

定义 7.2.7 设 E 是断言缺省理论 $\Delta=(D,W)$ 的 CDL 扩张，称集合

$$\{A:MB/C\in D|A\in \mathrm{Form}(E),\{B,C\}\cup \mathrm{Form}(E)\cup \mathrm{Supp}(E)\text{协调}\}$$

为 E 的生成缺省集，记作 $\mathrm{GD}_B(E,\Delta)$（当不致混淆时，省去下标 B 而记作 $\mathrm{GD}(E,\Delta)$）。

由定理 7.2.1 可得下述推论。

推论 7.2.1 设 E 是 $\Delta=(D,W)$ 的 CDL 扩张，E_i（$i\geqslant 0$）如定理 7.2.1 所述，则

（1）$E_0=W$；

（2）对 $i\geqslant 0$，$E_{i+1}=\mathrm{Th}_S(E_i)\cup\{<C:\{r_0,\cdots,r_k,B,C\}>|A:MB/C\in \mathrm{GD}_B(E,\Delta), <A: \{r_0,\cdots, r_k\}>\in E_i\}$；

（3）$E=\mathrm{Th}_S(W\cup\{<C:\{r_0,\cdots,r_k,B,C\}>| A:MB/C\in \mathrm{GD}_B(E,\Delta), <A:\{r_0,\cdots,r_k\}>\in E\})$。

推论 7.2.2 若 E 是 $\Delta=(D,W)$ 的 CDL 扩张，则

$$\mathrm{Form}(E)=\mathrm{Th}_S(W\cup \mathrm{Con}(\mathrm{GD}_B(E,\Delta)))$$

$$\mathrm{Supp}(E)=\mathrm{Supp}(W)\cup \mathrm{Ccs}(\mathrm{GD}_B(E,\Delta))\cup \mathrm{Con}(\mathrm{GD}_B(\mathrm{E},\Delta))$$

为导出 CDL 扩张的有穷特征，类似于定义 3.2.1 和定义 3.2.2，我们引入 ADT 的 Λ 算子与联合相容缺省集的概念。

定义 7.2.8 令 $\Delta=(D,W)$ 是 ADT，对任意 $D'\subseteq D$，$\Lambda(D',\Delta)=\cup_{0\leqslant i}D'_i(\Delta)$，其中，

$$D'_0(\Delta)=\{A:MB/C \mid \mathrm{Form}(W)\vdash A\}$$

$$\text{对 } i\geqslant 0,\ D'_{i+1}(\Delta)=\{A:MB/C \mid \mathrm{Form}(W)\cup \mathrm{Con}(D'_i(\Delta))\vdash A\}$$

显然，Λ是单调的，即若 $D'\subseteq D''\subseteq D$，则$\Lambda(D',\Delta)\subseteq\Lambda(D'',\Delta)$。

注：当不致混淆时，可以用$\Lambda(D')$代替$\Lambda(D',\Delta)$。

引理 7.2.3 令$\Delta=(D,W)$是 ADT，对任意 $D'\subseteq D$ 与 $d=A:MB/C\in D$，有

（1）$\Lambda(D')\subseteq D'$；

（2）$\Lambda(\Lambda(D'))=\Lambda(D')$；

（3）若$\Lambda(D')=D'$，则$\Lambda(D'\cup\{d\})=D'\cup\{d\}$，当且仅当 $\mathrm{Form}(W)\cup\mathrm{Con}(D')\vdash A$。

证明 （1）显然易得。

（2）由Λ的单调性可得$\Lambda(\Lambda(D'))\subseteq\Lambda(D')\subseteq D'$。施归纳法易证，对一切 $i\geqslant 0$，$(D'_i)\subseteq(\Lambda(D'))_i$。因此，$\Lambda(D')\subseteq\Lambda(\Lambda(D'))$。

（3）类似于（2）易证。

定义 7.2.9 令$\Delta=(D,W)$是 ADT，对任意 $D'\subseteq D$，若 $\mathrm{Form}(W)\cup\mathrm{Supp}(W)\cup\mathrm{Ccs}(D')\cup\mathrm{Con}(D')$是相容的，则称 D'是联合相容的（关于Δ）。若 D'是联合相容的且不存在联合相容的 D''，使得 $D'\subset D''$，则称 D'是极大联合相容的。

引理 7.2.4 设$\Delta=(D,W)$是 ADT，E 是Δ的 CDL 扩张，则

（1）$\mathrm{GD}(E,\Delta)$是联合相容的；

（2）$\Lambda(\mathrm{GD}(E,\Delta))=\mathrm{GD}(E,\Delta)$；

（3）不存在联合相容的 $D'\subseteq D$，使得$\Lambda(D')=D'$且 $\mathrm{GD}(E,\Delta)\subset D'$。

证明 （1）由引理 7.2.1 与推论 4.2.1 可证得。

（2）显然，$\Lambda(\mathrm{GD}(E,\Delta))\subseteq\mathrm{GD}(E,\Delta)$。只需证明，$\mathrm{GD}(E,\Delta)\subseteq\Lambda(\mathrm{GD}(E,\Delta))$。

令 E_i（$i\geqslant 0$）如定理 7.2.1 所述。对任意 $A:M\,B/C\in\mathrm{GD}(E,\Delta)$，由 $A\in\mathrm{Form}(E)$，故存在某个 $i\geqslant 0$，使得 $A\in\mathrm{Form}(E_i)$。由推论 7.2.1 与引理 7.2.3，施归纳法易证：对任意 $i\geqslant 0$，若 $A\in\mathrm{Form}(E_i)$，则 $A:MB/C\in\Lambda(\mathrm{GD}(E,\Delta))$。

因此，$\mathrm{GD}(E,\Delta)\subseteq\Lambda(\mathrm{GD}(E,\Delta))$。

（3）设有联合相容的 $D'\subseteq D$，使得$\Lambda(D')=D'$且 $\mathrm{GD}(E,\Delta)\subset D'$。根据推论 7.2.2 与 D'的联合相容性，则对任意 $A:MB/C\in D'$，$\{B,C\}\cup\mathrm{Form}(W)\cup\mathrm{Supp}(W)$是协调的。

施归纳法易证：对一切 $i\geqslant 0$，$D'_i(\Delta)\subseteq\mathrm{GD}(E,\Delta)$。因此$\Lambda(D')\subseteq\mathrm{GD}(E,\Delta)$。

依假设$\Lambda(D')=D'$，故 $D'=\mathrm{GD}(E,\Delta)$，与假设 $\mathrm{GD}(E,\Delta)\subset D'$矛盾。

引理 7.2.5 设$\Delta=(D,W)$是 ADT。若 $D'\subseteq D$ 是联合相容的，$\Lambda(D')=D'$，不存在联合相容的 D''，使得$\Lambda(D')=D''$且 $D'\subset D''$ 成立，则Δ有 CDL 扩张 E，使得 $\mathrm{GD}(E,\Delta)=D'$。

证明（梗概） 由 D'的联合相容性知Δ是良基的，令 $E=\cup_{0\leqslant i}F_i$，其中

- $F_0=W$；
- 对 $i\geqslant 0$，$F_{i+1}=\mathrm{Th}_S(F_i)\cup\{<C:\{r_0,\cdots,r_k,B,C\}>\mid A:MB/C\in D'_i(\Delta), <A:\{r_0,\cdots,$

$r_k\}>\in F_i\}$。

由 D'的联合相容性及$\Lambda(D')=D'$，易知 $F_i(i\geqslant 0)$是合式定义的，因此 E 是合式定义的。

施归纳法易证：

（1）$E=\mathrm{Th}_S(W\cup\{<C:\{r_0,\cdots,r_k,B,C\}>\mid A:MB/C\in D'，<A:\{r_0,\cdots,r_k\}>\in E\})$；

（2）$\mathrm{Form}(E)=\mathrm{Th}_S(W\cup \mathrm{Con}(D'))$；

（3）$\mathrm{Supp}(E)=\mathrm{Supp}(W)\cup \mathrm{Ccs}(D')\cup \mathrm{Con}(D')$；

（4）$\mathrm{Form}(E)\cup \mathrm{Supp}(E)$协调。

以（1）为例，记此式等号右边的式子为 Q。

首先，易知，对任意 $i\geqslant 0$，$F_i\subseteq Q$，从而 $E\subseteq Q$。

其次，由 $W\subseteq E$，对任意 $A:MB/C\in D'$，若$<A:\{r_0,\cdots,r_k\}>\in E$，则存在某个 $i\geqslant 0$，使得$<A:\{r_0,\cdots,r_k\}>\in F_i$。因为 $D'=\Lambda(D')$，故有 $j\geqslant 0$，使得 $A:MB/C\in D'_j(\Delta)$。令 $k=\max(i,j)$，根据 F_i 的单调性，$<C:\{r_0,\cdots,r_k\}>\in F_{k+1}$，因此 $Q\subseteq E$。故 $Q=E$，即（1）为真。

为证 E 是Δ的 CDL 扩张，根据定理 7.2.1，只需证$\theta(E,\Delta)=E$。注意，$\theta(E,\Delta)=\cup_{0\leqslant i}E_i$，其中，

- $E_0=W$；
- 对 $i\geqslant 0$，$E_{i+1}=\mathrm{Th}_S(E_i)\cup\{<C:\{r_0,\cdots,r_k,B,C\}>|A:MB/C\in D, <A:\{r_0,\cdots,r_k\}>\in E_i$ 且$\{B,C\}\cup \mathrm{Form}(E)\cup \mathrm{Supp}(E)$协调$\}$。

首先施归纳法证，对任意 $i\geqslant 0$，$F_i\subseteq E_i$，从而 $E\subseteq\theta(E,\Delta)$。

基始　$F_0=E_0=W$。

归纳　设$F_i\subseteq E_i$，则$\mathrm{Th}_S(F_i)\subseteq \mathrm{Th}_S(E_i)$。对任意$A:MB/C\in D'_i(\Delta)$且$<A:\{r_0,\cdots,r_k\}>\in F_i$，依归纳假设，我们有$<A:\{r,\cdots,r_k\}>\in E_i$。由（2）～（4）知，$\{B,C\}\cup \mathrm{Form}(E)\cup \mathrm{Supp}(E)$协调，故$<C:\{r_0,\cdots,r_k,B,C\}>\in E_{i+1}$。

所以，$F_{i+1}\subseteq E_{i+1}$。

其次，施归纳法证：对一切 $i\geqslant 0$，$E_i\subseteq E$，从而$\theta(E,\Delta)\subseteq E$。

基始　$E_0=W\subseteq E$。

归纳　设 $E_i\subseteq E$，则 $\mathrm{Th}_S(E_i)\subseteq \mathrm{Th}_S(E)=E$。对任意 $A:MB/C\in D$，若$<A:\{r_0,\cdots,r_k\}>\in F_i$ 且 $\{B,C\}\cup \mathrm{Form}(E)\cup \mathrm{Supp}(E)$ 协调，则依归纳假设$<A:\{r_0,\cdots,r_k\}>\in E$。因此，$<C:\{r_0,\cdots,r_k,B,C\}>\in E$［依前面（1）式］，此时，$E_{i+1}\subseteq E$。

综上所述，引理获证。

由引理 7.2.4 与引理 7.2.5 可得 CDL 扩张的如下有穷特征。

定理 7.2.2　设$\varDelta=(D,W)$是良基的 ADT，$\varDelta$有 CDL 扩张当且仅当存在$D'\subseteq D$，使得

（1）D'是联合相容的；

（2）$\varLambda(D')=D'$；

（3）D'关于性质（1）与性质（2）是极大的，即不存在联合相容的$D''\subseteq D$，使得$\varLambda(D'')=D''$且$D'\subset D''$。

注意到$\varLambda$算子的单调性及下述事实：若 $D\subseteq D''$，且D''联合相容，则 D'也联合相容，我们易获下述结果。

引理 7.2.6　设$\varDelta=(D,W)$是良基的 ADT，令

$$\mathrm{MJC}(\varDelta)=\{D'\subseteq D|D'\text{是使得}\varLambda(D')=D'\text{且}D'\text{联合相容的极大集}\}$$

则$\mathrm{MJC}(\varDelta)\neq\varnothing$。

定理 7.2.3　CDL 是单调的，即对断言缺省理论$\varDelta'=(D',W)$和任一缺省集$D:D'\subseteq D$，若E'是$\varDelta'$的 CDL 扩张，则存在$\varDelta=(D,W)$的 CDL 扩张E，使得$E'\subseteq E$。

证明　若$\mathrm{Form}(W)\cup\mathrm{Supp}(W)$不协调，则$\varDelta'$与$\varDelta$都不是良基的。显然，$\mathrm{Th}_S(W)$是它们的唯一 CDL 扩张，定理成立。

若$\mathrm{Form}(W)\cup\mathrm{Supp}(W)$协调，则$\varDelta'$与$\varDelta$是良基的。由于$\mathrm{GD}(E',\varDelta')\subseteq D$，故存在$D^*\in\mathrm{MJC}(\varDelta)$，使得$\mathrm{GD}(E',\varDelta')\subseteq D^*$。依定理 7.2.2，有$\varDelta$的 CDL 扩张$E$，使得$\mathrm{GD}(E,\varDelta)\subseteq D^*$，因此$E'\subseteq E$。

定理 7.2.4　每个断言缺省理论$\varDelta=(D,W)$有扩张。

证明　令$\varDelta'=(\varnothing,W)$。显然，$\mathrm{Th}_S(W)$是$\varDelta'$的 CDL 扩张。依定理 4.2.6，$\varDelta$有 CDL 扩张$E$，使得$\mathrm{Th}_S(W)\subseteq E$。

7.2.2　CDL 推理的局部性与累积性

对于 CDL 推理的一种局部性质，即给定断言缺省理论$\varDelta=(D,W)$和其扩张E，判定一断言$\langle A,R\rangle$是否属于E，可以由$\varDelta$的某个子断言缺省理论确定，其中A是公式，R是有穷公式集。

由定理 7.2.2 易获下述引理。

引理 7.2.7　设$\varDelta=(D,W)$是 ADT 且$\mathrm{Form}(W)\cup\mathrm{Supp}(W)\cup\mathrm{Ccs}(D)\cup\mathrm{Con}(D)$协调，则$\varDelta$存在唯一 CDL 扩张$E$且$\mathrm{GD}(E,\varDelta)=\varLambda(\mathrm{GD}(E,\varDelta))$。

证明　易知，$\varLambda(\mathrm{GD}(E,\varDelta))$满足定理 7.2.2 中的条件，且它是唯一满足这些条件的D的子集，因此$\varDelta$有唯一 CDL 扩张E且$\mathrm{GD}(E,\varDelta)=\varLambda(\mathrm{GD}(E,\varDelta))$。

引理 7.2.8　设$\varDelta=(D,W)$是有穷 ADT（即W与D均为有穷集合），E是$\varDelta$的 CDL

扩张且$<A:R>\in E$，则$<A, \mathrm{Supp}(E)>\in E$。

证明 因为E是Δ的扩张，根据推论7.2.2，有

$$\mathrm{Form}(E)=\mathrm{Th}_S(W\cup \mathrm{Con}(\mathrm{GD}(\mathrm{E},\Delta)))$$
$$\mathrm{Supp}(E)=\mathrm{Supp}(W)\cup \mathrm{Ccs}(\mathrm{GD}(E,\Delta))\cup \mathrm{Con}(\mathrm{GD}(E,\Delta))$$

由于Δ是有穷的 ADT，故 $W\cup \mathrm{Con}(\mathrm{GD}(E,\Delta))$和 $\mathrm{Supp}(E)$都是有穷的。因为$<A:R>\in E$，所以$W\cup \mathrm{Con}(\mathrm{GD}(E,\Delta))\vdash A$且$R\subseteq \mathrm{Supp}(E)$。因此，

$$<A,R\cup \mathrm{Supp}(E)>=<A, \mathrm{Supp}(E)>\in E$$

定义 7.2.10 令R是公式集，D是缺省集，V是断言集，记

$$D[R]=\{A:MB/C\in D|\{B,C\}\subseteq R\}$$
$$V[R]=\{<A:J>\in V|J\subseteq R\}$$

引理 7.2.9 令$\Delta=(D,W)$是良基的 ADT，$E=\cup_{0\leqslant i}E_i$是Δ的 CDL 扩张，$\mathrm{GD}(E,\Delta)=D'$且R是协调公式集，则$\Delta_{E,R}=(D[R],W[R])$有唯一扩张$F=\cup_{0\leqslant i}F_i$，使得$F_i=E_i[R]$且$F=E[R]$。

证明 显然，$D'[R]$关于$\Delta_{E,R}$是联合相容的。根据引理7.2.7，$\Delta_{E,R}$有唯一扩张$F=\cup_{0\leqslant i}F_i$。

施归纳法易证：对任意$i\geqslant 0$，$E_i[R]=F_i$，因此，$E[R]=F$。事实上，因为$E_0[R]=W[R]=F_0$，故基始步是显然的。归纳步容易由推论7.2.1与推论7.2.2证明。

引理 7.2.10 令$\Delta=(D,W)$是有穷的 ADT，D'是Δ的一个 CDL 扩张E的生成缺省集，$<A:R>$是一断言且R是协调的。令$\Delta_R=(D[R],W[R])$，则$<A:R>\in E$当且仅当下述条件满足：

（1）$\mathrm{Form}(W[R])\cup \mathrm{Con}(\Lambda(D'[R],\Delta_R))\vdash A$；

（2）$\mathrm{Supp}(W[R])\cup \mathrm{Ccs}(\Lambda(D'[R],\Delta_R))\cup \mathrm{Con}(\Lambda(D'[R],\Delta_R))=R$。

证明 由引理7.2.9，易知，Δ_R有唯一扩张$F=E[R]$。

证明条件“当”：根据条件（2）与推论7.2.2，有$\mathrm{Supp}(F)=R$。由条件（1）与推论7.2.2及定理1.3.1，存在某有穷公式集J，使得$<A:J>\in F$。因为$\mathrm{Supp}(F)=R$，由引理7.2.8可知，$<A:R>\in F$。再由引理7.2.9，易知$F\subseteq E$，故$<A:R>\in E$。

证明条件“仅当”：设$<A:R>\in E$。显然，$<A:R>\in E[R]$，因此$<A:R>\in F$。由推论7.2.2易知，条件（1）被满足且$R\subseteq \mathrm{Supp}(W[R])\cup \mathrm{Ccs}(\Lambda(D'[R],\Delta_R))\cup \mathrm{Con}(\Lambda(D'[R],\Delta_R))$。另外，由定义7.2.10可得上述包含关系的反关系亦成立，从而条件（2）被满足。

由引理7.2.10，我们得到 CDL 推理的“局部性质”：判定断言$<A:R>$是否属于$\Delta=(D,W)$的一个扩张的问题可归约于判定$<A:R>$是否属于$\Delta_R=(D[R],W[R])$的某个扩张的问题。

定理 7.2.5　令$\Delta=(D,W)$是有穷的良基 ADT，$<A:R>$是一断言：

（1）若 $R\cup \mathrm{Form}(W)\cup \mathrm{Supp}(W)$不协调，则$<A,R>$不属于$\Delta$的任何 CDL 扩张。

（2）若 $R\cup \mathrm{Form}(W)\cup \mathrm{Supp}(W)$协调，则

① $\Delta_R=(D[R],W[R])$有唯一 CDL 扩张 F；

② $\mathrm{GD}(F,\Delta_R)=\Lambda(D[R],\Delta_R)$；

③ $<A:R>$属于Δ的某个 CDL 扩张当且仅当$<A:R>\in F$。

证明　（1）若$<A:R>$属于Δ的某个 CDL 扩张，则 $R\subseteq \mathrm{Supp}(E)$。依推论 4.2.1，$R\cup \mathrm{Form}(W)\cup \mathrm{Supp}(W)$协调，矛盾。

（2）证明①和②。

若 $R\cup \mathrm{Form}(W)\cup \mathrm{Supp}(W)$协调，则根据引理 7.2.1，$\Delta_R$有唯一 CDL 扩张 F，且 $\mathrm{GD}(F,\Delta_R)=\Lambda(D[R],\Delta_R)$。

③ 现证$<A:R>$属于Δ的某个 CDL 扩张，当且仅当$<A:R>\in F$。

证明条件“当”：设$<A:R>\in F$。对$\Delta'R=(D[R],W)$，因为 $\mathrm{Form}(W)\cup \mathrm{Supp}(W)\cup \mathrm{Ccs}(D[R])\cup \mathrm{Con}(D[R])$协调，根据引理 7.2.7，$\Delta'_R$存在唯一的 CDL 扩张 F'，使得 $\mathrm{GD}(F',\Delta'_R)=\Lambda(D[R],\Delta'_R)$。

因为 $W[R]\subseteq W$，施归纳法易证：对任意 $i\geqslant 0$，$D[R]_i(\Delta_R)\subseteq D[R]_i(\Delta'_R)$。类似地容易归纳证明：对任意 $i\geqslant 0$，$F_i\subseteq F'_i$。

因此，$\Lambda(D[R],\Delta_R)\subseteq\Lambda(D[R],\Delta'_R)$且 $F\subseteq F'$。因为 $D[R]\subseteq D$，依 CDL 扩张的半单调性，则存在Δ的 CDL 扩张 E，使得 $F'\subseteq E$，因此$<A:R>\in E$。

证明条件“仅当”：设 E 是Δ的扩张，使得$<A:R>\in E$，令 $D'=\mathrm{GD}(E,\Delta)$。根据引理 7.2.7，$\Delta'_R=(D[R],W[R])$存在唯一 CDL 扩张 F'，使得 $\mathrm{GD}(F',\Delta')=\Lambda(D'[R],\Delta')=\Lambda(D'[R],\Delta_R)$。

再由引理 7.2.9 得到

$$\mathrm{Form}(W[R])\cup \mathrm{Con}(\Lambda(D'[R],\Delta_R))\vdash A$$

$$\mathrm{Supp}(W[R])\cup \mathrm{Ccs}(\Lambda(D'[R],\Delta_R))\cup \mathrm{Con}(\Lambda(D'[R],\Delta_R))=R$$

由推论 7.2.2，有 $A\in \mathrm{Form}(F')$。因为$\Lambda(D'[R],\Delta_R)\subseteq D[R]$，根据扩张的半单调性，$\Delta_R=(D[R],W[R])$有一 CDL 扩张包含 F。已经证明，Δ_R有唯一扩张 F，故 $A\in \mathrm{Form}(F)$且 $R\subseteq \mathrm{Supp}(F)$。依$\Delta_R$的定义有 $R=\mathrm{Supp}(F)$。由引理 7.2.8，$<A:\mathrm{Supp}(F)>=<A,R>\in F$。

上述定理使我们能够设计 CDL 中冒险推理的相对有效的算法。

可以证明 CDL 的具有累积性，即

定理 7.2.6　令$\Delta=(D,W)$是 ADT。若有Δ的 CDL 扩张 F 包含$<A:R>$，则 E 是Δ的包含$<A:R>$的 CDL 扩张，当且仅当 E 是$\Delta'=(D,W\cup\{<A:R>\})$的 CDL 扩张。

证明 不失一般性，设Δ是良基的。事实上，若Δ不是良基的，则它有唯一 CDL 扩张 $Th_S(W)$。此时Δ'也不是良基的，并有唯一 CDL 扩张 $Th_S(W\cup\langle A:R\rangle)$。因为$\langle A:R\rangle\in Th_S(W)$，从而$\Delta$与$\Delta'$有完全相同的扩张。

若$\langle A:R\rangle\in W$，则定理显然成立。于是只需对Δ是良基的且$\langle A:R\rangle\notin W$的情形证明此定理。

证明条件“仅当”：令 $D'=GD(E,\Delta)=\cup_{0\leqslant i}D'_i(\Delta)$。因为$\langle A:R\rangle\in E$，故 D'关于Δ'是联合相容的。施归纳法易证，对一切 $i\geqslant 0$，$D'_i(\Delta)\subseteq D'_i(\Delta')$。因此 $D'=\cup_{0\leqslant i}D'_i(\Delta)\subseteq\cup_{0\leqslant i}D'_i(\Delta')=\Lambda(D',\Delta')$。因此，$D'=\Lambda(D',\Delta')$。

对任意 $D^*\subseteq D$，若 $D'\subseteq D^*$，$\Lambda(D^*,\Delta')=D^*$且 D^*关于Δ'是联合相容的，则由$\langle A:R\rangle\in E$ 可知，D^*关于Δ也是联合相容的。

因为$A\in Form(E)$，依定理 1.3.1，有$A\in Form(W)$或有 i（$1\leqslant i\leqslant n$）和 $A_i:MB_i/C_i\in D'$，使得 $Form(W)\cup\{C_1,\cdots,C_n\}\vdash A$。

因此存在 $k\geqslant 0$，使得对任意 $i:1\leqslant i\leqslant n$，$A_i:MB_i/C_i\in D'_k(\Delta)$。

施归纳法易证，对任意 $i\geqslant 0$，$D^*_i(\Delta)\subseteq D'_{i+k+1}(\Delta)$（$k\geqslant 0$）。因此，$\Lambda(D^*,\Delta')\subseteq\Lambda(D',\Delta)$，即 $D^*\subseteq D'$。所以，$D^*=D'$。

上述事实表明，D'关于Δ'满足定理 7.2.2 的条件。因此，D'是Δ'的一个 CDL 扩张的生成缺省集。注意到$\langle A:R\rangle\in E$，故 E 是Δ'的 CDL 扩张且 $GD(E,\Delta')=D'$。

证明条件“当”：设 E 是Δ'的 CDL 扩张。

首先，由$\langle A:R\rangle\in F$ 和定理 7.2.5，$\Delta_R=(D[R],W[R])$有唯一 CDL 扩张 F 且$\langle A:R\rangle\in F$。令$\Delta'_R=(D'[R],W'[R])$，其中 $W'=W\cup\{\langle A:R\rangle\}$。

类似于对条件“仅当”的证明，易知 F 是Δ'_R的 CDL 扩张，$D^*=GD(F,\Delta_R)$是Δ'_R的 CDL 扩张 F 的生成缺省集。

因为 $R\cup Form(W')\cup Supp(W')$协调，所以 F 是Δ'_R的唯一 CDL 扩张。

其次，证明 E 是Δ的 CDL 扩张。为此，只需证：对任意 $D'\subseteq D$，有

（1）若 D'关于Δ'是联合相容的，则 D'关于Δ也是联合相容的；

（2）若$\Lambda(D',\Delta')=D'$，则$\Lambda(D',\Delta)=D'$。

首先，（1）是显然的。

其次，设$\Lambda(D',\Delta')=D'=\cup_{0\leqslant i}D'_i(\Delta)$。注意到 $D^*=\Lambda(D^*,\Delta_R)\subseteq D'$，$\langle A:R\rangle\in F$。类似于对条件“仅当”的证明，有 $A_i:MB_i/C_i\in D^*$（$1\leqslant i\leqslant n$），使得 $Form(W[R])\cup\{C_1,\cdots,C_n\}\vdash A$。

于是存在 k，使得 $A_i:MB_i/C_i\in D'_k(\Delta)$。因此，对任意 $i\geqslant 0$，$D^*_i(\Delta)\subseteq D'_{i+k+1}(\Delta)$。这表明 $D'=\Lambda(D',\Delta')=\Lambda(D',\Delta)$。

上述事实表明，D'是Δ的一个 CDL 扩张 E 的生成缺省集。因为 $D^*\subseteq D'$，所以

$F\subseteq E'$。故有 $<A:R>\in E'$，这蕴含 $E'=E$。

例 7.0.4（续）　对于 L 扩张，累积性不成立。但在 CDL 中，例 7.0.3 中的缺省理论满足累积性。它的唯一 CDL 扩张包含 $<p\vee q:\{p\}>$，增加 $<p\vee q:\{p\}>$ 到 W 中后，缺省 $p\vee q:M\neg p/\neg p$ 不能应用（因为 $\{p\}\cup\{\neg p\}$ 不协调），从而不会产生新的 CDL 扩张，这表示满足累积性。

例 7.0.5（续）　类似地，例 7.0.4 的缺省理论的 L 扩张不满足累积性。在 CDL 中，增加<Pet:{Bird}>到 W 中后，缺省 Pet:M Dog/Dog 不能应用。因为{Bird}∪{Dog}∪{Dog→¬Bird}不协调，所以也不会产生新的 CDL 扩张，故累积性成立。

7.2.3　CDL 扩张的算法

类似于 Reiter 的缺省逻辑，利用缺省理论 CDL 扩张的有穷特征可以计算缺省理论的扩张和求解主要的推理问题。不同的是，断言缺省理论处理的不再是一阶公式，而是断言（一阶公式与一阶公式集的对子），这就使得生成断言中的支承可能出现组合爆炸，以致认为 CDL 中的推理可能需要指数空间。为此，我们导出推理的局部性质（定理 7.2.5），利用该局部性质求解 CDL 中的一些主要推理问题可以使计算大大简化。此外，与 DL 不同的是，对推理问题可以考虑的对象是一阶公式（即不涉及支承）或断言（涉及支承），因此需要处理两种不同的审慎（或冒险）推理。

定义 7.2.11　设 $\Delta=(D,W)$ 是任意一 ADT。

（1）判定一给定的断言 $P=<A:\{r_0,\cdots,r_k\}>$ 是否出现在 Δ 的所有 CDL 扩张中的问题称为审慎推理（SR）。若 P 出现在 Δ 的所有 CDL 扩张中，则称 P 是 Δ 的一个 S-结论，记作 $\Delta\vdash_S P$。

（2）判定一给定的断言 $P=<A:\{r_0,\cdots,r_k\}>$ 是否出现在 Δ 的某个 CDL 扩张中的问题称为冒险推理（CR）。若 P 出现在 Δ 的某个 CDL 扩张中，则称 P 是 Δ 的一个 C-结论，记作 $\Delta\vdash_C P$。

上述推理问题要求显示地管理支承，这不总是令人满意的。人们往往只想知道一个公式是否出现在某个（或所有）CDL 扩张中而不管它的支承是什么。因此有下述推理问题：

定义 7.2.12　设 $\Delta=(D,W)$ 是良基的 ADT，A 是一阶闭公式。

（1）SR^*：判定是否对 Δ 的每个 CDL 扩张 E 存在一个支承 R，使得 $<A:R>\in E$。若是，记作 $\Delta\vdash_{S^*}A$。

（2）CR^*：判定是否对 Δ 的某个 CDL 扩张 E 存在一个支承 R，使得 $<A:R>\in E$。

若是，写作$\Delta\vdash_{C*}A$。

为计算一个命题 ADT（即出现在 ADT 的断言集 W 与缺省集 D 中的公式都是命题公式）和解决相应的主要推理任务，我们给出几个基本的运算推导测试程序，它们是在经典逻辑推导（⊢）上具外部信息源的测试程序。

设$\Delta=(D,W)$是命题 ADT，D'是 D 的子集，$\langle A:R\rangle$是一命题断言（即 A 与 R 分别是命题公式和命题公式集）。

程序 1：

```
FUNCTION LAMBDA(D,W,D′)
    result:=∅;
    REPEAT
        new:=∅;
        FOR EACH d=A:M B/C∈D′\result DO
            IF W∪Con(result)⊢A THEN
                  new:= new∪{d};
                result:=result∪new;
        UNTIL new:=∅;
    RETURN (result)
```

此程序对$\Delta=(D,W)$与 $D'\subseteq D$ 返回$\Lambda(D',\Delta)$，即 LAMBDA(D,W,D')。

程序 2：

```
BOOLEAN FUNCTION GDSET(D,W,D′)
    IF Form(W)∪Supp(W)∪Ccs(D′)∪Con(D′)⊢false THEN RETURN (false)
    FOR EACH d=A:MB/C∈D\D′  DO
        F Form(W)∪Supp(W)∪Ccs(D′)∪Con(D′)∪{B,C}⊬false AND Form(W)∪
                Con(D′)⊢A
        THEN  RETURN (false)
    IF LAMBDA (D,W,D′)≠D′  THEN  RETURN (false)
    RETURN (true)
```

此程序计算一个布尔函数，当 D'是良基的$\Delta=(D,W)$的一个 CDL 扩张的生成缺省集时，算法 GDSET 输出布尔值“true”。

```
BOOLEAN  FUNCTION MEMBER (A,R,D,W,D′)
    W1:=W[R];D1:=D[R];D2:=LAMBDA(D,W,D′);
    S:=Supp(W)∪Ccs(D2)∪Con(D2);
    IF S≠R THEN RETURN (false);
```

```
    F:=Form(W1)∪Con(D2);
    IF F⊢A THEN RETIURN (true) ELSE RETURN (false)
```

此程序计算一个布尔函数以处理成员（MEMBER）问题：判定断言<*A*:*R*>是否属于由生成缺省集 $D'\subseteq D$ 生成的 CDL 扩张。

注意：上述程序的正确性直接由它们的定义与定理 7.2.5 得到。这些程序中的每一个除要求运行多项式函数的推理测试（⊢）外，还需要运行输入大小的多项式时间。

基于利用上述三个程序作为模块，可以处理命题 ADT 的所有扩张计算与主要推理问题。

```
ALL-CDL-EXTENSION (D,W)
    result:=∅;
    REPEAT
        new:=∅;
        FOR  EACH  D'∈2^D-result  DO
            IF  GDSET(D,W,D')  THEN  new:=new∪{D'};
        result:=result∪new;
     UNTIL  new =∅
RETURN (result)
```

此程序返回$\Delta=(D,W)$的所有 CDL 扩张（ALL-CDL-EXTENSION）的生成缺省集。

```
BOOLEAN  FUNCTION  SR(A,R,D,W)
    FOR  EACH  D'⊆D  DO
        IF  GDSET(D,W,D')  AND  NOT  MEMBER(A,R,D,W,D')
            THEN  RETURN (false)
    RETURN (true)
```

此程序处理审慎推理（SR）问题，回答<*A*:*R*>是否在$\Delta=(D,W)$的所有 CDL 扩张中出现。类似地，下面三个程序分别处理 SR^*、CR 与 CR^*问题。

程序 1：

```
BOOLEAN  FUNCTION  SR*(A,D,W)
    FOR  EACH  D'⊆ D  DO
        IF  GDSET(D,W,D')  AND  NOT Form(W)∪Con(D')⊢A
            THEN  RETURN (false)
    RETURN (true)
```

程序 2：

```
BOOLEAN  FUNCTION  CR(A,R,D,W)
    IF R∪Form(W)∪Supp(W)⊢false  THEN  RETURN (false);
    IF MEMBER(A,R,D[R],W[R])  THEN  RETURN (true)
    ELSE  RETURN (false)
```

程序 3：

```
BOOLEAN  FUNCTION  CR*(A,R,D,W)
    FOR  EACH  D′⊆D  DO
        IF  GDSET(D,W,D′)  AND Form(W)∪Con(D′)⊢A
            THEN  RETURN (true)
    RETURN (false)
```

注意：上述算法并不是求解相应的问题的最好的算法，尽管它们的复杂性是在同样的层次中。例如，在 SR、SR*与 CR*算法中，代替对 D 的所有子集 D'的循环，我们可以事先构造生成缺省集合，具体如下：

从可利用的缺省出发，依次增加新的相容缺省（只要其前提可从 Form(W)与先前已加入的缺省的结论导出）。

后面这一思路实际上是计算Λ算子程序的改进，这一改进是基于引理 7.2.3 之（3）的。

7.2.4　CDL 推理问题计算的复杂性

根据定理 1.4.1，命题公式的永真性（可满足性）问题是可判定的。因此，基于上述算法，CDL 中的主要推理问题也是可判定的。3.4 节证明了命题缺省逻辑的扩张和主要推理问题的复杂性结果，对于命题 CDL，除 CDL 扩张的存在性问题有平凡的复杂度 $O(1)$外，下面的定理表明其主要推理问题与命题缺省逻辑有相同的复杂性结果。

定理 7.2.7　命题 CDL 的推理问题 SR 和 SR*是Π_2^p-完全的，CR*是Σ_2^p-完全的。

证明　首先证明 SR 在Π_2^p中。为此，证明其补问题 coSR 在Σ_2^p中。

设Δ=(D,W)是一个良基的 ADT，<P:R>是一个断言，判定是否有Δ的一个 CDL 扩张 E，使得<P:R>∈E。为此，猜测一个集合 D'⊆D 并核对 GDSET (D,W,D')计算得到值为“true”，而 GDSET (D,W,D')计算得到值为“false”。依引理 7.2.4 和引理 7.2.5 及此二算法的正确性，有：存在集合 D'，当且仅当存在Δ的一个扩张 E，使得<P:R>∉E。因此，coSR 可以用一个包含对 **NP** 中问题的多项式次猜测的非确定多项式时间算法求解，故 coSR 在 Σ_2^p 中，这蕴含 SR 在 Π_2^p 中。

类似地，可以证明 SR^* 在 Π_2^p 中。对于 CR^* 问题，考虑算法 CR^* 的非确定变种：猜测一个适当的集合 D'，使得存在集合 D'，当且仅当存在Δ的一个扩张 E，使得$\phi\in E$。对这一猜测的测试部分，除耗费多项式次数的命题推导测试外，它是在多项式时间完成的，故此问题是在 Σ_2^p 中。

其次，证明 SR 是 Σ_2^p-困难的。已经证明，下述问题是 Σ_2^p-完全的：Q 是真的吗？其中 Q 是一个形如$\exists p_1\cdots\exists p_n\forall q_1\cdots\forall q_m\Phi$的量词约束的公式，其中 $p_i(1\leqslant i\leqslant n)$ 和 $q_j(1\leqslant j\leqslant m)$是两两不同命题变元，$\Phi$是由 $p_1,\cdots,p_n,q_1,\cdots,q_m$ 构成的命题公式。Q 为真当且仅当存在对命题变元 $p_1,\cdots,p_n$ 的赋值使得此赋值对命题变元 $q_1,\cdots,q_m$ 的任一拓广，Φ为真。

映射 Q 为 ADT，$\Delta_Q=\{D,W\}$,其中

$$W=\varnothing$$

$$D=\{\top:p_i/p_i,\top:\neg p_i/\neg p_i|1\leqslant i\leqslant n\}$$

一方面，依联合相容性，Δ_Q 的每一扩张 E 的生成规则集 $GD(E,\Delta_Q)$包含且只包含对子$\top:p_i/p_i$ 和$\top:\neg p_i/\neg p_i(1\leqslant i\leqslant n)$中的一个。另一方面，$GD(E,\Delta_Q)$的极大性保证了由其诱导的这些对子的每一对中至少有一个缺省属于 $GD(E,\Delta_Q)$。因此，Δ_Q 恰好有 2^n 个扩张，它们正好对应于变元 $p_1,\cdots,p_n$ 的 2^n 种赋值。依推论 7.2.1，对每一这样的赋值 v，相应的扩张 E_v是

$$E_v=Th_S(\{<p_i,\{p_i\}>|\ p_i^v=1,\ 1\leqslant i\leqslant n\}\cup\{<\neg p_i,\{\neg p_i\}>|(\ p_i^v=0,\ 1\leqslant i\leqslant n\})$$

对每一这样的赋值 v，令 T_v是命题理论

$$T_v=\{\{p_i|\ p_i^v=1,\ 1\leqslant i\leqslant n\}\cup\{\neg p_i|\ p_i^v=0,\ 1\leqslant i\leqslant n\}$$

容易证明，Q 为真当且仅当存在一个赋值 v，使得 $T_v\vdash\Phi$。

依推论 7.2.2，$\Phi\in Form(E_v)$当且仅当 $T_v\vdash\Phi$。由此导出，Q 为真，当且仅当$\Delta_Q\vdash_{C^*}\Phi$。

显然，转换 Q 为 ADT，$\Delta_Q=\{D,W\}$是多项式时间可实现的，故 CR^*是 Σ_2^p-困难的。

对 SR 和 SR^*，只需证明，对应的补问题是 Σ_2^p-困难的。

考虑一个 ADT，$\Delta'_Q=\{D',W\}$，其中

$$W=\varnothing$$

$$D'=D\cup\{\top:\neg\Phi/\neg\Phi\}$$

不难看出，Δ'_Q 有满足 $Form(E)\nvdash\neg\Phi$的扩张 E 当且仅当 Q 为真。由此可得 SR^* 的补问题是 Σ_2^p-困难的。

为证明同样的结论对 SR 的补问题成立，只需注意，若$\top:\neg\Phi/\neg\Phi\in D'$，则对 Δ'_Q 的每一扩张 E，$Form(E)\vdash\neg\Phi$，当且仅当断言$<\neg\Phi,\{\neg\Phi\}>\in E$。因此，$Q$ 为真，

当且仅当$<\neg\Phi,\{\neg\Phi\}>$不属于Δ'_Q的任一扩张。

前述复杂性结果，可以如下解释，SR、SR*和 CR*的推导问题受来自两个垂直方向的 **NP**-复杂性影响：

（1）在Δ的众多的 CDL 扩张（最坏情形是指数多个）中选择一个（等价地，在Δ的极大强联合相容缺省子集中选择 D'）；

（2）检验一个集合 D'是否极大强联合相容的。如果是，则证明一个公式或一个断言是否属于由 D'生成的扩张。

然而，CR 相对来说是比较容易的。直观上，因为在断言$<A:R>$中，支承 R 已经显示地被指定，因此，作为上述复杂性来源的第一个不再存在。事实上，依定理 7.2.5，作为极大强联合相容缺省子集候选人的至多是一个。

定理 7.2.8 命题 CDL 中推理问题 CR 是Δ_1^p-完全的。

证明 首先注意，判定断言$<A:R>$是否属于良基的$\Delta=(D,W)$的某一扩张，依引理 7.2.10 和定理 7.2.5，此例式有一否定回答，当且仅当

（1）$R\cup\mathrm{Form}(W)\cup\mathrm{Supp}(W)$不协调；或者

（2）$R\cup\mathrm{Form}(W)\cup\mathrm{Supp}(W)$协调且存在 $D':\Lambda(D[R],\Delta_R)\subseteq D'\subseteq D[R]$，使得

① $\mathrm{Form}(W[R])\cup\mathrm{Con}(D')\nvdash A$；或者

② $\mathrm{Supp}(W[R])\cup\mathrm{Ccs}(D')\cup\mathrm{Con}(D')\subset R$。

注意：测试①是在 co-**NP** 中。为证明 CR 在Δ_1^p中，只需证明②在 **NP** 中。断言②为真，当且仅当存在由如下组件构成的结构 $S=<\sigma,D',T,\eta>$：

- 一个满足 $R\cup\mathrm{Form}(W)\cup\mathrm{Supp}(W)$的赋值$\sigma$;
- 一个缺省集 $D'\subseteq D[R]$（直观上，D'是$\Lambda(D[R],\Delta_R)$某一超集）；
- 对Δ和$<A:R>$中的命题变元的一族赋值 T，它包含，对每一缺省 $d\in D[R]\backslash D'$，一个赋值v_d，使得v_d满足 $\mathrm{Form}(W[R])\cup\mathrm{Con}(D')$但不满足 $\mathrm{Pre}(d)$（直观上，v_d证实 $d\notin D'$，因此，$d\notin\Lambda(D[R],\Delta_R)$）；
- 对 $\mathrm{Form}(W[R])\cup\mathrm{Con}(D')\cup\{A\}$中的命题变元的一个赋值$\eta$，使得若 $\mathrm{Supp}(W[R])\cup\mathrm{Ccs}(D')\cup\mathrm{Con}(D')=R$，则$\eta$满足 $\mathrm{Form}(W[R])\cup\mathrm{Con}(D')$但不满足 A（直观上，η证实 $\mathrm{Form}(W[R])\cup\mathrm{Con}(D')\nvdash A$，即当条件②不满足时条件①成立）。

上述断言证明如下：

证明条件“仅当”：令 $D'=\Lambda(D[R],\Delta_R)$即可证得。

证明条件“当”：依定义 7.2.8，施归纳法容易证明，对每一 $i\geqslant 0$，$D[R]_i(\Delta_R)\subseteq D'$。因此，$\Lambda(D[R],\Delta_R)\subseteq D'$。

其次，注意到结构 S 的基数是多项式大小，关于它的组件的所有条件是可以在多项式时间验证的。因此，通过猜测一个结构 S 并验证 S 是否满足所有要求的性质可以在非确定多项式时间判定断言②。这表明 CR 在 Δ_1^p 中。

最后证明 CR 是 Δ_1^p-困难的。为此，归约众所周知的 Δ_1^p-完全问题 SAT-UNSAT 为 CR。考虑 SAT-UNSAT 的一个例式 $I=\langle F,G\rangle$，其中 F 和 G 是命题公式，问题是判定 F 是可满足的且同时 G 是不可满足的。不失一般性，假设 F 和 G 没有公共的命题变元。在多项式时间内可以转换 I 为良基的 ADT $\Delta_I=(D,W)$，其中 $W=\varnothing$，$D=\{\top:MF/F, \neg G:\top/\neg G\}$。

容易验证：Δ_I 有包含断言 $\langle F\wedge\neg G:\{F,\neg G\}\rangle$ 的扩张，当且仅当 F 是可满足的且 G 是不可满足的。

综上所述，CR 是 Δ_1^p-完全的。

7.3 其他累积性缺省逻辑

本节主要讨论其他形式的满足累积性的缺省逻辑变种。首先介绍两个与 CDL 等价的变种：约束缺省逻辑（Contr-DL）和 J-缺省逻辑（J-DL）。它们不使用断言而是如同 L-DL 那样仍然使用 Reiter 形式的缺省理论，只是将扩张定义为一对公式集(E,C)，其中，C 是支持 E 中信念的相关公式集。除此区别外，它们与 CDL 十分类似。其次，CDL 具有半单调性，而半单调性在一些情况下破坏了非正规缺省的附加表示能力。CDL 虽然保持了这种能力，但是它采用了滤出非所欲的扩张的方式，显得很不自然。约束缺省逻辑与 J-缺省逻辑尽管满足累积性，但不都是半单调的。一个变种是在 CDL 的断言缺省理论形式下引入的，称为满足预设的缺省逻辑（CADL）；另一个是在 Reiter 的缺省理论形式下引入的，称为拟缺省逻辑（QDL）。我们通过分别确立 CDL 与 CADL、DL 与 QDL 的关系，获得它们各自的可计算的扩张特征及相应的算法。

7.3.1 约束缺省逻辑与 J-缺省逻辑

首先引入约束缺省逻辑。类似于 L-DL 的方式，用两个算子分别描述导出信念集 E 与支承此信念集中信念的公式集 C。不同的是，它形式上将扩张视为一对公式集(E,C)。此外，缺省的可应用性也与 DL 和 L-DL 的方式不同：某一缺省在约束缺省逻辑意义下可应用，是指它的前提在 E 中成立，且其检验关于 C 是协调的。

定义 7.3.1 令$\Delta=(D,W)$是缺省理论。对任意公式集 T，令$\Gamma(T)$是满足下述条件的最小公式集的对子$<S',T'>$，有

（1）$W\cup S'\cup T'$ 协调；

（2）$S'=\mathrm{Th}(S')$，$T'=\mathrm{Th}(T')$；

（3）对任意 $A:MB/C\in D$，若 $A\in S'$ 且 $T\cup\{B,C\}$协调，则 $C\in S'$ 且 $B,C\in T$。

信念对$<E,C>$是Δ的约束扩张（Contr-DL 扩张），当且仅当$\Gamma(T)=(E,C)$。

显然，约束扩张满足它们的预设，即所有被应用的缺省的检验是整体（或联合）协调的。类似于 DL 的准归纳特征的方式，容易证明下述约束扩张的准归纳特征。

定理 7.3.1 令$\Delta=(D,W)$是缺省理论，S 与 T 是语句集。分别定义序列$<S_i>$和$<T_i>$ $(i\geqslant 0)$如下：

（1）$S_0=W$，$T_0=W$；

（2）对 $i\geqslant 0$，$S_{i+1}=\mathrm{Th}(S_i)\cup\{C|A:MB/C\in D$，其中 $A\in S_i$ 且 $T\cup\{B,C\}$协调$\}$；

（3）对 $i\geqslant 0$，$T_{i+1}=\mathrm{Th}(T_i)\cup\{B,C\}|A:MB/C\in D$，其中 $A\in S_i$ 且 $T\cup\{B,C\}$协调$\}$。

$<S,T>$是Δ的约束扩张，当且仅当 $S=\cup_{0\leqslant i}S_i$ 且 $T=\cup_{0\leqslant i}T_i$。

显然，$S_0\subseteq S_1\subseteq\cdots S_i\subseteq\cdots$；$T_0\subseteq T_1\subseteq\cdots\subseteq\cdots T_i\subseteq\cdots$。

下面的定理确立 CDL 扩张与 Contr-DL 扩张之间的 1-1 对应关系，因此 CDL 与 Contr-DL 在此意义下是等价的。

令$\Delta=(D,W)$是缺省理论，称$\Delta^{\mathrm{ADT}}=(D,W^{\mathrm{ADT}})$是相应于$\Delta$的 ADT，其中 $W^{\mathrm{ADT}}=\{<A:\varnothing>|A\in W\}$。

定理 7.3.2 设$\Delta=(D,W)$是缺省理论，$\Delta^{\mathrm{ADT}}=(D,W^{\mathrm{ADT}})$是相应于$\Delta$的 ADT。

（1）若 E 是Δ^{ADT}的 CDL 扩张，则$<\mathrm{Form}(E),\mathrm{Supp}(E)>$是$\Delta$的 Contr-DL 扩张；

（2）若$<S,T>$是Δ的 Contr-DL 扩张，则存在Δ^{ADT}的 CDL 扩张 E 使得 $\mathrm{Form}(E)=S$，$\mathrm{Th}(\mathrm{Supp}(E))=T$。

证明 依定理 7.2.1，$E=\cup_{0\leqslant i}E_i$，其中

- $E_0=W^{\mathrm{ADT}}$；
- 对 $i\geqslant 0$，$E_{i+1}=\mathrm{Th}_S(E_i)\cup\{<C:\{r_1,\cdots,r_n,B,C\}>\mid A:MB/C\in D,<A:\{r_1,\cdots,r_n\}>\in E$ 且$\{B,C\}\cup\mathrm{Form}(E)\cup\mathrm{Supp}(E)$协调$\}$。

施归纳法容易证明，$\mathrm{Form}(E)=\cup_{0\leqslant i}\mathrm{Form}(E_i)$且 $\mathrm{Supp}(E)=\cup_{0\leqslant i}\mathrm{Supp}(E_i)$。

令 $S=\mathrm{Form}(E)$，$T=\mathrm{Th}(W\cup\mathrm{Supp}(E))$，定义两个公式序列：

（1）对 $i\geqslant 0$，$S_0=W$；

S_{i+1}=Th(S_i)∪{C|A:MB/C∈D, A∈S_i 且{B,C}∪T 协调}。

（2）对 i≥0，T_0=W；

T_{i+1}=Th(T_i)∪{B,C|A:MB/C∈D, A∈S_i 且{B,C}∪T 协调}。

施归纳法易证，对一切 i≥0，有

$$S_i=\text{Form}(E_i)$$
$$T_{i+1}=\text{Th}(T_i)\cup \text{Supp}(E_{i+1})$$

需注意，因为 S=Form(E)，T=Th(W∪Supp(E))及 S⊆T，故{B,C}∪Form(E)∪Supp(E)协调，当且仅当{B,C}∪T 协调。

此外，对任意 i≥0，Form(E_i)⊆Th(W∪Supp(E))，因此，$S=\cup_{0\leqslant i}S_i$。于是，一方面，施归纳法易证，$\cup_{0\leqslant i}T_i\subseteq T$。另一方面，由 $W=T_0$, Supp(E_{i+1})⊆T_{i+1} 可以导出 W∪Supp(E)⊆$\cup_{0\leqslant i}T_i$，故 T=Th(W∪Supp(E))⊆Th($\cup_{0\leqslant i}T_i$)=$\cup_{0\leqslant i}T_i$。

因此，$T=\cup_{0\leqslant i}T_i$。这表明，<S,T>是Δ的 Contr-DL 扩张。

由定理 7.3.1，$S=\cup_{0\leqslant i}S_i$，$T=\cup_{0\leqslant i}T_i$，其中对 i≥0，S_0=W，T_0=W。

S_i=Th(S_i)∪{C|A:MB/C∈D，A∈S_i 且{B,C}∪T 协调}；

T_i=Th(T_i)∪{B,C|A:MB/C∈D，A∈S_i 且{B,C}∪T 协调}。

易知 S⊆T，且对任意 i≥0，S_i⊆T_i。令

$E_0=W^{\text{ADT}}$；

对 i≥0，E_{i+1}=Th$_S$(E_i)∪{<C:{r_1,⋯,r_n,B,C}>|A:MB/C∈D，<A:{r_1,⋯,r_n}>∈E_i 且{B,C}∪T 协调}；

$E=\cup_{0\leqslant i}E_i$。

使用归纳法易证，对一切 i≥0，有

$$S_i=\text{Form}(E_i)$$
$$T_0=W$$
$$T_i=\text{Th}(T_i)\cup \text{Supp}(E_i)$$

因此，

$$S=\cup_{0\leqslant i}S_i=\text{Form}(E)$$
$$T=\cup_{0\leqslant i}T_i=\text{Th}(\text{Supp}(E))$$

所以，{B,C}∪T 协调当且仅当{B,C}∪Form(E)∪Supp(E)协调。根据定理 7.3.1，E 是Δ^{ADT}的 CDL 扩张。

根据定理 7.3.2 和 CDL 扩张的有穷特征（定理 7.2.2）容易得到约束扩张的有穷特征及相应的算法，作为例子陈述 Contr-DL 扩张的特征定理如下。

定理 7.3.3　设Δ=(D,W)是缺省理论，Δ有 Contr-DL 扩张，当且仅当存在 D'⊆D

使得

（1）D'关于Δ是联合相容的，即 $W\cup \mathrm{Ccs}(D')\cup \mathrm{Con}(D')$协调；

（2）$\Lambda(D',\Delta)=D'$；

（3）不存在 D''：$D'\subset D''\subseteq D$，使得 D'' 满足上述条件（1）和条件（2）。

这里，若 D'是满足条件（1），条件（2）和条件（3）的 D 的子集，则$<S,T>$是Δ的 Contr-DL 扩张，其中，$S=\mathrm{Th}(W\cup \mathrm{Con}(D'))$，$T=\mathrm{Th}(W\cup \mathrm{Ccs}(D')\cup \mathrm{Con}(D'))$。

反之，若$<S,T>$是Δ的约束扩张，则满足条件（1），条件（2）和条件（3）的 D'为$\{A{:}MB/C\in D \mid A\in S，\{B,C\}\subseteq T\}$。

7.3.2 满足预设的缺省逻辑

如前所述，CDL 不仅是累积的，而且是半单调的。直观上，这是因为在 CDL 中，缺省的结论被记录且其协调性被测试，从而缺省被隐含地当作半正规的，即缺省 $A{:}MB/C$ 可以等价地用 $A{:}M(B\wedge C)/C$ 代替。然而，尽管从可计算的角度看，半单调性是人们所想要的性质，但从表示能力上看。它却是一个缺陷，因为它妨碍了非正规缺省的表达能力。例如，它使表示缺省间的优先权不再可能。

例 7.3.1 考虑缺省理论$\Delta=(D,W)$，其中

$$
\begin{aligned}
D=\{&(1)\ \text{student}{:}M\neg\text{married}/\neg\text{married}\\
&(2)\ \text{adult}{:}M\ \text{married}/\text{married}\\
&(3)\ \text{living-in-college}{:}M\ \text{student}/\text{student}\\
&(4)\ \text{heard}{:}M\ \text{adult}/\text{adult}\}
\end{aligned}
$$

$$W=\{\text{living-in-college, heard}\}$$

Δ有两个不同的 DL 扩张：

$$E_1=Th(\{\text{living-in-college, heard, student, adult, married}\})$$

$$E_2=Th(\{\text{living-in-college, heard, student, adult}, \neg\ \text{married}\})$$

假设希望同时得到 student 与 adult 的结论，由于缺省(1)与缺省(2)导致互不协调的结论，我们希望缺省(1)比缺省(2)有更高的优先权。为此，缺省(2)可用半正规缺省

$$(2')\ \text{adult}{:}M(\text{married}\wedge\neg\text{student})/\text{married}$$

代替。如此得到的缺省理论$\Delta'=(D',W)$，其中，$D'=\{(1),(2'),(3),(4)\}$有我们所想要的唯一的 DL 扩张 E_2，因为缺省(3)阻挡了缺省(2′)应用。

若将 D'视为 ADT（即用{<living-in-college:∅>, <heard:∅>}代替 W，则它有两个 CDL 扩张：

F_1 包含<adult:{adult}>和<married:{adult，married∧¬student}>

F_2包含$<\text{student}:\{\text{student}\}>$，$<\text{adult}:\{\text{adult}\}>$和$<\neg\text{married}:\{\text{student}, \neg\text{married}\}>$

这是因为在 CDL 中，虽然缺省(3)阻挡了缺省(2′)的应用，但缺省(2′)也阻挡了缺省(3)的应用。这表明在 CDL 中不像在 DL 中那样，可以用半正规缺省确立缺省(1)与缺省(2)之间的优先权。这是因为，CDL 是半单调的，一个新缺省规则的引入不可能排除某些先前的扩张。

为使断言缺省理论保持累积性但不必是半单调的，下面引入一种新的累积缺省逻辑，即满足预设的缺省逻辑（CADL）。本节将给出 CADL 的有关定义，累积性及其与 CDL 的关系，根据这种关系，容易导出计算 CADL 扩张及求解主要推理问题的算法。

定义 7.3.2　令$\Delta=(D,W)$是 ADT，Δ的 CADL 扩张是算子Γ的不动点，当给定断言集 S 时，Γ产生最小的断言集 S'，使得

（1）$W\subseteq S'$；

（2）S'是演绎封闭的，即 $\text{Th}_S(S')=S'$；

（3）若 $A{:}MB/C\in D$，$<A:\{r_0,\cdots,r_k\}>\in S'$且$\{B\}\cup\text{Form}(S)\cup\text{Supp}(S)$协调，则$<C:\{r_0,\cdots,r_k,B\}>\in S'$。

类似于 CDL 容易导出 CADL 的准归纳特征。

定理 7.3.4　令$\Delta=(D,W)$是 ADT，E 是断言集。定义断言集序列$<E_0,\cdots,E_i,\cdots>$如下：

（1）$E_0=W$；

（2）对 $i\geqslant 0$，$E_{i+1}=\text{Th}_S(E_i)\cup\{<C:\{r_0,\cdots,r_k,B\}>|A{:}MB/C\in D,\ <A:\{r_0,\cdots,r_k\}>\in E_i$且$\{B\}\cup\text{Form}(E)\cup\text{Supp}(E)$协调$\}$。

E 是Δ的 CADL 扩张，当且仅当 $E=\cup_{0\leqslant i}E_i$。

在这里，CADL 扩张类似于 DL 的扩张定义，而不同于 CDL 的扩张定义，只有使用的缺省的检验而不是其结论被记录。因此，缺省没有被隐含地认为是半正规的。事实上，如果缺省理论是半正规的，则 CADL 扩张退化为 CDL 扩张，即有下述结论。

推论 7.3.1　若$\Delta=(D,W)$是半正规的 ADT（D 中缺省皆为半正规的），则Δ的 CADL 扩张与其 CDL 扩张完全相同。

定义 7.3.3　设 E 是$\Delta=(D,W)$的 CADL 扩张，称缺省集

$$\{A{:}MB/C\in D|A\in\text{Form}(E),\ \{B\}\cup\text{Form}(E)\cup\text{Supp}(E)\text{协调}\}$$

为 E 的生成缺省集，并记作 $\text{GD}_{\text{CA}}(E,\Delta)$（当不致混淆时，省去下标，记作 $\text{GD}(E,\Delta)$）。

定理 7.3.5　令$\Delta=(D,W)$是 ADT，E 是Δ的 CADL 扩张，则

$$\text{Form}(E)=\text{Th}(\text{Form}(E)\cup\text{Con}(\text{GD}_{\text{CA}}(E,\Delta)))$$
$$\text{Supp}(E)=\text{Supp}(W)\cup\text{Ccs}(\text{GD}_{\text{CA}}(E,\Delta))$$

证明 由定义 7.3.3 与定理 7.3.4 容易导出。

与 CDL 类似，我们可以导出 CADL 的“有穷特征”。在这里，可以遵循另一途径，即通过确立 CADL 与 CDL 扩张间的关系以获得 CADL 扩张的有穷特征，以便厘清这两种逻辑之间的异同。

定理 7.3.6 设$\Delta=(D,W)$是良基 ADT，对任意 $D'\subseteq D$，D'是Δ的一个 CADL 扩张的生成缺省集，当且仅当

（1）D'是Δ的 CDL 扩张的生成缺省集；

（2）对任意 $A{:}MB/C\in D-D'$，$\text{Form}(W)\cup\text{Con}(D')\nvdash A$ 或$\{B\}\cup\text{Form}(W)\cup\text{Supp}(W)\cup\text{Con}(D')$不协调。

证明 证明条件“仅当”：设 E 是 D'生成的 CADL 扩张，即 $D'=\text{GD}_{\text{CA}}(E,\Delta)$。易知 D'是联合相容的。根据定理 7.3.4，$E=\cup_{0\leqslant i}E_i$。利用归纳法易证，对一切 $i\geqslant 0$

- $E_0=W$；
- $E_{i+1}=\text{Th}_S(E_i)\cup\{<C{:}\{r_1,\cdots,r_n,B\}>|A{:}MB/C\in D，<A{:}\{r_1,\cdots,r_n\}>\in E_i\}$；
- $E=\text{Th}_S(W)\cup\{<C{:}\{r_1,\cdots,r_n,B\}>|A{:}MB/C\in D'，<A{:}\{r_1,\cdots,r_n\}>\in E\}$。

定义 $F=\cup_{0\leqslant i}F_i$，其中

- 对 $i\geqslant 0$，$F_0=W$；
- $F_{i+1}=\text{Th}_S(F_i)\cup\{<C{:}\{r_1,\cdots,r_n,B,C\}>|A{:}MB/C\in D'，<A{:}\{r_1,\cdots,r_n\}>\in F_i\}$。

利用归纳法易证，对任意 $i\geqslant 0$，有

$$\text{Form}(F_i)=\text{Form}(E_i)$$
$$\text{Supp}(F_i)=\text{Supp}(E_i)\cup\{C|A{:}MB/C\in \text{D}',A\in\text{Form}(E_i)\}$$

因此，$\text{Form}(F)=\text{Form}(E)$且 $\text{Supp}(F)=\text{Supp}(E)\cup\text{Ccs}(D')$。

定义另一断言集序列$<F'_0,\cdots,F'_i,\cdots>$如下：

- $F'_0=W$；
- 对 $i\geqslant 0$，$F'_{i+1}=\text{Th}_S(F'_i)\cup\{<C{:}\{r_1,\cdots,r_n,B,C\}>|A{:}MB/C\in D',<A{:}\{r_1,\cdots,r_n\}>\in F'_i$ 且$\{B,C\}\cup\text{Form}(F)\cup\text{Supp}(F)$协调$\}$。

为证 F 是Δ的 CDL 扩张，只需证 $F=\cup_{0\leqslant i}F'_i$。利用归纳法证明，对一切 $i\geqslant 0$，$F_i=F'_i$。

基始 $F_0=F'_0=W$。

归纳 设 $F_i=F'$，则 $\text{Th}_S(F_i)=\text{Th}_S(F'_i)$。

因为 $D'\subseteq D$ 是联合相容的且 $\text{Form}(F)\cup\text{Supp}(F)=\text{Form}(E)\cup\text{Supp}(E)$是协调的，

易知 $F_{i+1} \subseteq F'_{i+1}$。

反之，若 $A{:}MB/C \in D$，$<A{:}\{r_1,\cdots,r_n\}> \in F'_i$ 且 $\{B,C\} \cup \text{Form}(F) \cup \text{Supp}(F)$ 协调，则依归纳假设 $<A{:}\{r_1,\cdots,r_n\}> \in F_i \subseteq F$。因此，$A \in \text{Form}(E)$。由定义 7.3.3，$A{:}MB/C \in D'$，故 $<C{:}\{r_1,\cdots,r_n,B,C\}> \in F_{i+1}$。这表明，$F'_{i+1} \subseteq F_{i+1}$。

因此 $F'_{i+1}=F_{i+1}$。

综上所述，D' 是 Δ 的 CDL 扩张 F 的生成缺省集。

若存在 $A{:}MB/C \in D \backslash D'$，使得

$$\text{Form}(W) \cup \text{Con}(D') \vdash A\text{，且}\{B\} \cup \text{Form}(W) \cup \text{Supp}(W) \cup \text{Con}(D')\text{协调}$$

则依定理 7.3.5，有 $A \in \text{Form}(E)$。故 $A{:}MB/C \in D'$，矛盾。

“当”类似于“仅当”的证明，设 E 是 Δ 的 CDL 扩张，$D'=\text{GD}(E,\Delta)$。依定理 7.2.1，$E=\cup_{0\leqslant i}E_i$，其中

$$\text{对 } i \geqslant 0\text{，} E_0=W$$

$$E_{i+1}=\text{Th}_S(E_i) \cup \{<C{:}\{r_1,\cdots,r_n,B,C\}> | A{:}MB/C \in D', <A{:}\{r_1,\cdots,r_n\}> \in E_i\}$$

定义 $F=\cup_{0\leqslant i}F_i$，其中

$$\text{对 } i \geqslant 0\text{，} F_0=W$$

$$F_{i+1}=\text{Th}_S(F_i) \cup \{<C{:}\{r_1,\cdots,r_n,B\}> | A{:}MB/C \in D', <A,\{r_1,\cdots,r_n\}> \in F_i\}$$

容易归纳地证明：$\text{Form}(F)=\text{Form}(E)$ 且 $\text{Supp}(F)=\text{Supp}(E) \backslash \text{Ccs}(D')$。

定义 $F'=\cup_{0\leqslant i}F'_i$，其中

$$F'_0=W$$

$$\text{对 } i \geqslant 0\text{，} F'_{i+1}=\text{Th}_S(F'_i) \cup \{<C{:}\{r_1,\cdots,r_n,B\}> | A{:}MB/C \in D',$$

$$<A{:}\{r_1,\cdots,r_n\}> \in F'_i \text{ 且 } \{B\} \cup \text{Form}(F) \cup \text{Supp}(F)\text{协调}\}$$

依定理的条件（2），类似地可证，对一切 $i \geqslant 0$，$F_i=F'_i$。故 F 是 Δ 的 CADL 扩张，且 $D'=\text{GD}_{\text{CA}}(F,\Delta)$。

引理 7.3.1　令 $\Delta=(D,W)$ 是 ADT。

（1）Δ 不是良基的，当且仅当 Δ 有唯一 CDL 扩张 E，且 $\text{Form}(E) \cup \text{Supp}(E)$ 不协调。

（2）Δ 不是良基的，当且仅当 Δ 有唯一 CADL 扩张且 $\text{Form}(E) \cup \text{Supp}(E)$ 不协调。

证明　（1）若 Δ 不是良基的，则易知 $\text{Th}_S(W)$ 是 Δ 的唯一 CDL 扩张，且 $\text{Form}(E) \cup \text{Supp}(E) \cup \text{Th}_S(W)$ 不协调。反之，若 Δ 有唯一 CDL 扩张，使得 $\text{Form}(E) \cup \text{Supp}(E)$ 协调，则由引理 7.2.1 知，Δ 不是良基的。

（2）对于 CADL 扩张，类似于引理 7.2.1 的命题也为真。因此，类似于（1）容易证明（2）。

由引理 7.3.1，总限于考虑良基的 ADT。依定理 7.3.6 和定理 7.2.2 可得 CADL 有穷特征定理。

定理 7.3.7（CADL 扩张的有穷特征） 令$\Delta=(D,W)$是良基的 ADT，Δ有 CADL 扩张，当且仅当存在 D 的子集 D'，使得

（1）D'是联合相容的；

（2）$\Lambda(D',\Delta)=D'$；

（3）对任意 $A{:}MB/C\in D-D'$，$\mathrm{Form}(E)\cup\mathrm{Con}(D')\nvdash A$ 或$\{B\}\cup\mathrm{Form}(W)\cup\mathrm{Supp}(W)\cup\mathrm{Ccs}(D')$不协调。

推论 7.3.2 设$\Delta=(D,W)$是良基的 ADT。若 D 是联合相容的，则Δ有唯一 CADL 扩张 E，且 $\mathrm{GD}_{\mathrm{CA}}(D,\Delta)=\Lambda(D,\Delta)$。

例 7.3.2 将表明 CADL 不是单调的，且 CADL 扩张不一定存在。

例 7.3.2 令$\Delta=(D,W)$，其中 $D=\{{:}M\neg B/C\}$，$W=\varnothing$。Δ有唯一的 CADL 扩张 $E=\mathrm{Th}_S(\{<C{:}\{\neg B\}>\})$。若增加缺省 $C{:}M\neg A/B$ 到 D 中得到 D'，则$\Delta'=(D',W)$没有 CADL 扩张。

类似于 CDL，也可以导出 CADL 推理的局部性特征。首先，类似于定义 7.2.10，给出下述定义。

定义 7.3.4 令 R 是公式集，D 是缺省集，V 是断言集，则令

$$D_{\mathrm{CA}}[R]=\{A{:}MB/C\in D|B\in R\}$$

$$V_{\mathrm{CA}}[R]=\{<P{:}S>\in V|S\subseteq R\}$$

用类似于定理 7.2.17 的方法可以证明下述 CADL 扩张的局部性定理。

定理 7.3.8 令$\Delta=(D,W)$是有穷的 ADT，$D'\subseteq D$ 是满足定理 7.3.7 中条件（1）～（3）的缺省集，$<A{:}R>$是具协调支承 R 的断言。令$\Delta_R=(D_{\mathrm{CA}}[R],W_{\mathrm{CA}}[R])$，则$<A{:}R>$属于$\Delta$的由 D'生成的 CADL 扩张 E，当且仅当

（1）$\mathrm{Form}(W_{\mathrm{CA}}[R])\cup\mathrm{Con}(\Lambda(D_{\mathrm{CA}}[R],\Delta_R))\vdash A$；

（2）$\mathrm{Supp}(W_{\mathrm{CA}}[R])\cup\mathrm{Ccs}(\Lambda(D_{\mathrm{CA}}[R],\Delta_R))=R$。

定理 7.3.9 令良基的 ADT，$\Delta=(D,W)$是有穷的，$<A{:}R>$是断言。

（1）若 $R\cup\mathrm{Form}(W)\cup\mathrm{Supp}(W)$不协调，则$<A{:}R>$不是$\Delta$的任何 CADL 扩张的元素；

（2）若 $R\cup\mathrm{Form}(W)\cup\mathrm{Supp}(W)$协调，则$\Delta_R=(D_{\mathrm{CA}}[R],W_{\mathrm{CA}}[R])$有唯一的 CADL 扩张 E，使得 $\mathrm{GD}_{\mathrm{CA}}(E,\Delta_R)=\Lambda(D_{\mathrm{CA}}[R],\Delta_R)$且$<A{:}R>$是$\Delta$的某个 CADL 扩张的元素，当且仅当$<A{:}R>\in E$。

基于上述局部性特征，可以类似于 CDL 导出 CADL 扩张与求解 CADL 中主

要推理任务的算法。下面只给出两个基本算法，它们与在 CDL 使用的算法有所不同，而其余算法则是十分类似的。

算法 1：

```
BOOLEAN  FUNCTION  CA-GDSET (D,W,D′)
    IF  Form(W) ∪ Supp(W) ∪ Ccs(D′) ∪ Con(D′) ⊢ false  THEN
        RETURN (false);
    FOR  EACH  A:MB/C∈D−D′  DO
        IF Form(W) ∪ Supp(W) ∪ Con(D′) ⊬ false  AND
                Form(W) ∪ Con(D) ⊢ A
        THEN  RETURN (false),
    IF  LAMBDA(D,W,D′)≠D′  THEN  RETURN (false)
RETURN (true)
```

算法 2：

```
BOOLEAN  FUNCTION  MEMBER(A,R,D,W,D′)
    W1:=WCA[R];D1:=D′CA[R];D2:=LAMBDA(D1,W1,D2);
    S:= Supp(W) ∪ Ccs(D2);
    IF  S≠R  THEN  RETURN (false)
    F:= Form(W) ∪ Con(D2);
    IF  F⊢A  THEN  RETURN (true)
    ELSE  RETURN (false)
```

与 CDL 一样，CADL 也有累积性，其证明与定理 7.2.6 类似。

定理 7.3.10　CADL 是累积的，即令$\Delta=(D,W)$是 ADT，若存在 CADL 扩张 F 包含$<A:R>$，则 E 是Δ的包含$<A:R>$的 CADL 扩张，当且仅当 E 是$\Delta=(D,W\cup\{<A:R>\})$的 CADL 扩张。

7.3.3　拟缺省逻辑

不同于 Reiter 的缺省逻辑，CDL 和 CADL 用断言代替公式使得从缺省理论导出一个信念时，能够显示地记录相信该信念的理由。并且，为了满足预设和具备累积性（即导出信念可以作为引理使用）引入对于检验条件的整体（联合）协调性。为使 DL 既不改变对检验条件的分布式协调性的要求，又能显示记录相信该信念的理由且具备累积性，将断言缺省理论和分布式协调性整合得到一个更为类似 DL 的变种：拟缺省逻辑[29, 30]。在本节中，所有结论的证明留给读者自行练习。

定义 7.3.5 断言集 S 是合式定义的，如果没有公式 A，使得 $A\in \mathrm{Supp}(S)$且$\neg A\in \mathrm{Supp}(S)$。

定义 7.3.6 令$\Delta=(D,W)$是 ADT，Γ是一个算子使得当给定断言集 S 时，Γ产生最小的断言集 S'满足：

（1）$W\subseteq S'$；

（2）S'是演绎封闭的，即 $\mathrm{Th}_S(S')=S'$；

（3）若 $A:MB/C\in D$，$<A:\{r_0,\cdots,r_k\}>\in S'$且$\{B\}\cup \mathrm{Form}(S)$协调，则$<C:\{r_0,\cdots,r_k,B\}>\in S'$。

断言集 E 是Δ的 QDL 扩张，当且仅当 $E=\Gamma(E)$且 E 是合式定义的。

与 DL 扩张类似，容易确立 QDL 扩张的拟归纳特征和有穷特征。

定理 7.3.11 令$\Delta=(D,W)$是 ADT，E 是断言集，定义断言集序列如下：

$$E_0=W$$

$$\text{对 } i\geqslant 0,\ E_{i+1}=\mathrm{Th}_S(E_i)\cup\{<C:\{r_0,\cdots,r_k,B\}>|A:MB/C\in D,$$
$$<A:\{r_0,\cdots,r_k\}>\in E_i \text{ 且 } \{B\}\cup \mathrm{Form}(E)\text{协调}\}$$

E 是Δ的 QDL 扩张当且仅当 $E=\cup_{0\leqslant i}E_i$ 且 E 是合式定义的。

类似地，可以定义 QDL 扩张 E 的生成缺省集 $\mathrm{GD_Q}(E,\Delta)$，当不致混淆时，简记为 $\mathrm{GD}(E,\Delta)$。

定义 7.3.7 令$\Delta=(D,W)$是 ADT，$D'\subseteq D$。如果对每一 $A:MB/C\in D'$，$\mathrm{Form}(W)\cup \mathrm{Con}(D')\cup\{B\}$协调，则 D'是 Q-相容的（关于Δ）。如果 D'是 Q-相容的且$\Lambda(D',\Delta)=D'$，则称 D'是强 Q-相容的（关于Δ）。如果 D'是强 Q-相容的（关于Δ），且对任何 D''：$D'\subset D''$，D'' 不是强相容的，则称 D'是极大强 Q-相容的（关于Δ）。

定理 7.3.12 令$\Delta=(D,W)$是 ADT，Δ有 QDL 扩张当且仅当存在 $D'\subseteq D$，使得

（1）D'是 Q-相容的；

（2）对任意 $A:B/C\in D-D'$，$\mathrm{Form}(W)\cup \mathrm{Con}(D')\nvdash A$ 或 $\mathrm{Form}(W)\cup \mathrm{Con}(D')\cup\{B\}$不协调；

（3）不存在公式 A，使得 $A\in \mathrm{Supp}(W)\cup \mathrm{Ccs}(D')$且$\neg A\in \mathrm{Th}(\mathrm{Form}(W)\cup \mathrm{Con}(D'))$。

等价地，可以用条件“D'是极大强 Q-相容的”替代上述的条件（1）和条件（2）。

定理 7.3.13 QDL 满足累积性。

下面的结论表明 QDL 和 DL 的关系。

定理 7.3.14 令$\Delta=(D,W)$是 ADT，其中 W 只由形如$<A:\varnothing>$的断言组成。E 是Δ的一个 QDL 扩张当且仅当 $\mathrm{Form}(E)$是$(D,\mathrm{Form}(W))$的一个 DL 扩张，即 Form 是从Δ的全体 QDL 扩张的集合到$(D,\mathrm{Form}(W))$的全体 DL 扩张的集合的满射。

注意：断言集的合式定义性只是满足累积性的一个充分条件。

例 7.3.3 断言缺省理论Δ=({:MB/B},<A:{¬B}>)没有 QDL 扩张，因为唯一的极大强 Q-相容缺省子集是{:MB/B}，但 E=Th_S({<A:{¬B}>, <B:{B,¬B}>})不是合式定义的，甚至它不满足预设。如果放弃合式定义性的条件，以 E 作为扩张，容易验证它满足累积性。

于是，放弃合式定义性条件，可以得到另一变种 QDL*，即

定义 7.3.8 令Δ=(D,W)是 ADT，Γ是一个算子，使得当给定断言集 S 时，Γ产生最小的断言集 S'，满足

（1）$W\subseteq S'$；

（2）S'是演绎封闭的，即 $\mathrm{Th}_S(S')=S'$；

（3）若 A:$MB/C\in D$，<A:{$r_0,\cdots,r_k$}>$\in S'$且{B}∪Form(S)协调，则<C:{$r_0,\cdots,r_k$, B}>$\in S'$。

断言集 E 是Δ的 QDL*扩张当且仅当 $E=\Gamma(E)$。

显然，QDL 扩张都是 QDL*扩张，反之则不然。

对于 QDL*，类似于定理 7.3.10 和定理 7.3.12 的结论仍然成立。为确立 QDL*满足累积性的条件，引入下述概念。

如定义 7.3.4，令Δ=(D,W)是 ADT，V 是断言集且 R 是公式集。记

$$D[R]=\{A{:}MB/C\in D\mid B\in R\}$$

$$V[R]=\{<P{:}S>\in V\mid S\subseteq R\}$$

$$\Delta[R]=(D[R],W[R])$$

定义 7.3.9 令Δ=(D,W)是断言缺省理论，E 是它的一个包含<A:J>的 QDL*扩张。如果对断言缺省理论Δ'=(D,W∪{<A:J>})的任一 QDL*扩张 F 和任一 $B\in$ Ccs($D[J]$)，Form(F)∪{B}是协调的，则 E 是关于<A:J>合式形成的。如果对任意<A:J>$\in E$，E 是关于<A:J>合式形成的，则 E 是合式形成的。如果Δ的任何 QDL*扩张是合式形成的，则Δ是合式形成的。

引理 7.3.2 断言缺省理论Δ=(D,W)的 QDL 扩张 E 是它的 QDL*扩张且 E 是合式形成的。

类似于定义 7.3.3，可定义Δ=(D,W)的 QDL*扩张 E 的生成缺省集 GD(E,Δ)。

引理 7.3.3 设 E 是Δ=(D,W)的 QDL*扩张且<A:J>$\in E$，则Δ'=($D'[J]$,$W[J]$)有唯一 QDL*扩张 $F=E[J]$，使得 GD(F,Δ')=$D'[J]$且<A:J>$\in F$，其中 D'=GD(E,Δ)。

引理 7.3.4 令 E 是Δ=(D,W)的包含断言<A:J>的 QDL*扩张，F 是Δ'=(D,W∪{<A:J>})的 QDL*扩张，则 F 是Δ的 QDL*扩张，当且仅当对任意 $B\in$Ccs($D[J]$)，Form(F)∪{B}协调。

定理 7.3.15 断言缺省理论Δ=(D,W)满足累积性，当且仅当它是合式形成的。

由引理 7.3.3 和引理 7.3.4 可得定理 7.3.15。

例 7.3.3（续） 依引理 7.3.3，Δ有唯一 QDL*扩张 $E=\mathrm{Th}_S(\{<A:\{\neg B\}>, <B:\{B,\neg B\}>\})$。

显然，E 关于$<A:\{\neg B\}>$是合式形成的，因为$\Delta[\{\neg B\}]=(\varnothing, <A:\{\neg B\}>)$。注意到，$\Delta[\{B,\neg B\}]=\Delta$，故 E 关于$<B:\{B,\neg B\}>$也是合式形成的。根据定理 7.3.15，Δ满足累积性。

7.4 非单调推理关系

缺省逻辑是一种处理不完全信息的非单调逻辑。人或计算机能够有的与日常生活情景相关的信息是不完全的，以致要求完全描述现实情景是不现实的。其原因在于，一方面某种情景太复杂，使得用一种适当的简明方式不可能完整地表示；另一方面，有太多的信息，它们可能是在推理过程中潜在地被使用的。缺省推理正好满足处理不完全信息的需要，其基本思想是，有一个可达到缺省断言的陷阱，且尽可能协调地将许多缺省加入一个理论中。这一思想自然地被形式化为一个不动点方程。其他基于不动点思想的逻辑也被提出来，比如用模态算子以考察它们的协调性的种种模态非单调逻辑。基于选择一个理论的偏好模型集的思想，McCarthy 的限制是一种处理未加陈述的假设形式方法，这样的形式化假设限制了那些没有显式陈述的对象及其关系。

非单调推理的另一动机不是基于推理问题的。比如，当试图形式化并解决医生诊断中的问题时，解释病人的症状或观察到的现象所使用的推理是非演绎的。解释作为推理的形式系统（在逻辑意义下）是集合覆盖模型。在这一模型中，有一原因集和一症状集及一个关系，此关系将一原因映射到它所归纳出的症状集。集合覆盖模型所展示的推理的一般模式是逆推。在演绎推理中，典型的模式是“若 A 且 $A\to B$，则 B”。在逆推中，结论与前提被交换了，其模式为“若 B 且 $A\to B$，则 A”。

直观上，若命题 B 被观察到且有一关于此事件的背景理论，它可以根据假设 $A\to B$ 解释 A，则推导出 A。这种推理关系同样具有非单调性这一标志性特征。

本节将给出非单调逻辑的元理论性质，一个逻辑的元理论性质可以视其推理关系为该逻辑的语言中语句的算子来进行研究，Gerhard Gentzen（格哈德·根岑）就用此方式展开了一阶逻辑证明论的一系列演算研究。具体地说，令 $S\vdash A$ 代表语句 A 是从语句集 S 一阶可证的，则一阶逻辑有下述性质：

（1）包含：$S, A \vdash A$；

（2）单调性：若 $S \vdash A$，则 $S, B \vdash A$；

（3）分离性(cut)：若 $S \vdash B$，且 $S, B \vdash A$，则 $S \vdash A$。

这里用 S, A 作为 $S \cup \{A\}$的缩写，S 是一个有穷集。

用类似的方法可以研究非单调逻辑的元理论性质，这最初是由 Dov Gabbay（多夫•加贝）建议的，一些著名的结构是由 David Makinson（大卫•马金森）[31]、Kraus（克劳斯）、Lehmann（莱曼）、Magidok（马吉多克）和 Satoh（佐藤）等分别得到。

7.4.1 结构性质

非单调逻辑的决定性特征是单调性不再成立，用 $S \vdash_n A$ 表示非单调推理：若 S 中所有语句是真的，则正常情形 A 将为真。在非单调逻辑（NL）中，一般情况下有 $S \vdash_n A$，但 $S, B \nvdash_n A$。

为使 NL 尽可能接近经典的一阶逻辑，可以保留它的一些元理论原则。首先，使 NL 包含一阶逻辑，即若 $S \vdash A$，则 $S \vdash_n A$。其次，分离性作为缺省传递性的原则是合适的。最后，尽管放弃单调性原则，但可用一个弱化的形式代替，即

谨慎的单调性：若 $S \vdash_n B$ 且 $S \vdash_n A$，则 $S, B \vdash_n A$。

因此，NL 一般至少应具有下述性质：

（1）超经典性：若 $S \vdash_n A$，则 $S \vdash A$；

（2）包含：$S, A \vdash_n A$；

（3）谨慎单调性：若 $S \vdash_n B$ 且 $S \vdash_n A$，则 $S, B \vdash_n A$；

（4）分离：若 $S \vdash_n B$ 且 $S, B \vdash_n A$，则 $S \vdash_n A$。

通常也将性质（3）和性质（4）并为累积性，即

$$\text{若 } S \vdash_n B\text{，则 } S, B \vdash_n A \text{ 当且仅当 } S \vdash_n A$$

7.4.2 逻辑联结词

前述性质是结构性的，与语句的内部形式无关。那么，命题与一阶语句算子怎样与非单调导出关系相互作用呢？一般有下述规则（类似于经典逻辑）：

AND：若 $S \vdash_n A$，且 $S \vdash_n B$，则 $S \vdash_n A \wedge B$；

OR：若 $S, B \vdash_n A$ 且 $S, C \vdash_n A$，则 $S, B \vee C \vdash_n A$；

合理性：若 $S \vdash_n A$ 且 $S \nvdash_n \neg B$，则 $S, B \vdash_n A$。

注意：AND 可从分离和超经典性导出。

可以拓广这一分析到基于量词的规则。

参 考 文 献

[1] 陆钟万．面向计算机科学的数理逻辑 [M]．2 版．北京：科学出版社，2002．

[2] 王浩．数理逻辑通俗讲话[M]．北京：科学出版社，1981．

[3] PAPADIMITRIOU C H. Computational complexity [M]. New Jersey: Addison Wesley, 1994.

[4] LLOYD J W. Foundations of logic programming [M]. 2nd ed. Berlin: Springer-Verlag, 1987.

[5] GELFOND M, LIFSCHITZ V. The stable model semantics for logic programming[C]// International Logic Programming Conference and Symposium. Seattle, Washington; MIT Press. 1988: 1070-1080.

[6] GELFOND M, LIFSCHITZ V. Classical negation in logic programs and disjunctive databases[J]. New Generation Computing, 1991, 9(3): 365-385.

[7] FERRARIS P. Answer sets for propositional theories[C]// International Conference on Logic Programming and Nonmonotonic Reasoning. Diamante, Italy; Springer-Verlag, 2005: 119-131.

[8] BARAL C. Knowledge representation, reasoning and declarative problem solving[M]. New York: Cambridge University Press, 2003.

[9] REITER R. A logic for default reasoning[J]. Artificial Intelligence, 1980, 13 (1-2): 81-132.

[10] ZHANG M Y. On extension of general default theories[J]. Science in China Series A Mathematics 1993, 36 (10): 1273-1280.

[11] ZHANG M Y. Some results on default logic[J]. Journal of Computer Science and Technology, 1994, 9 (3): 267-274.

[12] ZHANG M Y. A New Research into default logic[J]. Information and Computation, 1996, 129 (2): 73-85.

[13] MCDERMOTT D V, DOYLE J. Non-monotonic logic I[J]. Artificial Intelligence, 1980, 13(1-2): 41-72.

[14] MCCARTHY J. Circumscription - a form of non-monotonic reasoning[J]. Computation and Intelligence, 1995, 10: 555-566.

[15] SIMONS P, NIEMELÄ I, SOININEN T. Extending and implementing the stable model semantics[J]. Artificial Intelligence, 2002, 138(1-2): 181-234.

[16] LEONE N, PFEIFER G, FABER W, et al. The DLV system for knowledge representation and reasoning[J]. ACM Transactions on Computational Logic, 2006, 7(3): 499-562.

[17] GEBSER M, KAUFMANN B, SCHAUB T. Conflict-driven answer set solving: from theory to practice[J]. Artificial Intelligence, 2012, 187-188: 52-89.

[18] WANG Y S, ZHANG M Y, YOU J H. Logic programs, compatibility and forward chaining construction[J]. Journal of Computer Science and Technology, 2009, 24(6): 1125-1137.

[19] YANG B, ZHANG Y, ZHANG M Y, et al. Splitting computation of answer set program and its application on e-service[J]. International Journal of Computational Intelligence Systems, 2011, 4(5): 977-990.

[20] LIN F Z, ZHAO Y T. ASSAT: computing answer sets of a logic program by SAT solvers[J]. Artificial Intelligence, 2004, 157 (1-2): 115-137.

[21] ZHANG M Y, ZHANG Y, LIN F Z. A characterization of answer sets for logic programs[J]. Science in China (Series F: Information Sciences), 2007, 50 (1): 46-62.

[22] CHEN Y, LIN F Z, WANG Y S, et al. First-order loop formulas for normal logic programs[C]// Tenth International Conference on Principles of Knowledge Representation and Reasoning. Lake District of the United Kingdom; AAAI Press. 2006: 298-307

[23] HUANG Y, WANG Y S, YOU J H, et al. Learning disjunctive logic programs from nondeterministic interpretation transitions[J]. New Generation Computing, 2021, 39(1): 273-301.

[24] WANG Y S, ZHANG Y, ZHOU Y, et al. Knowledge forgetting in answer set programming[J]. Journal of Artificial Intelligence Research, 2014, 50: 31-70.

[25] EITER T, FINK M, TOMPITS H, et al. On eliminating disjunctions in stable logic programming[C]// Ninth International Conference on Principles of Knowledge Representation and Reasoning. Whistler, British Columbia, Canada; AAAI Press. 2004: 447-458

[26] GONAALVES R, KNORR M, LEITE J. Forgetting in answer set programming – a Survey[J]. Theory and Practice of Logic Programming, 2021: 1-43.

[27]LUKASZEWICZ W. Considerations on default logic: an alternative approach[J]. Computational Intelligence, 1988, 4: 1-16.

[28] GOTTLOB G, ZHANG M Y. Cumulative default logic: finite characterization, algorithms, and complexity[J]. Artificial Intelligence, 1994, 69 (1-2): 329-345.

[29] 张明义, 张颖. 缺省逻辑的累积性变种的扩张特征[J]. 计算机学报, 1998(2): 119-126.

[30] ZHANG M Y, ZHANG Y. Characterizations and algorithms of extensions for CADL and QDL[J]. Journal of Computer Science and Technology, 1999(2): 140-145.

[31] MAKINSON D. Bridges from Classical to nonmonotonic logic[M]. London: King's College, 2005.